Cay von Fournier

UnternehmerEnergie

Die Praxis der Unternehmensführung

Bibliografische Information der Deutschen Nationalbibliothek
Die Deutsche Nationalbibliothek verzeichnet diese Publikation in der Deutschen Nationalbibliografie;
detaillierte bibliografische Daten sind im Internet über http://dnb.d-nb.de abrufbar.

ISBN 978-3-86936-180-2

Redaktion: Anne Jacoby, Frankfurt; Verena Lorenz, München
Umschlaggestaltung: Verena Lorenz, München
Satz und Layout: Verena Lorenz, München
Druck und Bindung: Salzland Druck, Staßfurt

Illustration:
Verena Lorenz, München; Suza Brala, Frankfurt; fotolia

www.gabal-verlag.de

Frauenpower

Die Anrede in diesem Buch ist überwiegend in der männlichen Form gehalten, weil wir uns bei diesem
wichtigen Thema nicht in erster Linie auf eine formale »political correctness« konzentrieren wollten,
sondern vielmehr auf die Inhalte. Wenn wir »Sie als Führungskraft« oder »Sie als Unternehmer«
schreiben, sind selbstverständlich Unternehmerinnen und Unternehmer sowie weibliche und männliche
Führungskräfte gemeint. Wir sind überzeugt davon, dass Frauen in der Welt der Wirtschaft zukünftig
mehr Macht und Einfluss erhalten werden. Einerseits, weil unsere Zukunft anders nicht zu meistern
ist, und andererseits, weil unsere Wirtschaft leistungsfähiger wird, wenn sie von Frauen und Männern
gemeinsam geführt wird. Unternehmensführung muss ganzheitlich sein, wenn sie erfolgreich sein will –
und das gelingt am besten dort, wo Männer und Frauen zusammenarbeiten, ihre jeweiligen Stärken
einbringen und sich gegenseitig unterstützen. Wir wünschen Ihnen, lieber Leser und liebe Leserin, liebe
Unternehmerin und lieber Unternehmer, dass Sie von diesem Buch und von unseren Seminaren maximal
profitieren – vor allem aber wünschen wir Ihnen nun viel Freude beim Lesen.

Ihr Code für die Downloads der Übungen: PXCM-997

Allen engagierten Unternehmern und Führungskräften gewidmet.
Sie alle leisten viel und tragen jeden Tag Verantwortung. Dadurch
beweisen sie: Menschen sind der Mittelpunkt unserer Welt und
gemeinsam kann eine gute und sinnvolle Zukunft gestaltet werden.
Danke für all die gute Arbeit, die sie jeden Tag dafür leisten.

Und meinen Kindern gewidmet, dem Mittelpunkt meiner Welt.
Euer Leben ist ein Unternehmen, hier ein kleines Handbuch für euch.

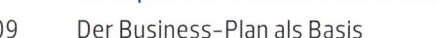

271 Führung
Die Seele eines Unternehmens

363 Umsetzung

375 Profil: Cay von Fournier und das SchmidtColleg

Wir sprechen nicht nur über die Praxis, sondern aus der Praxis. In diesem Buch stellen wir Ihnen die wirksamsten Werkzeuge für mittelständische Unternehmen vor und zeigen Ihnen, wie sie in der Praxis wirken.

Unternehmer-Porträt

Wir porträtieren Unternehmer, denen eine exzellente Umsetzung unserer Werkzeuge in der Praxis gelungen ist. Sie alle zählen mittlerweile zu den Referenten, die in unserem Seminar »Unternehmer-Energie« ihre Erfahrungen mit vielen Beispielen vorstellen – von Unternehmer für Unternehmer – aus der Praxis für die Praxis.

Best Practice

Hier zeigen wir Ihnen mittelständische Unternehmen, die im besten Sinne vorbildlich sind: Sie haben Impulse aus unseren Seminaren mitgenommen und diese – in oft erstaunlicher Weise – äußerst erfolgreich in ihrer Praxis umgesetzt.

Werkzeuge

Bei praktischen Problemen helfen praktische Werkzeuge. In diesem Buch haben wir für Sie viele Werkzeuge zusammengestellt, die sich in der Praxis hundertfach bewährt haben – und die wir Ihnen wirklich empfehlen können.

Download

An vielen Stellen in diesem Buch geben wir Ihnen den Hinweis auf weitere Informationen und Werkzeuge, die Sie unter www.UnternehmerEnergie.de anschauen, laden und sofort praktisch nutzen können. Ihren persönlichen Download-Code finden Sie auf Seite 2 dieses Buches.

Vorwort
UnternehmerEnergie

Mit diesem Buch möchte ich Ihnen eine Vielzahl von Impulsen anbieten, sich aktiv mit den wichtigen Kompetenzen **»Lebensführung«** und **»Unternehmensführung«**, mit der **»Führung von Mitarbeitern«** und letztendlich auch mit der **»Umsetzung von Veränderungen«** zu beschäftigen. Erstmals haben Sie damit die Möglichkeit, hinter die Kulissen des SchmidtColleg-Seminars UnternehmerEnergie zu schauen, das seit 25 Jahren (!) zu einem der besten deutschsprachigen Seminare zum Thema Führung von Menschen und Unternehmen zählt.

In mehr als zwei Jahrzehnten haben wir uns intensiv mit Unternehmern und Unternehmen auseinandergesetzt. Ergebnis ist ein ganzheitliches und praktisches Führungssystem mit dem Namen FührungsEnergie. Es ist für wirksame Menschen gedacht, ob sie nun Unternehmer sind oder als Führungskräfte in einem mittelständischen Unternehmen arbeiten oder in einem Non-Profit-Unternehmen wie etwa einem Verein oder einer Gemeinde, ob sie als Topmanager im Einsatz sind oder im Rahmen eines Ehrenamtes. Dass es sich vielfach bewährt hat, zeigen die vielen Erfolgsgeschichten in den folgenden Kapiteln.

Führung als Dienstleistung für Menschen

Das Wort »Energie« spielt in den Seminaren des SchmidtCollegs eine zentrale Rolle. Wir verstehen drunter (entsprechend der Herkunft des Wortes) »Wirksamkeit«. Anders als andere »Schulen« vertreten wir nicht ein bestimmtes Modell, wir propagieren nicht richtig oder falsch, gut oder schlecht – sondern wir stellen die einfache Frage: »Wie wirksam ist die Führung eines Unternehmens?« Um die Wirksamkeit der Führung zu verbessern, stellen wir im nächsten Schritt nicht die Zahlen in den Mittelpunkt, sondern die Menschen: Kunden, Mitarbeiter, Geschäftspartner und letztendlich auch die vielen Familien, die hinter diesen Akteuren stehen. Wir sind überzeugt: Alle sollten sich am Menschen orientieren, dem es gilt, nützlich zu sein. Der Nutzen für Andere steht im Mittelpunkt unseres Denken und Handelns. Wenn wir einen Beitrag dafür leisten, anderen Menschen nützlich zu sein, so wird dies immer der wesentliche Baustein eines wirksamen Unternehmens sein.

Das Ziel all unserer Anstrengungen ist es, erfolgreichen Unternehmen genau dies zu zeigen und sie damit noch erfolgreicher zu machen. Unsere Vision ist: Das Erfolgsmodell des deutschen Mittelstandes und der deutschsprachigen Familienunternehmen ausstrahlen zu lassen und damit einen großen Beitrag zu leisten, die Herausforderungen unseres Wirtschaftssystems im 21. Jahrhundert zu meistern.

Energie für das 21. Jahrhundert

Auch wenn in guten Zeiten der Aufschwung besungen wird: Wir stehen vor massiven Problemen. Wenn Wirtschaft sich von der Gesellschaft abkoppelt, wie wir es gerade beobachten können, so sind alle damit verbundenen Systeme zum Scheitern verurteilt. Letztlich nämlich wird dem Menschen nicht gedient, sondern ihm geschadet. Wie kam es dazu? Einerseits war der Sozialismus offensichtlich nicht dazu geeignet, den Wohlstand und das Gedeihen einer Gesellschaft zu fördern. Andererseits hat uns das permanente Streben nach Gewinn und Wachstum, das gierige und kurzfristige Denken des Kapitalismus in die erste große Wirtschaftskrise des 21. Jahrhunderts gestürzt. Weitere Krisen werden folgen, solange uns nicht mehr einfällt, als zwei Systeme, die nicht für, sondern gegen die Menschen gerichtet sind, zu kombinieren und hoffnungsfroh »soziale Marktwirtschaft« zu nennen.

»Humane Marktwirtschaft«

Was wir jetzt brauchen, ist eine neue Ordnung der ganzheitlichen Leistungsorientierung kombiniert mit der Verantwortung, die auf »alten« Werten basiert, in der der Nutzen für Andere im Mittelpunkt steht und sich das Potential jedes Menschen entfalten kann. Nennen wir eine solche Ordnung für den Moment die »humane Marktwirtschaft«. Letztlich wird dieses Modell schon seit langem in Familienunternehmen gelebt. Intuitiv, kraftvoll, wertebewusst – und oftmals, ohne dass die verantwortlichen Unternehmer jemals Leitsätze dazu notiert hätten.

In diesem Buch möchte ich das Wissen und die Erfahrung dieser Unternehmen systematisieren, in Zusammenhänge setzen und damit auch für Sie nutzbar machen. Denn Sie alle, ob Sie in Familienunternehmen tätig sind, in Konzernen oder Non-Profit-Organisationen, haben in den nächsten Jahren eine ganz Menge Herausforderungen zu meistern.

Wandel wirksam gestalten

An dem notwendigen Wissen mangelt es in den Unternehmen nicht, häufig mangelt es an anderer Stelle: an der Kreativität und der Umsetzung guter Ideen. Nur durch wirksame Führung können die Veränderungen bewirkt werden, die in der heutigen Zeit notwendig sind. Das heißt: Gibt es ein Umsetzungsproblem, so steckt in vielen Fällen ein Führungsproblem dahinter.

Das Ziel dieses Buches ist es, mit gezielten Impulsen, Methoden, Beispielen und Werkzeugen einen wertvollen und wirksamen Beitrag für den nachhaltigen Wandel mittelständischer Unternehmen anzubieten.

Buch, Seminar und System

Das System unseres Seminars »FührungsEnergie« orientiert sich am so genannten Vier-Quadranten-Modell unseres Gehirns. Dieses Modell basiert auf einer Theorie von Ned Herrmann und wurde Schritt für Schritt weiterentwickelt zu einem Test (HBDI Herrmann Brain Dominance® Instrument) und einer Technologie (Whole Brain® Technology), die heute über das Unternehmen Herrmann International vertrieben wird (www.herrmanninternational.com).

Das Modell unterscheidet vier verschiedene Denkstile, von denen Menschen jeweils dominiert werden können: »logisch/rational« (A – blau), »strukturiert/kontrolliert« (B – grün), »emotional/mitfühlend« (C – rot) oder »ganzheitlich/konzeptionell« (D – gelb). Die Zuordnung zu einem dieser vier Denkstile kann hilfreich sein, wenn es um die Wahl des richtigen Berufs geht oder um die Zusammenstellung leistungsfähiger Teams. Sie kann – und das ist der spezielle Ansatz des SchmidtColleg – aber auch sehr hilfreich bei der Führung von Unternehmen sein. Denn im Grunde muss Führung jeden Denkstil berücksichtigen, wenn sie ganzheitlich und erfolgreich sein will.

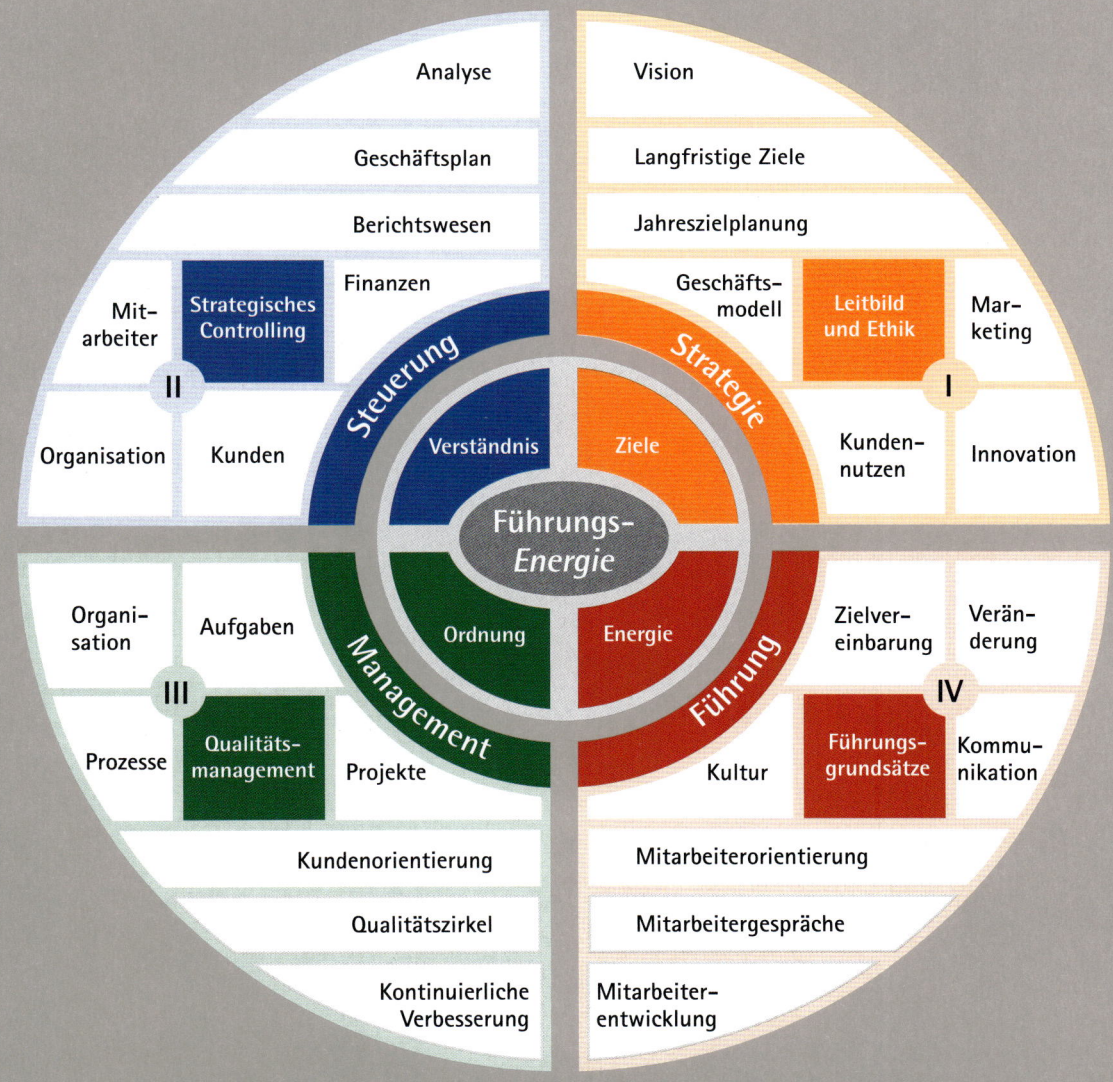

So haben wir dem logisch-rationalen Stil das Thema Steuerung zugeordnet (hier geht es um rationales Verständnis), dem strukturiert-kontrollierten Stil das Thema Management (Thema Ordnung), dem emotional-mitfühlenden Stil das Thema Führung (und damit unserem zentralen Motiv der Energie) und dem ganzheitlich-konzeptionellen Stil schließlich die Strategie (und die Ziele). Dieses Buch gibt einen Einblick in das Seminar »UnternehmerEnergie« des SchmidtCollegs, das seit 25 Jahren Unternehmen auf dem Weg in eine erfolgreiche Zukunft sehr hilfreich ist.

Sowohl dem Buch als auch dem Seminar liegt das System »FührungsEnergie« zugrunde: ein ganzheitliches und praktisches System für die erfolgreiche Führung eines Unternehmens. Unsere Erfahrung zeigt, dass es sich sowohl für kleinere als auch für große Unternehmen sehr gut eignet und dass insbesondere Familienunternehmen davon profitieren. Mit einem Auszug aus den Präsentationen, einigen Werkzeugen, Beispielen und Übungen aus dem Seminar »UnternehmerEnergie« möchten wir Ihnen mit diesem Buch nicht nur Impulse geben, sondern bereits konkrete Ansätze einer Umsetzung in Ihren Unternehmensalltag aufzeigen. Abschließend stellen wir Ihnen im letzten Teil des Buches das SchmidtColleg und das Seminar »UnternehmerEnergie« ausführlich vor. Vielleicht ungewöhnlich für ein Buch über Führung, beginnen wir nicht mit dem Unternehmen, sondern mit dem Unternehmer – also mit Ihnen. Für welche Art der **Lebensführung** haben Sie sich entschieden? Leben Sie konsequent? Passt die Führung Ihres Lebens zur Führung Ihres Unternehmens? Anschließend konzentrieren wir uns auf die vier Hauptaufgaben einer wirksamen Unternehmensführung: **Strategie, Steuerung, Management** und **Führung:**

Strategie

In einem Unternehmen muss klar sein, wohin die Reise geht. Der Zielhafen sollte allen klar sein, und dann gilt es, den Kurs festzulegen. An dieser Metapher des Segelns wird deutlich, dass es in der Strategie unveränderliche Punkte geben sollte (Kernwerte und Vision), aus denen sich ein veränderbarer Kurs ableitet. Der Kurs wird ja beeinflusst von den äußeren Umständen (Wind, Strömung), und daher ist eine Strategie nie ein einmal fest fixierter Weg, sondern ein permanenter Prozess. Zu diesem Prozess gehören neben dem klaren Leitbild (Unternehmensphilosophie mit unveränderlichen Werten und klarer Vision) auch das Geschäftsmodell, der Kundennutzen, die Innovation, das Marketing und die konkreten langfristigen Ziele sowie die Jahreszielplanung als konkrete Orientierungshilfe.

Steuerung

Wenn das Ziel und der Kurs klar sind, dann ist es sinnvoll, ja sogar notwendig, von Zeit zu Zeit den Standort zu bestimmen, um eventuelle Abweichungen festzustellen und das Steuer umlegen zu können, um einen neuen Kurs zu steuern. Auch die Steuerung ist ein permanenter Prozess, der aus Analysen und Maßnahmen besteht. Dazu bedarf es des operativen und strategischen Controllings. Ziel dieser Aufgabe ist es, ein System anzuwenden, das verlässliche Messgrößen liefert, und zwar zu allen relevanten Unternehmensbereichen (Kunden, Mitarbeiter, Organisation und Finanzen). Die klare Übersicht über alle relevanten Daten eines Unternehmens ist ebenso eine Königsdisziplin wie eine gute Strategie. In diesem Buch werden daher auch beide Aufgaben als eng zusammenhängend betrachtet. Ein weiteres Ziel ist es, durch ein gutes Berichtswesen die Mitarbeiter zu Selbstverantwortung anzuleiten, so dass die Steuerung gar nicht von außen erfolgen muss, sondern von den Mitarbeitern selbst durchgeführt werden kann und fester Bestandteil ihres Handelns wird. Das Controlling »misst« die Wirksamkeit der Vision im Unternehmen und zeigt dies als den eigentlichen Erfolg des Unternehmens an. Der finanzielle Gewinn ist ein Ergebnis dieses Erfolges.

Management

Bei der Aufgabe Management handelt es sich um das »klar Schiff«, um im Bild des Segelns zu bleiben. Die Organisation und ein praktisches Qualitätsmanagement sind die Wesenszüge eines guten Managements. Aufgaben und Arbeitsabläufe müssen gut definiert und kommuniziert werden, und vor allem muss eine permanente Verbesserung in einem Unternehmen möglich sein. Hinzu kommen die beiden Disziplinen eines guten Zeit- und Projektmanagements. Diese Aufgabe wirkt direkt auf den Aufwand und somit auf die Kosten eines Unternehmens. Wenn bei einem Boot die losen Enden der Taue im Wasser schleifen, so ist es langsamer, und es besteht ein wesentlich größeres Risiko, bei einem Unwetter Schaden zu nehmen.

Führung

Die Besatzung ist neben einem funktionstüchtigen Schiff das Entscheidende in der Seefahrt. Im Unternehmen ist es genauso. Die Menschen müssen der Mittelpunkt in jedem Unternehmen sein. Allein sie entscheiden über Erfolg und Misserfolg eines Unternehmens. Menschen- und Mitarbeiterführung ist somit eine der wichtigsten – ich behaupte: die wichtigste – Aufgaben von Unternehmern und Führungskräften. Zur Führung gehören die Definition der Unternehmenskultur ebenso wie die Mitarbeiterorientierung, eine funktionierende Kommunikation ebenso wie regelmäßige, strukturierte Mitarbeitergespräche. Es geht darum, die Mitarbeiter zielorientiert zu führen, um die gemeinsamen Ziele zu erreichen und gemeinsam etwas zu leisten, auf das man stolz sein kann. Es geht um gesunde und erfolgreiche Menschen in gesunden und erfolgreichen Unternehmen.

Ich glaube, dass wir Menschen etwas leisten wollen, denn in der Leistung liegt ein Teil des Sinns, den jeder von uns damit verbindet. Wie Viktor E. Frankl sehr treffend formulierte: »Als sinnvoll empfindet der Mensch, was im Rahmen seiner Gestaltungsmöglichkeiten liegt.« Diese Aufforderung ergeht nicht nur an Unternehmensführer und Führungskräfte, sondern auch an jeden einzelnen Menschen. Jeder muss seinen Sinn finden und sich selber Leistung abverlangen, um sich etwas leisten zu können. Unter dem Aspekt der Leistung wird zunehmend jeder einzelne Mitarbeiter in einem Unternehmen Führungseigenschaften und unternehmerische Energie zeigen müssen.

Die alten Unternehmensspielregeln der Hierarchie und der direkten Aufgabendelegation sind veraltet, da sie viel zu schwerfällig und viel zu wenig kreativ sind. Den klugen und schnellen Unternehmen gehört die Zukunft. Der Weg dorthin wird dabei immer über das Potenzial der Mitarbeiter führen – was auch heißt: Wer keine Leistung bringt, wird ausscheiden.

Dennoch und gerade deshalb müssen wir darauf achten, dass unser Denken und Handeln im wahrsten Sinne des Wortes sozial bleiben. Damit ist nicht Edelmut gemeint, sondern kollegiale Interaktion im Arbeitsprozess, wie es dem Unternehmen als sozialem Gebilde inhärent und unabdingbar ist: Erfolg und Wohlstand gedeihen nur in einer gesunden Gesellschaft.

Möge der Nutzen für Sie, lieber Leser, möglichst groß sein, die Umsetzung konsequent, der Erfolg groß und vor allem das Leben gesund und glücklich.

So wünsche ich frei nach einer asiatischen Weisheit Folgendes: »Als du geboren wurdest, haben alle gelächelt, aber du hast geweint. Lebe dein Leben so, dass, wenn du eines Tages stirbst, alle weinen, aber du lächelst.«

Ihr
Cay von Fournier

Einleitung

Bewusstsein

> »Wo das Bewusstsein schwindet, dass jeder Mensch uns als Mensch etwas angeht, kommen Kultur und Ethik ins Wanken.«

Albert Schweitzer

Wie können wir noch schneller werden, noch weitere und höhere Ziele erreichen? Diese Fragen treiben uns in unserer heutigen Leistungsgesellschaft jeden Tag um und füllen unser Denken und Handeln völlig aus. Wir fokussieren uns häufig auf eher oberflächliche, materielle Themen (»Welche Ausstattung soll mein nächster Firmenwagen haben?« »Brauche ich ein neues iPhone?«) und finden für die wesentlichen Fragen unseres Lebens keine Zeit. Wir kümmern uns hauptsächlich um unseren Schein, ohne uns unser Sein bewusst zu machen und somit ohne auf unser Bewusstsein zu achten. Wir denken in ökonomischen Größen und nicht in ethischen Zusammenhängen.

Bewusst führen

So ist es einerseits wenig erstaunlich, dass wir die Menschen um uns herum – unsere Kunden, Mitarbeiter, Geschäftspartner und häufig auch unsere Familien – aus dem Blick verlieren und dass dies auf gesamtgesellschaftlicher Ebene tiefe Verwerfungen mit sich bringt.
Und andererseits verwundert es nicht, dass uns Änderungen so schwer fallen, ganz gleich, ob sie unser persönliches Leben betreffen (»Ich sollte mehr Sport treiben!«) oder das Change-Management innerhalb eines Unternehmens. »Jeder steckt in seinem Bewusstsein wie in seiner Haut und lebt unmittelbar nur in demselben«, so brachte dies Arthur Schopenhauer in seinen »Aphorismen zur Lebensweisheit« auf den Punkt.

Es ist also notwendig, dass wir unser Bewusstsein auf den Prüfstand stellen und uns fragen:

· Was ist uns wirklich wichtig?
· Stellen wir uns die richtigen Fragen?
· Übernehmen wir tatsächlich Verantwortung für das, was wir tun – und auch für das, was wir nicht tun?

Langfristiger Erfolg ist nur auf der Basis ethischen Handelns möglich. Doch was heißt das konkret? Eigentlich ist die Orientierung über ethisches Handeln ziemlich einfach. Es geht darum, dass wir abends guten Gewissens in den Spiegel sehen möchten – als Mensch und als Unternehmer. Wir können uns dabei an der goldenen Regel orientieren: »Was du nicht willst, das man dir tu, das füg auch keinem anderen zu!« Oder, etwas philosophischer, in den Worten des kategorischen Imperatives von Immanuel Kant: **»Handle so, dass die Maxime deines Willens jederzeit zugleich als Prinzip einer allgemeinen Gesetzgebung gelten könnte.«**

Für uns als Unternehmer heißt ethische Unternehmensführung, anständig und fair mit den Mitarbeitern und Kunden umzugehen, ebenso mit Geschäftspartnern, Lieferanten und auch im Wettbewerb.

· Unternehmen, die ihre Verantwortung so definieren, folgen dem Unternehmens-Werte-Ansatz (Stakeholder-Value) und setzen auf **Nachhaltigkeit.**
· Unternehmen, die lieber das **kurzfristige Geschäft** machen, und Manager, die lieber **abkassieren** als Werte zu schaffen, folgen dem Unternehmens-Wert-Ansatz (Shareholder-Value).

So parken wir vielleicht nicht immer mit den allerneuesten Sportwagen vor der Tür, dafür aber erreichen wir Balance – und zwar nicht nur in den Ergebnissen und der Entwicklung unserer Unternehmen, sondern auch in unserem eigenen Leben.

Verantwortung auf drei Ebenen

Ethische Unternehmensführung wird auf drei Ebenen praktiziert, die von innen nach außen wirken. Dies sind

· die Ebene des Individuums, also jedes einzelnen Menschen,
· die Ebene des Umfelds des Unternehmens und
· der gesellschaftspolitische Rahmen, in den das Unternehmen eingebunden ist.

Die persönliche Ebene der Unternehmensethik betrifft die Verantwortlichkeit jedes Einzelnen innerhalb eines Unternehmens vom Unternehmer über die Führungskräfte bis hin zu jedem Mitarbeiter. Hier spielen die persönlichen Wertesysteme eines jeden im Unternehmen agierenden Menschen eine Rolle. Die Aufgabe des Unternehmens ist es, in einem Auswahlverfahren diese Menschen bei der Einstellung auch auf ihre Werte hin zu prüfen.

Häufig stehen in den Personalabteilungen jedoch fachliche Kriterien im Vordergrund – die so genannte Kompetenz. Darunter verstehen wir die theoretischen und praktischen Fähigkeiten (Wissen und Können) eines Menschen, die dieser auch anwendet. Kompetenz ist messbar und als sachliche Zuständigkeit die Domäne des Managements. Hier geht es um Techniken, Wissen und Fertigkeiten. Es ist die materielle Ebene. Jemand, der kompetent ist, versteht sein Fach. Er muss aber nicht zwangsläufig einen guten Charakter haben, und genau das ist es, was Unternehmen häufig unterschätzen. Wenn aber kein ethischer Einstellungsfilter verwendet wird, kann dies negative Auswirkungen nach sich ziehen wie etwa Machtmissbrauch, Hinterziehung, Mobbing, »krankfeiern«, Diebstahl von Unternehmenseigentum, Beschädigung und Unehrlichkeit.

Auf der Ebene des Unternehmensumfeldes wird das Unternehmen selbst als moralisch handelnde Person gesehen, die **soziale Verantwortung** übernimmt. Diese Person tritt ebenso gegenüber Kunden auf wie gegenüber Mitarbeitern, Gesellschaft, Umwelt, Lieferanten, Partnern, Banken und anderen. Die negativen Auswirkungen unethischen Handelns auf dieser Ebene zeigen sich in jeder Form des Ausnutzens oder Übervorteilens, des Betrügens oder Hinterziehens. Was moralisch verwerflich ist, scheint in diesem Bereich schwerer definiert werden zu können als bei der Frage, was legal/illegal ist.
Als Unternehmer sind wir verantwortlich für unsere Mitarbeiter und auch für unsere Kunden und Geschäftspartner. Es muss uns bewusst sein, dass wir mit ihnen in einer Gemeinschaft leben. Die Qualität jeder Gemeinschaft wird von mehr Faktoren bestimmt als der reinen Ökonomie. Wenn wir wollen, dass sich unsere Mitarbeiter für das Unternehmen engagieren, dann müssen wir auch bereit sein, uns für sie zu engagieren.

Wie sieht es aus, wenn ein besonderer Fall in der Familie eintritt, wie zum Beispiel schwere Krankheit oder ein anderer Schicksalsschlag? Wie sehr involvieren wir uns als Unternehmen? Kennen wir die private Situation unserer Mitarbeiter? Sind wir bereit, bei finanziellen Schwierigkeiten auszuhelfen und zum Beispiel ein Firmendarlehen zu geben? Wie sieht es aus, wenn einer unserer guten Kunden in Not gerät? Sind wir bereit, zu helfen, und dies über unseren reinen Eigennutzen hinaus? Wie sieht es mit unseren Kunden aus, wenn die etwas kaufen wollen, was nicht gut für sie ist (mein gern zitiertes – weil erlebtes – Beispiel: einem Betrunkenen bei heißem Wetter Alkohol am Kiosk zu verkaufen, wissend, dass gleich darauf der Rettungsdienst alarmiert werden muss)?

Soziale Verantwortung bezieht aber auch die gesellschaftliche Not und die Not auf dieser Welt mit ein. Sie folgt dem Grundsatz des Teilens. Wenn ich viel habe und es mir gut geht, gebe ich ab, auch ohne zu müssen. Solange der Staat nicht sozialistisch und in intensivem Maße interveniert, sind viele dazu auch bereit. Sei es eine Patenschaft zu übernehmen, den lokalen Sportverein zu unterstützen oder eine Behindertenwerkstatt mit Aufträgen zu versorgen. Und damit wären wir bei der nächsten Ebene:

Die gesellschaftliche Ebene beschreibt das wirtschaftliche Zusammenleben der Unternehmen in einem gesellschaftspolitischen Rahmen. Wirtschaftspolitik, Tarifverträge und Gesetzestexte versuchen, diese Ebene zu regeln. Negative Auswirkungen unethischen Handelns sind neben dem Erschleichen von Subventionen und Steuerhinterziehung jede Form der ungerechten Überregulierung und des Machterhalts aus Eigennutz.

Die Verantwortung, die wir als Unternehmer tragen, ist neben der beschriebenen unternehmerischen und sozialen Ebene eben auch eine volkswirtschaftliche und eine ökologische. Die **volkswirtschaftliche Verantwortung** bezieht sich auf das Bezahlen von Steuern und die Ehrlichkeit vor dem Finanzamt aus reinem Verantwortungsbewusstsein. Auch wenn der Staat mies wirtschaftet, besteht dennoch die Pflicht, mit Steuern zu den Aufgaben des Staates beizutragen. Ebenso betrifft dies die sozialen Sicherungs- und Vorsorgesysteme. Auch wenn wir hier viele Probleme haben, so leben wir immer noch in einem Land mit der besten Infrastruktur, einem guten Bildungsniveau und guter medizinischer Versorgung. Verantwortung heißt, dieses zu schützen.

Konsequent handeln

Die Natur ist die Grundlage unseres Lebens, und glücklicherweise ist ein bewusster Umgang mit unserer Umwelt heute schon wesentlich selbstverständlicher geworden. Dennoch gibt es immer noch viele Unternehmen, die keine oder nicht genug **ökologische Verantwortung** übernehmen und die sich keine Gedanken darüber machen, ob sie im ökologischen Sinne nachhaltig wirtschaften und ihr Verhalten gegenüber der Natur rechtfertigen können. Sie sehen also: **Wir brauchen gar kein neues Wertesystem, da wir in unserer Gesellschaft ein gutes haben.** Wir müssen aber wieder dazu übergehen, sowohl moralisch als auch konsequent zu handeln. Dies ist und bleibt die Grundlage eines langfristigen unternehmerischen Erfolgs.

Die Philosophie der Wirksamkeit

Fragen Sie sich als Führungskraft oder als Unternehmer einmal selbst:

· Beruht Ihre Unternehmensführung auf Anständigkeit?

· Folgen Sie der goldenen Regel »was du nicht willst, das man dir tu, das füg auch keinem anderen zu«?

· Werden Sie Ihrer sozialen Verantwortung als Unternehmer gerecht?

· Was möchten Sie in Zukunft tun, um mehr soziale Verantwortung zu übernehmen?

· Welche Bedeutung hat Ihr Unternehmen für die Volkswirtschaft?

· Sind Sie sich dieser Verantwortung bewusst und fördern Sie diese in Ihrem Umfeld?

· Wird Ihr Unternehmen seiner ökologischen Verantwortung gerecht?

· Was tun Sie konkret für den Umweltschutz?

Der Ethikkodex

Ärzten gibt der so genannte »hippokratische Eid« einen Verhaltensleitfaden an die Hand, der ihnen helfen soll, ihrer sehr verantwortungsvollen Aufgabe gerecht zu werden. Dieser Eid ist benannt nach dem griechischen Arzt Hippokrates von Kós (um 460 bis 370 v. Chr.) und wurde bereits mehrfach als »Genfer Deklaration des Weltärztebundes« revidiert und aktualisiert (zuletzt 2006). Auch Unternehmer und Führungskräfte tragen viel Verantwortung. Ich vertrete die Idee, dass auch ihnen ein unternehmerischer Ethikkodex zur Verfügung stehen sollte. Im Grunde könnten Unternehmen ein geschriebenes Wertesystem veröffentlichen, an das sie sich halten wollen. Ein solcher Kodex hat weder Anspruch auf allgemeine Gültigkeit noch auf Rechtsverbindlichkeit, stellt jedoch einen ersten Schritt dar, mehr Praxis und Verbindlichkeit in die sonst so theoretische Wertediskussion zu bringen.

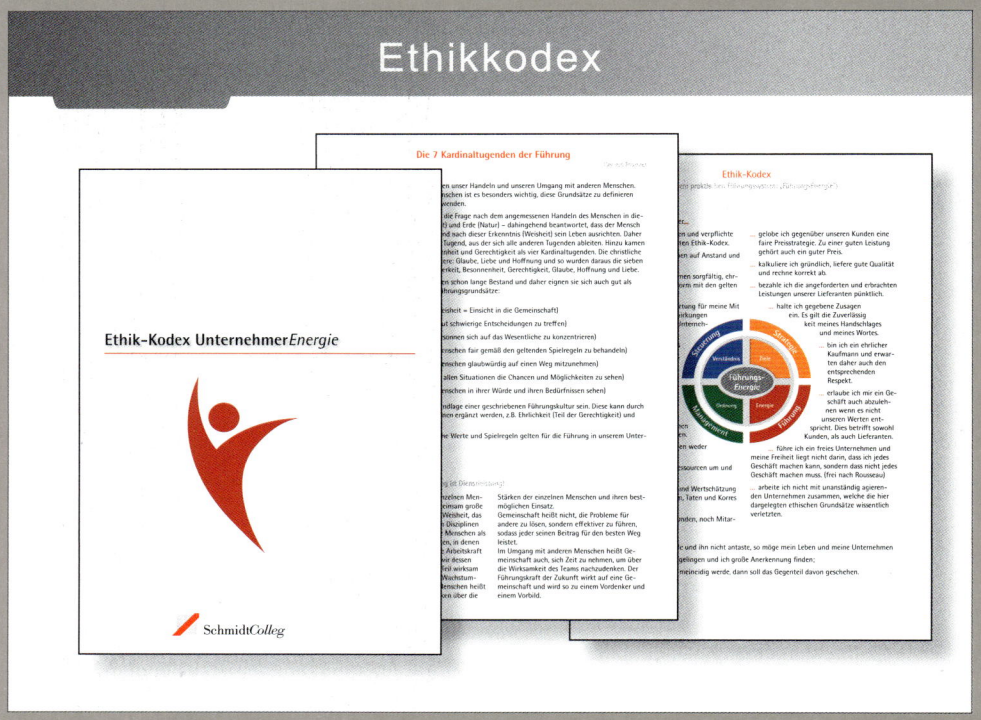

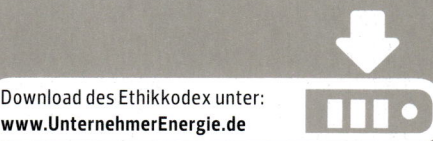

Download des Ethikkodex unter:
www.UnternehmerEnergie.de

Wirksam (= energiereich) lebende Menschen sind

Sinnvoll lebende Menschen,

die den Sinn in ihrem Leben definiert haben und danach leben und streben. Diese Menschen haben eine Orientierung im Leben. Es sind keine sinnlos dahintreibenden Menschen, die sich über ihren Sinn, ihre Vision und Ziele keine Gedanken machen. Sie leben motiviert durch die Werte Klarheit, Sinn, Vision und klare Ziele.

Freie Menschen,

denen ihre Freiheit und die Freiheit aller anderen Menschen viel bedeutet. Sie sind nicht unfrei und Opfer der Umstände, sondern sie leben die Werte Freiheit, Vertrauen und Glauben.

Verantwortlich lebende Menschen,

die sich einem persönlichen Wertesystem und übergeordneten Werten verpflichtet fühlen. Sie handeln nicht verantwortungslos und leben die Werte Verantwortung und Engagement.

Wertvoll lebende Menschen,

die ihre Werte als persönlichen Ethikkodex leben. Sie verhalten sich voll Respekt vor anderen Menschen, sind aber in der Konsequenz gegenüber deren Verhalten ihren eigenen Werten treu. Sinn beschreibt das »WAS?« im Leben, Werte das »WIE?«. Sie leben Ethik, Werte und Respekt.

Konstruktive Menschen,

die gestalten und nach Lösungen von Problemen suchen, und nicht nach Problemen von Lösungen. Sie sind nicht destruktiv, zynisch oder verletzend (was leider sehr häufig bei Menschen zu erleben ist). Sie leben die Werte Kreativität, Leistung und Erfolg.

Praktische Menschen,

die das tun, was sie sagen. Diese Menschen lieben, obwohl sie die theoretischen Grundlagen schätzen, vor allem deren Umsetzung. Oft finden sich Situationen, in denen jeder wüsste, wie es geht, aber keiner die Initiative ergreift und die für richtig erkannten Maßnahmen umsetzt. Wirksame Menschen zeichnet als Wert vor allem deren praktische Erfahrung und Umsetzungsstärke aus.

Positive Menschen,

die aus tiefem Herzen und Überzeugung heraus Optimisten sind. Sie sind nicht negativ und vermeiden pessimistisches Denken. Diese Einstellung ist kein Schicksal, sondern eine Entscheidung, die es gilt im Leben zu treffen. Sicher ist es aufgrund von Prägungen und Erfahrungen für unterschiedliche Menschen unterschiedlich leicht oder schwer, diese Entscheidung zu treffen.

Einfach denkende und handelnde Menschen.

Es ist viel schwerer, eine Aufgabe oder ein Problem einfach zu lösen, als kompliziert. Leider gibt es viel zu viele komplizierte Lösungen und Unternehmen. Daher leben wirksame Menschen die Werte Einfachheit, Konzentration und Besonnenheit.

Aktiv lebende Menschen,

die etwas unternehmen und tun. Es sind keine passiven Menschen, die abwarten und auf Hilfe von außen warten. Andacht, Meditation und Ruhe werden dabei nicht als Passivität gelebt, sondern als aktive Pflege der eigenen Seelenstärke. Nicht operative Betriebsamkeit ist damit gemeint, sondern gut überlegte Aktivität. Sie leben die Werte Konsequenz, Mut und Tapferkeit.

Liebevolle Menschen,

denen die Liebe die größte Tugend ist. Alle Menschen haben Fehler und machen Fehler. Es ist schwierig zu verstehen, warum viele Menschen dies nicht akzeptieren können. Niemand ist perfekt und daher ist der einzig perfekte Wert die Liebe. Daher sind wirksame Menschen auch liebevoll und dadurch wirksam mit anderen Menschen. Sie sind nicht hartherzig.

Wirksam lebende Menschen leben nicht nur nach ihrer persönlichen Sinndefinition und nach ihrem persönlichen Ethik-Kodex. Werte allein können hartherzig sein, wenn sie nicht verbunden werden durch eine individuelle Definition von Liebe und von liebevollem Verhalten. Wirksame Menschen leben immer auch Liebe und Wertschätzung. Ich weiß, dass dies eine sehr idealistische Auflistung von Werten ist – und ich bin überzeugt davon, dass es trotzdem möglich ist, erfolgreich mit und nach diesen Werten zu leben und zu arbeiten.

Steigern Sie die Wirksamkeit Ihres Lebens, die Ihres Unternehmens und die Wirksamkeit im Umgang mit Menschen, indem Sie nicht nur Ihre Kompetenzen weiterentwickeln, sondern auch Ihr Bewusstsein als Führungskraft und als Unternehmer. Die drängenden Probleme der heutigen Zeit – und zwar die der Wirtschaft und Gesellschaft insgesamt, die der einzelnen Unternehmen als auch Ihre individuellen – lassen sich nur auf einer neuen Ebene des Bewusstseins lösen. Weil wir zur Schulung unseres Bewusstseins nicht zuletzt Wissen brauchen, gehen Sie mit der Lektüre dieses Buches schon in die richtige Richtung!

Bevor wir in die Materie einsteigen, möchte ich Ihnen eine Reihe von **Fehlannahmen** vorstellen, die sich in vielen Unternehmen zu äußerst wirksamen Erfolgsbremsen entwickelt haben – um diese dann gemeinsam mit Ihnen über Bord zu kippen und anschließend Schritt für Schritt zu erarbeiten, wie Sie wirklich wirksam werden können.

17 Fehlannahmen über Führung und Management

Bevor wir uns mit Unternehmensführung beschäftigen, ist es sinnvoll, dass wir uns zunächst die häufigsten Fehler ansehen, die in mittelständischen Unternehmen gemacht werden.
Die Menge der Fehler in Unternehmen ist wahrscheinlich endlos. Es liegt im Wesen des Unternehmers, etwas zu unternehmen (sonst wäre er ja ein Unterlasser), und wo gehobelt wird, da fallen bekanntlich Späne. Fehler sind etwas ganz Normales. Die Frage ist nur, ob die Fehler immer wieder auftauchen, dann wird es schnell bedrohlich. Und ganz grundsätzlich stellt sich die Frage, woher die Fehler überhaupt kommen. Ich sehe folgende Quellen:

Mangelnder Mut: Warum folgen viele Unternehmer nicht ihrer Vision, sondern den Ergebnissen ihres letzten Jahresabschlusses? Warum verstecken sich so viele hinter der Vorstellung, ihr Unternehmen sei so kompliziert? Hier sehe ich mangelnden Mut.

Fehlendes Wissen: Vielen Unternehmern ist zum Beispiel nicht klar, dass zwischen der Führung eines Unternehmens und dem Management eines Unternehmens ein wesentlicher Unterschied besteht.

Mythen aus dem 19. Jahrhundert: Das Bild des Unternehmers als hemdsärmeliger Macher, der keine Ausbildung braucht, der nicht lange über Strategien brütet und einfach jede günstige Gelegenheit ergreift, stammt aus dieser Zeit – und ist überholt.

Mythen aus der Zeit des Wirtschaftswunders: Dazu zähle ich zum Beispiel die Fehlannahmen, dass das einzige Ziel eines Unternehmens in der Gewinnmaximierung liege und Wachstum unbedingt und immer über alles geht.
Auch die Fehlannahme, dass sich Mitarbeiter motivieren lassen, wenn man bei ihnen nur die »richtigen Knöpfe drückt«, gehört in diese Kategorie.

Neuere Mythen aus der populären Management-Literatur: Ganz oben in der Liste dieser Fehlannahmen stehen für mich die von Reinhard Sprenger eingeführten Thesen zum Thema Vertrauen.

Schlechte Gewohnheiten: Hier sehe ich Themen wie einen unguten Umgang des Unternehmers mit seiner Macht (kurz: Kraftprotzerei statt Kreativität) und mit seiner Zeit (kurz: Hektik statt Effektivität). Zu den schlechten Gewohnheiten der Unternehmer und Mitarbeiter zählt für mich auch, dass der Kunde häufig immer noch als Störfaktor angesehen wird – und nicht als zentraler Bezugspunkt aller unternehmerischer Aktivitäten.

Fehlannahme:

Es gibt keine
natürlichen Gesetzmäßigkeiten der Führung.

Ein Unternehmen ist ein System, das sich aus vielen einzelnen Bestandteilen zusammensetzt. Dieses System können wir mit dem Organismus des menschlichen Körpers vergleichen – einem System, dessen Naturgesetzmäßigkeiten wir akzeptieren. Wir kämen nicht auf die Idee, ein Organ einfach so rauszuschmeißen oder »abzuteilen«, weil wir die fatalen Folgen kennen. Leider verstehen wir ein Unternehmen und den Umgang mit Menschen mit all seinen Gesetzmäßigkeiten nicht als natürliches System mit eigenen Gesetzen. Ich bin aber überzeugt davon, dass es auch hier Gesetzmäßigkeiten gibt, die für alle verbindlich sind. Es ist die Unternehmensethik, die diese Gesetzmäßigkeiten beschreibt. Sobald wir dagegen verstoßen,

fügen wir dem Organismus großen Schaden zu: Wir ramponieren seine Gesundheit durch kurzfristiges Denken und riskieren so im übertragenen Sinne den Burn-out des Unternehmens. Zumeist lassen sich die existenziell gefährdenden Fehler im Umgang mit dem System Unternehmen an den Zahlen ablesen: Sinkende Umsätze zum Beispiel können ganz unterschiedliche Gründe haben. Der erste Reflex ist oft, sich auf den Vertrieb zu konzentrieren, der gut funktioniert, und dabei außer Acht zu lassen, dass die fehlende Innovation der Grund ist. Oder wir sehen einen schwindenden Gewinn und stürzen uns sofort auf die Kosten, ohne die konkrete Ursache – zum Beispiel fehlende Attraktivität – zu berücksichtigen.

Das natürliche System der Führung

Fehlannahme:

Das Ziel eines Unternehmens ist es,

Gewinn zu machen.

Dies ist ein Lehrsatz der Betriebswirtschaft. »Nach der klassischen Unternehmenstheorie werden alle betrieblichen Aktivitäten zu einem Zweck geleitet: der unbedingten Maximierung des kurzfristigen Gewinns (...)« (Gabler Wirtschaftslexikon). Die moderne Unternehmenstheorie erweitert dies immerhin zu einem Zielbündel, bestehend unter anderem aus langfristiger Gewinnmaximierung, Machtexpansion und Umsatzsteigerung.

Dies lehrt die Betriebswirtschaft, und wahrscheinlich ist dies auch der Grund, warum es so viele gute Unternehmer gibt, die kein betriebswirtschaftliches Studium absolviert haben (und so wenige Wirtschaftsprofessoren, die erfolgreich ein Unternehmen aufgebaut haben). Wie können ganze Generationen von Betriebswirten sich mit einer solchen Definition zufriedengeben? Wie können Menschen diesem Unsinn Glauben schenken und dafür alles Wesentliche im Leben und auch in der Unternehmensführung unterordnen? Wenn dies die Wahrheit wäre, dann hätten wir heute nicht die Probleme, die wir haben. Große Unternehmen werden ausschließlich nach dieser Maxime gemanagt (nicht geführt!). Manager optimieren den kurzfristigen Gewinn (vor allem ihren eigenen) und wundern sich, dass die Nachhaltigkeit ausbleibt und sowohl Vertrauen als auch Geld vernichtet werden (Brandrodung = Shareholder-Value). Dem liegt ein ernstzunehmender Fehler zugrunde, und zwar wird eine Messgröße der Zielerreichung zum eigentlichen Ziel gemacht.

Gewinn als Ziel?

Was ist »Gewinn«?

$$\text{Gewinn} = \text{Effektivität} \times \text{Effizienz}$$

Effektivität (wir tun das Richtige) X Effizienz (wir tun es auch richtig)

Die **Effektivität** beschreibt den Nutzen und die Attraktivität, die unsere Produkte und Dienstleistungen den Kunden bieten. Im Idealfall ist dies ein Nutzen, den unsere Kunden so nicht bei unseren Wettbewerbern finden. **Fragen Sie sich ehrlich: Warum sollte ein Kunde mein Produkt kaufen?** Haben Sie eine prägnante Antwort gefunden? Können Sie diese sowohl Ihrem Kunden als auch Ihren Mitarbeitern in wenigen Worten erklären? Dies ist das eigentliche und übergeordnete Unternehmensziel. Die richtige Zielfunktion der ganzheitlichen Unternehmensführung ist daher die Maximierung des Kundennutzens und die Beachtung der ethischen und ökonomischen Gesetzmäßigkeiten.

Die **Effizienz** beschreibt die Organisation unseres Unternehmens und die Motivation der Mitarbeiter. Beides führt zu einer Reduktion der Kosten. Erst wenn wir unser Geschäft richtig machen (das heißt Weglassen von unnötigen Abläufen und Materialeinsatz, Mitarbeiterorientierung und Beachtung der langfristigen, ethischen und ökonomischen Gesetzmäßigkeiten), kann man von Effizienz reden. Allen voran stehen hier der Nutzen für die Mitarbeiter, deren Ausbildung und die möglichst einfache Organisation. **Fragen Sie sich: Warum sollten die besten Mitarbeiter bei mir**

arbeiten? Wie mache ich mein Geschäft schneller und einfacher? Wenn diese Fragen zur Effektivität und Effizienz beantwortet sind, dann sind die eigentlichen Unternehmensziele klar. Das ist das Ziel eines Unternehmens. Der Gewinn ist nur eine Größe, welche die Erreichung dieser Ziele misst. Das Umsatzwachstum (oder auch die Stabilität in schwierigen Zeiten) ist eine Größe, die für Effektivität und Attraktivität steht. Kostenentwicklung und Mitarbeiterzufriedenheit/-motivation sind Größen der Effizienz. Nicht der Wohlstand darf das Ziel sein, sondern es muss die Leistung sein, die zu Wohlstand führt. Was für eine Leistung möchte ich bieten und welchen Gegenwert erwarte ich dafür? Heute wird immer nur nach dem Gegenwert gefragt, sozusagen nach dem Recht darauf. Dabei wird die Leistung und die Pflicht vergessen. Diese sind jedoch das eigentliche Ziel, wenn es um persönlichen Wohlstand geht.

Das wahre Zielbündel der ganzheitlichen Unternehmensführung ist der Nutzen, den ein Unternehmen seinen Kunden anbietet, sowie der Nutzen für die Mitarbeiter und die einfache Organisationsform. Dieses Zielbündel basiert auf nachhaltig ethischen und ökonomischen Gesetzmäßigkeiten.

Fehlannahme:
Wachstum,
Wachstum über alles!

Kaum ein Tag vergeht, an dem die Medien nicht verkünden: »Deutschland braucht mehr Wachstum!« »Die Unternehmen brauchen mehr Wachstum!« Wachstum an sich aber führt nicht zum Erfolg. Warum sollte es auch?

Es gilt: Wachstum muss umsichtig geführt werden. Denn häufig bekommen Unternehmen gerade in Zeiten eines großen Wachstumsschubes riesige Probleme, weil sie mit der Organisation, Finanzierung und Entwicklung der Mitarbeiter (vor allem der Führungskräfte) nicht nachkommen. Sie scheitern trotz guter Produkte, weil es ihnen nicht gelingt, einen langfristigen und nachhaltigen Erfolg aufzubauen. Das Gleiche gilt nicht nur auf der unternehmerischen Ebene, sondern auch für die globale Wirtschaft. Dauerhaftes exponentielles Wachstum führt zwangsläufig zur Selbstzerstörung – und das ist keine neue Erkenntnis.

Schon 1972 wurde im Auftrag des Club of Rome eine Studie mit dem Titel »Die Grenzen des Wachstums« veröffentlicht (Originaltitel: The Limits to Growth), die weltweite Tendenzen unter die Lupe nahm: Industrialisierung, Bevölkerungswachstum, Unterernährung, Ausbeutung von Rohstoffreserven und Zerstörung von Lebensraum. Im Jahr 2008 verglich Graham Turner von der Australian Commonwealth Scientific and Industrial Research Organisation (www.CSIRO.au) die tatsächlichen Daten der Jahre 1970 bis 2000 mit den prognostizierten Daten von 1972. Er fand eine große Übereinstimmung und schloss daraus, dass es im Laufe des 21. Jahrhunderts zu einem globalen Kollaps kommen könnte.

Dringender als je zuvor stehen wir also vor der Aufgabe, umzudenken. Es geht nicht darum, um jeden Preis »immer mehr haben« zu wollen, sondern darum, nachhaltig besser zu leben.

Wachstum, Wachstum über alles!

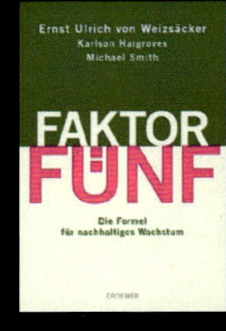

BUCHEMPFEHLUNG:
Ernst Ulrich von Weizsäcker; Karlson Hargroves; Michael Smith: Faktor Fünf. Die Formel für nachhaltiges Wachstum. München, Droemer 2010

Fehlannahme:
Führung ist Management.

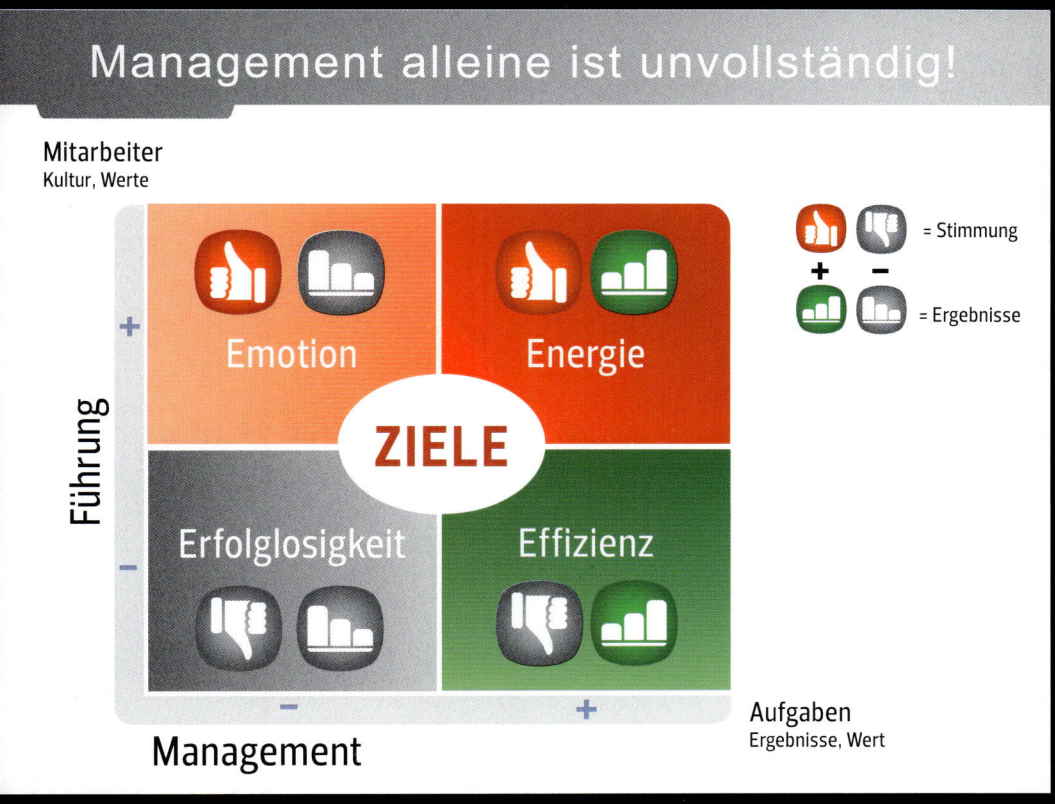

Management alleine ist unvollständig!

Mitarbeiter
Kultur, Werte

Führung

+

Emotion

Energie

ZIELE

Erfolglosigkeit

Effizienz

−

Management

−   +

= Stimmung

= Ergebnisse

Aufgaben
Ergebnisse, Wert

Führung basiert auf Charakter, Management auf Kompetenz.

Führung ist etwas ganz anderes als Management. Wer nur führt, also nur auf Emotion und Energie setzt, rast hochtourig im Blind-flug (in der Grafik: oberes linkes Feld). Wer dagegen nur managt, sich also auf das Planen und Kontrollieren von Zahlen konzentriert, behandelt Mitarbeiter und Kunden wie kalte Roboter (unteres rechtes Feld). Beides funktioniert nicht. Ein Unternehmen braucht Führung und Management.

Management ist eine Technik, sie basiert auf Zahlen und Mes-sungen und beinhaltet viel Wissen. Management basiert auf Kom-petenzen. Management ist ökonomisches Denken. Was dient dem finanziellen Wohlergehen des Unternehmens? Was dient meinem finanziellen Wohlergehen? Alles das sind gute und richtige Fragen. Viele Managementsysteme (und auch der größte Teil der Betriebs-wirtschaft) sind auf diese Fragen ausgerichtet. Dies ist auch nicht falsch, nur unvollständig. Es ist Management und keine Führung.

Bei **Führung** geht es um die Frage der Gestaltung gemeinsam mit anderen Menschen. Führung interessiert sich für Menschen und

hört diesen zu. Führung ist die ethische Kompetenz und trägt somit Verantwortung für Menschen. Führung ohne Verantwortung ist ein Irrweg! Führung fordert Leistung, bietet aber auch Sinn an. Führung basiert auf Charakter. Führung ist ethisches Denken. Was nützt den Menschen? Was ist sinnvoll? Was ist das richtige Maß? Das sind Fragen der Führung.

In der Führung von Menschen halte ich Charakter für wesentlich zentraler und gebe ihm sicher weit mehr als 50 Prozent Bedeu-tung. Beim Management ist es umgekehrt, hier sind Fachwissen und Fähigkeit wichtiger.

Wenn Führung und Management endlich auseinandergehalten werden, dann wird deutlich, dass in der Regel die Führung fehlt. Sie scheint in vielen Unternehmen nicht existent zu sein. Kein Wunder, dass in diesen Unternehmen kein Vertrauen herrscht. Gute Füh-rung führt zu Vertrauen. Management ist eine ökonomische Tech-nik und vermag dies gar nicht zu leisten.

Fehlannahme:
Macht ist die Grundlage des Erfolges.

Es mag sein, dass viele Menschen dies so sehen, auch wenn sie es nie offen zugeben. Der innere Wunsch vieler ist es, Macht auszuüben oder zu erlangen. Früher wurden die Systeme durch Macht zusammengehalten. In den letzten Jahrhunderten bis in unsere Tage brachte Macht Geld ein, und Geld ist Macht. Dennoch wird beides in der Zukunft wertlos sein, denn es werden die Werte und eine gelebte Ethik sein, die den Menschen als Erfolgsfaktor in den Mittelpunkt stellen werden. Schon heute sind Geschwindigkeit und Innovation mehr wert als Geld und die Stimmung in einem Serviceunternehmen erfolgversprechender als Kapital. Die Strategie (das Nachdenken kluger Köpfe) und die Positionierung (die Konzepte kreativer Köpfe) sind heute entscheidend. Die Zukunft gehört den Menschen, die Potentiale in anderen Menschen entfalten können. Menschen, die wirklich führen können.

Bei dem Thema Macht wird ein ähnlich großer Fehler wie bei dem Thema Gewinn gemacht. Diese Fehleinschätzung beeinträchtigt nicht nur Unternehmen, sondern auch unsere Gesellschaft und Politik: Macht ist ein Ergebnis und kein Ziel.

Konstruktiv und gemeinschaftlich gestalten

Schöpferische Werte und aufbauende Kreativität führen zu Wertschätzung, einer natürlichen Form der Macht. Jede andere Form der Machtausübung ist unnatürlich und damit langfristig nicht von Bestand. Wie beim Gewinn und dem Geld verhält es sich auch bei der Macht. Sie ist etwas, das jemand erwirbt, wenn er etwas erschafft, aufbaut oder unternimmt. Wenn jemand ein Unternehmen aufbaut, so hat er die natürliche Macht, es auch wieder zu schließen. Wem ein Unternehmen gehört, der kann auch über dessen Ausrichtung entscheiden sowie darüber, mit wem er zusammenarbeiten möchte und mit wem nicht. In den meisten Fällen geht es jedoch direkt um die Macht als solche. Nietzsche definierte den »Willen zur Macht«, und Alfred Adler schreibt: »Erfolg ist das Streben nach Macht.«
Ich behaupte, dass Macht auch anders erlangt werden kann, nämlich durch konstruktives Gestalten und Aufbauen gemeinsam mit anderen Menschen. Wobei ich anerkenne, dass sich in der

oben dargestellten Aussage die gängige Praxis in unserer Gesellschaft und in vielen Unternehmen widerspiegelt. Nur weil es viele machen, muss es aber noch lange nicht richtig sein.
Ein anderer Beweggrund, unternehmerisch tätig zu werden und so Macht zu erlangen, erwächst bei manchen Menschen aus dem Grund, ein Leben in Freiheit führen zu wollen – Macht über sein eigenes Leben zu haben. Dagegen ist überhaupt nichts einzuwenden. Wenn Sie aber die Macht nur um ihrer selbst willen anstreben, so wird diese nicht von dauerhaftem Glück sein.
Die wichtigere Frage ist doch, worum geht es Ihnen in Ihrem Unternehmen? Identifizieren Sie sich mit den Inhalten? Sind Sie davon begeistert? Wollen Sie etwas schaffen (im Kleinen wie im Großen)? Macht Ihr Unternehmen Sinn? Leben Sie Ihren Sinn und Ihre Bestimmung? Ich glaube, dass nur der Unternehmer ein wirklich erfolgreicher Unternehmer ist, der etwas Sinnvolles unternimmt und der etwas Sinnvolles erreichen möchte. Ein echter Unternehmer ist derjenige, der Antwort auf die Sinnfrage des Unternehmens geben kann und der etwas für seine Kunden bewirken möchte. Das ist der Grund für langfristigen und erfüllenden Erfolg.

Es hat sich in der Geschichte immer wieder gezeigt, dass keine Macht längere Zeit Bestand hatte, die nicht schöpferisch tätig war. Natürliche Macht entsteht dadurch, dass etwas gemacht wird, also etwas erschaffen wird. Konstruktion erzeugt Macht. Durch Destruktion entweicht sie früher oder später.

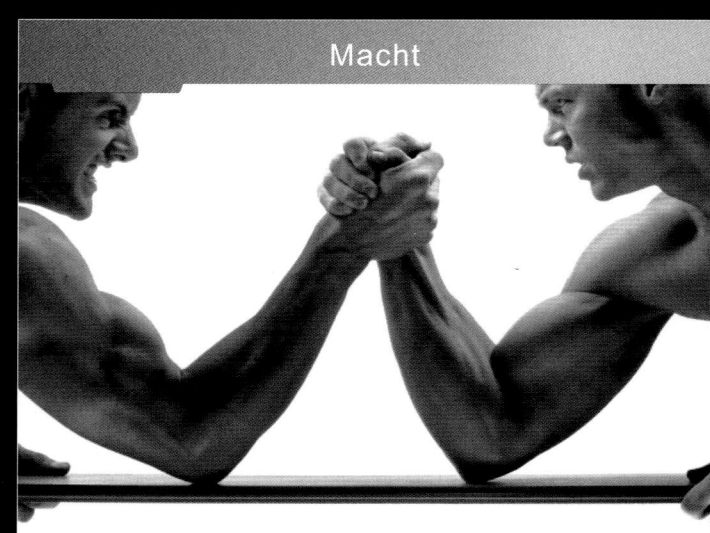

Macht

Fehlannahme:
Betriebsamkeit ist ein
Zeichen des Erfolges.

Einer der größten Fehler im Mittelstand ist das tägliche Durchwurschteln. Die meisten Mittelständler sind sehr fleißig, oftmals jedoch erfolglos. Fleiß allein führt nicht automatisch zum Erfolg. Dies mag früher der Fall oder in Zeiten der großen Konjunktur so gewesen sein. In schwierigen Zeiten reicht Fleiß allein nicht aus (er ist notwendig für den Erfolg, aber leider nicht hinreichend). Solch fleißige, erfolglose Unternehmer stürzen sich jeden Tag wieder aufs Neue in den Alltag und versuchen, der Flut an Arbeit Herr zu werden. Dabei werden unter Zeitdruck oder mit zu wenig Übersicht, oft aus dem Bauch heraus, Entscheidungen getroffen,

die bei näherer Betrachtung nie hätten getroffen werden dürfen. So fällt der schwer erwirtschaftete Gewinn schnell diesen Fehlentscheidungen und somit der operativen Hektik zum Opfer. Aber es sind nicht nur die Fehlentscheidungen, die Probleme bereiten; oft auch werden Chancen und Veränderungen auf dem Markt nicht rechtzeitig wahrgenommen. Nicht zuletzt verhindert dieses Durchwursteln, dass man sich Klarheit über anstehende wichtigere und wesentlichere Aufgaben und Entscheidungen verschafft. Ein guter Unternehmer zeichnet sich dadurch aus, dass er mehr am Unternehmen als im Unternehmen arbeitet.

Mehr **am** als nur **im** Unternehmen arbeiten

Fehlannahme:
Ein guter Unternehmer ist
ein »Macher«.

Ein Unternehmer ist jemand, der etwas unternimmt. Ein guter Unternehmer ist jemand, der zuerst nachdenkt und dann etwas unternimmt. Leider geht diese sehr einfache Weisheit oft in der Hektik des Alltags unter. Viele Unternehmer gefallen sich sogar darin, wie heldenhafte Feuerwehrmänner immer wieder »Brände« in ihren Unternehmen zu löschen, die sie durch unkluge oder verschleppte Entscheidungen letztendlich sogar selbst gelegt haben.

In seinem Buch »Think – Strategische Unternehmensführung statt Kurzfrist-Denke« fordert Hermann Simon eine positivere Einstellung zum Thema Nachdenken – die wir uns oft nicht nehmen.

Sehen wir einen Unternehmer einfach dasitzen und nachdenken, meinen wir, er tut nichts, unternimmt – anscheinend – nichts. »So ein fauler Hund«, wird es manchem (»fleißig Erfolglosem«) durch den Kopf gehen. Ich bin überzeugt, dass es vielen mittelständischen Unternehmern guttun würde, sich mehr Zeit zum Nachdenken zu nehmen – was übrigens nicht mit sorgenumwölkter Stirn und hektischem Zahlenstudium einhergehen muss. Die Hirnforschung hat gezeigt, dass wir ausgesprochen gute Denk-Ergebnisse in völlig unspektakulären Situationen erzielen. Zum Beispiel (nicht erschrecken!), wenn wir uns morgens nach dem Aufwachen noch eine halbe Stunde im Bett räkeln oder wenn wir ein kurzes Mittagsschläfchen einlegen.

Erst nachdenken!

BUCHEMPFEHLUNG:
Hermann Simon:
Think – Strategische
Unternehmensführung statt Kurzfrist-Denke. Frankfurt/
New York, Campus
2009

Fehlannahme:

Das Ziel einer guten Führung
ist Vertrauen.

Vertrauen ist nicht das Ziel guter Führung, sondern das Ergebnis! Auch hier werden wieder Ziel und Ergebnis verwechselt. Nicht Vertrauen führt Menschen zusammen und kommt vor der Führung, sondern gelebte Werte führen zu Vertrauen.

In der Tat ist Vertrauen ein zentraler Wert im Zusammenleben der Menschen. Namhafte Autoren haben sich derzeit dieses Themas angenommen. Aber auch da wird gerne der Fehler gemacht, das eigentliche Ziel mit dem Ergebnis zu verwechseln. Vertrauen ist nicht das Ziel, sondern das Ergebnis. Reinhard K. Sprenger schreibt, dass Vertrauen entsteht, wenn wir uns verwundbar machen. Das halte ich für falsch, da diese Betrachtungsweise vom Negativwert, dem Mangel an Vertrauen oder gar dem Misstrauen, ausgeht, die es zu beseitigen gilt. Wertschätzung des anderen, dem ich Vertrauen entgegenbringe, motiviert zu vertrauensvollem Miteinander. Aus der Wertschätzung entsteht Vertrauen. Auch hier ist Vertrauen das Ergebnis und nicht das beeinflussbare Ziel. **Wenn Vertrauen entsteht, fördert dies wiederum die Wertschätzung, ein positiver Kreislauf entsteht. Vertrauen entsteht durch eine unter Beweis gestellte Glaubwürdigkeit.** Grundlage des Vertrauens ist die Wertschätzung des Anderen.

Vertrauen ist das Ergebnis guter Führung

Fehlannahme:
Ein Unternehmen ist kompliziert.

Zahlreiche Unternehmen werden nach dem Grundsatz geführt: »Warum einfach, wenn es auch kompliziert geht?« So arbeiten viele Führungskräfte mit unendlich komplizierten Steuerungssystemen, und etliche Mitarbeiter haben sich ganz eigene, komplizierte Abläufe und Ablagesysteme ausgedacht, die niemand versteht außer ihnen selbst. Warum? Dem Komplizierten haftet die Aura des Wichtigen an. Und wer sich wichtig fühlt, der meint, unersetzbar zu sein.

Der verbreitete Hang zur Kompliziertheit ist fatal, weil die Rahmenbedingungen, in denen wir heute wirtschaften, tatsächlich sehr komplex geworden sind und wir unsere Kreativität und die Kreativität unserer Mitarbeiter viel besser nutzen könnten, wenn wir uns auf unsere eigentlichen Aufgaben konzentrieren würden. Diese eigentliche Aufgabe besteht darin, Komplexität vernünftig zu reduzieren; Vorgänge möglichst einfach zu strukturieren, damit sie effizient und effektiv ablaufen. Es gilt: Komplex heißt nicht kompliziert! Somit hat die Führung die Aufgabe, auf das komplexe emotionale System Mensch und hier vor allem auf das System der Gruppe einzuwirken. Denn wirksame Führung kann nur in einem Umfeld der Einfachheit ihre ganze Kraft entfalten.

Komplex heißt nicht kompliziert

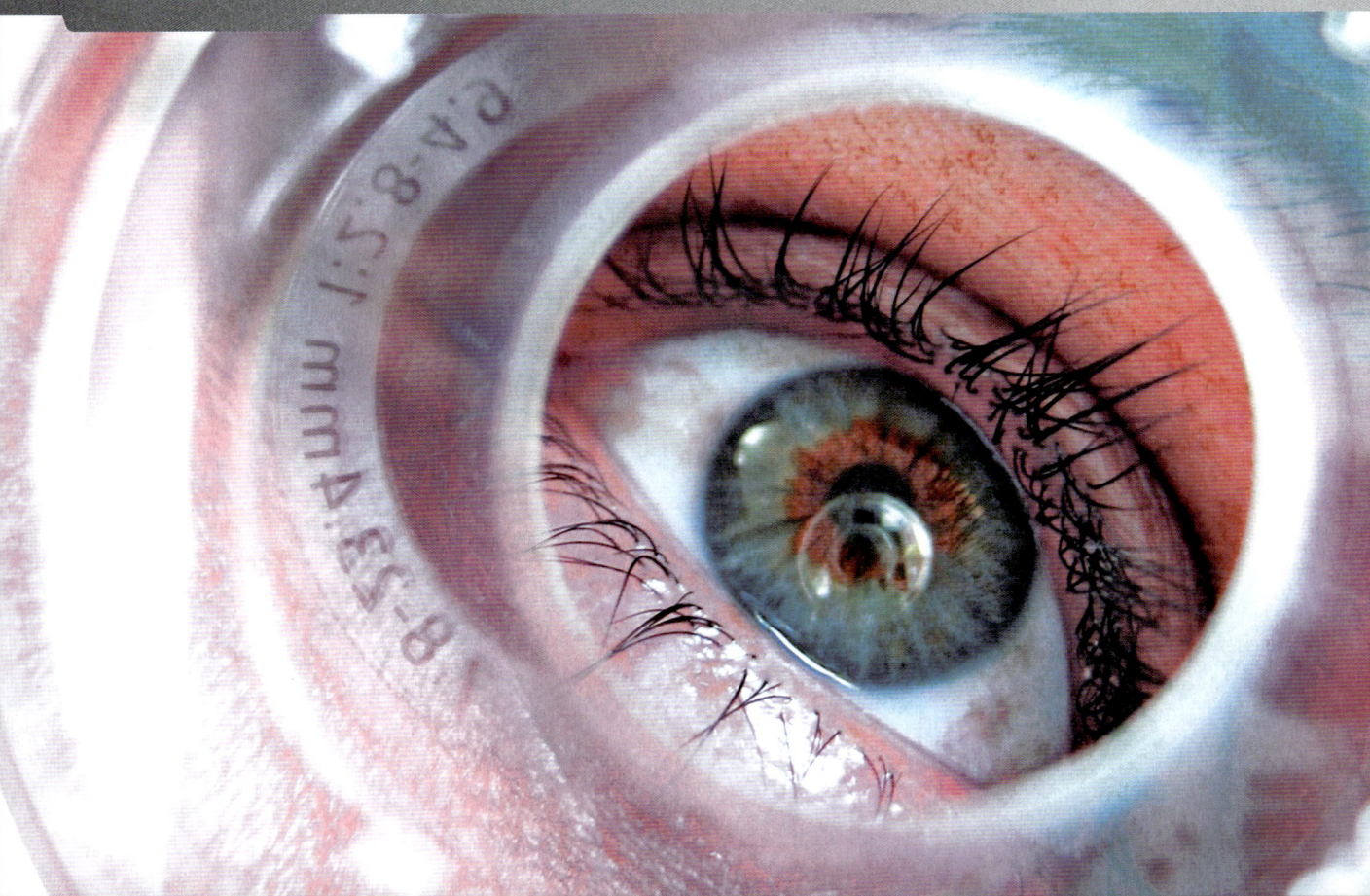

Ich habe keine Zeit.

Sie haben jeden Tag 24 Stunden, 7 Tage pro Woche und 365 Tage im Jahr zu Ihrer Verfügung. Das heißt, Sie verfügen über Ihre Zeit, und wenn Sie dies umsichtig tun, werden Sie Unwichtiges aussortieren, sich auf das Wesentliche konzentrieren und entsprechend weniger unter Stress zu leiden haben.

Keine Zeit!

Fehlannahme:

Wir brauchen keine Strategie, wir legen einfach los.

Wer nicht nachdenkt, kann auch keine Strategie entwicklen. Beides gehört zusammen. Zwar ist Strategie in der Managementliteratur ein sehr abgegriffenes Thema, doch ist sie so aktuell wie nie. Hermann Simon hat hierzu in seinem Fachbuch »Strategie und Wettbewerb« 50 handfeste Aussagen zu diesem Thema gemacht und darin festgestellt, dass gerade heute die Strategie eines Unternehmens ein entscheidender Wettbewerbsfaktor sein wird.

Die wenigsten Mittelständler wissen aber über Strategie Bescheid, und noch weniger wenden sie an. Es ist an der Zeit, dass sich dies ändert. Hermann Simon fasst Strategie folgendermaßen zusammen:

· Wissen, was man will.
· Wissen, was man nicht will.
· Etwas Neues schaffen.
· Externe Chancen und interne Kompetenzen integrieren.
· Durchhalten.
· Strategie ist allumfassend.

Welcher dieser Punkte ist in Ihrem Unternehmen klar definiert? Hierzu braucht es ein Leitbild, an dem sich alle im Unternehmen orientieren können, aber an dem sich auch unsere Kunden orientieren können. Aus dem Leitbild werden Ziele und Strategie abgeleitet. Eine durchdachte Strategie ist die Grundlage eines wettbewerbsfähigen Unternehmens!

Wettbewerbsfaktor Strategie

Fehlannahme:
Wir können Mitarbeiter motivieren.

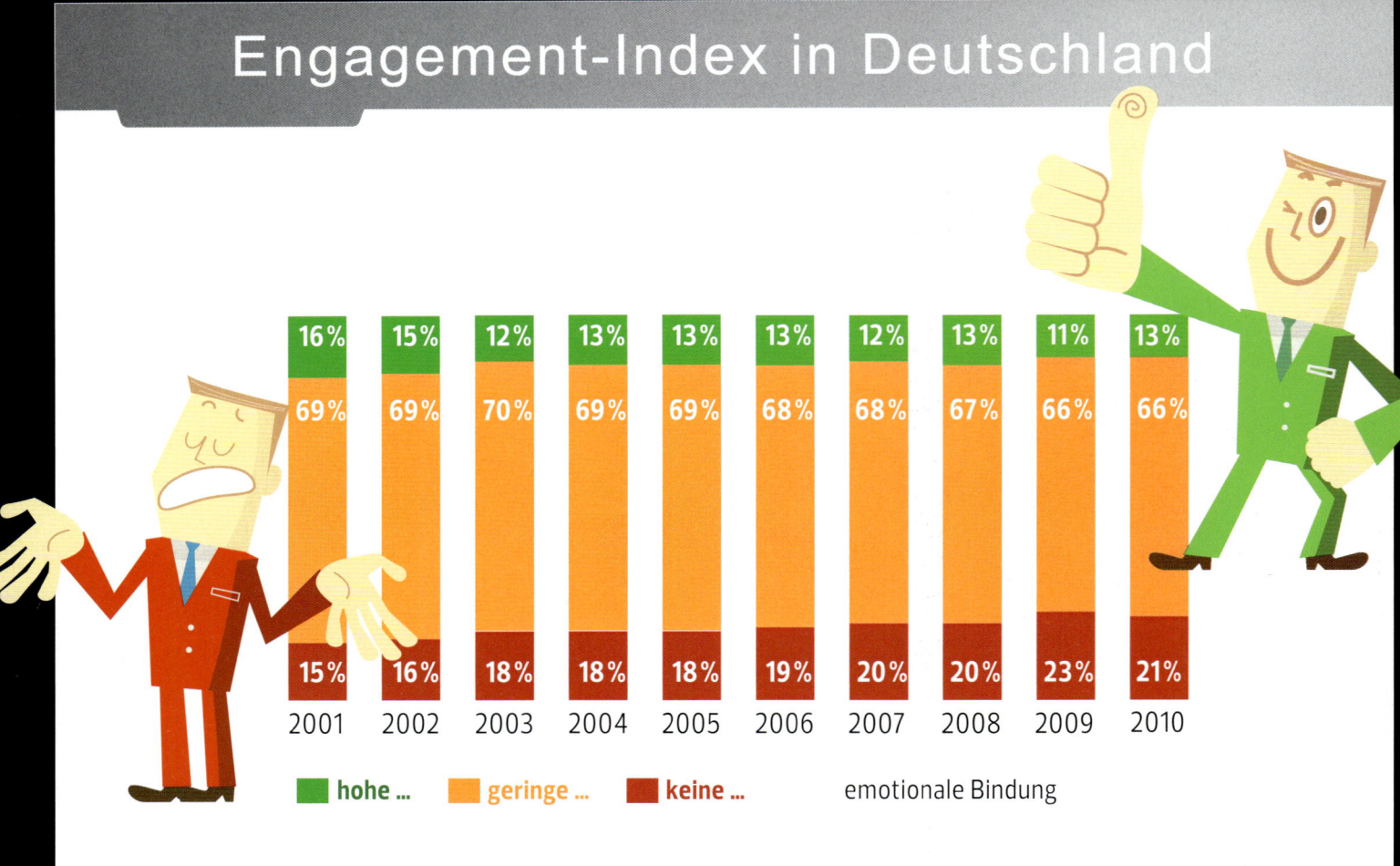

Engagement-Index in Deutschland

	2001	2002	2003	2004	2005	2006	2007	2008	2009	2010
hohe	16%	15%	12%	13%	13%	13%	12%	13%	11%	13%
geringe	69%	69%	70%	69%	69%	68%	68%	67%	66%	66%
keine	15%	16%	18%	18%	18%	19%	20%	20%	23%	21%

■ hohe ... ■ geringe ... ■ keine ...   emotionale Bindung

Es steht schlecht um die Stimmung in den Unternehmen. Die jährliche Gallup-Studie zeigt, dass immer weniger Mitarbeiter motiviert und voll Energie bei der Arbeit sind. 11 Prozent gaben 2009 eine hohe emotionale Bindung an ihr Unternehmen zu Protokoll, 2005 waren es noch 13 und 2001 noch 16 Prozent. Gleichzeitig steigt der Anteil der Arbeitnehmer, die keine innere Bindung an ihr Unternehmen verspüren – mit anderen Worten also schon innerlich gekündigt haben. 2009 betraf dies 23 Prozent der Mitarbeiter! Bereitschaft, Orientierung und Strategie erzeugen Energie zur Mitarbeit. Sie entsteht, wenn die Motive des Mitarbeiters und die angebotenen Motive seitens der Führung übereinstimmen. Wenn sie nicht übereinstimmen, geht die Motivation der Mitarbeiter zugrunde.

Fragen an Sie als Führungskraft oder Unternehmer:
· Welche Motive hat Ihr Unternehmen?
· Auf welchem Energieniveau arbeiten Ihre Mitarbeiter?

· Sind sie zufrieden, motiviert oder gar begeistert?
· Wie geht es Ihnen als Unternehmer selbst?
· Sind Sie zufrieden, motiviert oder begeistert?
· Stellen Sie fest, dass Ihnen die Energie fehlt?
· Wundern Sie sich, dass die Mitarbeiter keine Energie haben?

Bei der Motivation und Energie kommt es darauf an, ob das Geschäft aus Überzeugung betrieben wird, ob es sinnvoll ist und ob es wirklich um die Kunden und deren Nutzen geht. Oder geht es doch nur um Gewinn? Wundern wir uns, warum unsere Mitarbeiter sich hauptsächlich für ihre Bonuszahlungen interessieren? In einem solchen Umfeld sind Werte und Vertrauen bedeutungslos und es mangelt an Orientierung. Allen Beteiligten fällt es schwer, die nötige Energie aufzubringen und Ideen in die Tat umzusetzen. Dabei ist es doch eigentlich ganz einfach: **Wenn wir aufhören zu demotivieren, kann sich die bestehende Motivation endlich entfalten.**

Unser Unternehmen ist kundenorientiert genug.

Kein Unternehmen ist je hinreichend kundenorientiert! Fragen Sie Ihre Kunden. Und beweisen Sie mir, dass ich falsch liege. Leider ist Kundenorientierung ein viel gebrauchtes Wort und eine wenig vollzogene Tat. Es geht die Mär vom König Kunden durch unser Land. Es heißt, der Kunde stehe im Mittelpunkt! Dies gilt jedenfalls immer und überall für Firmenbroschüren und Hochglanzprospekte. In Wirklichkeit steht er als »Mittelpunkt« stets im Weg. Dies wird uns spätestens bewusst, wenn wir auswärts essen gehen, in einem Hotel übernachten oder kurz vor Ladenschluss noch etwas kaufen wollen. Sie wissen, was ich meine. Auch bei der Entwicklung von Dienstleistungen und Produkten wundern sich viele Unternehmer und Führungskräfte, dass der Kunde diese gar nicht will, sie weder braucht noch benutzen kann. Nicht der Chef entscheidet über den Erfolg des Unternehmens, sondern der Kunde.

Kundenorientierung

Bitte
nicht
stören !

Fehlannahme:
Die Unternehmenssteuerung erfolgt
über den Jahresabschluss.

Steuerung

Sehr häufig werden Jahres- und Halbjahresabschlüsse zugrunde gelegt, wenn das zukünftige Tun geplant werden soll. Das ist nur insofern richtig, als das Erreichte mit den Zielvorgaben für diesen Zeitraum verglichen wird. Erschreckend viele Unternehmen werden durch den Rückspiegel gesteuert anstatt durch die Windschutzscheibe. Der Blick nach vorne ist von größerer Bedeutung. Aus der Vergangenheit können wir lernen, aber die Zukunft gilt es zu gestalten. Nachlässigkeiten und Fehler haben fatale Folgen. Voraussetzung sind ein klares Ziel und eine klare Strategie, daraus abgeleitet gibt es auch die finanziellen Ziele für das kommende Jahr (Umsatz, Kosten und Gewinn). Wer sorgfältig plant und in periodischen Abständen die Ergebnisse kontrolliert (etwa monatlich), läuft nicht Gefahr, seinen Träumen und Trugbildern zum Opfer zu fallen.

Fehlannahme:
Ein guter Unternehmer ergreift
jede »günstige« Gelegenheit.

Eine der wesentlichen Eigenschaften eines Unternehmers ist die Bereitschaft, »etwas zu unternehmen« und in eine »günstige« Gelegenheit zu investieren. Das ist seine Stärke!

Jedoch kann es sich auch als Schwäche erweisen, wenn wir von einer »günstigen« Gelegenheit zur nächsten springen und somit aus den »günstigen« Gelegenheiten eine Serie von ungünstigen Arbeitsbedingungen schaffen. Wenn wir uns einmal für ein Ziel und eine klare Strategie entschieden haben, dann gilt es auch, dabei zu bleiben und die Energien zu bündeln. Gelegenheiten wird es immer geben, und häufig sind sie Ablenkungen vom eigentlichen Kerngeschäft und, um ehrlich zu sein, auch von der eigentlichen Kernkompetenz. Unternehmer greifen also günstige Gelegenheiten auf – prüfen diese sorgfältig –, entscheiden sich und lassen sich dann nicht von anderen günstigen Gelegenheiten weiter ablenken. Sie setzen ihre Zielvorstellungen um.

Heute gilt es günstige Gelegenheiten umzusetzen – jedoch diese vorher gründlich zu prüfen. Und dann schneller als andere zu sein.

Eine gute Ausbildung ist teuer.

Schlechte oder gar keine Ausbildung sind teuer, nämlich wenn Sie bei Misserfolgen zu teures »Lehrgeld« zahlen müssen. Eine gute Ausbildung ist immer preiswert, denn sie ist ihren Preis wert, und sie wird sich auszahlen, für uns persönlich und für das Unternehmen. Über auftretende Probleme zu jammern, bringt nicht weiter. Häufig fehlt uns die Kompetenz oder die zündende Idee. Gute Seminare und gute Bücher helfen weiter. Die Zeit, die Sie für Seminare und die Lektüre von Fachliteratur aufbringen, ist sinnvoll angelegt. In Seminaren können Sie überdies interaktiv mit neuen Ideen und Kenntnissen umgehen und diese direkt in Ihr tägliches Handeln integrieren. Bücher geben Wissen, Seminare die Umsetzung.

Ausbildung lohnt sich

Fehlannahme:
Ich bin kompetent genug.

Das ist gerade das Spannende am Älterwerden, nämlich dass man Mängel und Schwächen nicht als Endpunkte der eigenen und der gesellschaftlichen Lage hinnimmt, sondern ihnen entgegentritt und Abhilfe sucht, indem man »dazulernt«. Landläufig glaubt man, Ausbildung sei etwas für die Schwachen oder diejenigen, die ein Defizit haben. Genau das Gegenteil ist richtig. Gute Aus- und Weiterbildung bedeutet, dass wir in unsere Stärken investieren und auch in die Stärken unserer Mitarbeiter.

Stärken Sie Ihre Stärken!

Der Weg durch dieses Buch

Mit den nun folgenden Kapiteln möchte ich Sie zu einer spannenden Reise mit einem wirklich lohnenden Ziel einladen: kraftvolle Energie für Ihr Unternehmen und Sie selbst.

Wir beginnen unseren Weg mit Fragen nach Ihrem Selbstverständnis (1), Ihren Zielen (2), Ihrer Selbstorganisation (3) und Ihrer persönlichen Energie (4). Dann widmen wir uns Ihrer strategischen Vision (5), Ihrer Performance (6) und Ihren Kunden (7). Anschließend geht es um die Kunst der Steuerung: Analyse (8), Controlling (9) und Entscheidung (10). Die folgenden Etappen streifen Management-Themen wie Organisation (11), Qualitätsmanagement (12) und Projektmanagement (13) und Führungs-Themen wie Wertschätzung (14), Kompetenz (15) und Gesundheit (16) – und schließlich das Thema Umsetzung.
Ich wünsche Ihnen viele gute Erkenntnisse und auch viel Spaß unterwegs – wobei hier, wie auf jeder Reise, gilt: **Der Weg ist das Ziel!**

Lebensführung

> »Gegenüber der Fähigkeit,
> die Arbeit eines einzigen
> Tages sinnvoll zu ordnen,
> ist alles andere im Leben
> ein Kinderspiel.«

Johann Wolfgang von Goethe

Jeder kennt sie. Jeder Manager und jeder Unternehmer ist mit ihr konfrontiert: mit einer Person, die sich nur äußerst schwer führen lässt, die häufig mehr verspricht, als sie halten kann, die immer wieder aus der Balance gerät, die oft nicht die erhoffte Leistung erbringt – mit sich selbst. Dabei kann dieser Person – also Ihnen, lieber Leser – gar keine böse Absicht unterstellt werden und erst recht kein schwacher Wille. Im Gegenteil: Sie streben doch danach, Ihre Sache gut und jeden Tag noch besser zu machen. Doch diese Sache ist eben sehr komplex. Schließlich müssen Sie nicht nur in Ihrem Job jeden Tag Exzellenz unter Beweis stellen – und das dank moderner Kommunikationstechnik und internationalen Handelsbeziehungen zunehmend rund um die Uhr.

Sie müssen (nicht zuletzt aufgrund der Erosion traditioneller Geschlechterrollen) nebenher auch noch für gereinigte Hemden und einen gefüllten Kühlschrank sorgen, als Gebäudemanager für Ihr Haus, als Bildungsmanager für Ihre Kinder und als Eventmanager für die gemeinsame Familienzeit auftreten. Sie begegnen also jeden Tag einer so großen Fülle von Anforderungen, dass es schier unmöglich ist, alles perfekt und pünktlich zu packen. Und weil diese Anforderungen steigen und steigen, verwandelt sich selbst so etwas scheinbar Schlichtes wie Ihre »Lebensführung« immer mehr zu Arbeit.

Bevor Sie sich also neue Ziele setzen und sich auf den Weg machen, ist es wichtig, diese Zusammenhänge zu kennen – und den eigenen, aktuellen Standort. Denn sowohl Ihre Ziele als auch Ihr Weg werden von diesem Standort in großem Umfang beeinflusst. Dabei verstehe ich unter Standort weniger eine geografische Position, keine Verortung in einer bestimmten historischen Epoche oder in einem sozialen Milieu – sondern ich meine die Bezugspunkte unseres Denkens. Denn oft sind es nicht äußere Rahmenbedingungen, die uns vor besondere Herausforderungen stellen, sondern es ist das gesamte Denk-System, in dem wir uns befinden. Es gilt, diese Bezugspunkte freizulegen und herauszufinden, warum wir uns im Laufe unserer Biografie für sie entschieden haben – ob dies nun bewusst oder unbewusst geschehen ist.

Verständnis

Zuerst geht es darum, die eigene Situation im Leben zu verstehen. Denn immer wenn wir einen Weg gehen wollen und diesen suchen, brauchen wir Standort und Ziel. Ohne diese beiden Punkte, auch in unserem Leben, bleibt ein Weg immer unkonkret und damit auch nicht gehbar. In diesem Buch beginnen wir mit dem Verständnis der eigenen Person, weil genau dieses Verständnis über unsere persönlichen Stärken und Talente auch immer einen Beitrag zur Klarheit der Ziele leistet.

Bei einem Menschen muss das Verständnis der eigenen Person vor der Formulierung seiner Ziele stehen. Bei einem Unternehmen ist es umgekehrt: Hier werden zuerst die Ziele definiert, die dieses Unternehmen (und der Unternehmer) erreichen möchte (was wiederum auf einem persönlichen Standort basiert), und dann erst kommen die Analyse und Steuerung.

Ziele

Nachdem der Standort klar ist, geht es bei einer wirksamen Lebensführung darum, die Richtung und entsprechend auch den Weg zu definieren, den wir in unserem Leben zurücklegen wollen. Ich bin fest davon überzeugt, dass jedes einzelne Leben wirksamer, energiereicher und wesentlich glücklicher wäre, wenn die Menschen wüssten, was sie wirklich wollen, und konsequent danach handeln würden. Konsequent zu leben ist schwer genug, aber es wird zu einem Ding der Unmöglichkeit, wenn wir nicht wissen, was wir im Leben wollen, und auch nicht, wie wir unser Leben leben wollen.

Viele Menschen meinen, dies sei gar nicht definierbar, weil es sowieso anders kommt, als man denkt. Diese Meinung widerspricht meiner eigenen Lebenserfahrung und den Erkenntnissen, die ich aus meinen Gesprächen mit zahlreichen Unternehmern und Führungskräften gewonnen habe. In jedem Leben gibt es Situationen, die gemäß den eigenen Zielen Probleme beinhalten, die unlösbar erscheinen. Aber erst wenn wir unseren Zielen und unseren Werten treu bleiben, stellen wir fest, dass es fast immer einen Weg gibt. Dieser ist häufig auf den ersten Blick nicht zu sehen, manchmal auch nicht auf den zweiten. Aber es liegt an uns, hartnäckig zu bleiben, um dann im dritten oder vierten Anlauf den richtigen Weg zu finden. Werte und Ziele sind die Grundlage eines motivierten Lebens, denn sie geben uns die Motive, für die sich große Anstrengungen lohnen. Sie sorgen für ein klares und konzentriertes Denken, Planen und Handeln.

Ordnung

Um unsere Ziele auch im Alltag umzusetzen und mit der uns zur Verfügung stehenden Zeit zu erreichen, ist Ordnung und Disziplin sehr wichtig. Dies beinhaltet die tatsächliche physische Ordnung auf unserem Schreibtisch ebenso wie den ordentlichen Umgang mit unserer Zeit. In der Unternehmensführung sprechen wir hier von Management und bezogen auf unser Leben geht es um unser persönliches Management.

· Wie strukturieren wir unsere Tage?
· Wie ordnen wir unsere Umgebung?
· Welche Einstellung und Werkzeuge helfen uns dabei, effizient zu sein?

Wenn klare Ziele uns dabei helfen, effektiv (ZIEL-orientiert) handeln zu können, so hilft uns unsere persönliche Ordnung effizient (ZEIT-orientiert) zu sein.

Sehr viel Unheil und Unglück passiert in vielen Leben, weil Menschen immer wieder ihre Ziele aufschieben oder ihre Prioritäten falsch setzen. Es reicht nicht, nur gute Ziele zu formulieren, Sie wollen diese schließlich auch umsetzen. Dafür braucht es Effizienz, Ordnung und ein gutes Zeitmanagement. Auch wenn das Thema Zeitmanagement in den letzten 20 Jahren in aller Munde war, so trug es nicht dazu bei, dass die Menschen mehr Zeit für das Wesentliche im Leben haben. In diesem Buch wird Ihnen ein einfaches und praktisches System der Ordnung und des Zeitmanagements vorgestellt.

Energie

Was nützt das Verständnis unseres Standortes, was nützen alle Ziele und die beste Ordnung, wenn uns die Gesundheit und Energie im Leben fehlen, daraus etwas Schönes und Gutes zu machen? Ein großes Ziel meiner Arbeit ist es, für die Balance von Körper und Seele zu werben. Nur wenn Körper und Seele in Einklang sind, entsteht daraus Energie, Glück und lang anhaltende persönliche Motivation. Dies erfordert aber auch, etwas für die seelische und körperliche Gesundheit zu tun.
Als Arzt und Unternehmer ist dies mein besonderes Anliegen. So möchte ich neben das Zeitmanagement aus der Aufgabe »Ordnung« auch das persönliche Gesundheitsmanagement stellen, das zu unserer Lebensenergie führt.

Mein Anliegen ist es dabei, Sie gerade nicht dazu zu bewegen, permanent die »Zähne zusammenzubeißen«, Ihre Tage mit »eisernem Willen« zu verleben und sich möglichst nie eine Pause zu gönnen. Heute wissen wir, dass uns gerade eine solche Art der Lebensführung auf Dauer alle Energie und Kreativität raubt und uns letztendlich in den Burn-out treibt. Sie brauchen den Mut eines selbstbewussten Unternehmers, um sich konsequent für eine Lebensführung zu entscheiden, die Ihnen – und damit letztendlich auch Ihrem Unternehmen – nachhaltig guttut.

Dazu zählt eben auch, dass Sie sich in bestimmten Zeiten von allen elektronischen Kommunikationsgeräten befreien, die wir heute wie selbstverständlich in unseren Taschen und immer häufiger sogar auch in den Ohren tragen. Dazu gehört, dass Sie eben nicht jeden Abend bis zur Erschöpfung arbeiten, sondern Ihre sozialen Kontakte genießen, sich bewegen – oder einfach einmal schlafen!

Uns fehlt heute viel Lebensenergie, weil wir, so meine ich, immer mehr das Gefühl für unseren Körper verloren haben. Wir spüren nicht mehr, wann wir eine Pause brauchen oder dass wir Bewegung brauchen, wir achten nicht einmal mehr auf so simple Signale wie Hunger oder Durst. Wie wollen wir ein Unternehmen mit Intelligenz und Fingerspitzengefühl führen, wenn wir diese »Basics« nicht mehr im Griff haben?

Und das ist noch nicht alles: Unsere Lebensenergie entweicht durch ein weiteres Loch in unserem Leben, das man als eine Art geistige Obdachlosigkeit bezeichnen könnte. Viele Unternehmer und Mitarbeiter haben gar keinen Zugang mehr zu ihrer ganz persönlichen »Sinnfrage«:

· Wie möchte ich leben – und warum?
· Was ist mir wichtig im Leben?
· Was brauche ich nicht für mein Leben?
· Wer liegt mir am Herzen?
· Wofür möchte ich mich anstrengen?
· Warum möchte ich bestimmte Ziele erreichen?
· Nach welchen Prinzipien möchte ich leben?
· Woran erkenne ich am Ende meines Lebens, das ich ein gutes Leben gelebt habe?

Das folgende Kapitel möchte Sie dabei unterstützen, die für Sie entscheidenden Antworten zu finden.

»Im Gegensatz zum Tier sagt dem Menschen kein Instinkt, was er muss, und im Gegensatz zum Menschen in früheren Zeiten sagt ihm keine Tradition mehr, was er soll – und nun scheint er nicht mehr recht zu wissen, was er eigentlich will.«

Viktor Emil Frankl

Erfolg in der Überflussgesellschaft

Ich möchte dies anhand eines einfachen und nachvollziehbaren Beispiels verdeutlichen, das unseren Körper betrifft. Viele Menschen sind heute übergewichtig, was heißt, dass sie zu viel Fett mit sich herumtragen. Nun ist Fett nichts Schlimmes und schon gar kein Feind. Wir existieren heute nur, weil es die sinnvolle Einrichtung unseres Köpers gibt, Fett zu produzieren. Als wir vor 50.000 Jahren über die Prärie streiften, fraßen wir uns in guten Zeiten einen kleinen Bauch an. Das sicherte unser Überleben, denn in mageren Zeiten zehrten wir von unserem Fett.

Nun hat der Mensch sich zivilisatorisch weiterentwickelt, ist jedoch in seinem Verhalten auf dem damaligen Niveau stehen geblieben. Unsere Einstellung hat sich nicht geändert, jedoch unsere Situation. Wir leiden keinen Hunger mehr und müssen auch nicht mehr jagen gehen – überhaupt müssen wir uns nicht mehr viel bewegen. Nun haben wir ein Problem. **Wie werden wir das Fett wieder los, das wir ansetzen?** Wir müssen umdenken: weniger essen und mehr bewegen! Nun ist das mit dem Denken so eine Sache, denn gedacht ist noch lange nicht getan. Wir müssen also unsere Einstellung und Gewohnheiten, die zu unserem Verhalten führen (welches biologisch und auch psychologisch ganz natürlich zu erklären ist), ändern.

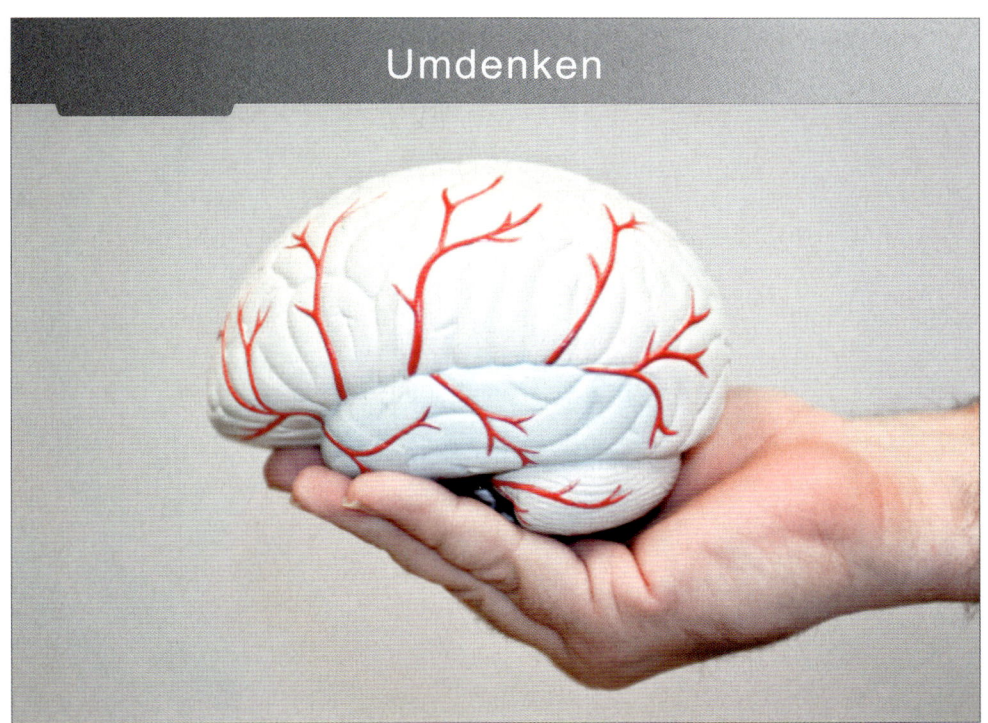

Der Mensch ist nicht nur aufgefordert, sich technisch und materiell (Wissen) weiterzuentwickeln, sondern auch ethisch und persönlich (Gewissen). Wir brauchen eine neue Ebene des Denkens. Eine Ebene, die über die materielle Sichtweise des Wissens hinausreicht und das ethische Bewusstsein des Gewissens mit einschließt. Erst der Einklang dieser beiden Welten (die Balance) wird uns ermöglichen, die Probleme der Zukunft zu lösen.

»Ich kann freilich nicht sagen, ob es besser werden wird, wenn es anders wird; aber so viel kann ich sagen: Es muss anders werden, wenn es gut werden soll.«

Georg Christoph Lichtenberg

Verständnis

Wer bin ich?

> »Persönlichkeiten werden nicht durch schöne Reden geformt, sondern durch Arbeit und eigene Leistung.«
>
> Albert Einstein

Die Frage klingt eigentlich ganz einfach: »Wer sind Sie?« Aber es ist gar nicht so leicht, sie zu beantworten – und es wird immer schwieriger. Im 19. Jahrhundert konnte man vielleicht noch sagen: »Ich bin Bäcker aus Hamburg, bin verheiratet und habe fünf Kinder.« Berufe, Orte und auch die Arbeitsteilung zwischen den Geschlechtern waren relativ klar definiert. Heute haben wir viel mehr Wahlmöglichkeiten, was uns einerseits eine größere Freiheit der Selbstentfaltung gibt – uns andererseits aber eine Menge Entscheidungen und Verhandlungen abverlangt (nicht zuletzt mit der eigenen Lebenspartnerin oder dem eigenen Lebenspartner). Etliche fühlen sich von der Fülle der Möglichkeiten so überwältigt, dass sie eine Art »Multioptionsparalyse« erleiden: Sie wissen gar nicht mehr, was sie wollen, und fühlen sich wie gelähmt.

Patchwork-Identitäten

Heute finden viele, vor allem die jüngeren Menschen, keine klaren Rahmenbedingungen zur Definition ihrer eigenen Identität mehr – auch wenn Sie sich für bestimmte Optionen entschieden haben: So arbeiten sie vielleicht in Brüssel, wohnen aber eigentlich in Frankfurt. Sie haben vielleicht Jura studiert, sind aber als Eventmanager beschäftigt. Sie gründen ein Unternehmen, studieren »nebenher« Medizin, arbeiten nach dem Studium als Arzt, wechseln dann in eine Unternehmensberatung, kaufen anschließend ein eigenes Unternehmen, pendeln schließlich zwischen verschiedenen Wohnsitzen und Unternehmensstandorten (wenn Sie mein Profil im letzten Buchteil angeschaut haben, kommt Ihnen diese Biografie vielleicht bekannt vor…). **»Wer bin ich – und wenn ja, wie viele?«** Wie können wir unter diesen Rahmenbedingungen noch sagen, wer wir sind?

- Ganz oben auf der Liste der Identifikationswege steht immer noch der Beruf – auch wenn die Bezeichnungen abstrakter werden und immer häufiger wechseln.
- Ebenfalls zentral scheint mir noch immer so etwas wie »Heimat« zu sein (»Ich bin Bayer, Rheinländer, Berliner …«) – auch wenn die wenigsten noch da zu Hause sind.

- Manche definieren sich über die Welt der Marken, in denen sie sich in ihren Grundwerten verstanden fühlen – also über ihre Konsumgewohnheiten. Sie sehen sich etwa als »Fahrer eines XY-Fahrzeugs« oder als »FAZ-Leser«.
- Andere finden ihre Identität über ihre Freizeitbeschäftigungen – und sehen sich etwa als »Segler«, »Hobbygärtner« oder »Jazzer«.
- Und wieder andere verweisen direkt auf ihre persönliche Wertewelt (»Ich bin Protestant«; »Ich bin XY-Wähler«).

Soziale Milieus

Die »Wer-bin-ich?«-Frage finden auch Sozialforscher spannend. So analysiert zum Beispiel das Heidelberger Sinus-Institut seit rund 30 Jahren, aus welchen Milieus sich die Bevölkerung dieses Landes zusammensetzt. In regelmäßigen Abständen ziehen Sinus-Forscher durchs Land, stellen Fragen und machen Fotos. Ihre Ergebnisse sortieren sie in einer Grafik mit der x-Achse »Grundorientierung« (von Tradition bis Neuorientierung) und der y-Achse »Soziale Lage« (Unterschicht bis Oberschicht). Jede Merkmalskombination ergibt eine Zuordnung zu einem sozialen Milieu – wobei alle Milieus auf einen Blick aussehen wie eine Ansammlung von Kartoffeln unterschiedlicher Größe (siehe www.sinus-institut.de).

Insgesamt ergibt sich folgendes Bild:
- **Konservativ-etabliertes Milieu:** die klassischen Etablierten mit hoher Verantwortungs- und Erfolgsethik (10 Prozent).
- **Liberal-intellektuelles Milieu:** die liberale und postmateriell eingestellte Bildungselite (7 Prozent).
- **Milieu der Performer:** die Leistungselite mit global-ökonomischem Denken (7 Prozent).
- **Expeditives Milieu:** die individualistische, digitale Avantgarde (6 Prozent).
- **Bürgerliche Mitte:** der leistungs- und anpassungsbereite bürgerliche Mainstream (14 Prozent).
- **Adaptiv-pragmatisches Milieu:** die mobile, zielstrebige, junge Mitte der Gesellschaft (9 Prozent).
- **Sozialökologisches Milieu:** das idealistische, konsumkritische und globalisierungsskeptische Milieu (7 Prozent).
- **Traditionelles Milieu:** die eher kleinbürgerliche Kriegs- und Nachkriegsgeneration (15 Prozent).
- **Prekäres Milieu:** die Teilhabe und Orientierung suchende Unterschicht (9 Prozent).
- **Hedonistisches Milieu:** die spaßorientierten unteren Schichten (15 Prozent).

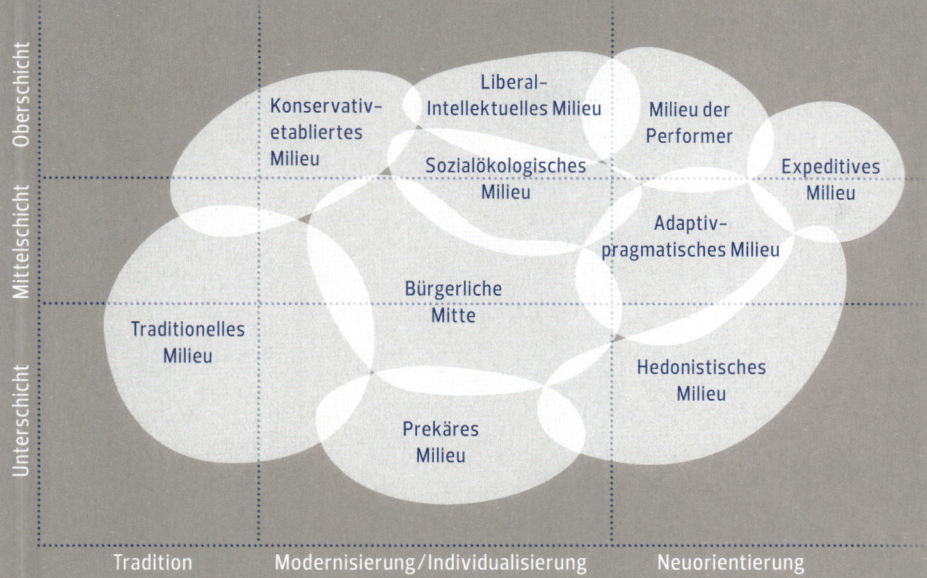

Oberschicht
Mittelschicht
Unterschicht

Konservativ-
etabliertes
Milieu

Liberal-
Intellektuelles Milieu

Milieu der
Performer

Sozialökologisches
Milieu

Expeditives
Milieu

Adaptiv-
pragmatisches Milieu

Bürgerliche
Mitte

Traditionelles
Milieu

Hedonistisches
Milieu

Prekäres
Milieu

Tradition   Modernisierung/Individualisierung   Neuorientierung

Copyright: Sinus 2010

Trotz der ausführlichen Milieu-Beschrei-
bungen des Sinus-Instituts ist es gar nicht
so einfach, sich selbst darin zu verorten: Bin
ich eher »konservativ-etabliert« oder »bür-
gerlicher Mainstream«? (Wer möchte schon
»Mainstream« sein?) Überdies verändert
sich unsere Gesellschaft so gravierend, dass
immer wieder Milieus verschwinden und neue
auftauchen. So ist es vielleicht kein Wunder, dass es jedem von uns immer schwerer
fällt, die Frage nach dem eigenen Selbstverständnis zu beantworten. Das folgende
Kapitel möchte Sie dabei unterstützen, klare
Antworten für sich selbst zu finden.

»Es ist falsch, dass im Leben die Umstände entscheiden. Im Gegenteil: Die Umstände sind immer der neue
Kreuzweg, an dem unser Charakter entscheidet.«

José Ortega y Gasset

Wo stehe ich?

Wie bestimmen wir nun unseren Standort?

Es sind nicht nur unsere Gewohnheiten, Überzeugungen und die Zugehörigkeit zu einem bestimmten Milieu, die unser »Ich« bestimmen. Wesentlich sind wir geprägt durch die Rahmenbedingungen unserer Biografie: In welcher Familie wuchsen wir auf? An welchem Ort? Und in welcher Zeit?

ich

Religion · Hobby · Großeltern · Schwester · Kinheitserlebnisse · Politik · Frieden · Kultur · Schule · Kinder · Gene · Bruder · Freunde · Gesundheit · Beruf · Vater · Mutter · Erziehung · Geburtshaus · Elternhaus · Vereine / Verbände · Zeitgeist · Wohnort · Vereine / Verbände

Da mannigfache Einflüsse unsere Persönlichkeit »irgendwie« geformt haben, könnte manch einer von »Verwicklung« derselben in seinem Leben sprechen. »Entwicklung« wäre demnach der Vorgang der bewussten Kenntnisnahme all dessen, was uns als Individuum ausmacht, sowie die bewusste Teilhabe und Fortentwicklung des Selbst.

Ein anderer bildhafter Ausdruck hierfür ist »Entfaltung«, das heißt die Aufhebung der Falten oder das Bewusst-Machen der Falten, die sich in unserem Leben ereignet haben. Denn all die obenstehenden Faktoren führen dazu, dass sich Falten in unserem Denken und in unserer Seele bilden – ähnlich den Falten im Gesicht unseres Körpers.

Ent-falten

Was ist Erfolg?

Ein wichtiges Denk-System stellen wir nun einmal auf den Prüfstand: unser Denken über Erfolg. Wie ist Erfolg definiert? Hier ein paar herkömmliche Definitionen des Erfolges.

Erfolgsdefinitionen

Erfolg ist Art und Grad der Zielerreichung. (Hardy Wagner)

Erfolg ist das Streben nach Lust. (Sigmund Freud)

Erfolg ist das Streben nach Macht. (Alfred Adler)

Erfolg ist das Streben nach Bedeutung. (Benjamin Franklin)

Diese Definitionen des Erfolgs bleiben alle an der Oberfläche des Lebens. Durch hohe Ziele, durch ein hohes Maß an Macht und Bedeutung oder durch ein Leben in höchster Lust ist aber noch kein Mensch glücklich geworden.

Unser Glück ist nämlich nicht ursächlich verbunden mit unserem materiellen Erfolg, sondern vielmehr mit dem Sinn, den wir unserem Leben geben. Wenn es Ihnen gelingt, sich in Ihrem Leben und in Ihrem Beruf auf den tieferen Sinn zu konzentrieren, sind Sie gefeit gegen viele Schicksalsschläge – und das ist gut so, denn in unserer turbulenten Wirtschaftswelt wird jeder von uns immer häufiger Rückschläge verkraften müssen: Im Weltmarkt explodieren Preise, willkürliche Banken-Entscheidungen lenken unsere Geschicke, immer mehr Gesetze und Regelungen engen uns ein. Dazu kommen private Schicksalsschläge: Vielleicht zwingt uns eine schwere Krankheit in die Knie? Vielleicht verlieren wir Freunde, Partner oder sogar unsere eigenen Kinder?

Das Leben ist nun mal kein Buffet, von dem sich jeder nehmen kann, was immer er will. Und es ist auch nicht alles möglich – selbst wenn wir gemäß vieler US-amerikanischer Ratgeber ganz fest und positiv daran denken. Vieles in unserem Leben ist nicht allein unserer Leistung geschuldet, sondern das Ergebnis glücklicher Umstände. Wir tun gut daran, uns dafür nicht fest auf die eigene Schulter zu klopfen, sondern einfach dankbar zu sein.

»Die erfolgreiche Lösung unserer Probleme liegt in unserer Persönlichkeit. Häufig stellen wir uns selbst ein Bein und wundern uns, dass wir stolpern. Erfolg ist dabei immer ein Weg, nie ein Ziel! Der Weg ist das Ziel!«

Cay von Fournier

Erfolg – eine neue Definition

Erfolg ist
der Grad an Sinnerfüllung.

Erfolgreich sein heißt
sinnvoll sein.

Ein wichtiger Schritt ist es, die Definition des Erfolges zu überdenken und sie zu ändern. Denn allein Werte und Sinn führen zu einer nachhaltigen Strategie. Allein durch Werte und Sinn wird etwas kreativ erschaffen. Werte und Sinn stehen für die seelische Welt des Geistes, also eine unvergängliche Welt der Kreativität und Schöpfung. Konkrete Ziele wie Lust, Macht, Ruhm und Bedeutung stehen für die materielle Welt des Körpers. Sie sind allenfalls Ergebnis, nicht aber das Ziel eines natürlichen und somit langfristig wirklich erfolgreichen Systems. Ökonomie ohne Ethik macht keinen Sinn!

Erfolg ist der Grad an Sinnerfüllung. Erfolgreich sein heißt sinnvoll leben. Aus den richtigen Werten entsteht Sinn für unser Leben, und aus diesem Sinn entsteht eine Sinnvision, aus der wir die richtigen Ziele ableiten. Diese Ziele werden deutlich über die einfachen Vorstellungen der materiellen Welt hinausgehen (»mein Haus, mein Auto, mein Boot«). Wenn Sie sich die bürgerlichen Stiftungen des 18. und 19. Jahrhunderts anschauen, gewinnen Sie einen Eindruck davon, was durch die großen Ziele einzelner Menschen bewegt wurde: So entstanden aus dem materiellen Erfolg einzelner Familien und Unternehmer Museen, Schulen, Universitäten, Krankenhäuser oder Stadtparks. Oft tragen diese noch heute die Namen ihrer Stifter (in Frankfurt am Main zum Beispiel das Senckenberg- und das Städel-Museum, der Bethmann-Park), fallen uns aber als solche (leider!) gar nicht mehr auf.

Relation Glück und Erfolg

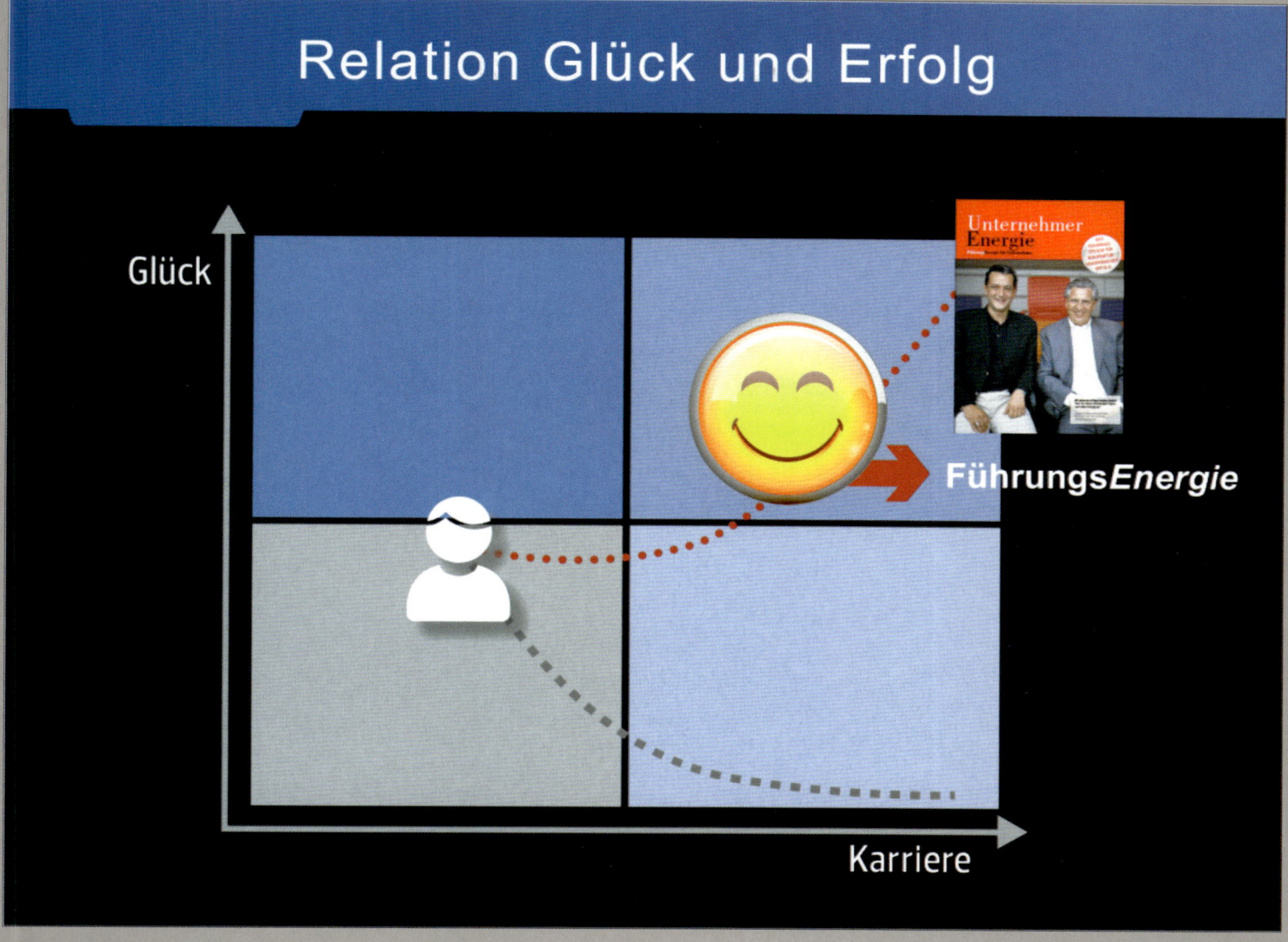

Denken Sie einmal an die, sagen wir, fünf erfolgreichsten Menschen in Ihrem Umfeld.

· Was macht sie erfolgreich?
· Tragen sie große Verantwortung in einem Unternehmen?
· Führen sie besonders viele Mitarbeiter?
· Sind ihnen herausragende, wissenschaftliche Erkenntnisse gelungen?
· Wohnen sie in besonders beeindruckenden Häusern, leisten sich exotische Urlaube oder exklusive Freizeitbeschäftigungen?

Andererseits: Haben Sie den Eindruck, dass diese Menschen glücklich sind? Wirken sie ausgeglichen und gesund? Leben sie in intakten Familien und pflegen sie einen inspirierenden Freundeskreis? Nein? Viele beruflich sehr erfolgreiche Menschen konzentrieren sich so stark auf ihre Arbeit, dass sie andere Bereiche völlig vernachlässigen – vor allem die eigene psychische und physische Gesundheit und Familie. Die wachsende materielle Fülle steht dann einer immer größer werdenden inneren Leere gegenüber.

Ich bin überzeugt davon, dass Erfolg und Glück zwei völlig verschiedene Dimensionen sind. Diese beiden Dimensionen können, aber müssen sich nicht ausschließen.

· Man kann erfolgreich sein und nicht glücklich
· oder auch glücklich und nicht erfolgreich
· oder glücklich und zugleich erfolgreich.

Allzu oft passiert es auf dem Weg zum Erfolg, dass unser Glück immer kleiner wird. Dies ist eine große Gefahr, die überall um sich greift, die wir aber bannen können: Dazu brauchen wir nichts weiter als eine respektvolle Achtsamkeit uns selbst gegenüber. Wir müssen darauf achten, dass Glück und Erfolg in Balance bleiben – und uns im Zweifelsfall gegen die Rezepte der »Management-Erfolgsliteratur« entscheiden, die sowohl die Kunst der Lebensführung als auch die der Menschenführung regelmäßig ausblendet. Wenn uns das gelingt, können wir auch dann glücklich bleiben, wenn der Erfolg einmal ausbleiben sollte. Vor allem aber können wir wirklich erfolgreich glücklich sein.

Werkzeug  »Situationsanalyse«

Die Aufgabe einer effektiven Persönlichkeit ist das Verständnis für die eigene Situation und den eigenen Standort. Ob dies in letzter Konsequenz möglich ist, möchte ich an dieser Stelle offenlassen, aber die Umsetzung der Erkenntnisse auf diesem Weg werden sehr hilfreich sein.

Denken Sie immer daran: Einsichten ohne praktische Umsetzungen sind wirkungslos. Wenn wir Dinge als falsch erkennen und sie nicht ändern, wird das Problem in unserem Leben fortbestehen.

Der Umfang in diesem Buch ist viel zu knapp, um weit in die Tiefe zu gehen. Ich denke aber, dass dies für den Anfang gar nicht notwendig ist, denn mein Anliegen ist es, dass Sie überhaupt einmal anfangen über bestimmte Dinge nachzudenken.

Dieser Weg hat sehr viel mit unserem Selbstbewusstsein zu tun, dem Bewusstsein um unser Selbst. Wir sollten uns die Zeit nehmen, uns unsere Persönlichkeit selbst bewusst zu machen, damit daraus Selbstwert und Selbstvertrauen entstehen. Wir sollten uns immer wieder Zeit nehmen, uns mit unserer eigenen Persönlichkeit sowie der Struktur unseres Charakters auseinanderzusetzen.

Wer bin ich
... und warum?

BUCHEMPFEHLUNG:
Cay von Fournier (Hrsg.): Ich bin wertvoll. Stockheim, SchmidtVerlag 2010

Wann und bei welchen Aufgaben fühle ich mich wohl und stark ...

... und was habe ich dadurch erreicht?

Mein besonderes Talent ist?

Meine beste Eigenschaft ist?

Wann und bei welchen Aufgaben fühle ich mich unwohl, schwach ...

... und was habe ich dadurch versäumt?

Was ist mir immer schwergefallen?

Was ist meine schlechteste Eigenschaft?

Was ist das tiefste Bedürfnis meines Herzens?

Wenn ich drei Wünsche frei hätte, was würde ich mir wünschen?

Ziele

Das Leben in Balance

»Was ein Mensch an Gutem in die Welt hinausgibt, geht nicht verloren.«

Albert Schweitzer

Mit der ersten persönlichen Aufgabe (Verständnis) haben wir für Klarheit hinsichtlich unseres Standortes gesorgt. Bei der zweiten persönlichen Aufgabe geht es um unsere Ziele. Wenn wir über unsere eigene Motivation sprechen, dann muss uns das Wesen der Motivation bewusst sein, nämlich die Motive, die zu dieser Motivation führen. Menschen werden wirksam durch klare Ziele, die sie sich selbst gegeben haben, und durch die Bereitschaft, für diese Ziele auch aktiv zu handeln. Unser größtes Ziel sollte sein, in Balance zu leben.

Der Grundsatz der Balance sieht das Leben als ein großes Ganzes. Viel körperliche Krankheit und seelische Not entstehen dadurch, dass wir einzelne Lebensbereiche vernachlässigen oder auch zugunsten anderer Lebensbereiche opfern. Ein klassischer Konflikt ist das Opfern unseres familiären Lebens für das berufliche Fortkommen. Auch unsere Gesundheit wird oft dem Verlangen nach besserer Bezahlung und noch mehr Geld geopfert. Es stecken hier frühere Werte und Prägungen dahinter, die wir uns nur durch Selbstbewusstsein deutlich machen können.

Lebensbalance heißt Einklang zwischen den einzelnen Lebensbereichen und ist Voraussetzung für Lebensenergie und Glück. Die Lebensbalance teilt sich auf in privates und berufliches Schaffen. Welche Bedeutung wird es in 100 Jahren haben, was Sie beruflich geschaffen haben? Wer wird danach fragen, welches Auto Sie gefahren haben? Es wird in der Regel egal sein. Nicht egal wird jedoch sein, welche Bedeutung Sie für Ihr Kind gehabt haben oder wem Sie Freund gewesen sind. Hier definiert sich der wahre Sinn unseres Lebens.

Die »8 F« der LebensBalance

In meinem Modell der LebensBalance überschreibe ich diese Bereiche jeweils mit einem Wort, das mit dem Buchstaben »F« beginnt. Somit kann mein Modell auch die »8 F der LebensBalance« genannt werden: In einer Welt der Polaritäten ist Balance von großer Bedeutung. Sie ist Voraussetzung für das, was Menschen

Glück nennen. Blicken wir auf mein nebenstehendes Modell, so ist die Balance der gegenüberliegenden Lebensbereiche in unserem Alltag von großer Bedeutung: Die Balance zwischen Familie und Firma, zwischen Seele und Körper, zwischen Freude und Finanzen sowie zwischen unserer Fortbildung und unseren Freunden. Alles hängt miteinander zusammen.

Bei diesem Grundsatz ist zu bedenken, dass nur ein Leben in Balance auch ein wirklich glückliches Leben sein kann. Dies sollten wir uns immer wieder vor Augen führen.

Die Balance zwischen Familie und Firma: Diese wird gerade in Familienunternehmen immer wieder auf die Probe gestellt. Oftmals beherrscht »die Firma« alles: Jedes Gespräch dreht sich um Kunden und Mitarbeiter, im Zweifelsfall wird jeder Urlaub geopfert, oft wird erwartet, dass die nächste Generation das Unternehmen weiterführt. Problematisch wird es dann, wenn es dem Unternehmen nicht mehr gut geht und die Kinder andere Pläne schmieden. Dann steht plötzlich die Identität der Familie in Frage. Gesünder ist es, wenn die Familie viele Interessen pflegt, sich einen gesunden Rhythmus und kreative Auszeiten gönnt. So kann sie auf Herausforderungen souverän reagieren – und im Zweifelsfall komplett umsteuern, ohne in eine existenzielle Krise zu geraten.

Die Balance zwischen Fitness und Frieden – womit ich nichts anderes meine als die Balance zwischen Seele und Körper. Wir brauchen beides: einen gesunden, im besten Sinne »ausgeglichenen« Körper (ohne verspannten Nacken und schmerzendes Kreuz) und genauso eine »ausgeglichene« Seele, die ihren Halt findet in unseren Wertvorstellungen, und (wenn wir einen Sinn dafür haben) in unserem Glauben oder unserer Spiritualität.

Die Balance zwischen Freude und Finanzen: Hier stehen sich die materielle, rationale Seite unserer Welt und die immaterielle, manchmal auch irrationale Seite unserer Welt direkt gegenüber. Ich kenne exzellente Geschäftsleute, die in ihrer Freizeit ebenso exzellente Pianisten sind. Oder anders gesagt: Eine gute Altersversorgung allein macht uns nicht glücklich, wenn wir nicht auch einen Garten kultiviert haben, in dem wir unsere Zeit verbringen werden.

Die Balance zwischen Fortbildung und Freunden: Was nutzt es Ihnen, wenn Sie in etlichen Fortbildungen hervorragend Verhandeln gelernt haben, aber kein inspirierendes Gespräch mehr mit Ihren Freunden führen können? Sorgen Sie für Balance in Ihrer persönlichen Entwicklung! Tun Sie das nicht, kommt es zu Desintegration entweder in Ihrem sozialen oder in Ihrem beruflichen Umfeld.

Gelingt es Ihnen, wird man Sie als einen Menschen mit großer Kompetenz und großem Herzen wahrnehmen. Wenn Sie mögen, können Sie Ihre persönliche Position mit Hilfe der Grafik auf dieser Seite bestimmen: Fokussieren Sie Ihre Energie eher auf Ihr Unternehmen oder auf Ihre Familie? Trainieren Sie vor allem Ihren Körper oder auch Ihren Geist? Es geht nicht darum, an jedem Tag eine mathematische Balance zu erzielen (naturgemäß sind wir einmal hier mehr gefordert und einmal dort) – sondern eine Balance im Querschnitt unserer Lebensjahre. Nur ein Leben in Balance kann ein wirklich glückliches Leben sein.

Ein Modell der Lebensbalance

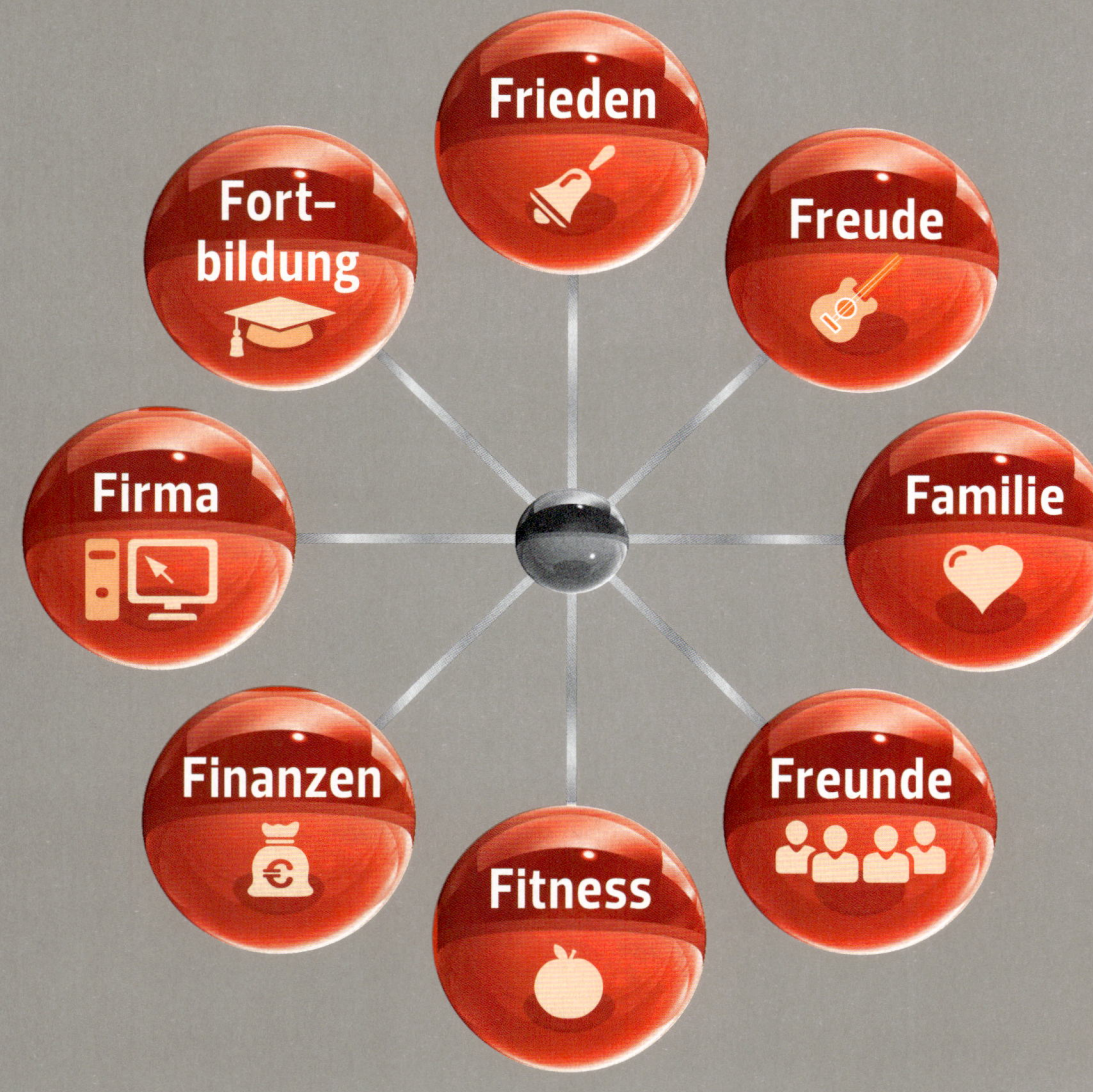

»Es gibt keinen Erfolg im Geschäftsleben, der ein Versagen im privaten
Bereich kompensieren könnte.«

Kim B. Clark

BUCHEMPFEHLUNG:
Cay von Fournier: Das
Geheimnis der Lebens-
Balance. Stockheim,
SchmidtVerlag 2003

Die Vision als Quelle der Motivation

Haben Sie schon einmal eine persönliche Vision verwirklicht? Sahen Sie ein Bild vor Ihrem inneren Auge, das Sie Wirklichkeit werden lassen konnten? Dann wissen Sie, wie viel Kraft eine solche Vision auslösen, wie sie auch andere Menschen begeistern und wie sie dabei helfen kann, selbst schwierigste Passagen auf dem Weg zu diesem Ziel zu meistern. Und Sie wissen auch, wie gut es sich anfühlt, ein solches Ziel erreicht zu haben. Wie sieht Ihre aktuelle Vision aus?

Haben Sie eine Vision?

Wo wollen wir hin?

Was wollen wir mit unserem Leben anfangen?

Welche Ziele wollen wir erreichen?

Welchen Sinn geben wir unserem Leben?

Was sind wir bereit für eine aktive Lebensgestaltung zu tun?

> »Wenn das Leben keine Vision hat, nach der man strebt und nach der man sich sehnt, die man verwirklichen möchte, dann gibt es auch kein Motiv, sich anzustrengen.«
>
> Erich Fromm

Die Begriffe Sinn, Werte und Vision fließen für mich zusammen, wobei diese Begriffe Unterschiedliches beschreiben. Die Orientierung, wie wir uns in verschiedenen Situationen entscheiden und was wir mit unserem Leben anfangen wollen, geben uns unsere Werte. Die Werte helfen uns bei der Suche nach unserem Sinn und sie sind auch die Grundlage unserer Vision und unseres Verhaltens. Eine Vision meint das Große und Ganze unseres Lebens und ist damit gleichwertig mit dem Sinn, den wir unserem Leben geben wollen. Vision und Sinn sind jedoch nicht das Gleiche! Die Vision beschreibt, was wir gerne aktiv aus unserem Leben machen wollen, was unsere tiefen Wünsche sind und wie wir diese umsetzen wollen. Ob wir es auch tatsächlich umsetzen werden, hängt von einer Vielzahl von Faktoren ab. Aber erst einmal ist der Wille zu etwas Großem in unserem Leben die Voraussetzung, auch konkret etwas zu unternehmen. Der Sinn ist die Bedeutung, die wir einer Situation oder unserem Leben als Ganzes beimessen. Viele Situationen können wir nicht vorhersehen, jedoch können wir auch solchen Situationen einen tieferen Sinn entnehmen.

Aus unserer Vision schöpfen wir die Kraft und Energie, um unsere Ziele zu erreichen.

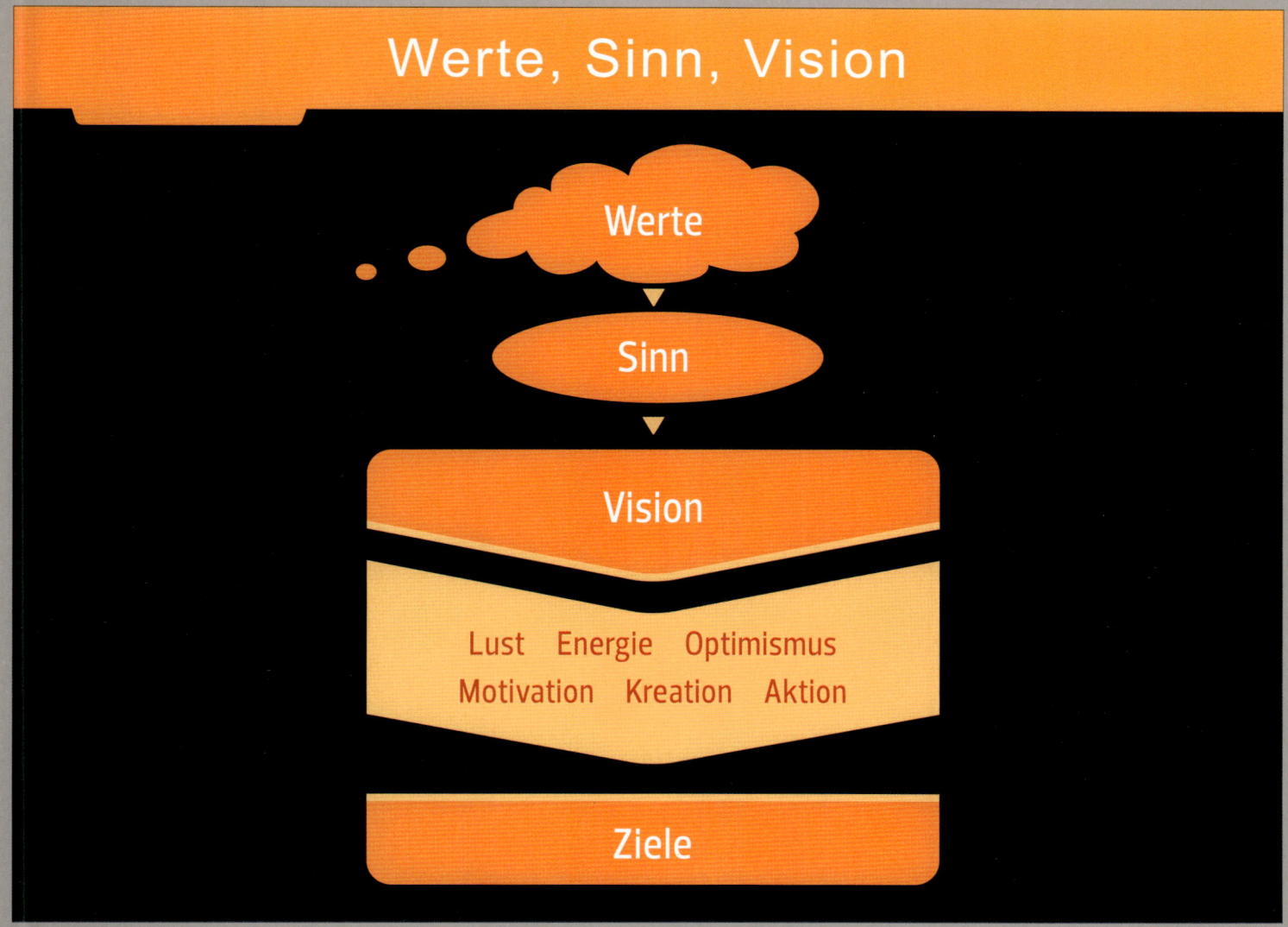

Über die grundsätzlichen Werte des Lebens gilt es von Zeit zu Zeit nachzudenken, denn das Leben ist oft nicht das, was es zu sein scheint. In den
Momenten unseres Lebens, in denen wir mit der eigenen Endlichkeit konfrontiert werden, mit Krankheit oder gar Tod, werden grundsätzliche Werte deutlich, die in unserem Alltag in Vergessenheit geraten. Nehmen Sie sich Zeit für die
wirklich wichtigen Dinge im Leben. Und wenn Sie das Thema »Kultur und Ethik«
interessiert, dann empfehle ich Ihnen die Literatur von Albert Schweitzer.

»Das gute Beispiel ist nicht eine
Möglichkeit, andere Menschen zu
beeinflussen, es ist die einzige.«

»Viel Kälte ist unter den Menschen,
weil wir nicht wagen, uns so herzlich
zu geben, wie wir sind.«

»Humanität besteht
darin, dass niemals
ein Mensch einem
Zweck geopfert wird.«

»Viele Menschen wissen, dass sie unglücklich
sind. Aber noch mehr Menschen wissen nicht,
dass sie glücklich sind.«

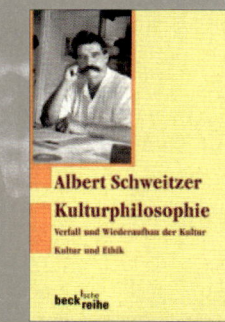

BUCHEMPFEHLUNG:
Albert Schweitzer:
Kulturphilosophie 1.
Neuauflage. München,
Beck 2007

Die Kraft unserer Gedanken

Unsere Vorstellungskraft ist die Fähigkeit, sich Dinge vorzustellen, die es noch gar nicht gibt und vielleicht auch nie geben wird. Jedoch sind diese Dinge und Ereignisse in unserer Vorstellung real. Für uns selbst müssen wir Wege des Denkens definieren, die uns und anderen nützlich sind. Wenn Sie also negativ denken, wird Ihnen bestimmt auch Negatives passieren. Wenn Sie optimistisch und mit einer positiven Einstellung an die Sache herangehen, erhöhen sich Ihre Erfolgsaussichten um ein Vielfaches! Es gibt sie, die Optimisten und die Pessimisten, die Gläser halb voll und halb leer sehen.

Letztlich täuschen sich oft beide, aber die Optimisten leben glücklicher. Auch höre ich oft den Verweis, dass Menschen sich lieber als Realisten bezeichnen.

Beides schließt sich übrigens nicht aus. Der Realist blickt auf die Gegenwart und sieht sie so, wie sie ist. Der Optimist blickt in die Zukunft und weiß, dass es schwer werden kann, dass es aber letztlich gut ausgehen wird. Seien Sie ein »realistischer Optimist« oder ein »optimistischer Realist«. Diese Menschen sind eher wirksam und leben dabei auch noch fröhlicher.

»Der Mensch wird oft zu dem, was er glaubt zu sein. Wenn ich mir ständig einrede, eine bestimmte Sache gehe einfach über meine Kraft, dann kann es sein, dass ich schließlich zu schwach bin. Glaube ich hingegen fest an meine Fähigkeit, eine bestimmte Leistung zu erbringen, so werde ich diese Fähigkeit sicherlich erwerben, auch wenn ich sie ursprünglich nicht besaß.«

Mahatma Gandhi

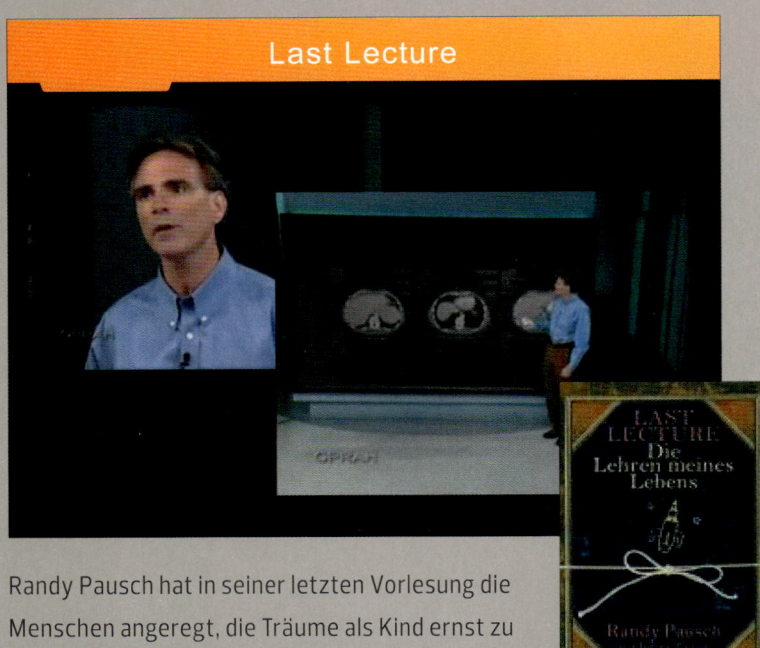

Last Lecture

Randy Pausch hat in seiner letzten Vorlesung die Menschen angeregt, die Träume als Kind ernst zu nehmen und seinen eigenen Kindern mehr Raum zu geben. Aber wahrscheinlich war es auch die immense Energie, mit der er seinen Zuhörern und seiner Familie Trost zugesprochen hat, und wenn in seinem Buch die Worte seiner Frau, die sie ihm auf der Bühne zuflüsterte (»bitte, stirb nicht!«), wiedergegeben werden, so erscheint unser ganzes Leben in einem anderen Licht. Sehen Sie sich auch das Video auf YouTube an, das unter den beiden Begriffen »Randy Pausch« und »Last Lecture« gefunden werden kann.

BUCHEMPFEHLUNG:
Randy Pausch: Last Lecture. Die Lehren meines Lebens. Bielefeld, Bertelsmann 2008

Ellen MacArthur

Ellen MacArthur war schon als Kind leidenschaftliche Seglerin. Mit 13 kaufte sie ihr erstes Boot, mit 21 segelte sie ihre erste Atlantik-Regatta. Mit 24 nahm sie an der Vendée Globe teil und war 100 Tage lang allein auf See. 2004 umsegelte sie in Rekordzeit die Welt: 50.648 Kilometer in rund 71 Tagen. Ellen MacArthur zeigte damit einmal mehr, was ein Mensch, der eine Leidenschaft hat, zu leisten imstande ist. Es sind Grenzerfahrungen, die wir in allen Extremsportarten wiederfinden. Dies ist eine Art, Sinn zu finden, die Welt in sich aufzunehmen, um diese Energie dann der Welt wieder zurückzugeben – auf die ein oder andere Art.

BUCHEMPFEHLUNG:
Ellen MacArthur: Ich wollte das Unmögliche. Wie ich allein die Welt umsegelte. 5. Aufl. München, Piper 2008

»Wenn du denkst, verloren zu haben,
dann hast du verloren.
Wenn du denkst, dich nicht zu trauen,
dann traust du dich auch nicht.
Wenn du denkst, nicht gewinnen zu können,
wirst du verlieren.
Der Erfolg beginnt mit dem Gedanken,
ihn zu haben.«

Napoleon Hill

BUCHEMPFEHLUNG:
Napoleon Hill: Die Gesetze von Reichtum und Erfolg. München, Ariston 2008

Jeder Mensch ist wertvoll! Denn jeder Mensch hat die Möglichkeit, seinen Selbstwert zu definieren und nach diesen Werten zu leben, und dies drückt das Wort wert-voll ja aus: In seiner Existenzanalyse hat der österreichische Psychologe Viktor E. Frankl drei Wege zu einem sinnerfüllten Leben aufgezeigt und folgende Werteeinteilung vorgenommen: **Erlebniswerte, schöpferische Werte und Einstellungswerte.**

Die **Erlebniswerte** beschreiben alles, was wir im Leben als schön empfinden. Dies kann die Natur betreffen, aber auch Kunst, Kultur, Wissenschaft oder auch die Erlebnisse in unserer Arbeit. Diese Erlebnisse haben häufig mit anderen Menschen zu tun, die wie wir empfinden und mit denen wir das Erlebte teilen können. Durch das Erleben nehmen wir das Wertvolle aus der Welt auf – Erlebniswerte bereichern uns daher als Individuum.

Anders ist es bei der zweiten Wertekategorie, den **schöpferischen Werten,** bei denen es darum geht, dass wir durch unser Denken und Handeln die Welt bereichern. Der Mensch empfindet sich als sinnvoll, indem er zu einem Teil (auch wenn es nur ein kleiner Teil ist) die Welt gestaltet. Das Schaffen eines Werks wird ja auch als »Lebenswerk« bezeichnet und Menschen definieren ihren Sinn entlang einer solchen persönlichen Schöpfung.

Bei beiden Kategorien handelt es sich um ein aktives »TUN« und ein persönliches »Unternehmen« des eigenen Lebens. Durch die Erlebniswerte unternehmen wir etwas, um das Wertvolle der Welt in uns aufzunehmen, um es durch die schöpferischen Werte an die Welt zurückzugeben.

Wir sollten in unserem Leben darum bemüht sein, das natürliche Gleichgewicht zwischen diesem Nehmen und Geben stets aufrechtzuerhalten. Dies ist auch ein Teil der Bedeutung von aktiv gelebter Balance im Leben.

Da diese beiden Wertekategorien das aktive Tun zur Grundlage haben, brauchen wir für ein sinnvolles Wirken auch die Möglichkeiten, aktiv gestalten zu können. Aber nicht alle Situationen im Leben lassen sich so aktiv gestalten.

Manchmal unterliegen wir sehr stark äußeren Restriktionen. Für diese Situationen hat er die dritte Kategorie der **»Einstellungswerte«** definiert. Bei diesen Werten geht es um die Grundeinstellung zum Leben. Bei Krankheiten, Tod von lieben Menschen oder äußerer Gewalt stellt das Leben die Frage an uns selbst. In solchen Situationen geht es umso mehr um unsere persönliche Einstellung zum Leben und zum aktuellen Lebensumstand.

Werte als Grundlage

ethische Welt	Ethische Werte	SEIN – Charakter	WIE?
	Einstellungswerte		
	Aufgabenwerte	TUN – Kompetenz	WAS?
materielle Welt	Erlebniswerte		
	Symbolische Werte	HABEN – Besitz	
	Materielle Werte		

BUCHEMPFEHLUNG:
Viktor E. Frankl: Der Mensch vor der Frage nach dem Sinn. Neuausgabe. München, Piper 2010

Eine eigene Lebensphilosophie

Auf dieser Doppelseite sehen Sie Auszüge aus meiner eigenen Lebensphilosophie. Sie müssen dabei bedenken, dass dieser Prozess der Formulierung der eigenen Lebensphilosophie eigentlich nie abgeschlossen ist. Es ändern sich manche unserer Wertigkeiten und auch Lebensumstände. Das, was wir für sinnvoll halten, unterliegt auch der Änderung unserer Rahmenbedingungen und neuen Chancen. Die Lebensphilosophie ist, so wie unsere persönliche Vision und Ethik, nie dogmatisch zu sehen, sie unterliegt Veränderungen, die immer große Auswirkungen auf unser Leben haben. Mit der Zeit bin ich zum Schluss gekommen, dass es sich eigentlich nie um grundsätzliche Veränderungen handelt, sondern in der Regel um Verfeinerungen und geringe Verschiebungen in den Prioritäten. Unsere Horizonte und Erkenntnisse erweitern sich und es wäre nicht klug, alle Auffassungen unserer Jugend ins Alter fortzuschreiben. In diesem Sinne wünsche ich Ihnen viel Inspiration.

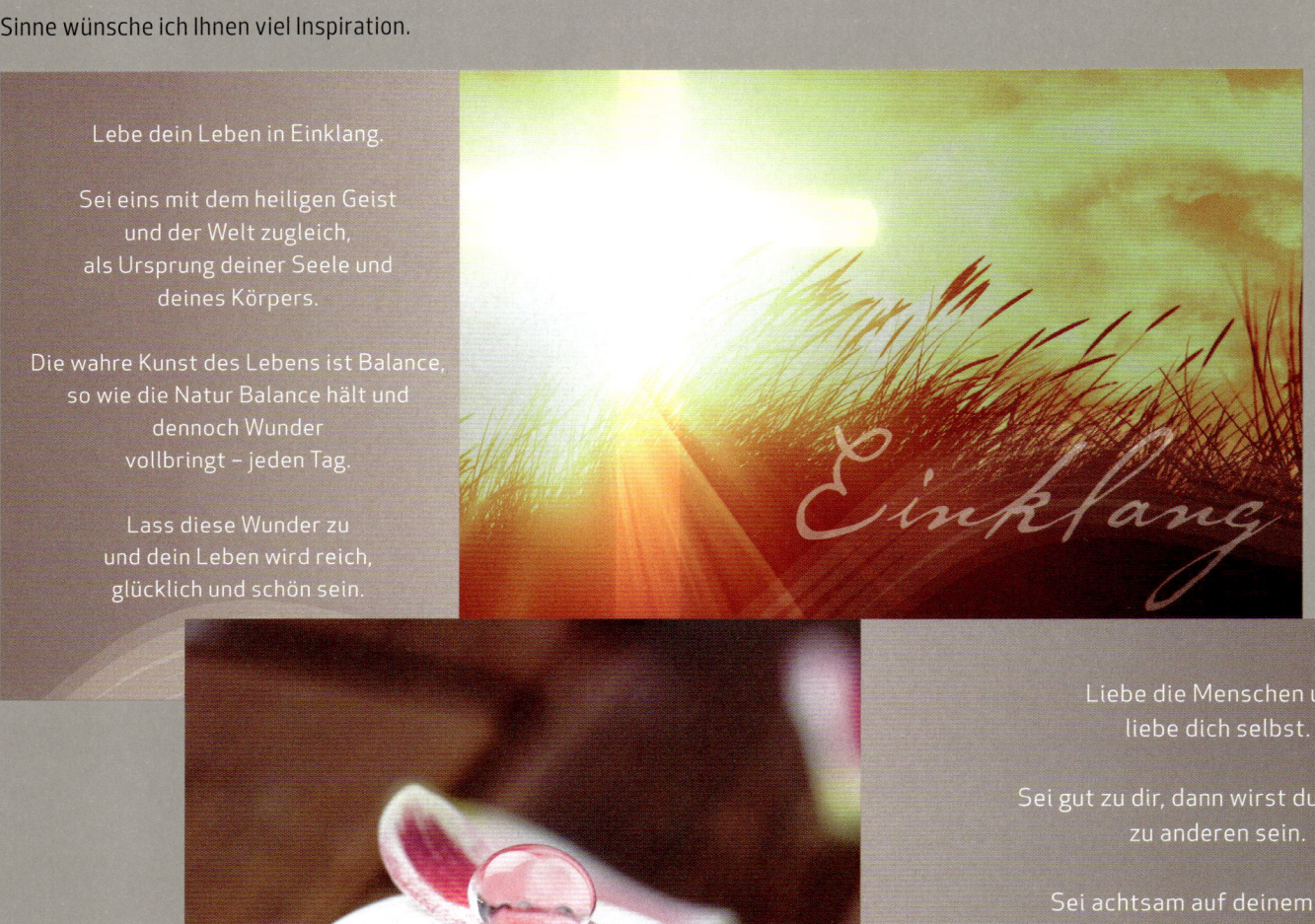

Lebe dein Leben in Einklang.

Sei eins mit dem heiligen Geist
und der Welt zugleich,
als Ursprung deiner Seele und
deines Körpers.

Die wahre Kunst des Lebens ist Balance,
so wie die Natur Balance hält und
dennoch Wunder
vollbringt – jeden Tag.

Lass diese Wunder zu
und dein Leben wird reich,
glücklich und schön sein.

Einklang

Liebe die Menschen und
liebe dich selbst.

Sei gut zu dir, dann wirst du auch gut
zu anderen sein.

Sei achtsam auf deinem Weg –
jeden Tag präsent,
und versuche die Menschen so zu behandeln,
wie sie sein könnten.

Verstehe, bevor du verstanden werden willst.

Sei ehrlich und anständig in deinem Handeln
und
stets im Reinen mit dir selbst.

Liebe

Lebe dein Leben in Freiheit,

voll Friede mit der Vergangenheit,

voll Begeisterung für die Zukunft und

voll Freude und Achtung in der Gegenwart.

Freiheit

Berufung

Strebe nach beruflichem Erfolg,
auch in kleinen Schritten.

Lerne dabei zu segeln, anstatt zu rudern.

Lebe deinen Beruf als Berufung
und gebe dich nie
mit einer zweitbesten Leistung zufrieden.

Sei dabei stets anständig,
auch wenn du kurzfristig überholt oder
übervorteilt wirst.

Das Leben ist kein Spurt,
sondern ein Marathonlauf.

»Jeder hat im Leben seine eigene spezifische Mission oder Berufung. Weder ist er in dieser zu ersetzen, noch lässt sich sein Leben wiederholen. Daher ist die Aufgabe eines jeden so einzigartig wie seine spezifische Möglichkeit, sie zu erfüllen.«

Viktor Emil Frankl

Die 7 Zeit-Horizonte unserer Ziele

Wir können unseren Weg durchs Leben unterschiedlich beschreiben: Vielleicht orientieren wir uns an den Orten, an denen wir gelebt und gearbeitet haben, vielleicht an unseren Karriereschritten oder an den familiären Konstellationen unserer Lebensphasen. Ich persönlich halte eine Orientierung an unseren Lebensjahren für sehr hilfreich und spreche von den »7 Zeit-Horizonten« unserer Ziele auf dem Weg durchs Leben.

Der 7. Zeit-Horizont: unsere Lebensvision. Wir sind fasziniert davon, diesem Horizont entgegenzusegeln, so wie seinerzeit Christoph Columbus, der hinter dem Horizont sein fernes Ziel vermutet hatte. Unsere Lebensvision ist eine Kombination aus unserem Idealismus, unseren Werten und einer Herausforderung, der wir in der Lebensspanne, die uns zur Verfügung steht, gerne nachgehen möchten.

Der 6. Zeit-Horizont: 21 Jahre. 21-Jahres-Horizonte sind die Perioden unserer Kindheit und Jugend, unseres Erwachsenseins, unserer Reife und unseres Alters. Sie setzen sich aus drei mal sieben Jahren zusammen (das ist der 5. Zeit-Horizont) und können trotz ihrer Länge geplant werden, auch wenn die Jahreszahlen nicht genau stimmen müssen.

Wenn Sie sich einmal wirklich Zeit für diese Horizonte nehmen, wird Ihnen eine ganze Menge einfallen, was Sie in dieser Zeit bewirken wollen und vor allem auch können. Sie können viele Sprachen lernen, Sie können jede Art von Unternehmen aufbauen. Sie können nicht nur eine Familie in dieser Zeit gründen, sondern sogar sehen, wie aus Babys erwachsene Persönlichkeiten werden. Leider lernen wir nirgends, in solchen Zeiträumen zu denken.

Heute leben – in Epochen denken

Unser Leben wäre weniger hektisch, wenn wir langfristig denken würden. Gleichzeitig würden wir mehr erreichen: Denn in der Regel unterschätzen wir die Möglichkeiten, die wir über einen solch langen Zeitraum haben, unser Leben zu gestalten.

Der 5. Zeit-Horizont (= Periode): 7 Jahre. Der fünfte Horizont reicht über einen Zeitraum von sieben Jahren und ist der eigentliche Zeit-Horizont für unsere mittelfristige Zielplanung. Die Periodenzielplanung ist wohl eine der interessantesten Aufgaben, da wir hier einen recht langen Zeitraum zur Verfügung haben und diese Planung sehr konkret sein kann (und sollte). Überlegen Sie einmal, wie sich Ihr Leben in 7-Jahres-Schritten entwickelt hat (0–6 Jahre, 7–13, 14–20, 21–27, 28–34, 35–41, 42–48, 49–55, 56–62 und so weiter). Stellen Sie dabei wellenförmige Veränderungen fest? So hat sie jedenfalls der Begründer der Anthroposophie, Rudolf Steiner, beschrieben (wobei diese Form der Weltanschauung diesem Buch NICHT zugrunde liegt. Wie bei so vielen Pseudowissenschaften, so gibt es auch bei der Anthroposophie nützliche und weniger nützliche Elemente). Die Einteilung in die sieben Jahresrhythmen können auch auf die Bibel zurückgeführt werden (»die sieben fetten, gefolgt von den sieben mageren Jahren«).

> »Man überschätzt, was man in einem Jahr erreichen kann, und unterschätzt, was man in 7 Jahren erreichen kann.«
>
> Cay von Fournier

BUCHEMPFEHLUNG:
Hape Kerkeling: Ich bin dann mal weg. Meine Reise auf dem Jakobsweg. 15. Aufl. München, Piper 2011

Planen Sie langfristig

Der fünfte bis siebte Zeit-Horizont sind die Horizonte unserer längerfristigen und mittelfristigen Planung, die ich für besonders wichtig halte, die aber im Leben der meisten Menschen zu kurz kommen.

Der 4. Zeit-Horizont: 1 Jahr. Der vierte Horizont ist der Horizont des Jahres und der Jahreszielplanung. Dieser Zeitraum ist ein ganz konkreter Zeitraum. Daher ist diese Planung auch besonders wichtig. Wie wir selbst immer wieder erleben, vergeht ein Jahr ziemlich schnell. Es ist ein empfehlenswerter Schritt, sich pro Jahr einen Tag Zeit zu nehmen, um diesen Horizont konkret zu planen. Der vierte Zeit-Horizont ist aber auch aus einem anderen Grund sehr wichtig. Er ist der mittlere Horizont und stellt das wichtige Verbindungsglied zwischen unserer Zielplanung (7.–5. Horizont) und unserer Zeitplanung (3.–1. Horizont) dar.

Der 3. Zeit-Horizont: 1 Monat. Der dritte Horizont ist der Horizont des Monats, hier planen wir einen Monat im Voraus und haben bereits eine konkrete Vorstellung von Terminen, Reisen, Freizeit und auch Arbeitstagen. Wir sollten uns pro Monat eine Stunde Zeit nehmen, um den Monat zu planen. Hier planen wir die Ziele, die wir uns für einen Monat vorgenommen haben (Monatsziele).

Der 2. Zeit-Horizont: 1 Woche. Der zweite Horizont ist der Horizont der Woche. Hier finden Sie die Ziele, die Sie innerhalb einer Woche erreichen wollen. Nehmen Sie sich jeden Sonntag 30 Minuten Zeit, um die Woche zu planen (Wochenziele).

Der 1. Zeit-Horizont: 1 Tag. Der erste Horizont ist der Horizont unseres Tages, die natürliche Zeiteinheit der Welt. Der Tagesablauf ist in groben Zügen häufig schon vorgegeben, er sollte jedoch an jedem Tag am Tagesanfang oder am Abend des Vortages noch einmal gründlich geplant werden. Nehmen Sie sich hierfür 15 Minuten Zeit. All das, was wir jeden Tag auf unserem Schreibtisch sehen (Tagesziele) und erledigen möchten, ganz gleich ob beruflich oder privat, ist Gegenstand der Tagesplanung.

Entwerfen Sie Ihren Lebensweg!

7. Horizont (= Vision)

6. Horizont (> 21 Jahre)

5. Horizont (= Periode)

4. Horizont (= Jahr)

3. Horizont (= Monat)

2. Horizont (= Woche)

1. Horizont (= Tag)

Damit wir unsere Ziele zeitlich besser einordnen können, habe ich das »Modell der sieben Zeit-Horizonte« entwickelt. Die sieben Horizonte sind aufgebaut wie eine Landschaft, mit einem Meer am Horizont.

Der siebte Horizont ist der Horizont, an dem wir in weiter Zukunft einmal ankommen wollen. Er ist der einzige Horizont, der etwas ungewiss ist, denn wie ein richtiger Horizont verschiebt er sich immer weiter, je näher wir kommen. Er ist der Horizont unserer Lebensvision, und da unsere Vision auf Werten basiert, ist dieser Horizont nahezu unerreichbar. Wir können unser Leben nach Werten ausrichten, aber erreichen können wir sie fast nicht.

Die davorliegenden Horizonte bilden verschiedene Distanzen (Zeiträume) ab, auf die wir blicken können: Von dem recht großen Zeitraum von 21 Jahren (das ist der 6. Horizont) bis hin zum heutigen Tag (der 1. Horizont). Ich bin überzeugt davon, dass wir unseren Lebensweg viel souveräner und gelassener gehen können, wenn wir einmal über unsere innere Landkarte nachgedacht und diese skizziert haben. Natürlich ändert sich das Bild, während wir unterwegs sind, und wir müssen unseren Weg immer wieder anpassen. Doch wenn wir uns einmal grundsätzlich orientiert haben, kommen wir nie wieder in die Verlegenheit, nach unserem Kompass suchen zu müssen.

Werkzeuge  für Ihre Horizonte-Planung

Ich habe entlang der sieben Zeit-Horizonte eine ganze Reihe an Werkzeugen zusammen-gestellt, die im Download für Sie bereitstehen.

»Persönliche Lebensmotive«

Mit dieser Übung klären Sie die wichtigsten Motive, die Sie und Ihr Leben bewegen. Sie suchen fünf Werte aus, die Ihnen am wichtigsten im Leben sind, und beantworten für jeden Wert fol-gende Fragen, um Ihre persönliche Lebensphilosophie zu skizzieren:

1) Was meine ich mit diesem Wert?
2) Wie will ich diesen Wert konkret leben (jeden Tag)?

Aus Ihren persönlichen Werten leitet sich Ihr persönlicher Sinn ab – und daraus wiederum können Sie Ihre individuelle Vision ableiten (wie auf den Seiten 56-57 beschrieben). Im nächsten Schritt folgt die Gestaltung Ihrer persönlichen Zeit-Horizonte. Dazu stehen kon-krete Übungen für Sie im Download bereit:

»6. Horizont: Langfristige persönliche Ziele«

»5. Horizont: Die persönliche Periodenzielplanung«

»4. Horizont: Die persönliche Jahreszielplanung«

Bei diesen Übungen konkretisieren Sie Ihre persönliche Zielplanung. Für jeden Zeithorizont gibt es einen Fragebogen, der sich mit Ihren Lebensbereichen beschäftigt. Fangen Sie mit dem 6. Zeithorizont an, nehmen Sie sich Zeit dazu, und vor allem: Denken Sie groß! (Die Amerikaner sagen dazu: »Think big!« – was bei aller Skepsis gegenüber Anglizismen ziem-lich ermutigend klingt.)

Think big!

Download unter:
www.UnternehmerEnergie.de

Ordnung

Das Unternehmen Leben

> »Manche leben mit einer so erstaunlichen Routine, dass es schwerfällt zu glauben, sie lebten zum ersten Mal.«
>
> Stanislaw Jerzy Lec

Gehören Sie zu den Menschen, die jeden Tag um die gleiche Zeit aufstehen? Durchlaufen Sie morgens, mittags und abends immer wieder die gleichen Routinen? Schalten Sie jeden Abend zur exakt gleichen Zeit das Licht aus? Und fahren Sie jedes Jahr an den gleichen Urlaubsort, und das selbstverständlich immer mit einem Auto der gleichen Marke und Größe? Oder entscheiden Sie jeden Tag neu, was Sie wann und wie tun möchten? Lassen Sie sich jedes Jahr von neuen Urlaubsabenteuern überraschen? Oder, dritte Möglichkeit, denken Sie sich immer wieder neue Routinen aus, nach denen Sie dann eine Weile leben?

Wie auch immer Sie Ihren Alltag organisieren: Ihr Alltag passiert nicht von selbst, sondern ist eine von Ihnen Tag für Tag aktiv aufgebaute Konstruktion. Diese Konstruktion, wie stabil oder fragil sie auch immer sein mag, entwickelt im Laufe Ihres Lebens eine wirkmächtige Eigenlogik und Eigendynamik. Vielleicht mag es Sie überraschen, aber es ist wahr: **Wir führen unser Leben, die Routinen unseres Lebens führen aber auch uns.** Die Frage ist bloß, ob wir für unsere Routinen das richtige Maß gefunden haben – denn das ist gar nicht so einfach. Auf der einen Seite gibt es Menschen, die sich durch ein strenges, äußeres Zeitgerüst im Inneren geradezu befreit fühlen und äußerst produktiv werden.

- Ein prominentes Beispiel ist der Philosoph Immanuel Kant. Sein Hausdiener soll ihn jeden Tag um 4:45 Uhr mit den Worten »Es ist Zeit!« geweckt haben, täglich absolvierte Kant zur gleichen Zeit einen Spaziergang (die Königsberger konnten bereits die Uhr nach diesem Spaziergang stellen), und immer ging er um 22 Uhr zu Bett.

- Der Orden der Benediktiner hat nicht nur die Tage, sondern auch die Nächte der Mönche exakt strukturiert, damit jede der Hauptaufgaben »Ora et labora et lege« (Beten, Arbeiten und Lesen) im rechten Maß verwirklicht wird. Der Zeitplan variiert von Kloster zu Kloster. Hier ein Beispiel:

Tagesablauf eines Benediktiners

01:00 – 02:30	Wecken, Ankleiden und Nachtgebet.
02:30 – 04:00	erneut Nachtruhe
04:00 – 04:30	Morgengebet in der Klosterkirche
04:30 – 05:45	erneute Nachtruhe
05:45 – 06:00	endgültiges Aufstehen
06:00 – 06:30	Gebete der erster Tagesstunde (Prim)
06:30 – 07:30	Versammlung im Kapitelsaal, Fortsetzung der Prim, Arbeitsverteilung und Disziplinarfälle
07:30 – 08:15	Morgenmesse
08:15 – 09:00	Private Messe oder Arbeit
09:00 – 10:30	Gebet der dritten Tagesstunde (Terz) und Messe
10:30 – 11:30	Arbeit
11:30 – 12:00	Gebet der sechsten Tagesstunde (Sext)
12:00 – 12:45	Essen
12:45 – 14:00	Ruhepause
14:00 – 14:30	Gebet der neunten Tagesstunde (Non)
14:30 – 16:15	Arbeit
16:30 – 17:15	Abendandacht (Vesper)
17:30 – 17:50	leichtes Abendessen (außer an Fastentagen)
18:00 – 18:45	Tagesschlussgebet (Komplet)
18:45 – 00:30	Nachtruhe

Auf der anderen Seite gibt es Menschen, die jeden Tag völlig anders leben. Viele deshalb, weil sie für ihren Job permanent durch verschiedene Länder und Kontinente reisen und sich so immer wieder auf andere Zeitzonen und andere kulturelle Routinen einstellen müssen.

Was heißt das nun für uns? Wir stehen vor der Aufgabe, für unser individuelles Leben genau die Ordnung aufzubauen, die uns guttut. Dabei gilt:

- Ist unsere Ordnung **zu starr** schränkt sie unsere Freiheit ein. Wir werden zwanghaft.
- Ist sie **zu lose**, kommen wir immer wieder vom Kurs ab.
- **Im Idealfall gibt Ordnung uns Halt, ohne uns einzuschränken.**

Die Kunst besteht darin, **Spontaneität und Rationalität** so miteinander zu verschränken, dass wir, wenn wir spontan handeln, dies nicht unvernünftig tun, und wenn wir rational handeln, uns nicht den Zugang zu unserer Intuition, zu unseren Bedürfnissen und zu den Bedürfnissen anderer Menschen versperren. Denn wenn wir über lange Zeit konsequent ignorieren, was unsere Psyche und unser Körper brauchen, brennen wir aus.

Wir können uns diesen Zusammenhang so vorstellen wie das alte Bild von Yin und Yang: Die weiße Figur (Spontaneität) ist im Kern getragen von unserer Ratio, während unsere Rationalität (schwarze Figur) im Kern auch spontan und lebendig bleiben muss – sonst schlagen Ordnung und Planung rücklings in Irrationalität um.

Wie aber bringen wir nun die richtige Ordnung in unser Leben? Ich bin überzeugt: indem wir uns eine innere Ordnung schaffen, indem wir eine äußere Ordnung schaffen und indem wir unsere innere Uhr wiederentdecken.

Innere Ordnung schaffen

Schleppen Sie ein Problem mit sich herum? Dann wissen Sie ja, wie sich das anfühlt. Das Thema drängt sich in allen möglichen und unmöglichen Situationen in Ihr Bewusstsein und bringt Ihr ganzes Leben in Unordnung. Wie Sie Probleme so aus der Welt schaffen können, dass sie sich auch wirklich nicht mehr zurückmelden, lesen Sie auf den folgenden Seiten.

Zum Thema innere Ordnung gehören auch Ihre Beziehungen. Schleppen Sie Beziehungen mit sich herum, die Ihnen mehr Kraft rauben, als dass sie Ihnen guttun? Dann nehmen Sie das Netz Ihrer Beziehungen einmal schonungslos unter die Lupe. Vielleicht haben Sie es sogar mit Zeitdieben zu tun, die Ihnen mehrere Stunden Ihres Tages durch nervenaufreibendes Geschwätz, überflüssige E-Mails, unerwünschte Ratschläge oder umständliche Abläufe rauben? Bringen Sie sich lieber in Sicherheit! (Auch zu dieser Problematik lesen Sie mehr in diesem Kapitel).

Zum Glück sind wir ja immer auch von Menschen umgeben, die es wirklich gut mit uns meinen. Doch häufig pflegen wir paradoxerweise ausgerechnet diese Beziehungen nicht. Geben Sie den guten Beziehungen in Ihrem Leben mehr Glanz – und zwar gerade dann, wenn Sie meinen, Sie hätten dazu keine Kraft, keine Zeit, keinen Raum. Es sind die Beziehungen, die Sie dabei unterstützen können, Ihre Kraft und Ihre Freiheit zurückzugewinnen.

Äußere Ordnung schaffen

Oft haben wir das Bedürfnis, erst einmal unseren Schreibtisch aufzuräumen (oder wenigstens den Eingangsordner unserer E-Mails), wenn wir vor lauter Stress keinen Überblick mehr haben. Je nach Naturell und Arbeitsumgebung stürzen wir auch ins Archiv oder in die Werkstatt und fühlen uns nach zwei Stunden Sortieren und Entrümpeln auch im Inneren wieder wie neu geordnet. Weil

unsere äußere Ordnung auch mit unserer Zeitplanung steht (und fällt), lesen Sie im folgenden Kapitel nicht nur das Wichtigste über die Kunst der Tagesplanung, sondern auch grundsätzliche Überlegungen zu unserem Umgang mit Zeit und zu den damit verbundenen Aufgaben.

Die Kraft der Wellen nutzen

Auch hier geht es wieder um eine vernünftige Verschränkung von dem, was wir uns mit den Mitteln unserer Ratio vornehmen – und den spontanen und zugleich urwüchsigen Bedürfnissen unserer Natur. In den vergangenen Jahren hat die Chronobiologie (kurz: die Wissenschaft von der inneren Uhr allen Lebens) gezeigt, was geschieht, wenn wir unsere Tage in schlecht ausgeleuchteten Büros verdunkeln und unsere Nächte durch Überstunden und Schichtarbeit zum Tage machen: Wir entwickeln Schlafstörungen, Energielosigkeit, Verstimmungen und Depressionen, in manchen Fällen kommt es sogar zu Krebserkrankungen.

Und mehr noch: Wir missachten nicht nur routinemäßig den Wechsel von Tag und Nacht, sondern auch die kürzeren Wellen, in denen unsere Energie schwingt. So legen die meisten Führungskräfte eben nicht alle 90 Minuten eine Pause ein, sondern beißen bei jedem Anflug von Müdigkeit lieber die Zähne zusammen und bestellen einen neuen Kaffee, statt sich eine Pause zu gönnen. Kein Wunder, dass sie ohne schöpferische Pausen dann auch irgendwann nicht mehr schöpferisch sind.

Im folgenden Kapitel möchte ich Ihnen einige Gedanken zum Thema Zeit mit auf den Weg geben. Denn auch bei diesem Thema bin ich der Überzeugung, dass wir uns zu viel um das mechanische Management kümmern und zu wenig um den Sinn, der dahintersteht – kurz: über die Führung unseres Lebens. Reines (stupides!) Zeitmanagement sieht den Menschen als einen Roboter, dessen Taktzeit man schneller einstellen kann. Das funktioniert aber nicht, weil wir keine Roboter sind.

Was wir brauchen, ist nicht mehr Hektik, sondern mehr Besonnenheit im Umgang mit unserer Zeit. Wir brauchen nicht mehr »Output«, sondern Konzentration auf das, was wirklich wichtig ist. Wir brauchen Prioritäten, Konzentration, Planung, einen vernünftigen Terminkalender, Ordnung und Routine – und das ist das Wichtigste – eine Haltung der inneren Gelassenheit. Denken Sie immer daran: Sie führen den Terminkalender Ihres Lebens – Ihr Leben wird nicht von Ihrem Terminkalender geführt!

Probleme kommen wieder ...
... es sei denn, man löst sie!

Das Leben trägt an uns eine ganze Reihe von Problemen heran, die wir entweder gelöst haben oder aber bei deren Lösung wir gescheitert sind. »Problem« wird gerne als Herausforderung umgedeutet, nach dem Motto: »Es gibt keine Probleme, nur Herausforderungen.« Dieser Satz ist zwar nicht in jeder Hinsicht logisch, zielt aber auf die positive Intention, dass wir uns bemühen, bei jedem Problem eine Lösung zu suchen. Probleme müssen also nicht als etwas Negatives, sondern als positive Herausforderung zur Weiterentwicklung verstanden werden. Das ist aber nur möglich, wenn wir sie als solche annehmen und zu unseren persönlichen Herausforderungen machen.

Die drei Dimensionen der Problemlösung

Die Lösung liegt auf drei Ebenen:

Die Ebene des Bewusstseins ist die Ebene unserer Einstellung, Werte und Paradigmen – die Ebene, wie wir die Dinge sehen (nicht, was wir sehen). Es ist die Ebene des Geistes und unserer Seele. Hier ist unser Weltbild beheimatet, es wird beeinflusst durch unsere eigenen Grundsätze bzw. durch Grundsätze, die wir als richtig erkannt und deshalb übernommen haben.

Die Ebene der Methode ist die Ebene eines logischen Vorgehens (welches von unseren Emotionen auf dem Weg begleitet wird). Hier beeinflussen unsere Aufgaben die Art und Weise unseres Handelns. Mit Aufgaben beschreiben wir eine Methode und somit ein planmäßiges Verhalten, das uns zu einem bestimmten Ziel bringt.

Die Ebene der Technik und der Werkzeuge beinhaltet physische Instrumente wie Notizblock und Terminkalender – die es heute selbstverständlich nicht mehr nur in Papierform gibt, sondern auch digital.

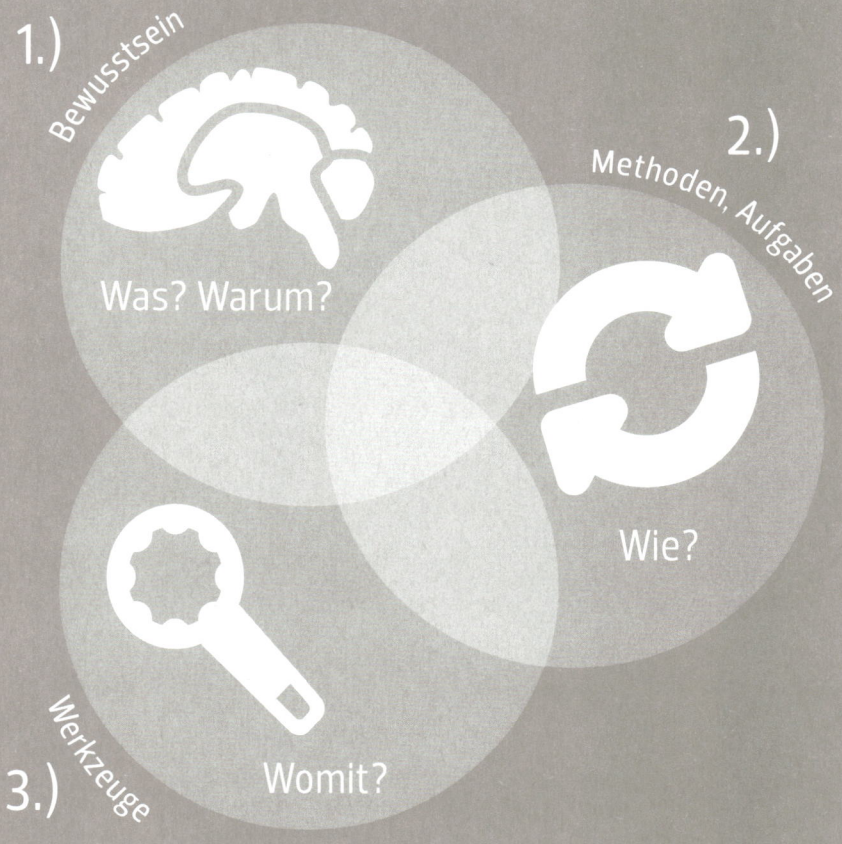

1.) Bewusstsein
Was? Warum?

2.) Methoden, Aufgaben
Wie?

3.) Werkzeuge
Womit?

Betrachten wir die Nützlichkeit dieses Modells anhand zweier Beispiele.

Effektive Kommunikation

Kernproblem des modernen Menschen ist, dass er »keine Zeit« hat. Alles muss immer schneller gehen. Mobile Kommunikation, an allen Orten, am besten noch auf dem »stillen Örtchen«. Ein so gestresster Mensch empfindet das Tempo des Lebens nicht als Segen oder Glück. Er leidet unter der Hektik des Alltags und möchte gerne dieses Problem lösen. Auf welcher Ebene ist dieses Problem angesiedelt?

 Vielen fehlt eine geeignete Technik (Zeitplanbücher und elektronische Organizer). Selbst wenn eine solche Technik vorhanden ist, bleibt oft das Problem als solches bestehen. Es liegt auf einer anderen Ebene. Wäre es nur technischer Art, dann wäre es leicht zu lösen.

 Vielleicht fehlen die Methoden für einen sinnvollen Umgang mit der Zeit: z.B. »Wie teile ich mir meine Zeit ein?« oder »Wie setze ich Prioritäten?« Wenn diese Methoden fehlen, können wir das Problem nicht lösen.

 Aber selbst, wenn wir all diese Methoden beherrschen und technisch gut ausgerüstet sind, ist das Problem vielleicht immer noch da. Dann nämlich, wenn es die Ebene unserer Einstellung berührt. Wenn uns unsere Zeit nicht viel wert ist oder wenn wir sie ständig für »falsche« Dinge (im Sinne der Wertigkeit für unser Leben) einsetzen, dann helfen uns keine Methoden und keine Technik.

Schneller Kundenservice

Auch bei diesem Thema ist die erste Frage, falls es hier in einem Unternehmen Probleme gibt: Auf welcher Ebene liegt das Problem?

 Haben die Chefs und die Mitarbeiter eine kundenorientierte Einstellung? Lieben sie ihre Dienstleistung oder ihre Produkte? Sind sie begeistert von dem, was sie tun?

 Oder ist dieses alles vorhanden, doch es fehlen die geeigneten Methoden (Gesprächsleitfäden, Serviceprozesse, Aufgabenplanung ...)?

 Wenn diese vorhanden sind, dann und erst dann ist es eine Frage der Technik, der Software, der Telefonanlage oder der Datenbank.

Die Beispiele sind vielfältig. Wichtig ist mir an dieser Stelle, dass Sie ein Gefühl dafür entwickeln, dass zur ganzheitlichen Führung auch die drei Ebenen der Problemlösung gehören. Fragen Sie sich stets, wenn Sie Probleme lösen (und dies ist eine der Hauptaufgaben eines Unternehmens): **Auf welcher Ebene liegt das Problem?**

»Die entscheidenden Probleme, denen wir uns gegenübersehen, lassen sich nicht auf der Ebene des Denkens lösen, auf der wir sie geschaffen haben.«

Albert Einstein

Warum Zeitmanagement so schwierig ist

Was ist Zeit?

Uns allen stehen 24 Stunden pro Tag, sieben Tage in der Woche und 365 Tage im Jahr zur Verfügung. Warum nur ist es so schwierig, diese Zeit auch tatsächlich sinnvoll zu nutzen? Ein Grund ist, dass wir eine falsche Vorstellung von Zeit haben: Um entspannt und kreativ sein zu können, dürfen wir nicht 24 Stunden am Tag, sondern nur einen Teil unserer Zeit dem Terminkalender unterwerfen. Setzen wir uns selbst zu stark unter Termindruck, zieht uns die Psyche (mit Hilfe des »inneren Schweinehundes«) oder der Körper (zum Beispiel mit Herz-Kreislauf-Beschwerden, Rückenschmerzen, Erschöpfung) einen Strich durch die Rechnung.

»Veränderung kann schneller oder langsamer ablaufen, Zeit kann das nicht.«

Aristoteles

»Dumme rennen, Kluge warten, Weise gehen in den Garten.«

Tagore

»Zeit ist, und sie tickt gleichmäßig von Moment zu Moment.«

Newton

»Die Zeit ist ein spielendes Kind.«

Heraklit

Beschleunigung verschärft das Problem

Die Techniken des Zeitmanagements sind einfach – und sind vielen Führungskräften sehr gut bekannt. Sie selbst haben sich sicherlich auch schon einmal mit diesem Thema beschäftigt. Hatten Sie danach denn Ihre Zeit besser im Griff?

Paradoxien des Zeitmanagements

Oft hat Zeitmanagement eine geradezu paradoxe Wirkung: Sie gewinnen zwar vielleicht zwei bis drei Stunden freie Zeit pro Tag – aber Sie nutzen diese Zeit für noch mehr Aufgaben. So fragen Sie sich am Abend wieder: »Wo ist denn der Tag geblieben?« Zeitmanagement hat Ihre Probleme also nicht gelöst, sondern verschärft. Sie müssen also umsteuern, um Ihr Zeitproblem zu lösen.

Klare Ziele setzen

Der Knackpunkt liegt häufig nicht im »Management« unserer Zeit – sondern eine Ebene tiefer, in der Persönlichkeitsstruktur.

So bauen Sie möglicherweise regelmäßig einen zu hohen Erwartungsdruck in sich selbst auf? Oder Sie brauchen ein besonders hohes Maß an Anerkennung von außen, um sich selbstsicher zu fühlen? Vielleicht stehen Sie auch vor der besonderen Herausforderung, verschiedene Lebenswelten unter einen Hut bringen zu müssen, deren Ziele in sich widersprüchlich sind (der Klassiker: Firma und Familie – was kommt wann zuerst)? Eine klare Analyse Ihrer Wertewelt und Ihrer Ziel-Horizonte kann hier sinnvoller sein als die Anschaffung eines weiteren elektronischen Terminplaners.

In Balance bleiben

Ein zweiter Knackpunkt liegt in unserer individuellen Balance. Mit Balance meine ich an dieser Stelle nicht nur die Berücksichtigung all unserer Lebensbereiche, sondern auch die Balance zwischen unserer Kompetenz der Zeitplanung auf der einen Seite – und unserer inneren Gelassenheit gegenüber jeglichem Termindruck auf der anderen Seite, sei er nun von uns selbst produziert oder von außen »aufgedrückt«. (Mehr dazu lesen Sie auf den nächsten Seiten.)

Keine Macht den Zeitdieben

Besprechungen machen nur Sinn mit einer klaren Agenda, einem klaren Maßnahmenplan und einem zeitnahen Protokoll. Fehlt die Agenda, überlassen Sie das Feld allen, die sich gerne selbst reden hören. Ohne Protokoll entsteht keine Verbindlichkeit für die beschlossenen Punkte – in der Folge wird auch nichts umgesetzt. Verfahren Sie nach dem Motto: So wenige Besprechungen wie möglich und so viele wie nötig.

Beispiel: Sie befinden sich mitten in einer konzentrierten Arbeitsphase. Plötzlich fällt Ihnen ein, dass Sie im Internet nach einem bestimmten Buch schauen wollten. Sie klicken auf die Seite Ihres bevorzugten Online-Buchhändlers, finden das Buch – und lesen sich in den Rezensionen fest. Nach 15 Minuten fällt Ihnen Ihre eigentliche Arbeit wieder ein. Längst haben Sie aber hier den Faden verloren und müssen wieder ganz von vorne beginnen.

Der Wunsch nach Anerkennung und Harmonie veranlasst uns oft, auch dann zusätzliche Aufgaben zu übernehmen, wenn unsere Kapazitäten erschöpft sind – oder die Aufgabe überhaupt nichts mit unseren Zielen zu tun hat. Ein klares »Nein« zur Sache, verbunden mit einem »Ja« zur Person, ermöglicht uns die Konzentration auf das Wesentliche. Sie schenkt uns außerdem unsere Zeit zurück.

Es ist wie bei einer Reise: Wenn wir unseren Weg nicht planen, geraten wir mal nach hier und mal nach dort, vielleicht kommen wir irgendwo an, vielleicht aber auch nicht. Genauso ist es mit unseren Tagen, Wochen und Jahren: Ohne Plan schlingern wir durchs Leben. Mit Plan kommen wir – hoffentlich – dort an, wo wir hinwollten.

Was aus Ihrer To-do-Liste ist für Sie heute besonders wichtig? Wenn Sie das klar beantworten können und sich auf eine oder zwei Aufgaben pro Tag konzentrieren (das heißt: sie bearbeiten und nach Möglichkeit abschließen!), dann erreichen Sie Ihre Ziele. Tun Sie das nicht, schlingern Sie planlos durch Ihre Tage und wundern sich, warum Sie »nichts auf die Reihe kriegen«.

Die eigene Unordnung führt zu unnötigen Suchzeiten oder fehlenden Informationen, die wir auf umständlichem Weg wiederbeschaffen müssen – und auch zu permanenter Ablenkung vom Wesentlichen. Ordnung hilft, Zeit zu gewinnen. Zu einer guten Selbstorganisation gehört aber noch mehr: zum Beispiel intelligente Planung, Disziplin, sinnvolle Routinen.

Wenn Sie in Hektik geraten, sind Sie nicht mehr in der Lage, »mit kühlem Kopf« zu denken und strategische Entscheidungen vernünftig zu fällen. So geben Sie unkoordinierte Anweisungen, hören nicht richtig zu, lassen Arbeiten doppelt erledigen – und verlieren letztendlich noch mehr Zeit.

SHOW OHNE INHALT

Kaum etwas ist ärgerlicher als ein Treffen mit jemandem, der sich auf das anvisierte Gesprächsthema nicht vorbereitet hat. Erziehen Sie Mitarbeiter und Geschäftspartner zu einem respektvollen Umgang mit Ihrer wertvollen Zeit.

UNKLARE KOMMUNIKATION

Sobald wir unklar und undeutlich kommunizieren, Informationen weglassen oder selbst wesentliche Informationen nicht bekommen, mündet das in der Regel in einen erheblichen zeitlichen Mehraufwand.

ZU LANGE WARTEZEITEN

Wir stehen häufig im Stau, warten auf verspätete Flüge und Züge – dies sind äußere Einflüsse, die wir nicht ändern können (ganz egal, wie sehr wir uns darüber aufregen). Umso unerfreulicher (respektloser!) ist es, wenn unsere Gesprächspartner oder wir selbst es mit der Pünktlichkeit nicht so genau nehmen.

ZU VIEL ADRENALIN

Termindruck und Stress sind ein bereits zur Volkskrankheit gewordener Zustand in der Arbeitswelt. Wir alle haben erlebt, wie fehleranfällig solche Situationen machen. Vor allem führen wir in solchen Situationen Menschen nachweislich schlechter, da unsere Wahrnehmung deutlich getrübt ist.

ZU VIEL MULTITASKING

Viele Mitarbeiter und Führungskräfte gefallen sich darin, hundert Dinge gleichzeitig zu tun: E-Mails lesen und schreiben, telefonieren, Papiere ordnen, Kaffee trinken. Ein solches Maß an »Leistungsfähigkeit« macht wohl Eindruck, tatsächlich aber schaffen Multitasker oft weniger als Menschen, die in Ruhe eine Aufgabe nach der anderen erledigen.

ZU HÄUFIGE STÖRUNGEN

Unterbrechungen durch Telefonate sind die schlimmsten Zeiträuber überhaupt – wobei nicht nur das Telefon, sondern auch das auf Tonsignal gestellte E-Mail-Programm oder andere Signale den Arbeitsablauf stören.

ZU WENIG DELEGATION

Hier werden gerade in Führungsetagen sehr viele Fehler gemacht: Zu viele Aufgaben erledigt der Chef selbst, statt sie zu delegieren. So nimmt er seinen Mitarbeitern Aufgaben weg, die diese nicht nur gerne, sondern auch besser erledigen könnten. Das Ergebnis sind schlechte Ergebnisse, demotivierte Mitarbeiter und viele Krisensituationen, in denen viel Zeit vergeudet wird.

»In einem glücklichen Leben steht neben der Technik des Zeitmanagements die Kunst der Lebensführung!«

Cay von Fournier

Wir können unsere Zeit perfekt planen und alle unsere Herausforderungen exzellent meistern und dennoch aus der Balance geraten. Das ist ganz einfach: Wir brauchen nur ständig zu grübeln, uns Sorgen zu machen oder, noch wirkungsvoller, uns Katastrophen-Szenarios vor unserem inneren Auge auszumalen. Planung allein reicht eben nicht aus. Um exzellente Leistung erbringen und zugleich ein glückliches Leben führen zu können, brauchen wir innere Gelassenheit.

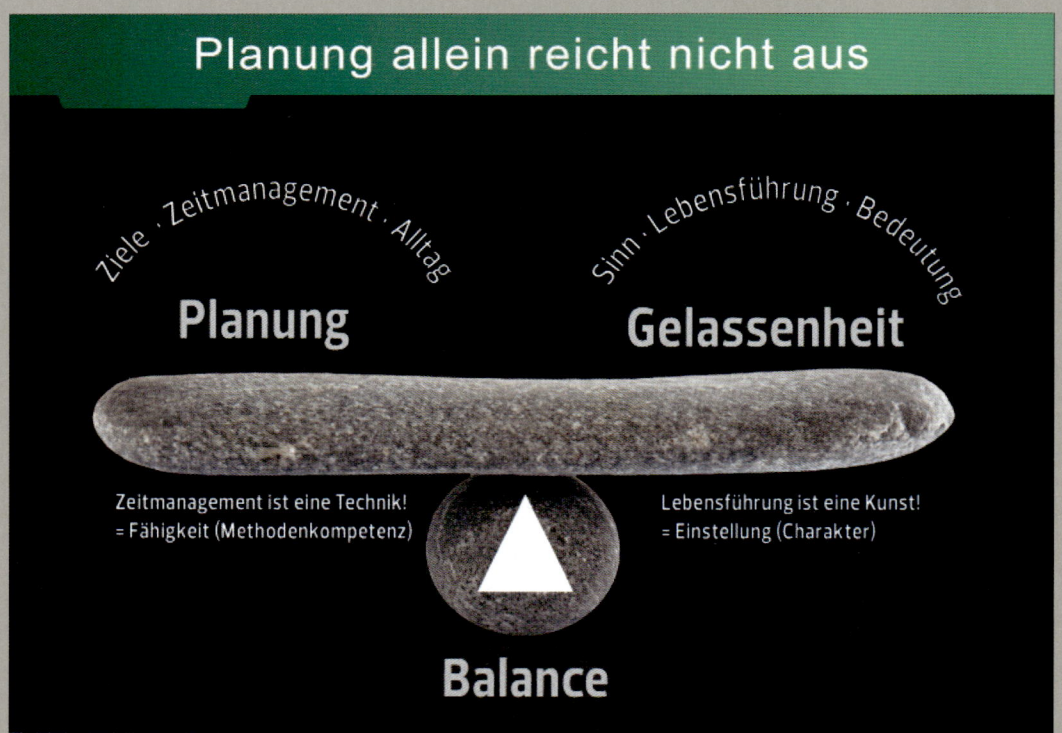

Diese Gelassenheit

· bezieht sich nicht auf die Ziele, sondern auf den Sinn, den wir mit diesen Zielen eigentlich verfolgen wollen,

· bezieht sich nicht aufs Zeitmanagement, sondern auf die Lebensführung,

· konzentriert sich weniger auf den Alltag als vielmehr auf die Bedeutung, die unser Leben und die Ereignisse im Augenblick für uns haben,

· ist keine Fähigkeit, sondern eine Haltung und bezieht sich direkt auf unseren Charakter.

Lebensführung ist eine Kunst – und keine Technik wie das Zeitmanagement. Doch auch diese Kunst lässt sich lernen, zum Beispiel, indem wir nicht nur »Management-Erfolgsliteratur« lesen, sondern uns auch mit Werken herausragender Denker beschäftigen (Seneca, Frankl), mit asiatischer Philosophie oder mit aktuelleren Ergebnissen der Forschung. Manche Führungskraft findet Zugang zu Gelassenheit auch über die Auseinandersetzung mit Musik oder Bildender Kunst.

Ich bin fest der Meinung: Wir können unsere Zeit planen und effizient sein. Die Erfahrung jedoch zeigt, dass dies für ein erfülltes und glückliches Leben nicht ausreicht. **Planung allein ist nicht falsch, nur unvollständig.**

Schauen wir uns nun die beiden Dimensionen »Lebensführung« und »Zeitmanagement« an, die ich hier an zwei Achsen einander gegenübergestellt habe. Je nachdem, wie gut wir die Kunst der Lebensführung und die Technik des Zeitmanagements beherrschen, können wir uns in einem der vier Felder positionieren. Probieren Sie es einmal aus!

ZeitSouveränität und LebensBalance: Mit einer souveränen und gelassenen Grundhaltung und der Fähigkeit, unsere Zeit zu organisieren (und die aufgestellten Zeitpläne auch umzusetzen!), leben wir ein produktives, erfolgreiches und balanciertes, glückliches Leben. Dies ist ein Idealzustand, der sich durchaus erreichen lässt – wobei es natürlich einiger Übung bedarf.

Leben Sie in Balance!

Lebensführung/
Lebensfreude
effektiv
=
Einstellung
(Charakter)

Gestresste Lebensfreude

ZeitSouveränität & LebensBalance

Unzufriedene Hilflosigkeit

Organisierte Frustration

Zeitmanagement/
Organisation
effizient
=
Fähigkeit
(Methodenkompetenz)

Gestresste Lebensfreude: Wenn unsere Fähigkeiten allgemein und unsere Lebenseinstellung positiv zu bewerten sind, es uns aber an Methodenkompetenz und Zeitmanagement mangelt, mögen wir zunächst optimistisch sein, schwierige Aufgaben und Rückschläge im beruflichen oder privaten Alltag zu bewältigen. Aber mit der Zeit wird es um unsere Gelassenheit geschehen sein, weil die Probleme sich auftürmen und wir in Zeitnot geraten. Das bedeutet Rückzug und Nachlassen des Eifers, wir geben unter Umständen ganz auf (Aussteigersituation).

Organisierte Frustration: Wenn wir andererseits bei beruflicher Unzufriedenheit und pessimistischer Einstellung ein gutes Zeitmanagement aufrechterhalten, betreiben wir »organisierte Frustration«, wie ich es nennen möchte. Es fehlen Lebensenergie und Lebensfreude. Erfolg und Geld allein machen nicht glücklich. Gute Organisation mag behilflich sein, die Routine des Alltags zu bewältigen, aber in schwierigen und unverhofften Situationen des Lebens (Krankheit, Unfälle, Tod) trägt sie nicht. Eine feste Lebens-Grundeinstellung, gute Lebensführung in Balance müssen hinzutreten und unser Zeitmanagement ergänzen und vertiefen.

Unzufriedene Hilflosigkeit: Wenn beide Elemente, also eine bedachte Gelassenheit in der Lebensführung und die Organisation im Zeitmanagement fehlen, gerät der Mensch/Unternehmer vollends in Not. Sein Zustand ist nur als Hilflosigkeit gepaart mit Unzufriedenheit zu bezeichnen.
Wenn Führungskräfte oder Unternehmer – aus welchen Gründen auch immer – in diesen Bereich der »unzufriedenen Hilflosigkeit« abgerutscht sind, bleibt ihnen nichts anderes übrig, als beide Dimensionen zu entwickeln, um so Schritt für Schritt zu Zeitsouveränität und LebensBalance zurückzugelangen.

Weil es den Menschen in der Regel leichter fällt, eine technische Kompetenz zu erlernen, als eine Haltung zu verändern, kommen viele nicht über das Feld der »organisierten Frustration« hinaus. Genau hier sehe ich die Grenzen des Zeitmanagements: Es kann uns dabei helfen, unsere Herausforderungen zu bewältigen, es macht uns aber nicht zu frohen und schöpferischen Menschen. So bleiben wir mit reinem Zeitmanagement weit hinter unserem Potential zurück. Wichtig ist also die Entwicklung der zweiten Dimension, der Lebensführung.

»Ihre Zeit ist wertvoll! Setzen Sie Prioritäten gemäß Ihren Werten und Zielen.«

Cay von Fournier

Gutes Zeitmanagement braucht keine Helden

Ein Gedanke am Rande: Eines haben wir Unternehmer gemeinsam: Wir sind in unserer Kernkompetenz Problemlöser. Wir brauchen, ja genießen es, Probleme zu lösen. Wir suchen uns immer wieder neue Herausforderungen und wollen höher, schneller und weiter. Seien Sie ehrlich zu sich selber: Wenn Sie alle Grundsätze dieses Buchs umgesetzt, eventuell sogar eines unserer Seminare besucht haben, dann wird es ruhig in Ihrem Unternehmen. Alles wird laufen, Ihr Zeitmanagement klappt, Probleme werden schnell gelöst … Wie würden Sie damit klarkommen? Würden Sie sich überflüssig fühlen? Würden Sie gleich Ideen entwickeln, wie Sie das Unternehmen noch einmal umstrukturieren, erweitern oder wie auch immer verändern könnten? Hätten Sie die Idee, ein völlig neues Computersystem einzuführen – oder nach China zu expandieren?

Die Erfahrung zeigt, dass allzu große Ruhe im Unternehmen zu einer steigenden Unruhe der Unternehmer führen kann. Manch einer lässt sich in einer solchen Situation zu »Brandstiftungen« verleiten, um einmal mehr als Held in die Szenerie einschweben zu können und »den ganzen Laden zu retten«.

»Sensation Seeking«: Tatsächlich gibt es viele Menschen, die wirklich regelmäßig große Aufregung brauchen und in der Rolle des rettenden Helden zu ganz großer Form auflaufen. In der Forschung werden sie »High Sensation Seeker« (HSS) genannt, und mittels psychologischer Tests kann diese Eigenschaft durch die »Sensation Seeking Scale« bewertet werden (mehr Informationen dazu finden Sie zum Beispiel in Wikipedia unter dem Stichwort »Sensation Seeking«). Wenn Sie den Eindruck haben, selbst auch zu der nicht kleinen Gruppe der »HSS« zu gehören, dann probieren Sie doch einfach neue Sportarten aus (Gleitschirmfliegen, Segeln, Eisklettern – alles, was Ihnen einen »Kick« geben könnte) – und lassen Sie Ihr Unternehmen in Ruhe arbeiten.

Regeln für den guten Umgang mit der Zeit

Wie wir wohl leben würden, wenn wir den Umgang mit Zeit schon in der Schule gelernt hätten? Immerhin handelt es sich um ein sehr komplexes Fach, das uns eine Menge Fähigkeiten abverlangt. **Grundsätzlich** geht es darum, in Balance zu leben, klare und sinnvolle Ziele zu setzen und diese mit Gelassenheit und Disziplin zu verfolgen.

Dazu kommen die **Aufgaben,** sinnvolle Prioritäten zu setzen, sich auf die gesetzten Ziele zu konzentrieren, zu planen, und zwar mit den richtigen Werkzeugen, und schließlich nachhaltig Ordnung und Routine in die eigene Lebensführung zu integrieren.

1. Grundsatz Balance

Genießen Sie Ihre Zeit

»Wir haben keine Probleme mit der Zeit, wir haben Probleme mit unseren Prioritäten.«

Cay von Fournier

Beginnen wir mit dem ersten Grundsatz: Balance. Das erstrebenswerte Ziel ist meiner Überzeugung nach eine Balance zwischen genügend finanziellen Ressourcen auf der einen Seite, die uns ein sorgenfreies Leben ermöglichen, und genügend Zeit auf der anderen Seite, mit der wir unser Leben nicht nur sinnvoll führen, sondern auch genießen können.

Viel zu oft gelingt uns Unternehmern und Führungskräften diese Balance nicht: Wir hetzen von einem Termin zum nächsten, fliegen rund um die Welt, leiden unter einem enormen Schlafdefizit und können uns auch im Urlaub nicht mehr richtig erholen, weil wir »dank« unserer elektronischen Kommunikationsgeräte in der Firma weiter präsent bleiben. Sicherlich kennen auch Sie sehr erfolgreiche Geschäftsleute, die ein solches Leben gelebt haben – bis das Herz plötzlich streikte. In einem solchen Moment wird uns die Endlichkeit unseres Lebens schockartig klar. Und wir erkennen: Im Gegensatz zu Erfolg und Geld lässt sich unsere Zeit nicht vermehren, nicht ausleihen oder ansparen. Wir tun also gut daran, sehr bewusst mit ihr »hauszuhalten« und sehr respektvoll mit ihr umzugehen.

2. Grundsatz Sinn

Definieren Sie Ihre Richtung

Durch unsere Ziele definieren wir die Richtung unseres Lebens. Dabei sind zwei Kriterien zentral: Die Ziele müssen klar und messbar sein, weil wir sonst keine Orientierung haben. Schwammig formulierte Ziele lassen sich nicht erreichen, das gilt sowohl für die Führung unseres eigenen Lebens (»Ich mache irgendwas mit Medien«) wie für die Führung eines Unternehmens (»Wir kommen nächstes Jahr groß raus!«). Zweitens müssen die gesetzten Ziele sinnvoll, das heißt realistisch sein. Karriereziele etwa können nur erreicht werden, wenn wir die Kompetenzen dazu haben und das Unternehmen die Mittel dazu hat – sonst handelt es sich nicht um Ziele, sondern um Hirngespinste.

3. Grundsatz Gelassenheit

Vertrauen Sie Ihrem natürlichen Rhythmus

Stress ist immer zum großen Teil von uns selbst gemacht. Es sind weniger die äußeren Umstände als vielmehr unsere inneren Einstellungen, die zu Stress führen. Gelassenheit lässt uns zur Ruhe kommen, sie will allerdings auch trainiert sein. In der Natur kann man wunderbar beobachten, wie Pflanzen und natürliche Systeme ihre Zeit brauchen, um zu wachsen und zu reifen. Für unser Leben heißt dies, dass wir langsamer werden müssen, um schneller zu sein. Machen Sie daher öfter eine Pause, wählen Sie einen Umweg und denken Sie immer daran, dass Balance Zeit braucht, genauso wie Menschen Zeit brauchen.

4. Grundsatz Disziplin

Folgen Sie Ihren eigenen Regeln

Der vierte Grundsatz ist der Grundsatz der Disziplin. Ich bin der Meinung, dass es sich bei der Ausprägung einer persönlichen Willensstärke um eine Tugend handelt, die auf der zweiten Kardinaltugend (Tapferkeit) beruht. Dies setzt ein Weltbild des freien, selbstverantwortlichen und im Wortsinne autonomen Menschen voraus. »Autonom« leitet sich aus den griechischen Worten »auto« (selbst) und »nomos« (Gesetz) ab, könnte also übersetzt werden mit: jemand, der sich sein Gesetz selbst gibt. Der große deutsche Denker Immanuel Kant bringt nun den Gedanken der Disziplin mit dem der Pflicht zusammen: »Pflicht ist die Notwendigkeit einer Handlung aus Achtung fürs Gesetz.«

> »Es ist nicht zu wenig Zeit, die wir haben, sondern es ist zu viel Zeit, die wir nicht nutzen.«

Lucius A. Seneca

Im Falle einer Zeitorganisation, die wir uns selbst auferlegt haben, befolgen wir diese nicht aus Zwang, sondern aus Pflichtgefühl uns selbst und der Gemeinschaft gegenüber. Dieses wird getragen von unserem Vertrauen in die Vernunft, mit der wir uns dieses Regelwerk aufgebaut haben. Im Idealfall folgen wir unseren eigenen Regeln also völlig freiwillig.

Nun wissen wir aber alle, dass dies gar nicht so einfach ist, wie es aus der vernunftorientierten Perspektive Kants klingt: Viel zu oft stürzen äußere Einflüsse auf uns ein (der Computer stürzt ab, die Assistentin steht im Stau), so dass wir unsere schönen Zeitpläne über Bord werfen müssen. Genauso oft lassen wir uns aber auch durch innere »Staus« oder »Abstürze« aus der Bahn tragen: Wir geraten in Wut, weil ein Projekt nicht so läuft, wie wir uns das vorgestellt hatten. Wir ärgern uns wahnsinnig über die Formulierung in einer Mail – vielleicht sind wir abends aber auch nur zu lange unterwegs gewesen und können vor Müdigkeit kaum noch die Augen offen halten.

Impulskontrolle: Dass wir nicht regelmäßig das Mobiliar unseres Büros zertrümmern oder im Chefsessel einschlafen, lässt sich mit einem psychologischen Mechanismus erklären, der sich »Impulskontrolle« nennt. Im Laufe unseres Lebens lernen wir es (recht schmerzhaft), psychische und physische Impulse zu unterdrücken oder zumindest in sozial einigermaßen akzeptierte Kanäle umzuleiten und so unseren »höheren« Zielen unterzuordnen.

Und so haben wir es nicht nur mit der Kardinaltugend der »Tapferkeit« zu tun, sondern auch mit der »Klugheit«. Denn nur in Verbindung mit der »Klugheit« wird die »Tapferkeit« zu einer sinnvollen und produktiven Tugend. Sie wissen es selbst: Wer sein Unternehmen nur mit Mut, aber nicht mit Umsicht führt, fährt es bald an die Wand. Umgekehrt fehlt dem Unternehmer, der sich nur durch Umsicht, nicht aber durch Mut auszeichnet, die Schlagkraft im Markt. Das Gleiche gilt für unseren Umgang mit der Zeit: Eine einseitige Konzentration auf das disziplinierte Festhalten an Stundenplänen führt im Extremfall zum Burn-out. Viel besser ist es, die eigenen Pläne von Zeit zu Zeit klug zu überprüfen – um sie im Zweifelsfall in den Papierkorb zu befördern und neu zu schreiben.

Prioritäten setzen!

Der wohl wichtigste Punkt im Umgang mit Zeit ist die richtige Definition von Prioritäten, da sich gerade an den Prioritäten zeigt, wofür wir unsere Zeit verwenden. Wir haben ja in der Regel kein Problem mit der Zeit, sondern ein Problem damit, was wir mit dieser Zeit machen. Um nun unsere Prioritäten in Balance planen zu können, schlage ich eine Modifikation der im klassischen Zeitmanagement bekannten Eisenhowermatrix vor. Die Eisenhowermatrix kennt die beiden Dimensionen Dringlichkeit und Wichtigkeit und teilt diese Dimensionen in 4 Felder. Wie in der Darstellung zu sehen ist, wird die rechte obere Ecke als A-Priorität definiert. Hierbei handelt es sich um Aufgaben, die unseren Zielen entsprechen und deswegen wichtig sind und, da diese Ziele zeitnah erledigt werden müssen, auch dringlich sind. Der Quadrant links oben wird als B-Priorität bezeichnet und äußert bereits die Absicht Eisenhowers, die Wichtigkeit weit vor die Dringlichkeit zu stellen.

Prinzipiell ist nichts an dieser etablierten Methodik auszusetzen, bis auf die Tatsache, dass die Menschen sie falsch anwenden. Die irrtümliche Anwendung liegt fälschlicherweise in der Formulierung der A-Prioritäten als wichtig und dringlich. Wenn man in den Alltag der Menschen hineinsieht, stellt sich die Unterscheidung zwischen wichtig und dringlich meistens als sehr schwer heraus und so finden sich die Menschen in der Situation wieder, dass die meisten Aufgaben am Tag A- und vor allem C-Prioritäten darstellen. Damit haben wir eine vertikale Trennung, und die Menschen orientieren sich vielmehr nach der Dringlichkeit als nach der Wichtigkeit. Daher schlage ich eine Modifikation dieser Methode vor, indem die linke obere Ecke als A-Priorität und die rechte obere als nicht erstrebenswerte Krisensituation bezeichnet wird. Auf die vertikale Trennung in Form von Dringlichkeit folgt nun eine horizontale Trennung und die Aufforderung an jeden Anwender, sich vor allem auf die Wichtigkeit zu konzentrieren.

In der praktischen Umsetzung bedeutet dies nun, wenn wir ein Leben in Balance leben wollen, dass wir eine andere Planungseinheit als den Tag wählen müssen, da es offensichtlich ist, dass wir an einem einzigen Tag nicht alle unsere 8 Lebensbereiche unterbringen werden. Daher ist die Wochenplanung ein geeigneteres Werkzeug, und ich empfehle Ihnen, jede Woche eine halbe Stunde Zeit darauf zu verwenden, Zeiträume mit eigenen Terminen pro Woche zu blockieren.

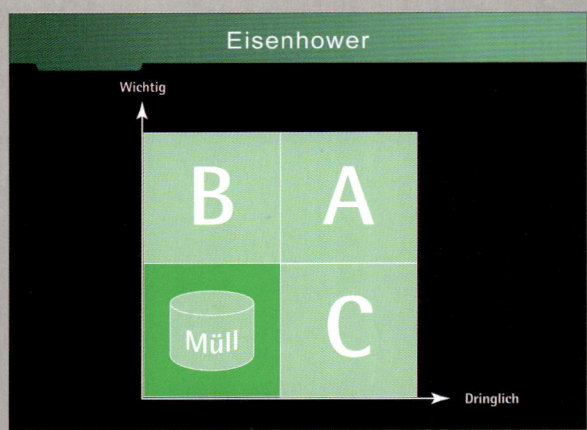

»Sie werden erst souveräner, wenn Sie Wichtiges nicht erst erledigen, wenn es dringend wird.«

Cay von Fournier

2. Aufgabe

Konzentration!

Fokussieren Sie sich auf das Wesentliche

Die meisten Probleme im Umgang mit Zeit sind begründet im Fehlen der Konzentration auf das Wesentliche. Daraus resultieren Verzettelung, operative Hektik, Stress, Zeitnot, Zeitdruck und der Umstand, dass wir vieles auf einmal tun wollen; hinzu kommen Ablenkungen, unnötige Besprechungen und Termine, Unordnung auf dem Schreibtisch und fehlende Selbstdisziplin. All das ist im Alltag der meisten arbeitenden Menschen häufig zu finden. Es ist ein Zeichen fehlender Konzentration auf das wirklich Wesentliche im Leben. Das wirklich Wesentliche definieren wir selbst, und auch hier besteht leider die Kluft zwischen dem Wissen und unseren Wünschen einerseits und unseren Handlungen andererseits.

Zielloses Handeln ist wohl die größte Form der Zeitverschwendung. Das führt dazu, dass Dringliches immer Vorfahrt vor Wichtigem hat. Wenn wir nicht wissen, was wir tun wollen, so werden es andere wissen. Wir sind dann anfälliger für äußere Einflüsse, aber auch vor allem für unsere eigene Zerstreutheit. Wie bekommen wir das in den Griff? Ich denke, indem wir uns ganz besondere Inseln schaffen. Damit meine ich erstens Zeit-Inseln, in denen Sie keine Mails empfangen, Ihr Telefon ausstellen und nicht gestört werden dürfen. Zweitens meine ich Raum-Inseln: Schaffen Sie sich einen idealen Arbeitsraum, der möglichst hell, klar strukturiert und frei von Ablenkungen ist (kein Fernseher, keine Zeitungen und Zeitschriften, keine Unordnung). Hier wird Ihre Kreativität frei fließen können.

BUCHEMPFEHLUNG:
Lothar J. Seiwert:
Simplify your time.
Frankfurt/New York,
Campus 2010

Planung

Planen Sie mit Stift und Papier

Ich empfehle Ihnen, Ihre Planungen schriftlich zu machen. Einen Teil überträgt man sicher in digitale Planungswerkzeuge wie iPhone oder PDA, aber der Prozess des Aufschreibens ist wichtig. Erwiesenermaßen wird die eigene Handschrift als verbindlicher wahrgenommen. Beim Schreiben wird darüber hinaus der kreative Prozess angeregt: Es kommen Ihnen neue Ideen, gleichzeitig erkennen Sie, was Sie intelligent verknüpfen oder komplett streichen kön- nen. Wenn Sie über ein stark ausgeprägtes visuelles Gedächtnis verfügen, reicht es oftmals auch, dass Sie sich überhaupt eine Notiz gemacht haben – Sie brauchen diese dann nicht noch einmal zu lesen. Achten Sie auch auf innere Widerstände, wenn Sie etwas aufschreiben. Dann können Sie schon während der Planung beschließen, einen Termin abzusagen (Sie werden ihn ohnehin nicht wahrnehmen).

»Pläne sind die Träume der Verständigen.«

Ernst Freiherr von Feuchtersleben

4. Aufgabe
Ordnung

Bändigen Sie das Chaos

Mit Ordnung meine ich sowohl die Ordnung auf unserem Schreibtisch als auch die Ordnung unserer Notizen, unserer Dokumentablage, die Ordnung in Schränken oder auch die der Bücher, Zeitschriften, Arbeitsmaterialien, Festplatte, E-Mails, die Ordnung im Büro, in der Wohnung, im Auto usw. Manchen Menschen fällt Ordnung leicht. Sie gelten als »ordentliche« Menschen; andere wiederum, die sich selbst als kreative Menschen bezeichnen, tun sich schwerer. Letztlich muss jeder für sich eine Form der Ordnung finden, die dazu führt, dass keine Zeit verschwendet wird.

5. Aufgabe
Routine

Ordnung braucht Übung

Entwickeln Sie Routine in Ihrem praktischen Handeln und pflegen Sie Ihre Jahres-, Wochen-, Monats- und Jahresplanung.

Bauen Sie sportliche Aktivitäten und Meditation in den Tag ein und schreiben Sie ein Tagebuch, sofern es Ihnen nützlich erscheint. Pflegen Sie Kontakte und halten Sie Ordnung. Machen Sie all diese Dinge zur Routine.

»Behandeln Sie Ihre Zeit mit so viel Sorgfalt, wie Sie Ihr Geld behandeln. Dann haben Sie weniger Probleme mit Ihrer Zeit.«

Cay von Fournier

Behandeln Sie Ihre Zeit wie Ihr Geld!

Das Leben ist endlich!

»Der den schlechtesten Gebrauch von seiner Zeit macht, jammert am meisten, dass sie so knapp ist.«

Jean de la Bruyère

Geburt

Stellen Sie sich vor, Sie werden 80 Jahre alt. Damit liegen Sie schon etwas über dem Durchschnitt. Wo befinden Sie sich jetzt? Erschreckend, dass so viel Zeit schon um ist, oder?

80 Jahre

Werkzeug »10-30-1-1-Prinzip«

10 Minuten täglich

für den 1. Zeit-Horizont: 1 Tag

Der erste Horizont ist der Horizont unseres Tages, die natürliche Zeiteinheit der Welt. Der Tagesablauf ist in groben Zügen häufig schon vorgegeben, er sollte jedoch an jedem Tag am Tagesanfang oder am Abend des Vortages noch einmal gründlich geplant werden. Nehmen Sie sich hierfür 10 Minuten Zeit. All das, was wir jeden Tag auf unserem Schreibtisch sehen (Tagesziele) und erledigen möchten, ganz gleich ob beruflich oder privat, ist Gegenstand der Tagesplanung.

Tagebuch
Tagesplanung
Offene Kommunikation
(E-Mails/Tel./Korresp.)
PDA-Abgleich mit PC
Sind die anderen Checklisten aktiv (z.B. Wochencheckliste, Montagcheckliste, Jahresplanung, ...)

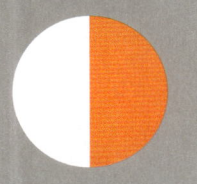

30 Minuten wöchentlich

für den 2. Zeit-Horizont: 1 Woche

Der zweite Horizont ist der Horizont der Woche. Hier finden Sie die Ziele, die Sie innerhalb einer Woche erreichen wollen. Nehmen Sie sich jeden Sonntag 30 Minuten Zeit, um die vor Ihnen liegende Woche einmal gründlich zu durchdenken: Hier werden u. a. Ihre 20 Stunden neue Zeit (siehe Seite 94) verteilt, Projektpläne geprüft und ein Blick auf den nächsthöheren Horizont (Monat) gerichtet.

Wochenplanung
20 Stunden neue Zeit
Projektpläne checken
Monatsziele
Korrespondenzcheck
Archivieren ...

1 Stunde monatlich

für den 3. Zeit-Horizont: 1 Monat

Der dritte Horizont ist der Horizont des Monats, hier planen wir einen Monat im Voraus und haben bereits eine konkrete Vorstellung von Terminen, Reisen, Freizeit und auch Arbeitstagen. Wir sollten uns pro Monat eine Stunde Zeit nehmen, um den Monat zu planen. Hier planen wir die Ziele, die wir uns für einen Monat vorgenommen haben (Monatsziele).

Monatsplanung
Geburtstage
Analyse der Lebensbalance
Finanzcheck
Projektpläne/Ziele messen ...

1 Tag jährlich

für den 4. Zeit-Horizont: 1 Jahr

Die gesamte Planung von Tag, Woche und Monat macht nur Sinn, wenn es eine klare, persönliche und unternehmerische Jahreszielplanung gibt, an der wir uns orientieren können. Für die Jahreszielplanung benötigt man im persönlichen Bereich mindestens einen Tag und im unternehmerischen sollte es 2 Tage sein.

Jahreszielplanung
Periodenzielplanung
Reise (kurz, lang)
Reise (privat)
Workshop ...

Werkzeug ◐ »Zeitplanung«

Das Planungswerkzeug: Tagesplanung

Für Ihr Zeitmanagement benötigen Sie die richtigen Werkzeuge. Hier sehen Sie die Vorlagen für Tagesplanung des Zeitmanagement-Systems des SchmidtColleg. Mehr Infos dazu unter: www.schmidtcolleg.de.

Bestellen Sie den SchmidtColleg Verlagskatalog unter www.scverlag.de.

10 Regeln für die Tagesplanung

1. **Vollständig:** Übertragen Sie alle Aufgaben aus Ihren Notizen.
2. **Gründlich:** Bereiten Sie jeden Tag sorgfältig vor.
3. **Realistisch:** Planen Sie so, dass Sie den Plan auch tatsächlich umsetzen können.
4. **Umsichtig:** Reservieren Sie sich Zeiträume für Unvorhergesehenes.
5. **Rhythmisch:** Berücksichtigen Sie Ihren Lebensrhythmus bei Ihren Tagesplanungen.
6. **Vorrangig:** Versehen Sie Ihre Aufgaben mit Prioritäten.
7. **Optimistisch:** Sorgen Sie für einen optimalen Start.
8. **Energetisch:** Reservieren Sie sich stille Stunden und Pausen.
9. **Freudig:** Planen Sie jeden Tag etwas, auf das Sie sich freuen können.
10. **Reflektiert:** Bereiten Sie jeden Tag nach.

Das Planungswerkzeug: Wochenplanung

Synergien nutzen und der Kraft des Einfachen vertrauen

Tagesplanung
Wochenplanung
Aufgaben
Adressen
Memos
E-Mail
Internet
GPS
Foto
MP3 ...

SYNERGIE

Skizzen
Gesprächsnotizen
Gedanken
Visionen
Ziele
Strategien
Brainstormings
Mindmaps
Flussdiagramme
Zeichnungen

Wir leben in einer paradoxen Situation: Einerseits kommen in immer kürzeren Abständen immer neue elektronische Geräte auf den Markt, die uns dabei helfen sollen, unsere Termine besser zu organisieren. Tatsächlich aber frisst die Auswahl und optimale Einstellung dieser Geräte selbst wieder viel Zeit, die wir eigentlich nicht haben. Wie gehen wir nun mit dieser Situation um?

1. Gelassen bleiben: Ich denke, dass uns auch hier eine Haltung der Gelassenheit weiter bringt als aller elektronischer Schnickschnack. Wir müssen nicht jede Woche ein neues Gerät anschaffen, um exzellente Ergebnisse erzielen zu können.

2. Mehrgleisig fahren: Zweitens finde ich die Entscheidung »Elektronik oder Papier?« unsinnig. Die Mediengeschichte zeigt uns, dass mit jeder technischen Revolution das »alte« Medium nicht aus der Welt verschwunden ist, sondern lediglich seine Funktion geändert hat. Trotz iBook wird es auch in Zukunft das gedruckte Buch noch geben, so wie es trotz Zeitung und TV-Nachrichten

auch heute noch das Flugblatt gibt – ein Medium, das schon im Mittelalter populär war. Für Sie heißt das: Pflegen Sie den Umgang mit Stift und Papier als Werkzeuge Ihrer Kreativität und Ihrer Seele. Skizzieren Sie Gedanken und Pläne handschriftlich, bevor Sie »Halbgares« in komplexe technische Geräte einspeisen. Sich handschriftlich Fragen zu beantworten, ist ein Denkprozess. Dies beginnt bei der einfachen Frage am Morgen: »Wie soll mein heutiger Tag aussehen, damit es ein erfolgreicher und glücklicher Tag wird?« Mit solchen Gedankenprozessen können Sie die körperliche und seelische Dimension eines jeden Tages in Einklang bringen. Technische Hilfsmittel kommen im nächsten Schritt zum Einsatz: Sie helfen Ihnen vor allem dabei, mit anderen Menschen zusammenzuarbeiten und sich mit ihnen zu »synchronisieren«.

3. Dem Gedächtnis trauen: Ihre wichtigsten Termine wissen Sie wahrscheinlich auch ohne Blick in Ihren Terminplaner. Umgekehrt vergessen Sie tendenziell die Termine, die für Sie unwichtig oder lästig sind. Ihr Gedächtnis ist ein häufig unterschätzter Filter!

Werkzeug 👁 »20 Stunden neue Zeit pro Woche«

Ich schenke Ihnen 20 Stunden neue Zeit! Was halten Sie davon, nehmen Sie das Geschenk an? – Gut.

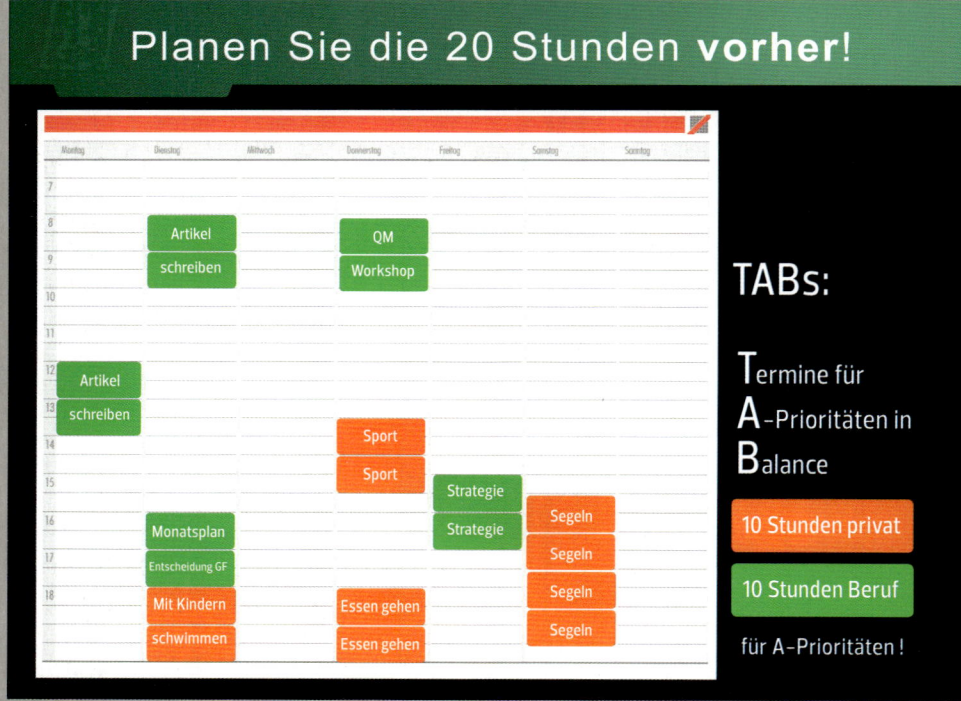

Nehmen Sie Ihre Wochenplanung für nächste Woche und schreiben Sie als Allererstes vor allen anderen Terminen 20 Stunden neue Zeit hinein: 10 Stunden beruflich und 10 Stunden privat für Dinge und Aufgaben, die zwar nicht dringend sind, aber unseren Zielen entsprechen und damit unsere neue Priorität darstellen. Dinge, zu denen Sie immer kommen wollten, die Sie aber bisher nie geschafft haben, schreiben Sie ab jetzt bitte immer ZUERST in die Planung.

»Der Schlüssel liegt nicht darin, Prioritäten für das zu setzen, was auf Ihrem Terminplan steht, sondern darin, Termine für Ihre Prioritäten festzulegen.«

Stephen R. Covey

Ein nur auf Prioritäten ausgerichtetes Zeitmanagement ist häufig kontraproduktiv, weil es die Lust eines Unternehmers oder einer Führungskraft ignoriert, »reiche Beziehungen zu entwickeln, menschliche Bedürfnisse zu erfüllen und spontane Momente zu genießen«, so der US-amerikanische Zeitmanagement-Experte Stephen R. Covey. Keine erfolgreiche Führungskraft hat Lust, sich ausschließlich auf Anforderungen von außen zu konzentrieren und jeden Tag »Krisen und Termindruck zu organisieren«.
Und damit kommen wir zurück zu unseren »20 Stunden neue Zeit«. Verschaffen Sie sich Klarheit darüber, so eine Empfehlung Coveys, welche Rollen Sie in Ihrem Beruf und in Ihrem Privatleben spielen: Vielleicht arbeiten Sie an einer wichtigen Veröffentlichung, um sich als Experte zu positionieren, oder wollen das Qualitätsmanagement in Ihrem Unternehmen vorantreiben? Privat bauen Sie vielleicht gerade ein soziales Projekt in Ihrer Stadt auf, oder Sie lernen eine neue Sprache? Dann definieren Sie Ziele für jede dieser Rollen, leiten einzelne Aktionen daraus ab – und tragen 20 Wochenstunden wirklich in Ihren Kalender ein. Und zwar bevor Sie irgendeinen anderen Termin planen. **Kämpfen Sie für Ihre Zeit!**

Die Prinzipien seines »Zeitmanagements der vierten Generation« hat Covey übrigens schon 1989 in seinem Buch »The Seven Habits of Highly Effective People« präsentiert (die deutsche Ausgabe erschien 1992). Einer der bekanntesten Autoren von Zeitmanagement-Büchern in Deutschland, Lothar J. Seiwert, propagiert ähnliche Ideen ebenfalls seit den 1980er Jahren. Warum setzen so wenige Führungskräfte diese zugegebenermaßen einfache Idee um? Ich denke, das hat mehrere Gründe:

- **Technik:** Ein Grund ist die zunehmende Verbreitung offener Terminkalender, die von Assistentinnen genauso wie von Kollegen von außen mit Terminen »vollgestopft« werden können.
- **Komplexität:** Zeitnot ist eine Folge der Verdichtung und Intensivierung aller Anforderungen an Führungskräfte, die wiederum mit der zunehmenden Beschleunigung und Vernetzung der Kommunikationstechnik zusammenhängt.
- **Äußere Widerstände:** Es gehört eine gute Portion Mut und Hartnäckigkeit dazu, die eigenen Ziele und Termine gegen andere Termine zu verteidigen, die von allen Seiten hereindrängen. An diesen täglichen Kampf müssen Sie sich nicht nur selbst gewöhnen, sondern auch Ihre Mitarbeiter, Kollegen und Geschäftspartner.
- **Innere Widerstände:** Viele besonders erfolgreiche Führungskräfte haben – auch wenn Sie das nie zugeben würden – eine tief sitzende Angst vor Misserfolg, oder sogar vor Erfolg. Dies führt zu scheinbar irrationalen Handlungen wie der »Aufschieberitis« (die sogar eine Fachbezeichnung hat: »Prokrastination«), gegen die nicht mehr Zeitmanagement hilft, sondern wiederum mehr Lebenskunst.

Für alle Gründe gilt: Die Beschäftigung mit »20 Stunden neue Zeit« ist ein gutes erstes Gegenmittel!

Bitte streichen Sie die beiden Wörter **»ja«** und **»nein«** komplett aus Ihrem Wortschatz. Dazu ein Beispiel: Sie wollen am Dienstagabend mit Ihren Kindern schwimmen gehen. Ein toller Neukunde ruft an und möchte sich mit Ihnen zum Essen treffen. Normalerweise sagt man dann sofort zu und den Kindern ab. Wenn man aber einen Termin mit einem anderen Topkunden hätte, dann würde man dem Neukunden absagen. Die Familie steht also hinten an! Sagen Sie besser »schwierig« und machen Sie einen alternativen Termin aus. Erst wenn kein alternativer Termin möglich ist, rufen Sie Ihre Familie an und sagen Ihrem Kunden: »Ich versuche, es möglich zu machen.«

Energie

Burn-in statt Burn-out

> »Ein Merkmal großer Menschen ist, dass sie an andere weit geringere Anforderungen stellen als an sich selbst.«
>
> Marie von Ebner-Eschenbach

Viele Menschen sind erschöpft von ihrer eigenen Hetzjagd nach immer mehr Leistung. Sie stemmen sich über Jahre gegen die eigene Müdigkeit, bekämpfen diese mit eiserner Disziplin und immer mehr Kaffee – und leiden, wenn Körper und Seele eines Tages überhaupt nicht mehr können, unter Schlaflosigkeit, Schmerzen, Depressionen, bis hin zum völligen Burn-out. An diesem Punkt sind sie so ausgebrannt, dass gar nichts mehr geht. Es kann Jahre dauern, bis sich ein Mensch von einem Burn-out erholt – falls er sich jemals völlig davon erholen kann. Hierzulande fühlt sich bereits jeder dritte Berufstätige stark erschöpft oder gar ausgebrannt – so das Ergebnis einer Forsa-Studie von 2009 (»Kundenkompass Stress«, in Zusammenarbeit mit der TK und dem F.A.Z.-Institut). Über das Jahr verteilt fehlen rund 40.000 Arbeitskräfte im Büro oder in den Werkstätten. Die Zahl der Burn-out-Krankschreibungen ist laut dem Hamburger Institut für Burn-out-Prävention (IBP) zwischen 2004 und 2009 um 17 Prozent angestiegen.

Wenn Körper und Seele nicht mehr können

Die Ursachen sind heutzutage vielfältig. In unserer modernen Welt sind die Menschen oft nicht mehr den Anforderungen gewachsen, die sie selbst an sich stellen oder denen sie sich ausgesetzt fühlen. Auf diese Rahmenbedingungen reagieren sie in der Regel, indem sie ihre Situation selbst verschärfen: Hohe Arbeitsbelastung wird nicht mit einem vernünftigen Arbeitszeitmanagement bewältigt (was regelmäßige Pausen voraussetzt), sondern mit eisernem »Durcharbeiten«. Die eigene Fitness wird gerade nicht mit gesunder Ernährung gestützt, sondern im Gegenteil: Aus Zeitmangel essen Mitarbeiter genau wie Führungskräfte hektisch, ungesund, zu viel oder zu wenig. Müdigkeit wird mit Koffein und Schokolade bekämpft, Verzweiflung und Schlaflosigkeit mit Alkohol. Eine solche »Fehlbehandlung« kann der menschliche Körper eine ganze Zeit lang ertragen, wobei er aber langsam immer schwächer wird: Die Fitness sinkt, die Anfälligkeit für Krankheiten steigt an. Nach einer sehr langen Zeit im Dauerstress kann der Körper sich überhaupt

nicht mehr aus eigener Kraft regenerieren – dann »fliegt die Sicherung heraus«. Es kommt zum Burn-out.

Hohe Belastung + hohes Engagement

Ganzheitlich gesehen handelt es sich bei einem Burn-out um eine totale emotionale, körperliche, geistige und seelische Erschöpfung, die mit stark reduzierter Leistungsfähigkeit und diversen Krankheitssymptomen einhergeht und in eine manifeste Depression umschlagen kann, die, wenn sie nicht oder falsch behandelt wird, sogar zu einem Suizid führen kann.
Burn-out ist inzwischen auch eine anerkannte Krankheit (Z73.0 nach der ICD-10). Umso schmerzhafter und unverständlicher ist es daher, dass sich selbst anerkannte Managementberater über diesen Begriff lustig machen und ihn sogar zu einem »gefährlichen Management-Wort« erklären. Dabei handelt es sich übrigens um einen Reflex, der vor rund 40 Jahren schon die »helfenden Berufe« getroffen hat, für die der Psychoanalytiker Herbert Freudenberger dieses Krankheitsbild bereits 1974 beschrieb: Ärzte, Heilpraktiker, Pflegeberufe, Rettungsdienstpersonal, Lehrer, Sozialarbeiter, Erzieher waren durch besonders häufige Krankschreibung, Arbeitsunfähigkeit oder Frühverrentung aufgefallen. Ursache war seiner Meinung nach eine besonders hohe Arbeitsbelastung, gepaart mit einem besonders hohen persönlichen Engagement – was in dieser Kombination zum »Ausbrennen« führen kann.

Burn-out ist ansteckend

Die charakteristischen Merkmale und Folgen des Burn-outs sind anhaltende physische und psychische Leistungs- und Antriebsschwäche. Ebenso möglich ist eine zynische, abweisende Grundstimmung gegenüber Kollegen, Klienten und der eigenen Arbeit. Was viele nicht wissen: Das Burn-out-Symptom ist nicht nur ein persönliches Problem des Betroffenen, sondern gefährdet aufgrund seiner »ansteckenden« Natur auch das berufliche Umfeld. Denn auf dem Weg zum Burn-out verlieren die Betroffenen zum Beispiel ihr Gefühl für Grenzen: Sie arbeiten Tag und Nacht und meinen, dass ihre Kollegen dies selbstverständlich auch tun müssten. Damit es in Ihrem Umfeld – oder sogar bei Ihnen selbst – gar nicht erst so weit kommt, wollen wir uns im folgenden Kapitel mit dem Thema Lebensenergie befassen.
Ich bin davon überzeugt, dass man auch leidenschaftlich für eine Sache brennen kann, ohne auszubrennen.

Immer am Limit

Viele Unternehmer, Führungskräfte und Mitarbeiter arbeiten permanent am Limit. Dieses Am-Limit-Sein führt zusätzlich zu seelischer Belastung und in der Folge zu Schlafstörungen. Körper und Geist bekommen nicht genug physische Erholung. Dies wird kompensiert durch einen gefährlichen Mix an zu wenig Bewegung, ungesunder (schneller) Ernährung und dem zusätzlichen Konsum an Suchtmitteln (z. B. Nikotin und Alkohol). Viele Menschen leben daher schon lange auf Reserve. Dies ist umso trauriger, denn unser Körper ermöglicht uns dies ja, indem er einen körperlichen und seelischen »Reservetank« für uns bereithält, der uns in Notzeiten zur Verfügung steht. Leider haben wir in der modernen Welt diese Notzeiten zum Alltag gemacht und leben in einer permanenten Überforderung.

Dabei schon in der Reserve!

Zu viel!

Wir nehmen uns oft zu viel vor. Durch das »Zuviel« in zu kurzer Zeit kommt es zu einem gefährlichen Mix. Menschen werden bedingt durch die Zeitnot immer hektischer und auch unordentlicher (da man sich auch nicht die Zeit für die Ordnung nimmt). Es folgen unsinnige Handlungen, mit denen dieser Zustand kompensiert werden soll (Ablenkung im Internet, sinkende Effizienz, Onlinespiele, Fernsehen ...). All das führt zu noch mehr Stress und Belastung, ohne richtig zur Ruhe zu kommen.
Eine falsche Ernährung, fehlende Bewegung, keine Zeit für Freunde, Familie und Hobbys und Suchtmittel kommen hinzu.

Irgendwann ist Schluss

Der Körper kann starke Belastungen in jungen Jahren besser kompensieren als im fortgeschrittenen Alter. Und doch können sich junge Menschen genauso in einen Burn-out manövrieren wie ältere. Besonders gefährdet sind hier übrigens Unternehmensgründer, die mit vollem Enthusiasmus ans Werk gehen, Tag und Nacht arbeiten und dabei völlig aus der Balance geraten können. Der sozialen Desintegration folgen Desorientierung und möglicherweise Depressionen. Irgendwann geht dann gar nichts mehr - und an einer Einweisung in die Klinik führt kein Weg mehr vorbei.

»Nur der Wechsel ist wohltätig.
Unaufhörliches Tageslicht ermüdet.«

Wilhelm von Humboldt

Die Phasen des Burn-outs

Auch auf die Phasen des Burn-outs sollte man achten, denn ein Burn-out entwickelt sich nicht über Nacht. Die Phasen könnten folgendermaßen zusammengefasst werden:

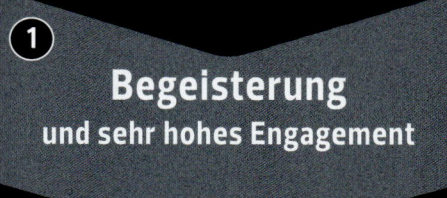

(1) Begeisterung und sehr hohes Engagement

Enthusiasmus führt zu einem wahren Rausch an guten Gefühlen. Eigentlich sind das ja alles schöne Signale und genauso wie mit vielen schönen Signalen will der Körper mehr davon. Sucht in den meisten Formen entsteht durch diesen Mechanismus und so kann man auch süchtig nach Arbeit werden .

(2) Stagnation

Irgendwann aber lässt unsere Kraft nach und wir werden mit Rückschlägen von außen konfrontiert. Wenn dies über eine längere Zeit anhält, so versuchen wir mit immer mehr Leistung dagegen anzugehen, was zu einer permanent hohen Belastung für Körper und Seele werden kann.

(3) Frustration

Wir scheitern in manchen Aspekten. Auch das gehört zum Leben. Ein erfolgsverwöhnter Mensch nimmt dies persönlich und sucht alle Schuld bei sich. Noch mehr Arbeit und Anstrengung sind meist die Folge. Das ist übrigens auch eine große Gefahr der »Alles-ist-möglich«-Apostel. Unter deren Einfluss stellen Menschen oft nicht erfüllbare Erwartungen an sich. Das ist die Kehrseite unserer derzeitigen »Hochleistungsgesellschaft«, bei der es um Wachstum geht, immer höher, schneller und weiter ...

(4) Apathie

In gewisser Weise das Gegenteil von Empathie (die als Mitgefühl im Umgang mit anderen Menschen so wichtig ist), beschreibt die Apathie eine Gefühllosigkeit. Andere Menschen werden uns egal und wir fühlen nichts mehr, keine Freude, keinen Spaß. Dies ist bereits eine extrem gefährliche Phase. Zudem wird uns in dieser Phase ja auch das Leben selbst schnell sehr viel schwerer, zum Beispiel, weil wir mit anderen Menschen schlecht umgehen und damit viele zusätzliche Krisenherde schaffen.

(5) Burn-out

Im akuten Burn-out wird die Erschöpfung zum Dauerzustand. Es kommt zu körperlichen Problemen mit einzelnen Organen, mit dem Herzen, dem Kreislauf oder der Verdauung. Dazu kommen psychische Probleme bis zu hin zu schweren Depressionen. Die innere »Schieflage« zieht überdies auch eine soziale Desintegration nach sich: Im Privatleben wie auch im Beruf bricht Streit aus, der zur Trennung oder Scheidung führen kann und zum Verlust des Arbeitsplatzes.

Könnten auch Sie selbst ein Opfer des Burn-outs werden? Damit Sie sich Klarheit über Ihre eigene Situation verschaffen können, habe ich einen Burn-out-Index entwickelt, der aus vier Quadranten besteht: Körper, Emotionen, Geist und Seele. Zu jedem Bereich habe ich vier Fragen entwickelt, die Sie gemäß Ihrer Selbsteinschätzung beantworten können. Ihre Ergebnisse können Sie im nächsten Schritt in den Burn-out-Radar eintragen, den Sie im Anschluss an den Index in diesem Buch finden. Dieser Radar zeigt Ihnen den Grad Ihrer persönlichen Burn-out-Gefährdung.

Wenn Sie mögen, können Sie auch eine Person Ihres Vertrauens bitten, Index und Radar für Sie auszufüllen. Die Gegenüberstellung von Selbstbild und Fremdbild kann oft sehr hilfreich sein. Als dritte Möglichkeit bietet es sich an, dass Sie die Übungen für einen Menschen ausfüllen, der Ihrer Einschätzung nach Gefahr läuft, bald auszubrennen.

Für jeden Fall gilt: Gehen Sie äußerst einfühlsam und diskret mit diesem sensiblen Thema um. Und holen Sie im Zweifelsfall den Rat eines anerkannten und professionellen Therapeuten ein.

Fragen Sie sich selbst!

Burn-out

Burn-out kann jeden betreffen – vor allem Menschen, die ihre Arbeit besonders perfekt machen möchten und dafür wenig Anerkennung ernten. Bei wie vielen Aussagen würden Sie ein Kreuz machen, in

K **Körper** = Gesundheitsfaktoren, die zu einer körperlichen Überlastung führen

H **Herz** = Menschen, Konflikte, Erwartungen, übertriebene Anerkennung, Hilfsbereitschaft,...., Energie

G **Geist** = Kontrolle (Kontrollzwang), Leistung (Leistungsdruck), Organisation (Perfektionismus), Zeit (Zeitnot), alltäglicher Stress

S **Seele** = fehlende Gelassenheit, Sinnkrise, Vision, Ziele

Körper

0   2   4   6   8   10

K1 Ich schlafe schlecht und zu wenig. Ich kann mich nur schlecht erholen. Ich bin oft »urlaubsreif«. — Ich schlafe gut und ausreichend. Ich kann mich sehr gut erholen. Ich mache oft eine sinnvolle Auszeit.

K2 Ich bewege mich viel zu wenig. (Merke ich beim Treppensteigen oder an meinem Übergewicht.) — Ich bewege mich regelmäßig viel. 3.500 kcal/Woche – extra, ca. 30–45 min. pro Tag

K3 Ich lebe und esse völlig falsch (Übergewicht, Alkohol, Rauchen, Süßes ...). — Ich lebe sehr bewusst und gesund (Ernährung, Nichtraucher!).

K4 Ich habe körperliche Symptome (Stress, Bluthochdruck, Herz ...). — Ich fühle mich rundum gesund (Blutdruck, Gewicht, Herz ...).

Geist

0   2   4   6   8   10

G1 Ich lebe mit großem Leistungsdruck (Vorgaben, Konkurrenz, finanzielle Nöte). — Ich lebe mit Begeisterung und freue mich auf meine Arbeit.

G2 Ich fordere mich regelmäßig bis oder über meine Leistungsgrenzen (60 Stunden+/Woche, hohe Eigenerwartung). — Ich arbeite sehr ausgewogen (gesunde Balance Arbeit/Privates).

G3 Alles muss perfekt und unter Kontrolle sein. Die Gedanken an meine Arbeit verfolgen mich auch in meiner Freizeit. — Nicht alles muss perfekt, oder unter Kontrolle sein. Ich kann gut abschalten und Arbeit/Privates trennen.

G4 Ich habe häufig Zeitnot und eine schlechte persönliche Organisation (oder ich leide unter einer schlechten). — Ich bin sehr gut organisiert und komme mit meiner Zeit zurecht.

Seele

S1	Ich empfinde oft eine große Sinnlosigkeit. Dabei fühle ich mich innerlich müde.

0   2   4   6   8   10

Ich empfinde mein Leben als sinnvoll und lebe meine Vision. Das gibt mir innere Energie.

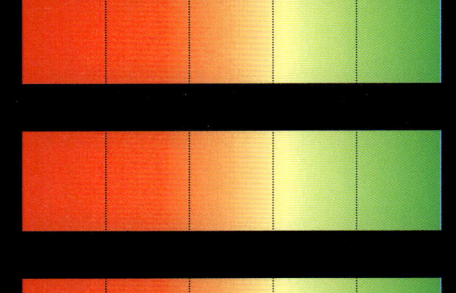

S2	Für meine Hobbys habe ich zu wenig Zeit. Vieles, was mir Spaß macht, kommt zu kurz oder ich kann es nicht genießen.

Ich pflege meine Hobbys und habe viel Spaß im Leben, den ich auch genießen kann.

S3	Meinen Beruf empfinde ich als Last. Ich fühle mich anderen verpflichtet und bin oft zu hilfsbereit. Ich opfere mich gerne.

Mein Beruf gibt mir eine positive Erfüllung. Ich kann gut mit den Anforderungen Anderer umgehen.

S4	Ich bin mit meinem Leben nicht zufrieden und oft innerlich zerrissen. Es gibt einige »Baustellen«.

Ich bin gelassen und lebe meistens in Balance.

Herz

0   2   4   6   8   10

H1	Meine Partnerschaft hat wegen meiner Arbeit Schaden genommen (Stress in der Partnerschaft, Scheidung ...).

Ich lebe in einer glücklichen Partnerschaft und habe ausreichend Zeit für meinen Partner.

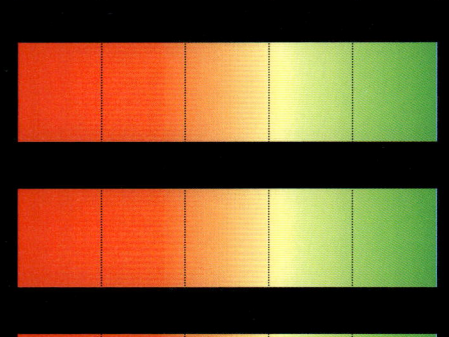

H2	Die Familie leidet unter meiner Arbeit (zu wenig Zeit für die Kinder, ggf. deswegen keine Kinder?).

Ich habe ein glückliches Familienleben.

H3	Andere Menschen/Arbeitskollegen nerven mich. Ich bin oft gereizt, zynisch und habe oft schlechte Laune.

Ich gehe gerne mit Menschen um und schätze sie im Alltag. Ich bin in der Regel gut gelaunt.

H4	Ich brauche viel Anerkennung, Lob, Ruhm und arbeite dafür sehr hart.

Ich bin zufrieden mit mir und fühle mich sehr geschätzt.

Burn-out-Radar

Tragen Sie hier nun Ihre Punktzahl ein.

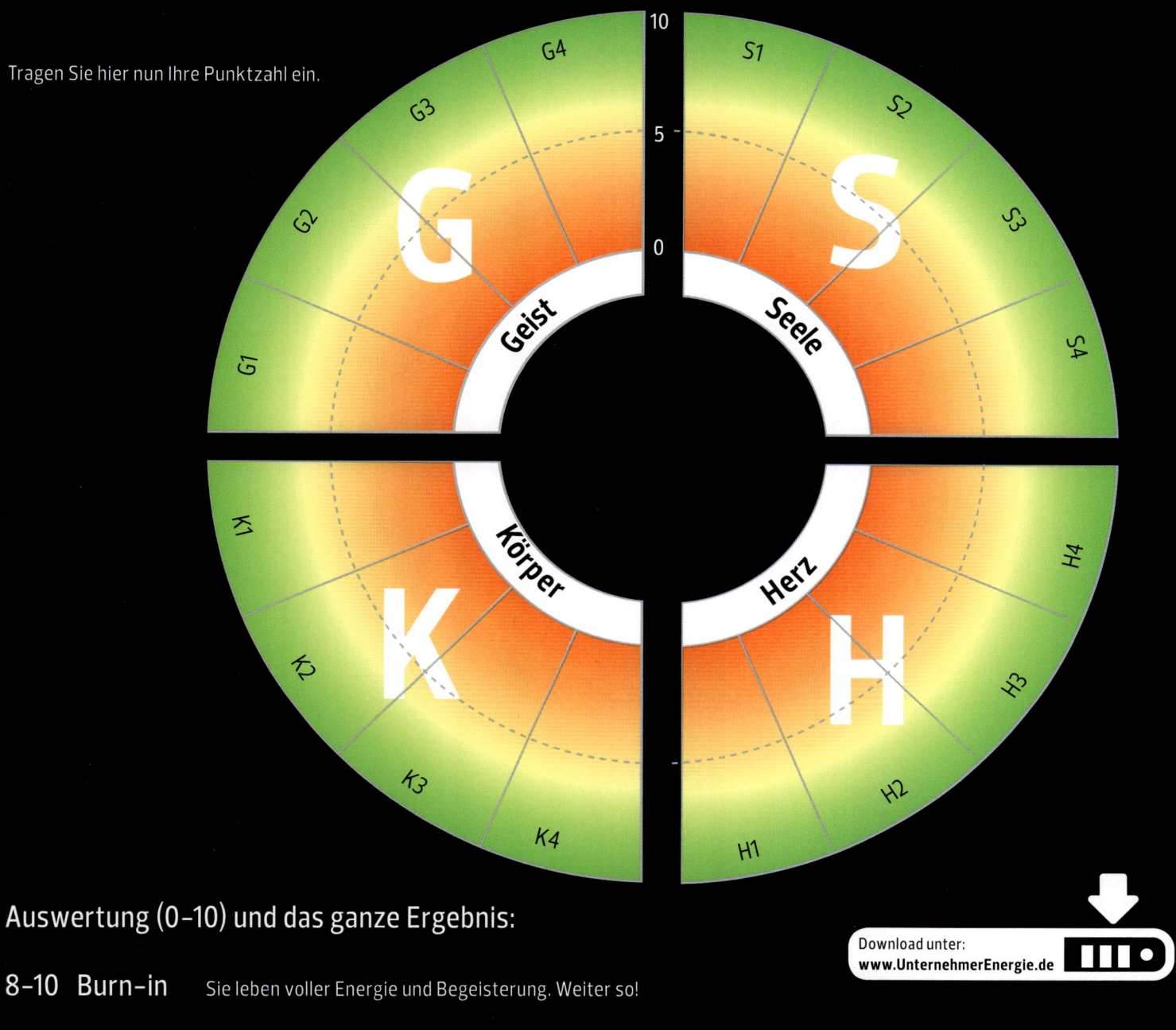

Auswertung (0-10) und das ganze Ergebnis:

8-10 Burn-in Sie leben voller Energie und Begeisterung. Weiter so!

5-7 Balance Ihr Burn-out-Risiko ist gering. Achten Sie darauf, dass es so bleibt. Pflegen Sie weiterhin die Beziehung zu wichtigen Menschen und sorgen Sie weiter für Entspannung und Ausgleich.

3-5 Vorsicht Ihr Burn-out-Risiko ist hoch. Organisieren Sie sich besser und nehmen Sie sich Freiraum für sich und Ihnen wichtige Menschen. Wenn Sie das Problem bei sich selber sehen, nehmen Sie bitte psychothera-peutischen Beratung in Anspruch. Am Arbeitsplatz sollten Sie sich mit den Themen »Arbeitsbelastung«, »Kommunikation am Arbeitsplatz« und »zwischenmenschliches Klima« befassen.

0-2 Burn-out Es bestehen deutliche Hinweise auf ein Burn-out. Fragen Sie sich nach Ihren Arbeitsbedingungen, persönlichen Baustellen, Ihrem körperlichem Ausgleich (Lebensführung). Nehmen Sie professionelle Beratung in Anspruch (Arzt, Psychotherapeuten).

Download unter:
www.UnternehmerEnergie.de

Burn-in

Gibt es etwas, wofür Sie »brennen« – privat, oder auch in Ihrem Beruf? Sind Sie besessen von der Idee, Ihr Unternehmen in der vierten Generation zu noch mehr Erfolg zu führen? Setzen Sie sich mit Ihrer gesamten Kraft für ein innovatives Produkt ein? Oder für ein soziales Projekt? Lieben Sie Musik? Kochen Sie die exotischsten Gerichte, ohne je auf die Kosten zu schauen? Dann wissen Sie, warum ich mir als Gegenteil von »Burn-out« so etwas wie »Burn-in« vorstelle – eine Wortschöpfung, die Sie auch als »burning« lesen können. Ich verstehe darunter ein Leben mit voller Energie, ein Leben aus voller Leidenschaft.

Ein Leben, das wir häufig nicht leben. Denn viel zu häufig leiden wir unter Tätigkeiten und Verpflichtungen, die wir nicht beeinflussen können. Manchmal sind es so viele, dass wir uns gar nicht mehr daran erinnern, wovon wir einmal geträumt haben und wofür wir gerne jeden Tag antreten wollten. Lassen Sie das Feuer Ihrer Leidenschaft nicht erlöschen! Denn je leidenschaftlicher Sie arbeiten, desto weniger müssen Sie sich anstrengen. Oder, wie man es in den USA formuliert: »Find out what you really love and you never have to work again.«

Wir alle kennen Menschen – Unternehmer, Führungskräfte, Mitarbeiter – die für ihre Arbeit brennen. Es sind die Köche, die zehn, zwölf, sechzehn Stunden am Herd stehen, um unermüdlich immer ausgefeiltere Kreationen auf die Teller zu zaubern. Es sind die mittelständischen Maschinenbauer, die dringende Ersatzteile bei Nacht und Nebel persönlich zum Kunden bringen, und die IT-Spezialisten, die komplette Wochenenden opfern, um wichtige Kundendaten zu sichern.

So unterschiedlich sie arbeiten und so verschieden sie sind, eines verbindet sie alle: grenzenlose Leidenschaft und gnadenlose Disziplin. Eine Kombination aus Neugier und Rastlosigkeit, aus Aufopferung und Hingabe, aber auch aus einem überdurchschnittlich starken Willen, Ehrgeiz und Perfektionismus. Wichtig dabei ist, dass wir die Arbeit nicht als Last empfinden, sondern als Lust. »Burn-in« bedeutet, von der Last zur Lust zu kommen. Dies ist eine permanente Herausforderung, und dabei Balance zu halten, gehört zu der Kunst der wirksamen Lebensführung.

> »Es ist ein Brand von solcher Art, dass ich brenne, aber nicht verbrenne.«
>
> Giordano Bruno

Leidenschaft x Disziplin = Energie + Erfolg

Quelle der Schaffenskraft

Otto Lilienthal mit »Normal-Segelapparat«

Ohne brennende Leidenschaft geschieht nichts, das irgendwie groß und bedeutend wäre. Wohl niemals hätten die Brüder Wright motorisierte Flugapparate gebaut, wenn die Leidenschaft des Fliegens – im 19. Jahrhundert ein Ding der Unmöglichkeit – sie nicht mit Haut und Haar infiziert hätte. Auch hätte Otto Lilienthal weder sein Leben aufs Spiel gesetzt noch sein Leben verloren, wenn er nicht beseelt gewesen wäre von seiner Pionierleistung, das Fliegen zu erfinden. Er gilt als erster Mensch in der Geschichte der Menschheit, der wiederholbare Gleitflüge absolviert hat. Und nie hätte Ferran Adrià, ein Star der modernen »Molekularküche«, seinen »Sphärischen Melonenkaviar« gekocht, wenn er sich nicht leidenschaftlich mit biochemischen, physikalischen und chemischen Prozessen bei der Zubereitung von Speisen befasst hätte. Die menschliche Schaffenskraft entspringt übrigens viel mehr der Leidenschaft als dem Talent. In Ihrem Umfeld können Sie das sehr leicht beobachten: Wie viele junge Menschen lassen ihre Begabungen brachliegen, weil ihnen jegliche Leidenschaft fehlt? Sogar Albert Einstein hielt seine Leidenschaft für wichtiger als sein Talent, als er sagte: »Ich habe keine besondere Begabung, sondern bin nur leidenschaftlich neugierig.«

»Der Unterschied zwischen einem fleißigen und einem leidenschaftlichen Unternehmer ist, dass der eine arbeitet, weil er muss, und der andere, weil er will.«

Cay von Fournier

Destruktive Kraft unseres Feuers

Leidenschaft hat allerdings immer zwei Aspekte, und darin ist sie dem Feuer ähnlich:

· Sie brennt und verbrennt.
· Sie gibt immense Energie – und sie kann alles zerstören.
· Sie ist Quelle der Schaffenskraft und Ursache der Erschöpfung.

Leidenschaft wächst aus unseren Trieben und Emotionen. In ihrer Irrationalität fordert sie die Stärke unserer Ratio heraus, und je stärker unsere Leidenschaften sind, desto mehr ist unser Geist gefordert. (Umgekehrt schreibt der französische Philosoph Blaise Pascal: »Je mehr Geist man hat, desto größer sind die Leidenschaften.«) Haben wir unsere Leidenschaften nicht im Griff, unterwerfen sie uns. Wenn Sie Kunst oder Antiquitäten sammeln, kennen Sie den Effekt: Leidenschaft ist verschwenderisch. Und wenn Sie sich leidenschaftlich verlieben können, wissen Sie auch: Manchmal ist Leidenschaft geradezu wahnsinnig. Der Wiener Philosoph Eugen-Maria Schulak (www.philosophische-praxis.at) bringt die destruktive Seite der Leidenschaft sehr treffend auf den Punkt:

»In ihren stärksten Formen gleicht sie dem Laster oder auch der Sucht, zumindest ist sie aber ein verwirrendes Gefühl, gemischt aus Hoffnung, Euphorie und Gier, gespickt mit Wut, seelischem Schmerz und Angst. Das bedeutet, dass sie in der Regel nicht durch den Verstand beherrscht werden kann – und vor allem auch nicht beherrscht werden will –, sondern sich ihrerseits die Schärfe des Verstandes für ihre Zwecke unterwirft.«

Das richtige Maß finden

Das Feuer unserer Leidenschaft muss brennen, wenn wir etwas Gutes und Großes schaffen wollen, aber nicht völlig unkontrolliert. Wir dürfen – sollten, müssen! – unserer Lust am Zündeln ein wenig nachgeben, weil wir durch die Kraft unserer Lust und Leidenschaften leben (was viel mehr ist als ein Existieren nach den Regeln der Vernunft). Und wir tun gut daran, uns mit Menschen zu umgeben, in denen ebenfalls ein Feuer der Leidenschaft brennt. Sie sind es, die uns inspirieren, motivieren und mit ihrem »Feuereifer« anstecken können (im Unterschied zu den Menschen, die immer nörgelnd auf »Sparflamme« kochen).
Sternekoch Vincent Klink (»Sitting Küchenbull«) hat diese Lebensweisheit einmal sehr liebenswürdig formuliert: »Ich konzentriere mich in meinem Leben, in der Musik und in der Kunst nur auf Typen und Charaktere, die mit Begeisterung an ihre Sache gehen. Egal, wie bekloppt sie sind.«
Wichtig ist: Bei aller Begeisterung dürfen wir unsere Ratio nicht völlig verblenden. Denn wenn wir vor lauter »burning« vergessen, Holz nachzulegen, geht unser Feuer bald aus (»Burn-out«). Vielleicht ist es im Job ganz ähnlich wie in unseren persönlichen Beziehungen: Es ist nicht möglich, viele Dekaden lang lichterloh zu brennen. Irgendwann muss die lodernde Leidenschaft in eine tiefe Liebe übergehen (deren Temperatur nicht zwingend niedriger ausfallen muss). Dies ist dann eine andere Form des Loderns und hellen Leuchtens, ohne zu verbrennen.

Die Mitte ist kein Mittelmaß

Und hier möchte ich noch mit einem Missverständnis aufräumen: Bei dem gesunden Umgang mit unseren Leidenschaften geht es nicht darum, eine »Mitte« zwischen den Extrempolen einer wahnsinnigen, irrationalen, bis zur Selbstaufgabe gehenden Leidenschaft auf der einen Seite und einer absolut beherrschten, rationalen, leidenschaftslosen Haltung auf der anderen Seite zu finden. Ein solches Leben wäre allenfalls »mittelmäßig«. Ich bin davon überzeugt, dass insbesondere erfolgreiche Unternehmer die Kompetenz haben, in einem hohen Maße leidenschaftlich und in einem ebenso hohen Maße rational zu handeln. Und genau das ist der Grund, warum sie so erfolgreich sind.

Intensiv und achtsam leben

Erfolg heißt aber nicht automatisch, dass sie glücklich sind. Dazu noch ein Gedanke: Wir leben in einem der reichsten Länder der Welt, leben in schönen Häusern und besitzen vielleicht darüber hinaus noch Wochenendhäuser, Eigentumswohnungen, mehrere Autos und die eine oder andere Anlage. Und doch – vielleicht sogar deswegen – neigen wir häufig dazu, voller Sorgen durch unser Leben zu gehen. Haben wir unser Vermögen auch optimal angelegt? Ist alles in Ordnung in unseren Häusern? Haben unsere Autos einen Kratzer? Oder ist das Boot des Freundes einen Meter länger als mein eigenes? Könnte unser Unternehmen noch schneller wachsen, oder könnten wir eine weitere unternehmerische Chance nutzen? Könnten wir alles noch viel besser machen, wenn wir uns noch tiefer in die Materie »hineinknien« würden? **Je mehr wir haben, desto größer ist die Gefahr, weniger zu sein.**

Vorsicht!

Lassen Sie sich nicht von wirtschaftlichen Faktoren auffressen!!!

Lassen Sie sich nicht von materiellen und wirtschaftlichen Faktoren auffressen! Nehmen Sie regelmäßig bewusst Abstand, um sich klarzumachen, wie gut vieles in Ihrem Unternehmen und in Ihrem Leben läuft. Wofür sollten wir wieder einmal dankbar sein? Vergessen Sie nicht, dass Ihre Lebenszeit begrenzt ist. Vieles von dem, worüber Sie sich heute den Kopf zerbrechen, wird bereits morgen bedeutungslos sein. Und vieles spielt am Ende Ihres Lebens keine Rolle. Als Arzt, der einige Jahre in der Unfallchirurgie tätig war, kann ich nur bescheiden darauf hinweisen, dass dieses Ende manchmal leider viel zu früh kommt. Planen Sie ruhig, als ob Sie noch 50 Jahre jugendliche Dynamik und Energie besäßen, aber versuchen Sie jeden Tag so intensiv zu leben, als ob es Ihr letzter wäre. Dies wäre doch eine ganz neue Balance der Lebensführung. Üben Sie sich am besten schon heute in Achtsamkeit – und in Dankbarkeit. Dann reduziert sich die Bedeutung Ihrer Probleme wie von alleine auf ein vernünftiges Maß.

»Lassen Sie nicht zu, dass Ihnen Ihre Firma Ihr Leben nimmt. Eine Firma sollte Leben und Freude schenken, nicht nehmen.«

Cay von Fournier

»Die größte Entscheidung deines Lebens liegt darin, dass du dein Leben ändern kannst, indem du deine Geisteshaltung änderst.«

Albert Schweitzer

Werkzeuge  für mehr Balance

Sieben Fragen zum Selbstcoaching

7

(1) Folge ich in meinem privaten Leben und im Beruf einer Vision — lebe ich leidenschaftlich?

(2) Kann ich daraus für mein Leben einen Sinn ableiten — lebe ich sinnvoll?

(3) Gelingt mir trotz meiner Leidenschaft ein Leben in Balance — lebe ich ausgeglichen?

(4) Gestalte ich mein Leben oder lasse ich mich lenken — lebe ich aktiv?

(5) Konzentriere ich mich auf das wirklich Wichtige — lebe ich gelassen?

(6) Fokussiere ich mich auf die richtigen Dinge — lebe ich effektiv?

(7) Verwende ich meine Energie so, dass ich Wichtiges auch umsetze — lebe ich wirksam?

Praktischer Tipp Abendgebet

Sagen Sie sich jeden Abend vor dem Schlafengehen den folgenden Spruch, um sich diese wichtige Erkenntnis immer wieder ins Gedächtnis zu rufen und zu verinnerlichen:

»Gott gebe mir die Kraft, Dinge zu ändern, die ich ändern kann; die Gelassenheit, Dinge hinzunehmen, die ich nicht ändern kann; und die Weisheit, das eine vom anderen zu unterscheiden.«

Friedrich Öttinger

Versuchen Sie einmal, jeden Tag Ihre Gedanken, Gefühle und Erlebnisse aufzuschreiben. Schaffen Sie sich dazu vielleicht ein schönes Schreibgerät an und – warum nicht? – ein altmodisches Tagebuch mit leeren Seiten. Wenn Ihnen diese Form nicht so liegt, dann legen Sie ein Tagebuch in Ihrem Computer an (selbstverständlich nur, wenn Sie den Zugriff auf diesen Computer kontrollieren können). Je nach Ihrem Naturell und Lebensrhythmus können Sie Ihren Tag mit einigen »Morgenseiten« beginnen – oder Ihren Tag mit »Abendseiten« beschließen.

Am Anfang mag es sein, dass Ihnen die Formulierungen nicht so leicht aus der Feder fließen. Doch nach kurzer Zeit werden Sie einen enormen Nutzen feststellen: Sie lernen sich besser kennen, reflektieren über das Geschehene, entwickeln ein neues Selbstbewusstsein – und oftmals entdecken Sie auch verschüttete Seiten Ihrer eigenen Kreativität, so dass Sie plötzlich ganz neue Pläne schmieden.

BUCHEMPFEHLUNG:
Rosemarie Meier-
Dell'Olivio: Schreiben
wollte ich schon imme
Zürich, Oesch 2008

Übungen zur Dankbarkeit

Wir können nicht dankbar und unglücklich zugleich sein. Wenn Sie dankbarer werden, werden Sie automatisch auch glücklicher leben.

Nehmen Sie sich ein Blatt Papier und 15 Minuten Zeit. Schreiben Sie auf, wofür Sie dankbar sind. Setzen Sie diese Liste morgen fort und schauen Sie, für wie viele Aspekte Ihres Lebens Sie dankbar sind. Wenn Sie mögen, können Sie Ihre Gedanken zur Dankbarkeit jeden Tag in Ihr Tagebuch eintragen.

Ich bin dankbar für die Gesundheit meines Körpers und alles, was mir dadurch möglich ist.

Ich bin dankbar für den Stand meiner Fitness. Auf ihn kann ich aufbauen.

Ich bin dankbar für meine Familie. Sie ist für mich da. Wem habe ich hier zuletzt gedankt?

Ich bin dankbar für meine gesunden Eltern, Geschwister und Kinder.

Ich bin dankbar für das Leben an sich. Es ist ein Geschenk.

Ich bin dankbar für meine wirklich guten Freunde. Wann habe ich mich zuletzt bei ihnen gemeldet und ihnen dies gesagt?

Ich bin dankbar für meine finanziellen Möglichkeiten, wissend, dass diese auch viel begrenzter sein könnten.

Ich bin dankbar für all den Spaß, den ich in meinem Leben haben könnte. Wie viel davon nutze ich?

Ich bin dankbar für meine Selbständigkeit. Ich kann mein Leben gestalten und etwas Sinnvolles tun.

Ich bin dankbar für die Möglichkeiten meines Geistes, ich kann lesen, lernen und mich weiterentwickeln – jeden Tag ein Stück.

Ich bin dankbar für den schönen Tag und all die Möglichkeiten, die er mit sich bringt.

Unternehmens-führung

»Nur wer sein Ziel kennt, findet den Weg.«

Laotse

Nachdem Sie den ersten Teil dieses Buches durchgearbeitet haben, sind Sie sich über Ihre persönlichen Ziele im Großen und Ganzen im Klaren. Jetzt gilt es zu prüfen, ob Ihre persönlichen Ziele auch zu Ihren Unternehmenszielen passen. Das ist wirklich wichtig! Denn häufig erlebe ich große Unstimmigkeiten zwischen den skizzierten Unternehmenszielen und dem gelebten Führungsstil auf der einen Seite – und der Person des Unternehmers auf der anderen. Nur wer sich als Manager und Mensch nicht verbiegt, sondern geradlinig und authentisch auftritt (und sei das noch so ungewöhnlich), kann ein Unternehmen erfolgreich führen.

Strategie

Das ist der Grund, warum wir uns beim Thema Unternehmensführung zuerst mit Ihrer Strategie befassen – und zwar konkret damit, Ihre Lebensziele und Ihre Unternehmensziele in Einklang zu bringen.

Ich bin überzeugt davon, dass Sie als Führungskraft oder Unternehmer mit einer stimmigen Vision das erreichen können, was sich alle wünschen und nur wenige schaffen: zu den **Besten** Ihrer Branche zählen. Maßstäbe setzen. Die Märkte von morgen bestimmen. Vielleicht sogar so etwas wie einen Kult-Status erreichen – und Gelegenheitskäufer in **begeisterte Kunden** verwandeln.

Passen Ihre Unternehmensziele zu Ihnen?

Lebensziele

Unternehmensziele

Steuerung

Damit neben der Kundenbegeisterung aber auch die Zahlen stimmen, ist es immens wichtig, aus der Unternehmensstrategie ein System klar messbarer Ziele abzuleiten, bestehend aus kurzfristig, mittelfristig und langfristig zu erreichenden Meilensteinen. Das bringt viele Vorteile: Sie sehen Ihre Ziele wie auf einer Landkarte vor sich und steuern Ihr Unternehmen wie aus einem **Cockpit.** Weil Sie durch diesen Blick von oben Ihre Erfolge klar **analysieren** (und feiern!) können, sehen Sie auch mögliche Misserfolge sofort – und sind durch rechtzeitige **Entscheidungen** in der Lage, erfolgreich umzusteuern.

Management

Das funktioniert umso besser, je intelligenter Sie Ihr Unternehmen **organisiert** haben. Denn wenn jeder genau weiß, an welcher Stelle er welche Aufgaben zu erfüllen hat, und darüber hinaus so vernetzt denkt und handelt, dass er über seinen eigenen Schreibtisch hinaus das gesamte Unternehmen im Blick behält, halten Sie Ihren Kurs auch bei stürmischem Wetter.
Wichtig ist, dass alle Mitarbeiter einen sehr hohen **Qualitätsanspruch** verinnerlicht haben und wissen, wie sich dieser Anspruch auch zügig und kostenbewusst verwirklichen lässt (eine Kunst, die heute **Projektmanagement** genannt wird).

Führung

Exzellente Führung beginnt mit der Einstellung der richtigen Mitarbeiter – wobei gilt: Im Zweifelsfall entscheidet die gemeinsame Werte-Ebene über die richtige Passung, und nicht das besondere Know-how eines Kandidaten. Wenn diese Basis stimmt und eine ehrliche Kultur der gegenseitigen **Wertschätzung** gelebt wird, dann stimmt auch die Motivation der Mitarbeiter.

Weil nur gesunde Mitarbeiter auf Dauer motiviert und leistungsfähig sind, gilt mein besonderes Augenmerk dem **Gesundheitsmanagement** in den Unternehmen. Hier sehe ich noch viel Nachholbedarf und nicht zuletzt die Notwendigkeit eines grundlegenden Einstellungswandels. Nicht derjenige ist besonders leistungsfähig, der mit der größten Ausdauer in Konferenzen und Büros sitzt – sondern derjenige, der seine Leistung punktgenau bringt und dabei entspannt und bewegt bleibt.

Das gilt genauso für die Führungskräfte selbst. Ich bin überzeugt: Führung ist kein Kampfsport und keine Kunst, sondern das Ergebnis der Arbeit eines integeren, ehrlichen, verantwortungsvollen und ethisch handelnden Menschen. Führung ist eine **Kompetenz,** die Sie Ihr ganzes Leben lang ausbauen können. Je intensiver Sie Ihre Führungserfahrung reflektieren, desto besser werden Sie. Als Gesprächspartner eignen sich alle Menschen, die über einen kritischen Geist verfügen und Ihre Wertewelt teilen.

Umsetzung

Weil Unternehmen nur dann erfolgreich sein können, wenn Sie nicht nur auf den Wolken Ihrer großartigen Ideen schweben, sondern diese auch auf dem Boden der Tatsachen verwirklichen können, schließt unser großes Kapitel zum Thema Unternehmensführung mit einem Beitrag zum Thema Umsetzung, der Ihnen eine Reihe sehr zweckmäßiger **Werkzeuge/Übungen** an die Hand geben möchte.

Die sieben Grundsätze einer wirksamen Unternehmensführung

1.) Klarheit
Klar sagen, was die Grundsätze im Unternehmen sind und worauf es Ihnen ankommt.

2.) Konsequenz
Ideen haben UND umsetzen.

3.) Konzentration
Wer sich konzentriert, der wächst. Worauf verwende ich meine Energie? Was will ich NICHT anbieten?

4.) Kultur
Regeln Sie das Miteinander in Ihrem Unternehmen.

5.) Kompetenz
Das ist die Grundlage Ihres Erfolges.

6.) Kreativität
Das ist die Wertschöpfung im 21. Jahrhundert.
Die Kreativität in Ihrem Unternehmen führt zu Innovation, Emotion und neuen Geschäftsmodellen:

7.) Kundennutzen
Müssen Sie bieten, um vernünftige Preise zu erzielen.

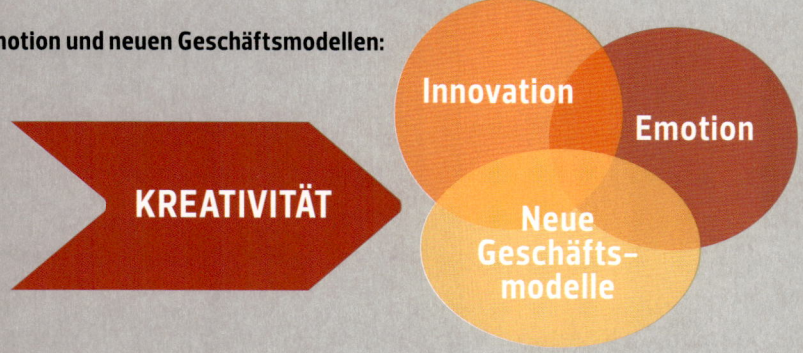

Die Welt und die Märkte im Wandel der Zeit

Wie sehr das Informationszeitalter unser Leben auch verändert hat, dieser Wandel wird nichts sein im Vergleich zu den neuen Bio-, Gen- und Nano-Technologien, die bereits vor unserer Haustür stehen. Wir brechen auf in ein Zeitalter noch rasanterer Veränderungen, noch größerer Chancen und noch höherer Risiken. Aber nicht nur technologische, auch gesellschaftliche, globale und auf Ressourcen bezogene Umbrüche stehen ins Haus. Menschen werden älter und Sicherungssysteme dabei immer unsicherer.

Insolvenzen: Seit 2007 steigt die Zahl der Insolvenzen wieder jedes Jahr an. Allein im ersten Halbjahr 2010 meldeten die deutschen Amtsgerichte nach Angaben des Statistischen Bundesamtes (Destatis) 16.468 Unternehmensinsolvenzen. Das waren 2,0 Prozent mehr als im ersten Halbjahr 2009. Die Wirtschaft boomt aber auch auf der anderen Seite. Solche Widersprüche werden wir mehr und mehr erleben.

Demotivation: Ein Grund für die schwierige Situation in vielen Unternehmen ist die seit Jahren kontinuierlich fallende Motivation der Mitarbeiter (gut abzulesen an den Ergebnissen der jährlichen Gallup-Studie, vgl. Seite 30). Wir werden nicht mehr auf die wichtigste Ressource im 21. Jahrhundert verzichten können: auf die Motivation, Kreativität und das Engagement der Menschen.

Preiskampf: Wenn wir keinen darstellbaren, nachweisbaren und zu verteidigenden Vorteil für unsere Kunden aufweisen können, führen wir den Wettbewerb nur noch über den Preis. Dies bedeutet den Ruin vieler Mittelständler und ganzer Branchen in Deutschland. Um aus dem Preiskampf herauszukommen, müssen wir die Andersartigkeit der Werte für den Kunden viel intensiver darstellen und Marketing ganzheitlich sehen.

Kampf um Wahrnehmung: Es ist gar nicht so leicht, als Anbieter überhaupt Aufmerksamkeit zu erregen. Viele Unternehmen verbrennen viel Geld mit nutzloser Werbung und schwächen sich damit selbst. Die gut durchdachte Positionierung des Unternehmens und kluge Markenbildung werden zu immer wichtigeren Aufgaben, mit denen sich mittelständische Unternehmen noch viel zu wenig beschäftigt haben.

Unsichere Erfolgsfaktoren: Was zur Gründerzeit galt, in Zeiten des konjunkturellen Aufschwungs oder in den Zeiten der Start-ups und des Börsenbooms, gilt heute oft nicht mehr oder nur noch in stark veränderter Form. Viele Unternehmer sind verunsichert, auf welche Erfolgsfaktoren sie sich überhaupt noch verlassen können. Daher wird es für Unternehmer immer wichtiger, nicht nur im, sondern vor allem am Unternehmen zu arbeiten und intensiv über ihre Strategie nachzudenken. Überall, wo ich dies erlebe, spüre ich, dass Unternehmen neue Erfolgsfaktoren entdecken, mit denen sie die Chancen des Umbruchs nutzen.

Schnelle Veränderung von Märkten: Von heute auf morgen konnte man mit Klingeltönen Geld verdienen – und mit Warenhäusern nicht mehr. Internetplattformen erreichen in wenigen Jahren einen Wert von 50 Mrd. Dollar und alteingesessene Unternehmen verschwinden über Nacht. Wer hätte das noch vor kurzer Zeit gedacht?

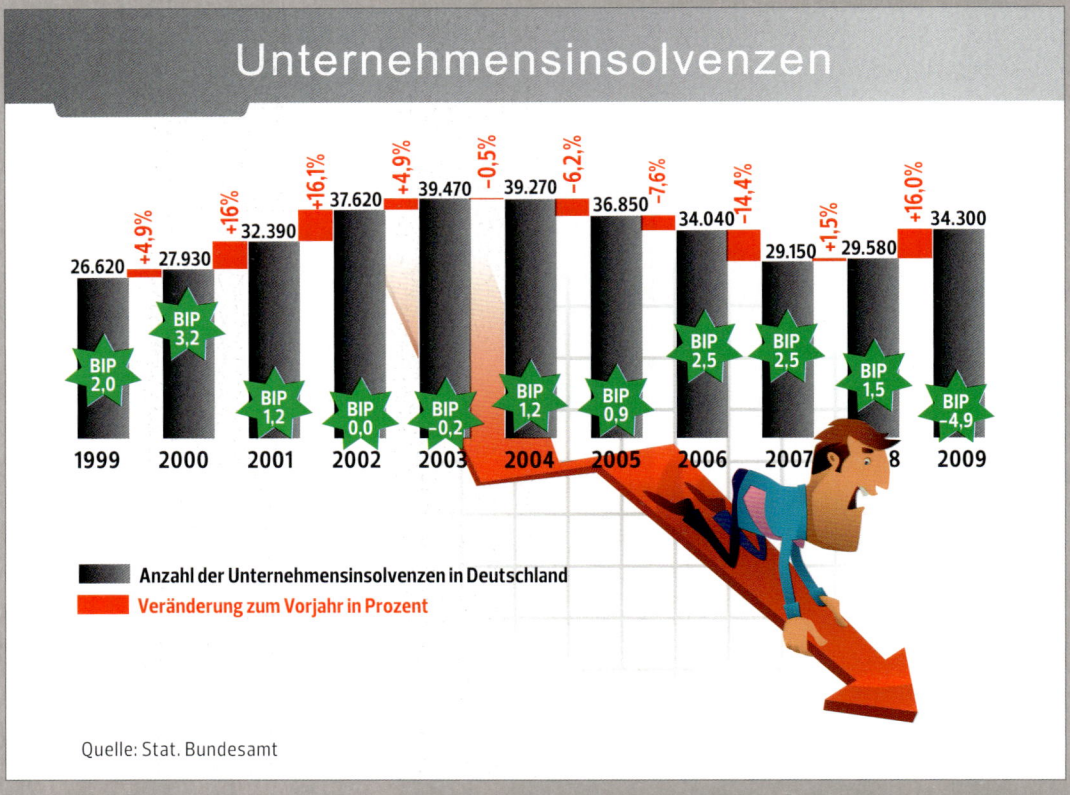

Quelle: Stat. Bundesamt

> »Es ist keine Frage mehr, ob Sie sich verändern müssen;
> die einzige Frage ist, ob Sie schnell genug sein werden!«
>
> Cay von Fournier

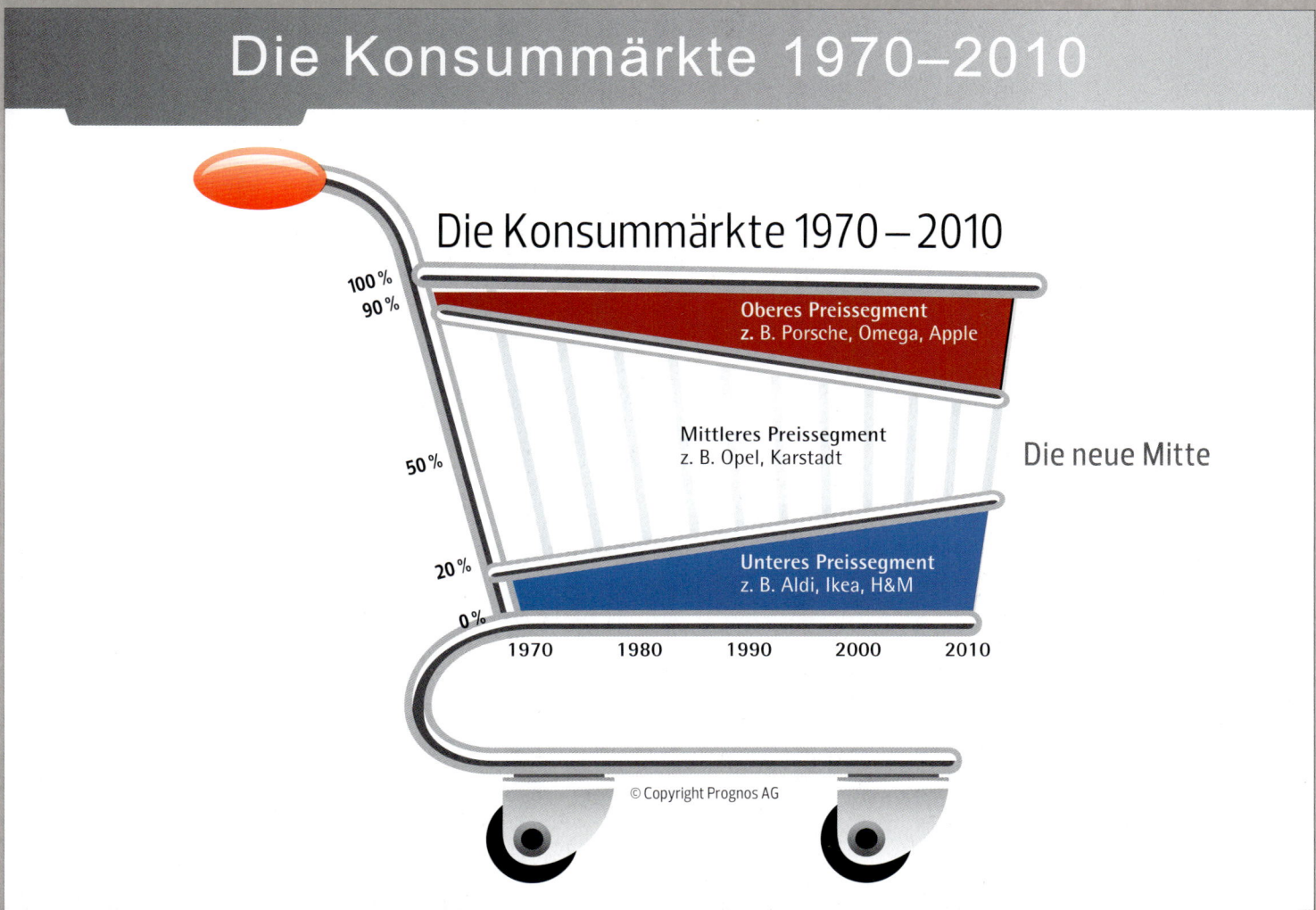

Es weht ein kalter Wind in den Märkten der mittelständischen Unternehmen. Das mittlere Marktsegment, in dem es vor 30 Jahren noch einfach war, mit einigermaßen ordentlicher Arbeit gute Geschäfte zu machen, hat sich stark verkleinert. Hingegen ist das Marktsegment der Luxusprodukte, die obere Preisklasse, kontinuierlich gewachsen. Auch das Preissegment der Billigprodukte, der »Schnäppchen«, ist kräftig gewachsen, und dies war in der Vergangenheit für die großen Anbieter wie Aldi, IKEA oder H&M höchst profitabel. Im Moment ist unklar, ob sich nach der Wirtschaftskrise eine neue Mitte bildet. Einerseits wird eine solche Entwicklung derzeit gänzlich in Frage gestellt, andererseits gibt es immer mehr gute Beispiele für erfolgreiche Unternehmen im mittleren Preissegment (ZARA, Handwerk, Biolebensmittel).

Im oberen Preissegment ist nicht der Preis das Ausschlaggebende, sondern die Emotionalität, das Design, die Marke und das Image derselben. Es geht um die Unterscheidung von anderen Produkten und Dienstleistungen auf dem Markt; es punkten die Andersartigkeit des Unternehmens oder der Unternehmensidee, deren konsequente Umsetzung, die Innovation von neuen Angeboten oder auch die Geschwindigkeit, in der bestimmte Leistungen erbracht werden. Es sind der angenehme Umgang mit den Kunden, die Zuverlässigkeit und Herzlichkeit, die vielen Kleinigkeiten und Details, welche die Kunden nachhaltig begeistern. Hier zählen Service, Erlebnisse und Innovation – all das führt zur Emotionalität einer Marke und eines Unternehmens. Ob Porsche, Apple oder Harley Davidson, die Beispiele emotionaler Positionierung sind vielfältig.

Im unteren Preissegment ist Qualität zur Selbstverständlichkeit geworden. Sowohl Aldi als auch Ikea und H&M vertreiben äußerst hochwertige Produkte zu einem günstigen Preis, oft nur unter eigenen Marken. Oft handelt es sich dabei um Design und Luxus »für alle«.

Der Weg in die Bewusstseinsgesellschaft

Am 17. Dezember 1903 eröffneten die amerikanischen Gebrüder Wilbur und Orville Wright mit Ihrem Fluggerät Flyer, dem ersten motorisierten Doppeldecker, die Ära der motorisierten Fluggeschichte. Zwölf Jahre zuvor hatte der deutsche Otto Lilienthal als erster Mensch in der Geschichte einen Gleitflug mit einem dafür gebauten Fluggerät unternommen. Das erste Automobil, Urvater unserer heutigen Automobile (abgesehen von den mit Dampfmaschinen getriebenen Fahrzeugen), wurde am 3. Juli 1886 von Carl Benz fertig gestellt. Es war ein Jahrhundertübergang des Pioniergeistes und der Erfindungen. Die Lebenserwartungen lagen damals im Übrigen für Frauen wie auch für Männer unter 50 Jahren.

Am 14. Juli 1881 erschien in Berlin das »Buch der 96 Narren« – das erste Telefonbuch! »Buch der 96 Narren« nannte es der Volksmund, weil dem Mann auf der Straße die ersten 96 deutschen Teilnehmer leidtaten, die auf diesen »Schwindel aus Amerika« hereingefallen waren: das Telefon. Der Postminister bot übrigens jeder Stadt ein eigenes Fernsprechnetz an, wenn sich wenigstens 40 Interessenten melden würden. In Köln waren es nur 36. Die Stadt wäre vielleicht heute noch ohne Telefon, wenn die Industrie- und Handelskammer nicht für die fehlenden vier gebürgt hätte.

Vor 100 Jahren gab es ...
die ersten Flugversuche
die ersten Automobile

Vor 100 Jahren gab es keine ...
Kühlschränke, Radios, Fernsehgeräte, Walkmans, Handys (gerade die ersten Telefone), CD-, Cassetten- und Videorecorder, Tonfilme, Produkte aus Plastik, Kunstfasern, Neonröhren, Verkehrsampeln, Gentechnologie, Computer ...

Vor 100 Jahren gab es kein ...
Windows, Internet, Google, iPod ...

Noch 1992 war das Internet kaum verbreitet.

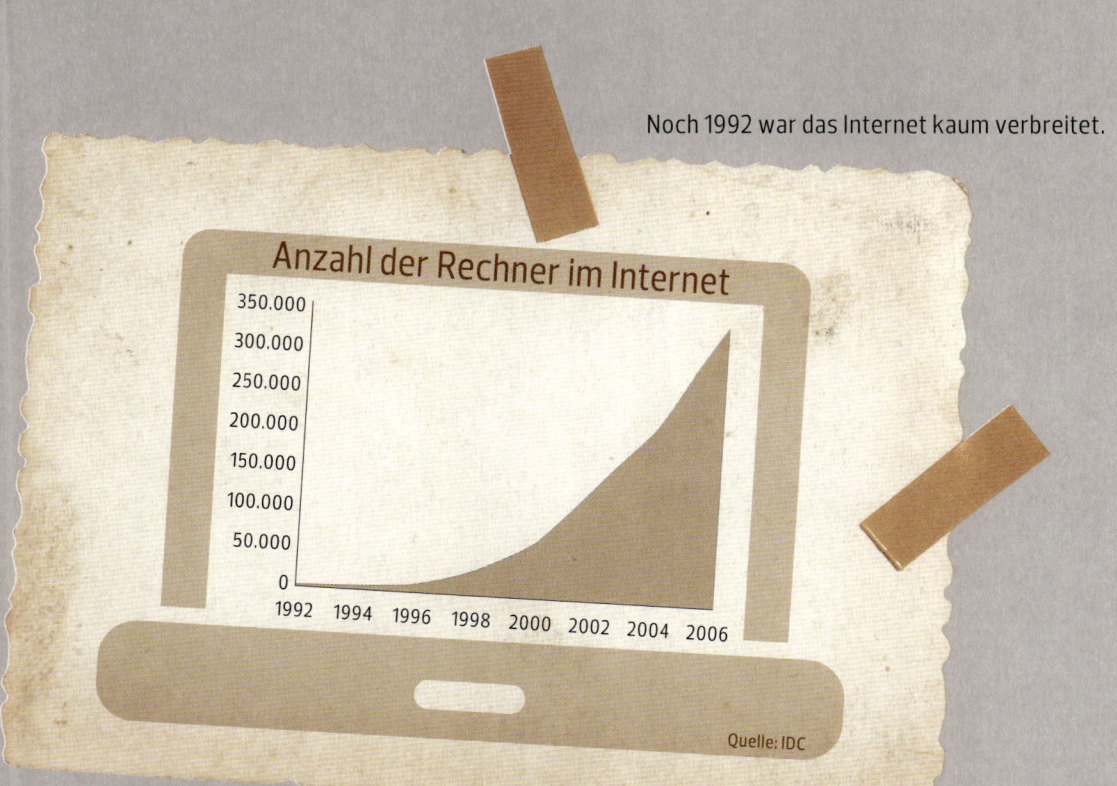

Anzahl der Rechner im Internet

350.000
300.000
250.000
200.000
150.000
100.000
50.000
0

1992 1994 1996 1998 2000 2002 2004 2006

Quelle: IDC

Nutzen Sie Wikipedia schon? Dieses Online-Lexikon hat gezeigt, dass alte Regeln außer Kraft gesetzt sind. Hier schreiben Menschen ohne Bezahlung (siehe www.wikipedia.de).

WIKIPEDIA
The Free Encyclopedia

Wie schnell kopiert man die Bibel? Was noch vor x Jahren mehrere Monate gedauert hat, geht heute wesentlich schneller – einfach bei Wikipedia suchen und in wenigen Minuten haben Sie die PDF mit der Bibel auf Ihrem Desktop.

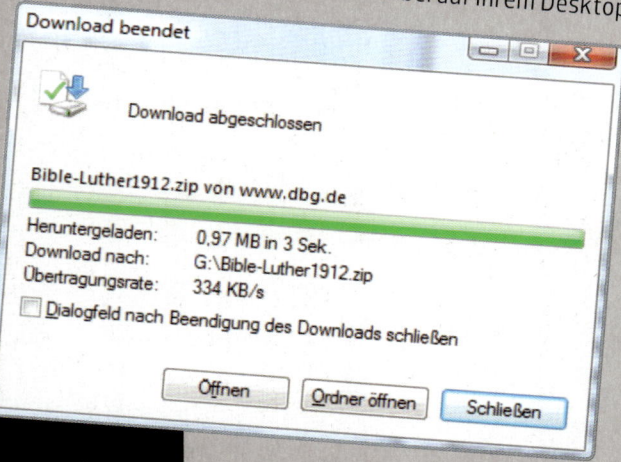

Download beendet

Download abgeschlossen

Bible-Luther1912.zip von www.dbg.de

Heruntergeladen:	0,97 MB in 3 Sek.
Download nach:	G:\Bible-Luther1912.zip
Übertragungsrate:	334 KB/s

☐ Dialogfeld nach Beendigung des Downloads schließen

Öffnen   Ordner öffnen   Schließen

Vor 200 Jahren ....

»Das Erdöl ist eine nutzlose Absonderung der Erde. Es ist der Natur nach eine klebrige Flüssigkeit, die stinkt, sie kann in keiner Weise verwendet werden.«

Auf der Folie links sehen Sie den Auszug aus einem sehr interessanten Gutachten (St. Petersburger Akademie der Wissenschaften im Jahr 1806) ... es ist 200 Jahre alt.

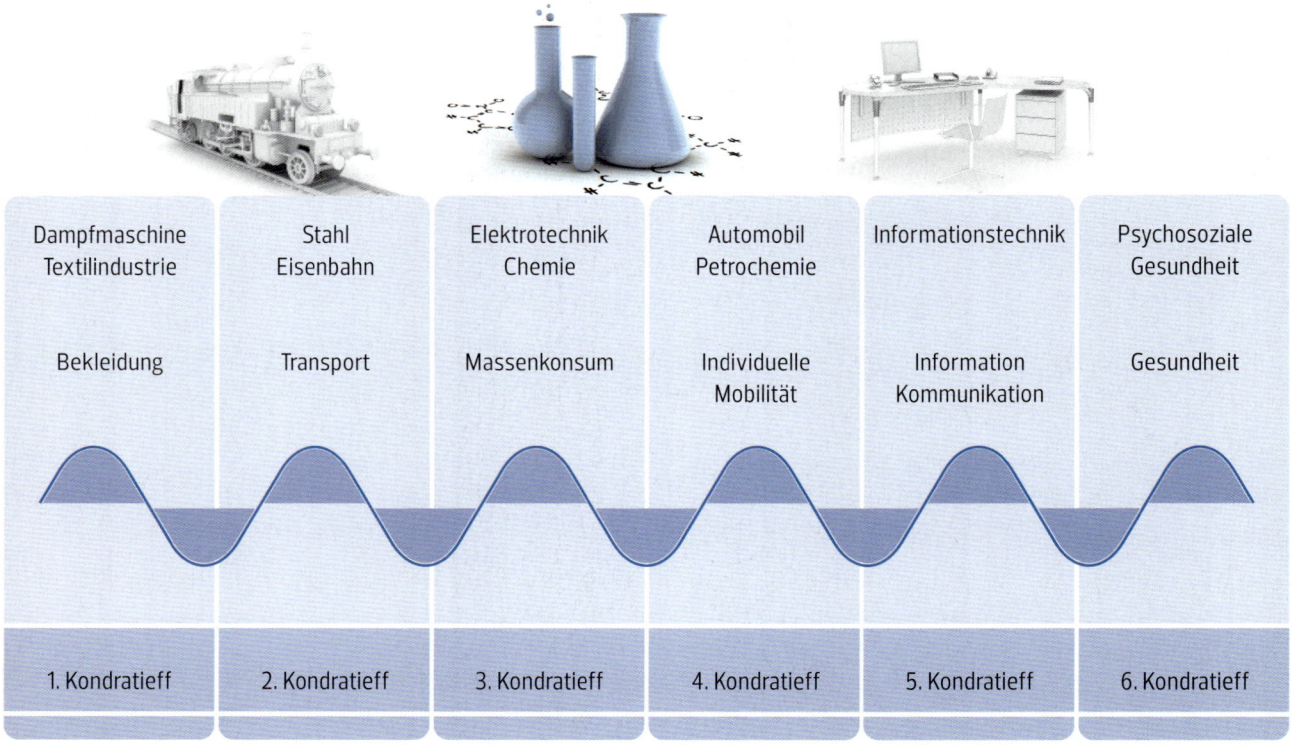

Die langen Wellen und Ihre wichtigsten Innovationsfelder

Dampfmaschine Textilindustrie	Stahl Eisenbahn	Elektrotechnik Chemie	Automobil Petrochemie	Informationstechnik	Psychosoziale Gesundheit
Bekleidung	Transport	Massenkonsum	Individuelle Mobilität	Information Kommunikation	Gesundheit
1. Kondratieff	2. Kondratieff	3. Kondratieff	4. Kondratieff	5. Kondratieff	6. Kondratieff

Quelle: Leo A. Nefiidow: Der sechste Kondratieff. Wege zur Produktivität und Vollbeschäftigung im Zeitalter der Information. 1999

Der russische Wirtschaftswissenschaftler Nikolai Kondratieff entwickelte in den 1920er Jahren eine »Theorie der langen Wellen«, in der er eine zyklische Wirtschaftsentwicklung beschreibt: In jeder Welle wird zunächst in eine Innovation investiert, die nach ihrer Durchsetzung zu einem wirtschaftlichen Abschwung führt, bis eine neue Technologie wiederum zum nächsten Aufschwung führt. Die Theorie ist nicht unumstritten, aber auch nicht unplausibel: So revolutionierte um 1800 die Dampfmaschine die Bekleidungsindustrie, in der Mitte des 19. Jahrhunderts veränderten die Stahlindustrie und die Eisenbahn die Welt, dann löste das Zeitalter der Elektrifizierung und die Entwicklung der chemischen Industrie die nächste Welle aus. Um 1950 rollte die Autowelle los, bis sie wiederum von der Welle der Informationstechnologie eingeholt wurde. Die Produktivitätssteigerung im Bereich des Computers, des Internets und der mobilen Telefone sind heute ausgeschöpft und lassen sich nur noch wenig erhöhen.

In jüngerer Zeit hat der Wirtschaftstheoretiker Leo Nefiodow einen sechsten Kondratieff-Zyklus umrissen: Ihm zufolge wird sich dieser um das Thema der psychosozialen Gesundheit drehen. Im Laufe dieser Welle werden es die wohlhabenden Unternehmen und Länder lernen, erfolgreich zusammenzuarbeiten und sich dabei auf das wichtigste Bedürfnis der Menschen, eine ganzheitliche Gesundheit, zu konzentrieren.

Der 6. Kondratieff:
Der Mensch!

BUCHEMPFEHLUNG:
Erik Händeler: Kondratieffs Welt. Wohlstand nach der Industriegesellschaft. 2. Aufl. Moers, Brendow Verlag 2005

Kaufentscheidung für teure Produkte

Qualität

€
Service
Image/Marke
Innovation
Kreativität
...

A B

Stellen Sie sich vor, Sie müssten sich für eine neue Armbanduhr entscheiden. Wie treffen Sie Ihre Wahl?

Wahrscheinlich achten Sie nicht darauf, dass die Uhr die Uhrzeit richtig anzeigt – denn davon gehen Sie selbstverständlich aus. Viel wichtiger wird Ihnen sein, welches Image die ausgewählte Marke transportiert. Technische Innovationen und deren kreative Umsetzung könnten Sie auch interessieren (so kommen neben Zeigern und Ziffern erstaunlicherweise immer wieder neue Anzeigesysteme auf den Markt). Nicht zuletzt kann ein besonderes Service-Angebot (kostenlose Reparatur und Wartung) den Ausschlag für eine bestimmte Kaufentscheidung geben.

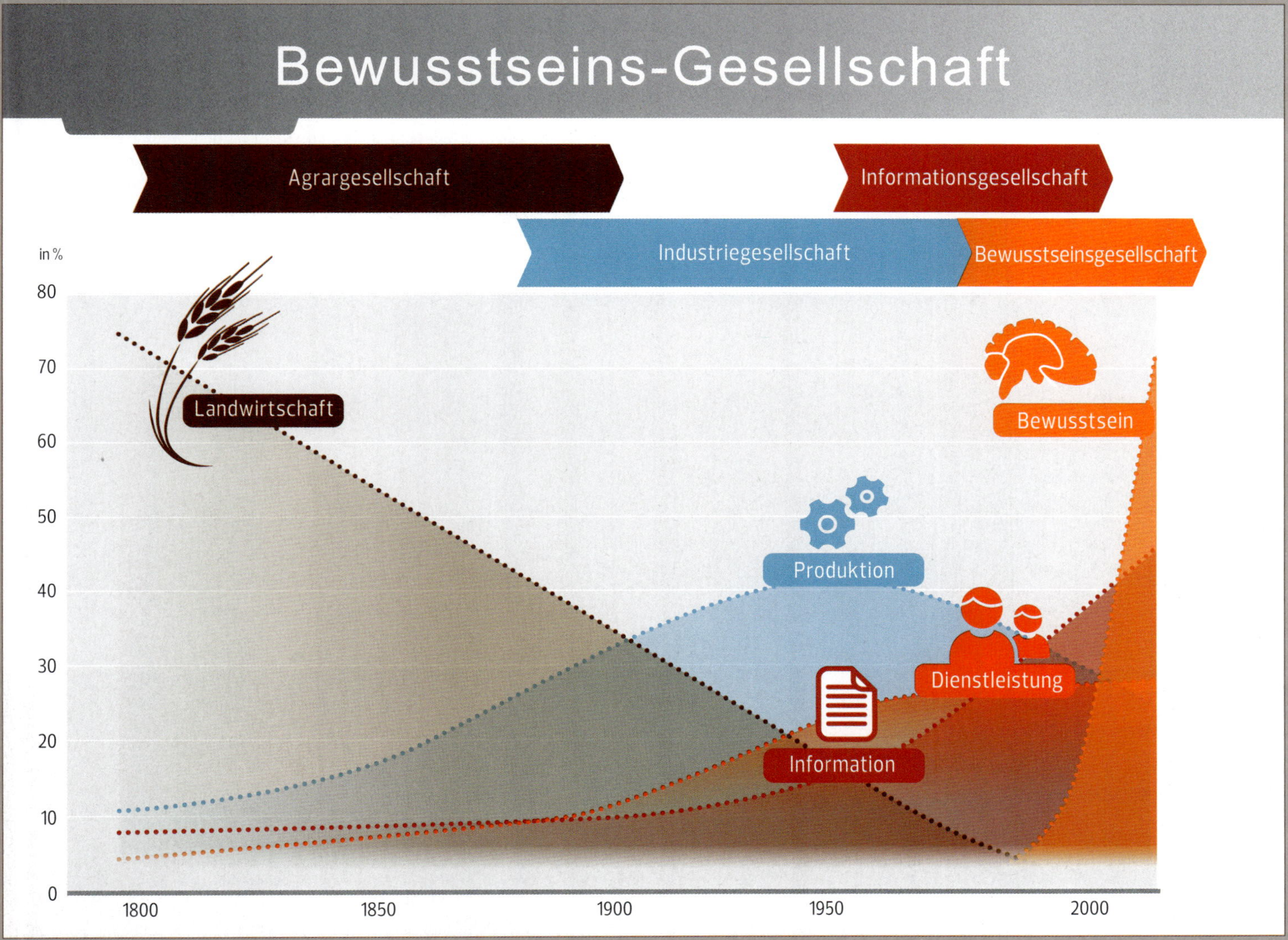

Bewusstseins-Gesellschaft

Agrargesellschaft

Informationsgesellschaft

Industriegesellschaft

Bewusstseinsgesellschaft

in %

80

70

60

50

40

30

20

10

0

1800   1850   1900   1950   2000

Landwirtschaft

Produktion

Information

Dienstleistung

Bewusstsein

In der westlichen Welt haben die meisten Menschen heute das Zeitalter der Agrargesellschaft hinter sich gelassen, die Zahl der Mitarbeiter in der Industrie sinkt ebenfalls weiter, und auch die so genannte Informationsgesellschaft scheint sich grundlegend zu wandeln. Denn immer mehr Menschen sind auf der Suche nach Sinn, nach Emotionen, nach Individualität, nach Gesundheit – und Glück. Erfolgreiche Unternehmen verstehen es, ihre Produkte und Dienstleistungen entsprechend zu positionieren. Denken Sie nur an die Bio-Supermarktkette »Alnatura« oder die futuristischen Hightech-Produkte von »Apple«.

Die Motive eines Unternehmens

Strategie

> »Der Langsamste, der sein Ziel nicht aus den Augen verliert, geht noch immer geschwinder als jener, der ohne Ziel umherirrt.«

Gotthold Ephraim Lessing

Mit Ihrer persönlichen **Vision** als Unternehmer haben wir uns bereits im ersten Kapitel befasst. Nun geht es darum, die Ecksteine Ihres Unternehmens so mit Ihren persönlichen Ecksteinen zu verbinden, dass Sie etwas ganz Besonderes darauf aufbauen können: Eine **Exzellenz,** die Sie selbst faszinieren, die Ihre Mitarbeiter anstecken und Ihre **Kunden begeistern** wird.

Vision, Exzellenz, Begeisterung: Diese drei Fassetten sind für mich zentral, wenn es um die Strategie Ihres Unternehmens geht. Deshalb soll es in diesem Kapitel genau um diese Punkte gehen.

Bevor wir in diese Themen einsteigen, wollen wir uns aber mit den fünf Ecksteinen eines erfolgreichen Unternehmens befassen. Eine **klare Strategie** ist – davon bin ich überzeugt – die erste Aufgabe wirksamer Unternehmensführung. Sie hängt eng zusammen mit den fünf Ecksteinen eines erfolgreichen Unternehmens. Dazu zählen Ihre Vision, die gelebte Ethik und Kultur und nicht zuletzt die aus der Vision abgeleiteten Strategien und konkrete Ziele.

Sicherlich kennen Sie ein Unternehmen, das Sie besonders begeistert. Vielleicht handelt es sich um einen Ihrer Geschäftspartner, vielleicht um Mitbewerber oder um den Hersteller eines Markenproduktes, das Sie sehr schätzen.

· Können Sie die Vision, die dieses Unternehmen trägt, auf Anhieb beschreiben?
· Haben Sie eine klare Vorstellung von dem »Geist«, der in diesem Unternehmen herrscht?
· Sind Strategie und Ziele für Sie »von außen« erkennbar?

Mit großer Wahrscheinlichkeit ist es so. Und nun die Gegenprobe: Stellen Sie sich nun ein Unternehmen vor, von dem Sie keine sehr hohe Meinung haben. Wie verhält es sich hier: Sind Vision, Strategie und Ziele erkennbar? Gibt es so etwas wie eine Unternehmenskultur und eine gelebte Ethik? Möglicherweise fallen Ihnen spontan eine Menge Anekdoten ein, die kein gutes Licht auf dieses Unternehmen werfen.

Doch nun zu Ihnen: Können Sie die Vision Ihres Unternehmens spontan in einem Satz zusammenfassen? Haben Sie eine konkrete Vorstellung von der verfolgten Strategie und den angepeilten Zielen? Wie gehen Kollegen miteinander um? Welchen Draht haben Vorgesetzte zu ihren Mitarbeitern? Und welche Rolle spielen die Kunden? Entwickeln Sie in diesem Kapitel Ihren eigenen Weg zur unternehmerischen Exzellenz.

Folgende Fragen sollten Sie sich stellen:

Vision:
· Wie sieht unsere Vision aus?
· Welches Leitbild wollen wir uns geben?
· Welche Aufgabe wollen wir erfüllen?

Ziele:
· Welche mittelfristigen und langfristigen Ziele wollen wir verfolgen?

Wege:
· Wie wollen wir unsere Vision und Ziele in unserem operativen Geschäft umsetzen?
· Wie wollen wir die Unternehmensstrategie mit den Strategien der einzelnen Geschäftseinheiten verzahnen?

Ressourcen:
· Welche Kernkompetenzen haben oder benötigen wir dazu?
· Welche Chancen erkennen wir und welchen Risiken sind wir ausgesetzt?

Markt:
· Auf welchen Geschäftsfeldern wollen wir tätig sein?
· Mit welchem Geschäftsmodell wollen wir Geld verdienen?
· Welche Strategien verfolgen unsere Mitbewerber?
· Welche Strategien verfolgen unsere Kunden?
· Wie soll sich die Andersartigkeit unseres Unternehmens ausdrücken?
· Warum lösen wir unsere gewählte Aufgabe besser als andere?
· In welchem Preissegment wollen wir tätig sein?
· Lässt sich mit unseren Preisen Geld verdienen?
· Wie kommunizieren wir das Bild, das unsere Kunden von uns haben sollen?

Mitarbeiter:
· Wie gewinnen wir exzellent qualifizierte Mitarbeiter?
· Wie gelingt es uns, diese Mitarbeiter an das Unternehmen zu binden?

Strategie:
· Wie sieht unsere Strategie im Hinblick auf den Markt aus (Marketingstrategie)?
· Welche konkreten Ziele leiten wir aus dieser Strategie ab?

In diesem Kapitel möchte ich Ihnen eine Möglichkeit zeigen, wie Sie Ihre Unternehmensstrategie systematisch aufbauen können. Nehmen Sie sich Zeit für Ihre Recherchen und Entscheidungen: Die Festlegung einer Strategie kann weit reichende Konsequenzen haben – insbesondere dann, wenn Sie neue Geschäftsfelder erschließen. Wichtig ist dabei, dass Sie die strategische Planung nicht als einmalige Aktion verstehen. Weil sich die Struktur der Märkte und Ihr Unternehmen kontinuierlich verändern, handelt es sich auch bei der strategischen Planung um einen Prozess. Vielleicht waren Sie schon einmal mit einer Segelyacht unterwegs und kennen das Phänomen: Wenn Sie genau auf Kurs bleiben wollen, müssen Sie auf die Kraft der Wellen und des Windes reagieren und das Steuerrad immer wieder nachjustieren. Starres Festhalten führt garantiert nicht zum Ziel.

Bevor Sie nun aber Ihre eigene Strategie entwickeln, lassen Sie uns einen Blick darauf werfen, wie es um die strategische Planung in deutschsprachigen Unternehmen bestellt ist. Aktuelle Studien zeigen ein eher ernüchterndes Bild: **Die hohe Kunst der Strategie wird zwar überall besungen, aber nur selten betrieben.**

So stellte etwa Alexander Huber, Professor für Allgemeine Betriebswirtschaftslehre mit Schwerpunkt Strategische Planung an der Beuth Hochschule für Technik in Berlin, in einer empirischen Untersuchung von über 100 Unternehmen fest, dass über 90 Prozent der befragten Manager sich strategische Planung als das zentrale Element der Unternehmensführung wünschen, dass diese aber von nur etwas über der Hälfte tatsächlich eingesetzt wird. Lediglich 8 Prozent der Führungskräfte gaben an, dass in ihrem Unternehmen eine eindeutige Strategie vorliegt (Praxishandbuch Strategische Planung, Erich Schmidt Verlag, 2008).

Die österreichische Studie »Strategic Exzellence« (Contrast Management-Consulting, 2007) kommt zu einem ähnlichen Ergebnis: Eine Befragung der 800 umsatzstärksten Unternehmen Österreichs ergab, dass zwar 91 Prozent der Befragten Unternehmensstrategien grundsätzlich begrüßen. Doch nur 63 Prozent haben eine solche Strategie schriftlich dokumentiert, nur 54 Prozent haben konkrete Zielsetzungen wie Marktanteile oder Wachstumserwartungen definiert und nur 35 Prozent verfügen über ein Umsetzungs-Controlling. Vielleicht noch überraschender ist es, dass nur rund zwei Drittel der Unternehmen ihre Strategie an sämtliche Führungskräfte kommunizieren und nur ein Drittel alle Mitarbeiter in die verfolgte Strategie einweiht. So konstatiert denn auch Martin Unger, Autor der Studie: »Auch wenn vielfach noch die Ansicht vorherrscht, Unternehmensstrategien entstünden in

einem elitären Führungszirkel und dürften diesen nicht verlassen – durch Verheimlichung kann ihre Umsetzung mit Bestimmtheit nicht erreicht werden.«

Vielerorts folgen Unternehmen offenbar dem, was Henry Mintzberg als emergente Strategie beschrieben hat: Sie setzen nicht auf rationalen Planung, sondern tun das, was sich im Laufe der Zeit von selbst aus der Unternehmung heraus entwickelt hat. In diesem Sinne definiert Henry Mintzberg Strategie als **»ein Muster in einem Strom von Entscheidungen«.**

Im positive Falle setzt sich so durch, was in der Praxis erfahrungsgemäß gut funktioniert, im negativen Falle aber verhärten sich umständliche oder sogar fehlerhafte Abläufe. Vielleicht entsteht sogar die befürchtete Haltung »alter Hasen«: »Das haben wir schon immer so gemacht, und das machen wir auch weiter so.« Innovation wird so im Keim erstickt, bis sie überhaupt nicht mehr stattfindet. Und von einer durchdachten Strategie kann in einem solchen Falle auch nicht mehr die Rede sein.

Haben wir auch in jüngerer Zeit gesehen, dass auch sich selbst organisierende Prozesse äußerst erfolgreich ablaufen können (als prominentestes Beispiel gilt die Internet-Enzyklopädie Wikipedia, die weltweit von freiwilligen Mitarbeitern selbstorganisiert erstellt worden ist und immer weiter ausgebaut wird), so zieht das Fehlen von Vision, Ethik, Kultur und Zielen doch gravierende Probleme nach sich:

1. Es fehlen Vision, Ethik, Kultur sowie Ziele und Strategie!

Die Ursache kann sein, dass bisheriger Erfolg eine klare Strategie nicht erforderlich machte. Klare Ziele und Ausrichtungen waren nicht notwendig, da entweder durch eine Nischenposition oder gute Märkte und eine konjunkturelle Hoch-Phase die Orientierungsproblematik in den Hintergrund rückte. Zwar hätte in diesen Zeiten eine gute Strategie zu wesentlich besseren Renditen geführt, jedoch waren die Renditen zufriedenstellend. In der Regel wird der Alltag eines Unternehmens durch operative Hektik und Reagieren auf Gegebenheiten bestimmt. Kurzfristige Marketingaktionen, ein Verkauf unter Druck und kurzfristige Produktentwicklungen (oftmals fehlerbehaftet) sowie ein immer breiter werdendes Angebot für die Umsatzsteigerung auf dem Markt führen dazu, dass Unternehmen in schwierigen Zeiten sehr schnell unter immensen Druck geraten. Frühzeitige Ausrichtung oder Veränderungsbereitschaft können hingegen verhindern, dass solche Unternehmen in große Krisen geraten.

2. Ziele sind zwar formuliert, aber es fehlt die übergeordnete Vision.

Auch diese Variante ist häufig und basiert auf dem Prinzip des Führens durch Ziele allein. Es werden Ziele, in der Regel finanzielle Ziele, für das Unternehmen festgelegt. Meistens bestimmen der Unternehmer oder die verantwortlichen Führungskräfte ein bestimmtes Wachstum sowie eine vorgegebene Renditeerwartung. Daraus resultieren die Vorgaben für das Marketing und den Vertrieb, möglichst viel Umsatz zu generieren. Es dominieren die Vorgaben an Kostenplanungen, aus diesem Umsatz eine bestimmte vorgegebene Rendite zu erwirtschaften. In großen Konzernen wirkt sich das auf den Aktienkurs aus und ist häufig die einzige Steuerungsfunktion eines Unternehmens. In diesem Punkt bleibt das Unternehmen der reinen Betriebswirtschaftslehre treu, welche das Ziel eines Unternehmens in der Gewinnmaximierung formuliert. Solche Unternehmen wundern sich dann

meistens darüber, dass eine Identifikation der Mitarbeiter mit dem Unternehmen völlig fehlt und die Motivationslage der einzelnen Mitarbeiter sehr zu wünschen übrig lässt. Wie weit verbreitet dieses Phänomen ist, zeigen die jährlichen Gallup-Studien.

Dieser traurige Zustand ist eindeutig darauf zurückzuführen, dass die Unternehmensziele rein finanzieller Natur sind. Die Mitarbeiter verstehen nicht, warum die einzelnen Ziele erreicht werden sollen und welchen Sinn das für die Kunden macht. Der reine Hinweis auf die Erhaltung von Arbeitsplätzen ist fadenscheinig und ebenso wenig motivierend, da von großen Konzernen fast täglich in der Zeitung zu lesen ist, durch welche Managementfehler Milliarden in den Sand gesetzt werden, die dann durch weitere Kostensenkungen, sprich Stellenabbau, wieder hereingeholt werden sollen. Ein derart krankhaftes Verhalten wird zwangsläufig über kurz oder lang zum Scheitern des betreffenden Unternehmens führen, und sei es noch so groß.

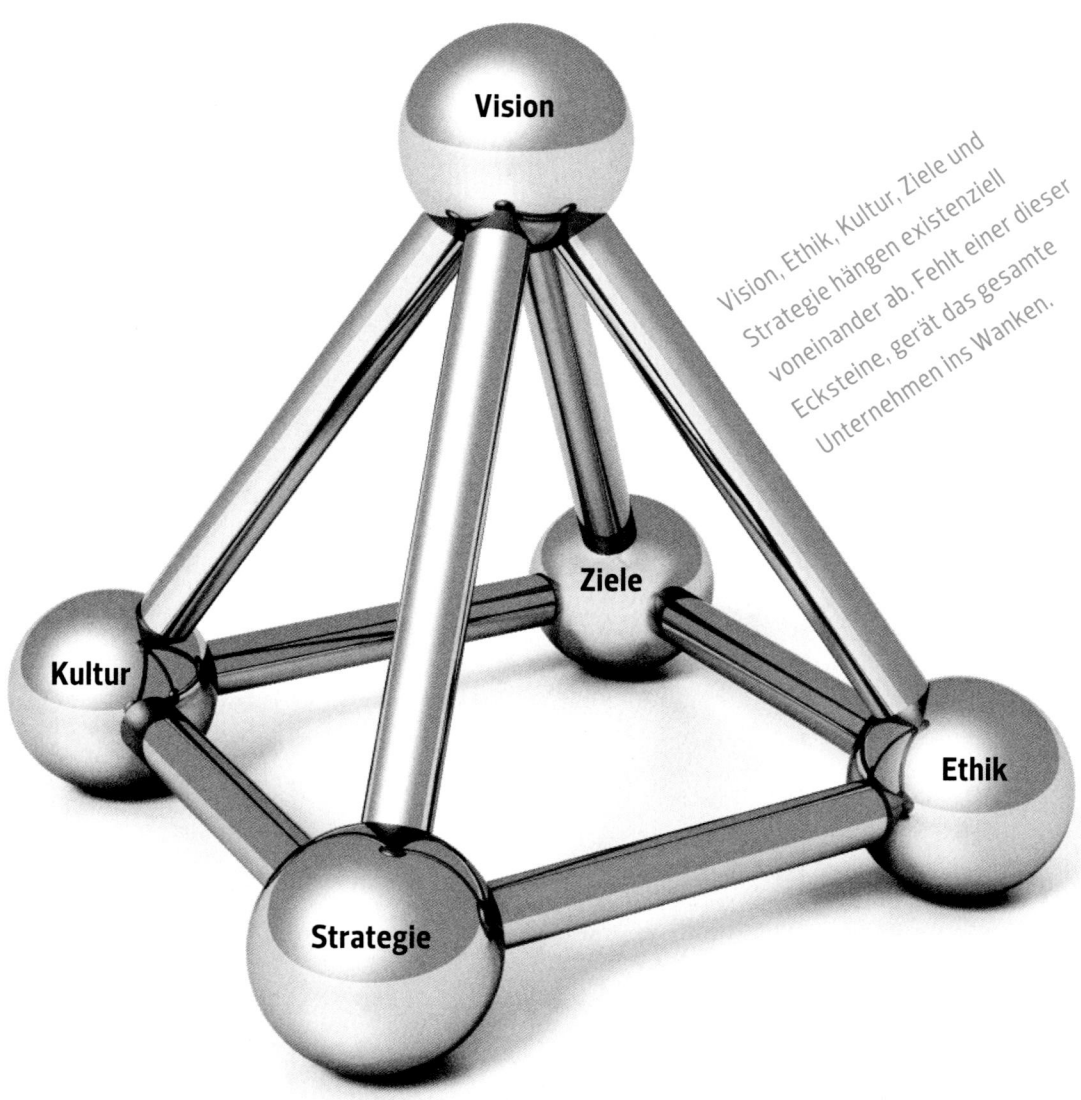

Vision, Ethik, Kultur, Ziele und Strategie hängen existenziell voneinander ab. Fehlt einer dieser Ecksteine, gerät das gesamte Unternehmen ins Wanken.

3. Eine Vision wurde zwar formuliert, wird aber nicht zielstrebig angepeilt und daraus auch keine Ziele abgeleitet.

Diese Variante geht von der Theorie her schon in die richtige Richtung. Jedoch fehlt es am nötigen Engagement, die Vision auch mit Leben zu füllen. Häufig unternehmen Firmen die Anstrengung, eine Vision zu entwickeln, unterlassen jedoch mittelfristige Zielplanung und die Jahreszielplanung, um aus dieser Vision konkrete Ziele und Handlungsrichtungen für den Alltag abzuleiten. Somit folgen dem Zielbild keine konkreten Handlungen. Das lässt darauf schließen, dass das Management Kompetenzschwächen aufweist.

4. Es fehlt die Ethik.

Im Zusammenhang mit ethischem Idealismus sind sowohl die Vision als auch die Ethik Richtlinien der Führung. In vielen Unternehmen basieren die Visionen und Ziele aber lediglich auf dem Eigennutz der Firmeninhaber und beschreiben weniger den Nutzen für das Umfeld. Zwar wird noch der Kundennutzen erwähnt, insgeheim jedoch lediglich als Mittel zu dem Zweck, die Eigenkapitalrendite und die Gewinne des Unternehmens zu steigern. Mittelfristig werden die Mitarbeiter es an Identifikation mit dem Unternehmen und an Motivation und Einsatz fehlen lassen. Auch die Ausstrahlung auf den Markt wird nach kurzer Zeit nachlassen. Der anfängliche Schwung eines auf den Kundennutzen ausgerichteten Unternehmens, welches mit gemeinsamer Vision und Zielen agiert und operiert, erlahmt, sobald die ersten Konflikte und Schwierigkeiten mit Lieferanten, Mitarbeitern oder Reklamationen auftreten. Der Eigennutz steht im Widerspruch zu den angeblichen Werten im Hinblick auf Kunden und Mitarbeiter.

5. Es fehlt die Kultur.

Dieser Punkt ist mit dem vorangegangenen sehr eng verbunden. Oftmals handeln Unternehmen nach außen hin ethisch, behandeln ihre Mitarbeiter aber nach innen schlecht. Dies mag für lange Zeit das äußere Erscheinungsbild des Unternehmens nicht beschädigen, doch hohe Fluktuation der Mitarbeiter und inkonsequentes Verhalten der Führungsebene werden zur Folge haben, dass die Mitarbeiter sich nicht als Team fühlen, selbst wenn nach außen scheinbar eine hohe Kultur und ein guter Teamgeist vermittelt werden.
Solch ein Unternehmen mag über eine lange Zeit (durchaus Jahrzehnte) erfolgreich und geschätzt sein, jedoch wird sich im Laufe der Zeit immer deutlicher die Kluft zwischen Schein und Sein auftun und den langfristigen Erfolg in Frage stellen.

6. Es fehlt die Strategie.

Auch wenn Vision, Ethik und Kultur klar und deutlich beschrieben wurden und auch danach gelebt wird, fehlen häufig strategische Leitplanken sowie eine klare Definition der Kernkompetenz und eine Konzentration auf das eigentliche Geschäft und die definierte Zielgruppe. Verzettelung, Verlust von Kernkompetenz und operative Hektik sind die Folge. Trotz eines hohen Anspruches an das eigene Tun und hohem Einsatz aller Beteiligten kann ein Unternehmen so in der Praxis scheitern.

Damit es in Ihrem Unternehmen nicht so weit kommt, widmen wir uns im folgenden Kapitel nicht nur den Themen Vision, Strategie und Ziele, sondern analysieren auch, was »Exzellenz« eigentlich bedeutet und wie diese zu einer echten und nachhaltigen Begeisterung Ihrer Kunden führen kann.

»Die Freiheit des Menschen liegt nicht darin, dass er tun kann, was er will, sondern dass er nicht tun muss, was er nicht will.«

Jean-Jacques Rousseau

Vision

Das Unternehmen als Werk

> **»Strategische Planung ist wertlos, es sei denn, es gibt eine strategische Vision.«**
>
> John Naisbit

> **»In einem Unternehmen ist zunächst das visionäre Grand Design gefragt.«**
>
> John F. Kennedy

Eine **Vision** ist der Zukunftsentwurf eines Unternehmens. Sie beschreibt, was das Unternehmen in der Zukunft sein und erreichen will. In ihr fokussieren sich die Energie und Motivation des Unternehmers und aller Mitarbeiter.

Das Wort ist aus dem Lateinischen (»visio« = Sicht, das heißt »ich sehe«) abgeleitet und beschreibt eine Erscheinung, ein Traumbild oder einen Zukunftsentwurf. Es ist das innere Bild eines örtlich und zeitlich entfernten Ereignisses – wobei dieses durchaus realistisch sein kann (und sollte). »Realistische Utopien«, die einen Spannungsbogen zwischen Utopie und Realität schlagen, können in der Praxis sehr wirksam und erfolgreich sein. (Daran hatte Helmut Schmidt offenbar nicht gedacht, als er den viel zitierten Satz von sich gab: »Wer Visionen hat, sollte einen Arzt aufsuchen.«)

Etwas sehen, das andere nicht sehen.

Sie kennen sicher das Kinderspiel »ich sehe was, was du nicht siehst«. Mit einer Vision verhält es sich ähnlich. Sie sehen zum Beispiel eine Chance für Ihr Unternehmen in einer Nische oder Lücke, oder Sie entdecken einen Markt der Zukunft. Dann gehören Sie zu den visionären Unternehmern, die immer einen Vorsprung haben und diesen immer haben werden.

Um es an dieser Stelle klarzustellen: Noch kein Unternehmen ist allein durch eine Vision erfolgreich gewesen. Träumen allein reicht nicht. Reden allein reicht auch nicht. Wir müssen aktiv sein und konkret sagen, was zu tun ist. Dabei sollten wir auch etwas Besonderes anbieten: einen Nutzen, die meine Kunden brauchen und den sie wertschätzen. So ergibt sich automatisch eine Antwort auf die Frage meiner Positionierung:

· Für wen will ich einen Nutzen bieten?
· Was ist das Besondere an meinem Angebot?

Die **Mission** ist demgegenüber der Auftrag, die Sendung und die Vollmacht; Mission leitet sich aus dem lateinischen Wort »missio« = Sendungsauftrag ab. Die Mission beschreibt die Umsetzung der Vision mit konkreten Handlungen in der Gegenwart. Die Mission ist die gelebte Vision.

Sie kennen beide Begriffe aus der Religion: Die Vision beschreibt die Glaubensinhalte, die Mission, deren Umsetzung und Verbreitung. Beide Worte werden häufig vermischt und missverständlich verwendet – und doch helfen sie uns an dieser Stelle, um das Thema klarer zu sehen: In vielen Unternehmen nämlich besteht eine Vision, es wird jedoch nicht missioniert. Doch nur ein konsequentes »Missionieren« der Vision führt auch zu täglicher Umsetzung. Dabei können immer wieder unterschiedliche Praktiken, Ziele und Strategien zum Einsatz kommen. Die übergeordnete Vision bleibt dennoch in ihren Grundzügen gleich.

Mythos »visionärer Unternehmer«?

Es gibt einige Unternehmer-Persönlichkeiten, die ihre Unternehmen mit der Kraft ihrer Vision zu großem Erfolg geführt haben (dazu zählen die Gründer von Porsche, Adidas oder IKEA). Dem gegenüber stehen Geschichten von Unternehmern (oft waren es nur »Manager«), die an großen Ideen festhielten und gerade deshalb ganze Konzerne ruinierten (zum Beispiel in der Automobilindustrie). Das heißt aber weder, dass Unternehmen immer und ausschließlich visionäre Führungspersönlichkeiten brauchen, um erfolgreich zu sein, noch, dass diese Führungspersönlichkeiten grundsätzlich himmelweit überschätzt würden. Es kommt eben auf den Einzelfall an, wobei es in der jüngeren Vergangenheit zunehmend vorkommt, dass eine Vision nicht allein durch die Führungsspitze formuliert wird, sondern auch unter Einbeziehung aller Mitarbeiter der Basis (siehe dazu Willibert Schleuter: Die sieben Irrtümer des Change-Managements, Campus Verlag). Ich persönlich halte die unternehmerische Vision für existenziell wichtig: Wenn ich allein an mein Unternehmen denke und an die vielen Schwierigkeiten, die ich beim Kauf und der Übernahme des SchmidtColleg zu meistern hatte ... Ohne meine brennende Vision »Gesunde und erfolgreiche Menschen in gesunden und erfolgreichen Unternehmen« hätte ich die Mühe nicht auf mich genommen. Auch heute ist dies für mich und mein Team der Hauptantrieb. **Die Vision ist und bleibt das Haupttriebwerk unternehmerischen Handelns.**

Die Bedeutung einer Vision als Grundlage der Motivation von einzelnen Menschen, aber auch einer ganzen Gruppe von Menschen, wird am besten deutlich, wenn wir uns die Frage stellen, warum und wodurch sich Menschen überhaupt verändern. Die zwei einzigen Gründe für eine Veränderung sind Leid und Lust. Menschen wollen auf der einen Seite Leid vermeiden und auf der anderen Seite Lust gewinnen.

Auf das Unternehmen übertragen, heißt das konkret, dass es nur zwei Gründe gibt, warum ein Unternehmen sich maßgeblich verändert: erstens die Krise und zweitens die Vision. Es ist offensichtlich, welche von den beiden Varianten die angenehmere ist. In Zeiten der wirtschaftlichen Krise, wie wir sie derzeit erleben, und unter dem Druck von sich schnell verändernden Märkten wird deutlich, dass es viele Unternehmen über eine lange Zeit versäumt haben, sich immer wieder konsequent auf die Zukunft auszurichten. Ich stelle dies in vielen Branchen fest, zum Beispiel in der Bauindustrie, im Gesundheitswesen und auch in der Hotellerie. Viele Unternehmer erkennen die Zeichen der Zeit deshalb nicht, weil die Rendite noch ausreichend

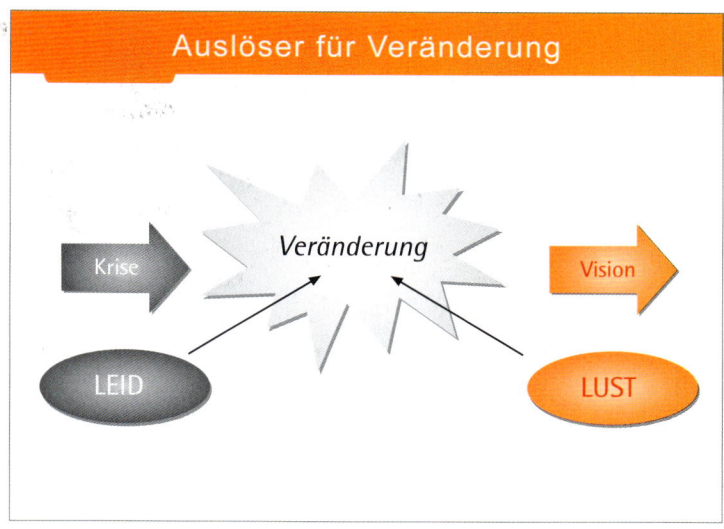

ist. Laut Strategie-Experte Alexander Huber, BWL-Professor an der Beuth Hochschule in Berlin, fahren 60 Prozent (!) der Unternehmen ihre strategische Planung sogar ausgerechnet dann herunter, wenn die Lage schwierig wird.

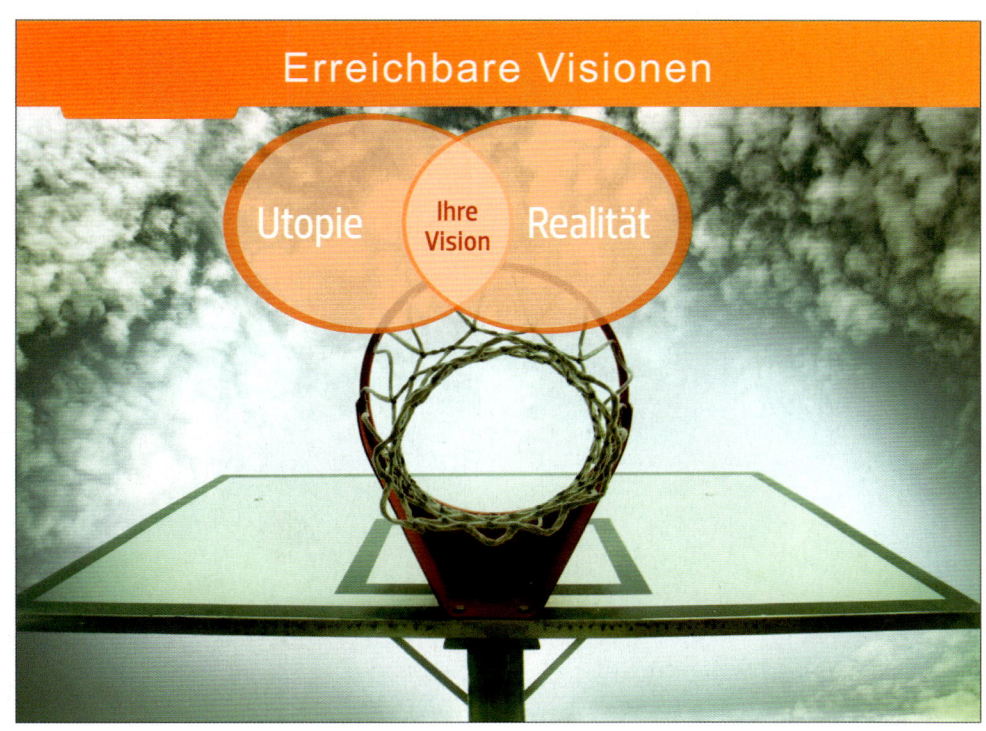

Was sie nicht erkennen: Die Ursache der Krise ist eine veränderte Wirklichkeit! Unternehmen, die sich in solchen Entwicklungsphasen immer wieder konsequent neu orientiert und eine weiterführende Vision formuliert haben, stehen heute wesentlich besser da.

Sie können ihre Vision als Energiequelle auch und gerade dann nutzen, wenn Sie mit permanenten Veränderungen konfrontiert sind. Das funktioniert deshalb so gut, weil sich meiner Überzeugung nach eine tragfähige Vision dadurch auszeichnet, dass Sie die ungebändigte Kraft der reinen Utopie mit dem harten Boden der unternehmerischen Tatsachen verbindet. So wirkt sie auf Manager, Mitarbeiter und Kunden glaubhaft, sie gibt Orientierung – und sie kann tatsächlich erreicht werden.

»Wo ich durchmuss, ist nicht wichtig, wichtig ist, wohin ich gehe.«

André Gide

Die Unternehmensphilosophie: Werte als Grundlage

»Verändern Sie durch Visionen. Beschwören Sie zur Veränderung auch keine Krisen nach dem Motto ›Heute geht es uns gut, wir müssen uns aber schon anstrengen, damit es uns morgen auch nicht schlecht geht‹.«

Cay von Fournier

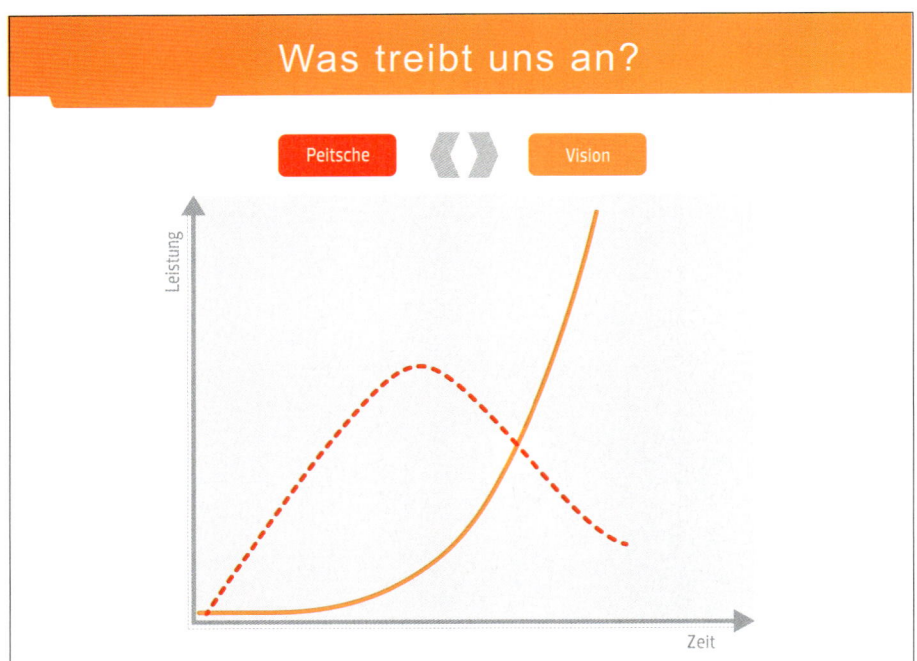

Natürlich können Sie ein Team auch mit der Peitsche zu Höchstleistungen treiben. Das funktioniert tatsächlich für einen Moment, dann aber bricht die Leistungskurve ein. Die Mitarbeiter schalten um auf »Dienst nach Vorschrift« und wechseln so schnell wie möglich den Arbeitgeber. Ich kenne kein Unternehmen und kann mir auch keines vorstellen, dass mit dieser Form der Motivation (Druck und Androhung negativer Konsequenzen) langfristig erfolgreich war und sein wird.

Völlig anders sieht es aus, wenn ein Unternehmen tatsächlich von einer Vision getragen wird: Hier steigt die Leistung der Mitarbeiter im Verlauf der Zeit kontinuierlich an.

»Willst du ein Schiff bauen, so rufe ~~nicht~~ die Menschen zusammen, um Pläne zu machen, Arbeit zu verteilen, Werkzeuge zu holen und Holz zu schlagen, ~~sondern~~* lehre sie die Sehnsucht nach dem großen, endlosen Meer.«

Antoine de Saint-Exupéry, modifiziert von Cay von Fournier

Dieses Zitat von Antoine de Saint Exupéry wird im Zusammenhang mit der Vision häufig verwendet. Ich halte diesen Satz in der Praxis des Unternehmertums für ungeeignet. Das Wort »sondern« stellt vor Alternativen, eins schließt das andere aus. Das ist falsch, es müsste »und« heißen. Daher kritisieren einige renommierte Managementtheoretiker auch die ganze Thematisierung der Vision als zu oberflächlich und einseitig. Um es an dieser Stelle klarzustellen: Noch kein Unternehmen ist allein durch eine Vision erfolgreich gewesen. Ich kann den Menschen noch so lange von dem weiten endlosen Meer erzählen und nichts wird passieren. Ich muss auch aktiv sein und sagen, was zu tun ist.

Unternehmensphilosophie

Werte
Ethik
(Wie-Werte leben im Unternehmen)
Kultur
(Wie-Werte gemeinsam leben)

Leitbild
Vision und
Mission = Leuchtturm
(Was-Werte definieren)

Strategie
klare Umsetzung
Zielplanung
**Entscheidungen über
den richtigen Weg**

»Unternehmensphilosophie« mag im ersten Moment kompliziert klingen. Daher spreche ich lieber von dem Leitbild des Unternehmens (»Was«-Werte) und den Werten eines Unternehmens (»Wie«-Werte). Diese können wiederum in die Begriffe Unternehmenswerte (nach außen wichtig) und Unternehmenskultur (nach innen wichtig) unterschieden werden, da es Sinn macht, diese beiden Sichtweisen zu trennen.

Lassen Sie uns auf den folgenden Seiten drei Schritte gehen.

1. Zuerst stellen wir Ihre **Werte** auf den Prüfstand: Wie wollen Sie mit Ihren Mitarbeitern umgehen, mit Ihren Geschäftspartnern, Zulieferern und Kunden? Wie wollen Sie in Ihrem Unternehmen gemeinsam leben und arbeiten? Kurz: **Wie wollen Sie wirtschaften?**

2. Anschließend befassen wir uns mit Ihrem Leitbild, das Ihre Vision und auch Ihre Mission beschreibt: **Was wollen Sie erreichen?**

3. Auf dieser Basis legen Sie dann fest, wohin die Reise konkret gehen soll: **Welche Ziele wollen Sie erreichen?** Wenn Sie das grundsätzlich wissen, fällt es Ihnen viel leichter, Ihren Masterplan so in kleinere Arbeitsschritte herunterzubrechen, dass in Ihrem Unternehmen jeder intelligent zur Realisierung des großen Ziels beitragen kann.

Vom Sinn zur Steuerung

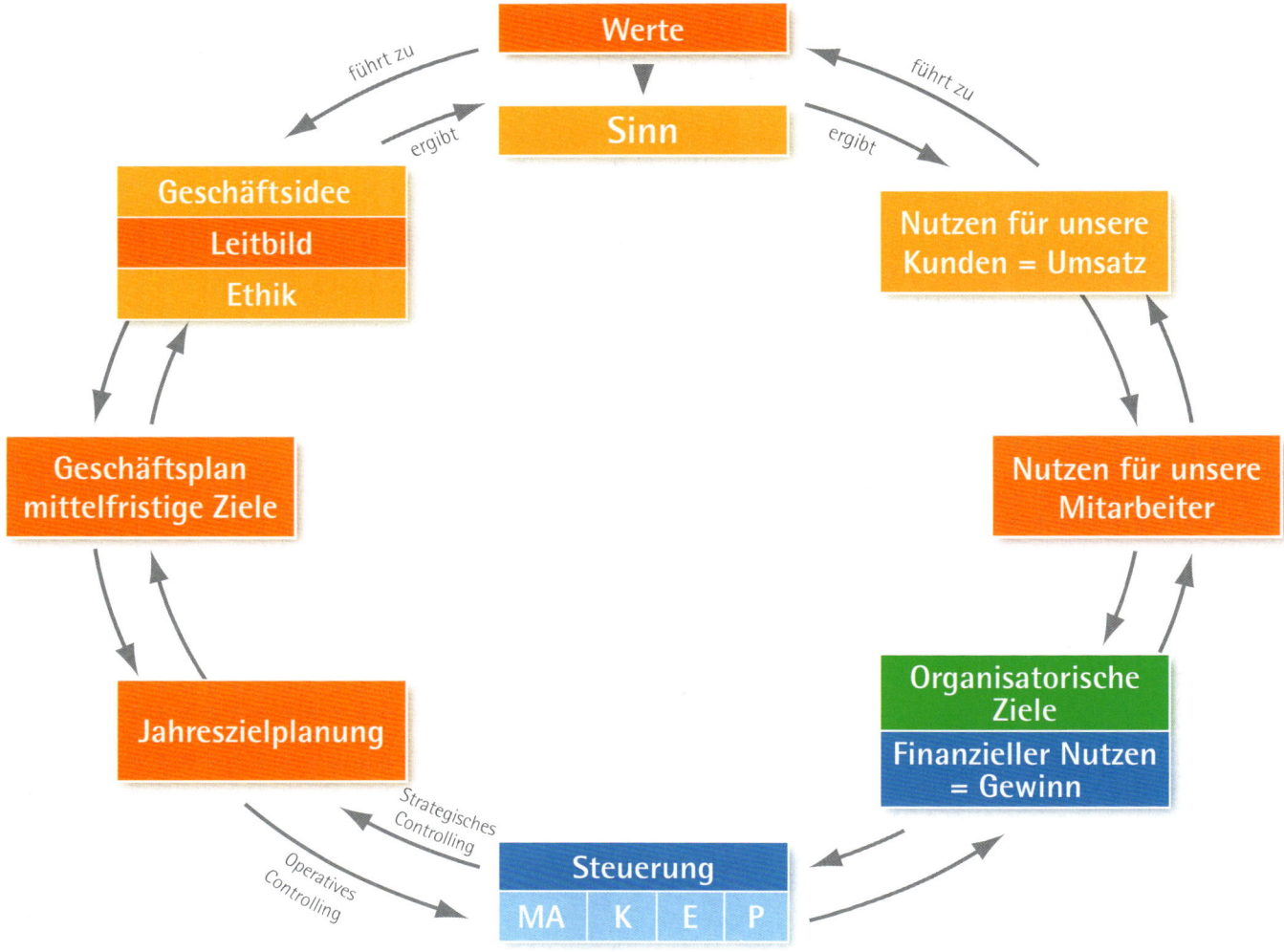

Dieses Schaubild zeigt, welche zentrale Rolle die Werte Ihres Unternehmens spielen: **Ihre Werte sind Grundlage und treibende Kraft** für Ihre Geschäftsidee, Ihr Leitbild und Ihre Ethik. Aus diesem »großen Bild« wiederum können Sie Ihren Geschäftsplan, Ihre mittelfristigen und Ihre langfristigen Ziele ableiten. Weil Sie sich in Ihrer Jahreszielplanung auf konkret messbare Ergebnisse festlegen, haben Sie zugleich auch eine Grundlage für Ihr operatives Controlling geschaffen (wo nichts gemessen wird, kann auch nichts gemanagt werden). Und damit können Sie im nächsten Schritt den Nutzen für das Unternehmen, für Ihre Mitarbeiter und Ihre Kunden genau beziffern. In der zweiten Ebene des Schaubildes zeigt sich, dass sich aus Ihren Werten ein bestimmter Sinn ableitet, von dem

Ihre Kunden, Ihre Mitarbeiter und damit auch Ihr Unternehmen unmittelbar profitieren. Aus dieser Perspektive steuert Ihr strategisches Controlling Ihre Zielplanung vor dem Hintergrund Ihrer handlungsleitenden Geschäftsidee, Ihrem Leitbild und Ihrer Ethik.

Was an dieser Stelle bereits deutlich wird: Strategie und Steuerung gehören heute eng zusammen. Was helfen Ziele und Strategie in der Praxis, wenn nicht auf Abweichungen sofort reagiert wird? Vor 20 Jahren mag es noch etwas anders gewesen sein, aber das Tempo auf dem Markt hat deutlich zugenommen. Somit ist das Controlling zur zweiten Hauptaufgabe geworden und wird noch ausführlich behandelt werden.

Werkzeug ☄ »Werte definieren«

Um Ihnen die Erstellung Ihres Leitbildes zu vereinfachen, stelle ich Ihnen hier ein Werkzeug vor, mit dem Sie die Werte Ihres Unternehmens auf den Prüfstand stellen können. Ebenso wie bei der persönlichen Lebensführung habe ich dabei 150 Aspekte ausgewählt, die Sie als Grundlage für Ihr eigenes Wertesystem prüfen können.

Wichtige Fragen sind:

· Was ist für Ihr Unternehmen von hohem Wert?

· Wie sähe Ihr Unternehmen aus, wenn Sie sich auf diese Werte konzentrierten?

· Hätte das Unternehmen Lust, Energie, Optimismus und Motivation?

· Was würden Sie aktiv tun, um diese Werte zu leben?

Bitte treffen Sie eine Auswahl der für Sie entscheidenden Werte und beantworten Sie die Fragen mit Hilfe des entsprechenden Werkzeugs in unserem Downloadbereich. Damit schaffen Sie zugleich die Basis für Ihr Leitbild (siehe Werkzeug auf Seite 141).

Das Leitbild als Wegweiser

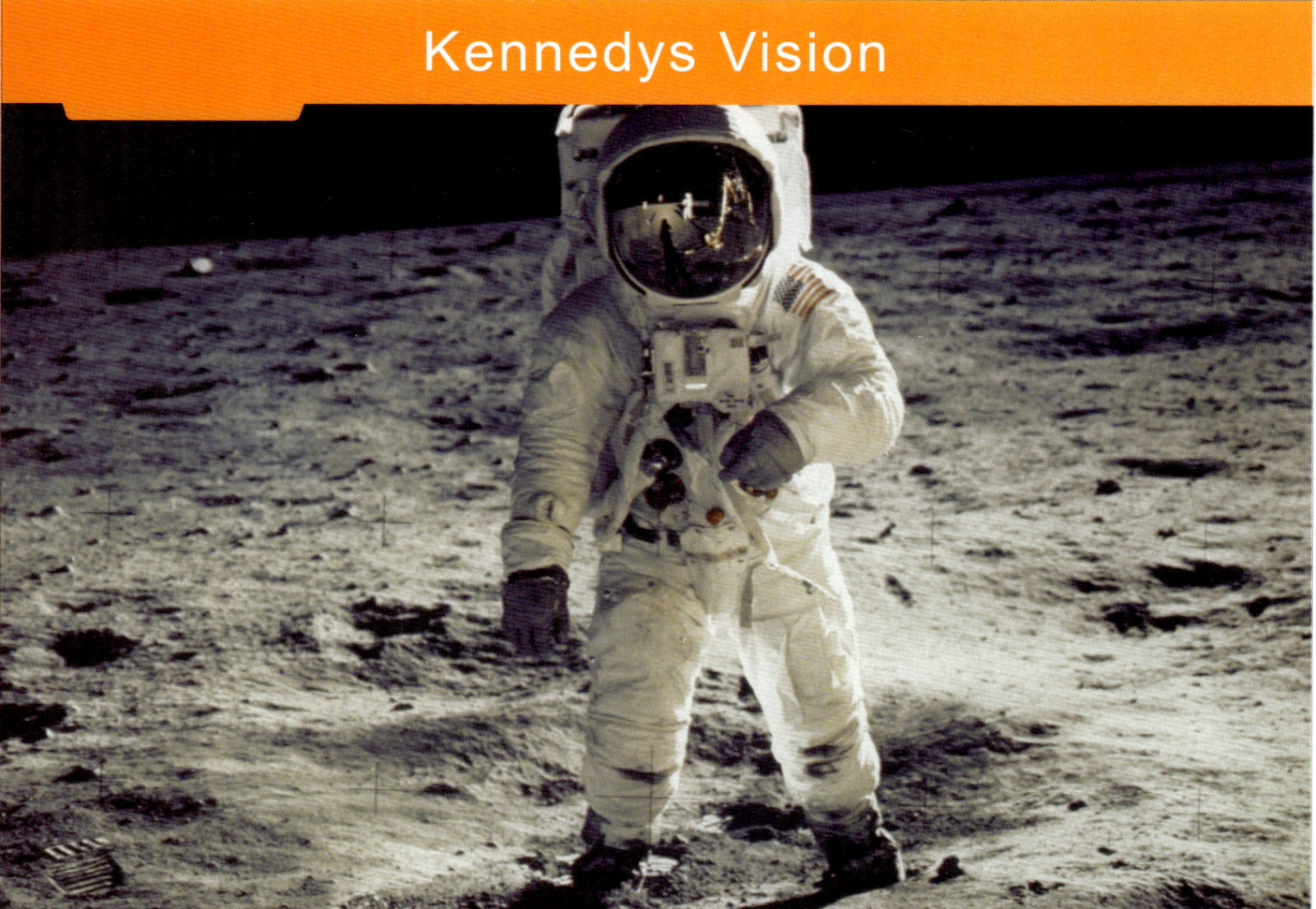

Kennedys Vision

Die besten Leitbilder sind die ganz einfachen. J. F. Kennedy zum Beispiel setzte mit seiner Vision »einen Mann zum Mond und sicher wieder auf die Erde zu bringen« eine ganze Nation in Bewegung. »Einen Mann zum Mond bringen!« ... das kann sich jeder sofort und ganz bildlich vorstellen (deshalb heißt es ja auch »Leit-Bild«). Eine Vision wie diese zielt genau auf die Motive, die Menschen antreiben. Zum Beispiel

- **Leistung:** Wir bringen es fertig, eine technisch perfekte Rakete zu bauen!
- **Macht:** Damit bringen wir »unseren Mann« schneller auf den Mond als die Sowjets!
- **Gemeinschaft:** Wir Amerikaner arbeiten gemeinsam an unserem großen Ziel!

Sie als Führungskraft eines (mittelständischen) Unternehmens haben natürlich ganz andere Aufgaben zu bewältigen, als einen Mann auf den Mond zu schießen. Umso größer ist die Herausforderung, auch dafür ein griffiges Leitbild zu entwickeln, das die Köpfe, die Herzen und die Hände der Mitarbeiter erreicht. Nehmen Sie sich viel Zeit für Ihr Leitbild, beziehen Sie nach Möglichkeit auch Ihre Mitarbeiter ein und fragen Sie bei Bedarf Experten.
Die Investition lohnt sich, weil ein sehr gutes, griffiges Leitbild eine enorme Begeisterung freisetzen kann. Und umgekehrt: Ein Leitbild, das nur aus Floskeln besteht oder tumb fordert »Wir wollen die Nummer eins werden«, demotiviert die Mannschaft noch mehr als gar kein Leitbild.

>>Die Vision ist ein konkretes Zukunftsbild, nahe genug, dass wir die Realisierbarkeit noch sehen können, aber schon fern genug, um die Begeisterung der Organisation für eine neue Wirklichkeit zu wecken.<<

Definition Boston Consulting Group

Beispiele für Leitbilder

Um Ihnen eine Vorstellung davon zu geben, wie moderne Leitbilder aussehen können, finden Sie hier einige aktuelle Beispiele:

IKEA

Es ist unsere Vision bei IKEA, den vielen Menschen einen besseren Alltag zu schaffen. Unsere Geschäftsidee unterstützt diese Vision, indem wir ein breites Sortiment formschöner und funktionsgerechter Einrichtungsgegenstände zu Preisen anbieten, die so günstig sind, dass möglichst viele Menschen sie sich leisten können.

BASF

Wir sind >>The Chemical Company<< und arbeiten erfolgreich auf allen wichtigen Märkten.
Wir sind der bevorzugte Partner der Kunden.
Wir sind mit unseren innovativen Produkten, intelligenten Problemlösungen und Dienstleistungen weltweit der leistungsfähigste Anbieter in der chemischen Industrie.
Wir erwirtschaften eine hohe Rendite auf das eingesetzte Kapital.
Wir treten für nachhaltige Entwicklung ein.
Wir nutzen den Wandel als Chance.
Wir, die BASF-Mitarbeiter, schaffen gemeinsam den Erfolg.

Wella Professionals

Gemeinsam mit Ihnen erreicht Wella Professionals jetzt die nächste Stufe, um neue Trends zu schaffen, Erwartungen zu übertreffen und unsere Leidenschaft für den Friseurberuf in eine neue Ära zu tragen. Hand in Hand mit den Friseuren entwerfen wir neue Tools, um im Salon und auch zwischen den Salonbesuchen herausragende Ergebnisse zu erzielen. Wir präsentieren die künstlerischen Expressionen unserer Experten und bringen Ihnen unsere Kompetenz näher.

Seit 25 Jahren unterstützen wir Unternehmer bei der Entwicklung von Leitbildern – und immer wieder kam die Frage auf: »Wie lautet denn euer eigenes Leitbild?« Ehrlich gesagt haben wir uns viele Jahre lang nicht auf eine konkrete Formulierung festgelegt. Nun haben wir aber in eigener Sache gearbeitet und stellen Ihnen an dieser Stelle erstmals das Leitbild des SchmidtCollegs vor.

Unsere Vision

Unsere Vision ist die Verbindung unternehmerischer Exzellenz mit persönlicher Erfüllung – auf Basis gelebter Werte.

Unsere Mission ist es, Erfolg und Glück zu vereinbaren und erlebbar zu machen – für unsere Kunden und uns selbst.

Sinn unserer Arbeit ist die Weiterentwicklung von Menschen und Unternehmen – a[...] allen Ebenen.

Ziel unserer Arbeit ist der nachhaltige Nutzen für den Menschen – für Unternehme[...] Mitarbeiter und für deren Kunden.

Unsere Werkzeuge sind außergewöhnlich effektiv – sie machen gute Unternehme[...] besser.

Wir vermitteln unternehmerische Kompetenz und FührungsEnergie. Wir tun alles [...] dafür, um unseren Kunden praktischen Nutzen zu bieten. Darin sind wir der führe[...] Anbieter in unserer Branche, und darin lassen wir uns von niemandem überbiete[...]

Unser Anspruch

Das SchmidtColleg steht für Exzellenz im Mittelstand.

Mit uns werden
... wertvolle Unternehmen wertvoller,
... Unternehmer gelassener,
... Führungskräfte wirksamer,
... Mitarbeiter motivierter,
... Visionen realistischer,
... Strategien konkreter,
... Organisationen effektiver,
... Strukturen effizienter,
... Dienstleistungen intelligenter,
... Produkte innovativer,
... und Kunden begeisterter.

Wir unterstützen Unternehmer dabei, eine erfolgreiche Zukunft für ihr Unternehmen zu gestalten – und ein erfülltes Leben für sich selbst.

SchmidtColleg

LebensBalance

Frieden
Fortbildung
Freude
Firma
Familie
Finanzen
Fitness
Freunde

Wir sind davon überzeugt, dass wahres Glück im Leben ebenso ganzheitlich ist wie nachhaltiger Erfolg. Mit unseren Angeboten fördern wir daher die Balance im Leben unserer Kunden.

Basis ist das Modell der LebensBalance – ein von Cay von Fournier entwickeltes Modell, das Seele (Frieden), Körper (Fitness), Geist (Firma) und Herz (Familie) als Polaritäten versteht und in Einklang bringt.

Wirksame Führung

Das SchmidtColleg arbeitet mit dem ganzheitlichen Führungssystem „FührungsEnergie" – einem der praktischsten Systeme der Unternehmensführung am Markt.

„FührungsEnergie" ist die Grundlage aller SchmidtColleg-Seminare. Das System unterstützt Unternehmer, Führungskräfte und Mitarbeiter

• bei der Bewältigung ihrer alltäglichen **Aufgaben**,
• bei der strategischen **Planung**,
• bei der **Positionierung** ihrer Unternehmen,
• bei der Entwicklung ihrer persönlichen **Vision**,
• und das hoch **effizient** und **effektiv**.

„Ich konnte kein praktisches und ganzheitliches Führungssystem finden, das unternehmerischen Erfolg und Werte, persönliches Glück und Gesundheit in Einklang brachte, also entwickelte ich es selbst."

Cay von Fournier

SchmidtColleg

Unser Manifest des Mittelstands

Familienunternehmen und durch Eigentümer geführte Unternehmen stehen für wahres, sinnvolles und nachhaltiges Unternehmertum. Hier tragen Menschen Verantwortung für ihr Handeln und stehen für ihre Entscheidungen persönlich gerade. Ein Wort gilt und ein Handschlag zählt. Vertrauen und Glaubwürdigkeit sind die Grundlagen wirtschaftlichen Handelns – und nicht das schnelle Geschäft. Diese Eigenschaften zeichnen den Mittelstand aus. Sie machen ihn stark in Krisenzeiten und bescheiden in Zeiten des Erfolges.

Wir orientieren uns an Werten, wir setzen auf nachhaltige Unternehmensentwicklung, auf gute Preise und auf einen fairen Umgang mit unseren Geschäftspartnern. Weil an dieser Form des Unternehmertums – und nur an dieser – auch unsere Enkel noch Freude haben, überprüfen wir unser Handeln regelmäßig auf „Enkeltauglichkeit". Denn: Unsere Natur und unsere Unternehmen haben wir nicht von unseren Vorfahren geerbt, sondern von unseren Nachkommen geliehen.

Ob wir Unternehmer, Führungskräfte oder Fachkräfte sind – wir alle wollen uns mit all unseren Fähigkeiten, Begabungen und unserer ganzen Leidenschaft für unsere Kunden einsetzen. Wir wollen unser Bestes geben, um stolz sein zu können auf das Werk eines jeden Tages und in ferner Zukunft auf ein gelungenes Leben. Das alles bedeutet sinnvolles und wirksames Unternehmertum.

SchmidtColleg

Unabhängigkeit

Unabhängigkeit ist für uns ein wichtiger Wert.

Wir sind weder abhängig von Kunden noch von Lieferanten; weder von Banken noch von Geschäftspartnern. Selbst von seinem eigenen Unternehmer ist das SchmidtColleg nicht abhängig.

Tief verpflichtet und verbunden fühlen wir uns nur unserer eigenen Tradition und unseren eigenen Werten.

SchmidtColleg

Schon seit 25 Jahren besuchen Unternehmer, Führungskräfte und Mitarbeiter die Seminare des SchmidtCollegs, kommen voller Energie in ihre Unternehmen zurück, entwickeln Visionen, verwirklichen Ideen – und machen erfolgreiche Unternehmen exzellent.

Dieser Erfolg spornt uns an. Er fordert uns heraus, das Gute noch besser zu machen und immer mehr Möglichkeiten für unsere Kunden zu öffnen. Neben unser praktisches und ganzheitliches Führungssystem haben wir deshalb weitere Angebote gestellt:

• Unsere regelmäßigen **CollegTage** dienen dem Mittelstand als besondere Konferenz.
• Unser **Gesundheitssystem** motiviert Mitarbeiter zu gesunder Ernährung und Bewegung.
• Unser **Verlag** bietet praktische Inspirationen für Unternehmen und Unternehmer.
• Wir führen exklusive **Positionierungs-Workshops** vor Ort durch.
• Wir bieten professionelle **Umsetzungsbegleitung** – aus der Praxis, für die Praxis.
• Und wir fördern die **Vernetzung** und den persönlichen Erfahrungsaustausch unserer Kunden.

Wie bei allen Visionen und Leitbildern handelt es sich auch bei unseren nicht um Sätze, die in Stein gemeißelt sind. Auch in Zukunft werden wir immer wieder gemeinsam unsere Basis, unsere Eckpfeiler und unsere Ziele reflektieren, hier einige Sätze verändern, da Formulierungen streichen und dort Ergänzungen einfügen. Denn wie seine Kunden entwickelt sich auch das SchmidtColleg immer weiter. Wir wissen zwar, in welche Richtung wir uns bewegen wollen. Wir müssten aber Hellseher sein, um unser Leitbild des Jahres 2020 schon heute formulieren zu können.

Unsere Grundsätze der Zusammenarbeit

1. **Gemeinschaft** (Weisheit)
2. **Willenskraft** (Tapferkeit)
3. **Ruhe** (Besonnenheit)
4. **Fairness** (Gerechtigkeit)
5. **Vertrauen** (Glaube)
6. **Optimismus** (Hoffnung)
7. **Wertschätzung** (Liebe)

Unser Verhaltensleitbild

Mit **Kreativität** schaffen wir Innovation und Emotion.

Durch gelebte **Werte** garantieren wir Beständigkeit.

Praktische **Kompetenz** ist unser Fundament.

Motivierte Menschen sind Grundlage unseres Erfolges.

Begeisterte Kunden sind das Ziel unseres Handelns.

Jeder Erfolg ist ein Erfolg des gesamten SchmidtColleg-Teams.

Werkzeug ✎ »Leitbild und Vision«

Jetzt wird es konkret: Formulieren Sie Ihr Leitbild, Ihre Vision und gegebenenfalls auch ein Verhaltensleitbild für Ihr Unternehmen. Sie müssen dafür nichts völlig Neues »aus der Luft greifen«. Oft ist Ihre Vision in Ihrem Unternehmen bereits vorhanden – sie wurden nur noch nicht ent-deckt und aufgeschrieben. Weil sich eine lebendige Vision immer wieder etwas zurückzieht, in Vergessenheit gerät oder sich auch in Teilen verändert, ist es sinnvoll, sie von Zeit zu Zeit immer wieder neu zu entdecken. Die Visionsfindung ist daher kein einmaliges Projekt, sondern ein Prozess.

Leitbild und Vision

Greifen Sie auf Ihre Auswahl der für Sie wichtigsten Werte zurück, die Sie im Rahmen der Übung auf Seite 135 erarbeitet haben. Diese Werte sollten den Geist (die Amerikaner sprechen von »spirit«) und die Ziele Ihres Unternehmens beschreiben. Sehen Sie die genaue Anzahl der Werte nicht dogmatisch – es können drei oder fünf sein –, eine zu große Zahl allerdings verhindert eine vernünftige Fokussierung.

Beantworten Sie sich zwei Fragen pro Wert:
- Was stellen wir uns unter diesem Wert vor?
- Was tun wir dafür?

So erarbeiten Sie sich Schritt für Schritt die Grundlage für die Formulierung Ihres Leitbildes und Ihrer Vision.

Verhaltensleitbild

Suchen Sie sich im nächsten Schritt die wichtigsten Werte aus, die das (idealtypische!) Verhalten der Führungskräfte und Mitarbeiter am besten beschreiben. Hier können Sie sich wieder auf drei bis fünf Werte konzentrieren – es können aber auch mehr sein (siehe das Verhaltensleitbild des SchmidtCollegs auf S. 138, das aus 3+9 Werten besteht).

Stellen Sie sich wieder zwei Fragen pro Wert:
- Was meinen wir mit diesem Wert?
- Wie verhalten wir uns gemäß diesem Wert?

Ein Fragebogen steht Ihnen im Download bereit, mit dem Sie die langfristigen Ziele in Ihrem Unternehmen beschreiben können.

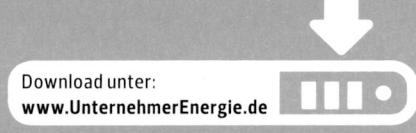

Download unter:
www.UnternehmerEnergie.de

Best Practice ⊝ Stommel Haus:
»Ein Haus wie ein Baum«

Die Vision von Stommel Haus ist so einfach wie prägnant: »Ein Haus wie ein Baum«. Ein Vergleich, der gut passt, besonders wenn es Tischlermeister und Geschäftsführer Franz Stommel sagt. Die Wurzeln bilden die Herkunft. Der Stamm sind die Mitarbeiter. Die Äste sind die Partnerunternehmen. Die Früchte sind das Ergebnis der Arbeit.

Das Verwaltungsgebäude im westfälischen Neunkirchen-Seelscheid wird auch tatsächlich von einem Baum getragen. Mitten im Raum steht der Stamm einer Eiche aus dem nahen Wald. Auf ihm kommen die tragenden Balken des Gebäudes zusammen. Die knorrige Rinde signalisiert Naturverbundenheit und Bodenständigkeit.

Bereits seit 1974 ist das Unternehmen auf der Fertighausausstellung in Wuppertal präsent. Auch das reicht Franz Stommel nicht aus. »Wir müssen den Kunden etwas zeigen. Er muss fühlen und erleben.« So werden in den Musterhäusern verschiedene Materialien gezeigt, um im Vergleich zu Holz dessen Wärme spüren zu können. Ralf Stommel: »Wirtschaftlich ausgedrückt heißt das, dass die Raumtemperatur in unserem Massivholzhaus um 2 ° Celsius niedriger sein kann als bei einem anderen Haus. Das Holz erzeugt ein anderes Wärmegefühl.« Ein Vorteil, den der Hausbesitzer bei den Energiekosten merkt und der auch ökologische Pluspunkte bringt. Hinzu kommt die gute Isolierung, die ebenfalls Energie spart. Die Fachberater von Stommel Haus können den ökologisch interessierten Bauherren noch weitere Vorteile nennen. Die Bäume, die für ein Haus benötigt werden, haben in den 80 bis 100 Jahren ihres Wachstums rund 100 Tonnen CO_2 der Umwelt entzogen.

Die FührungsEnergie Erfolgsgeschichten

Anwenderbericht Stommel Haus

Neunkirchen-Seelscheid

Unternehmer Franz Stommel über Seminare, Ideen und seinen Weg zum Erfolg

Stommel Haus arbeitet bei der Planung mit fünf Architekten zusammen. So können die verschiedenen Modellreihen individuell angepasst und genau auf die Bedürfnisse der Kunden abgestimmt werden. »Das werden wir noch weiter ausbauen«, blickt Franz Stommel in die Zukunft. »Wir werden noch individueller auf die Kunden eingehen.« Wie dies aussehen wird, weiß Franz Stommel auch schon. Von der Bedarfsanalyse bis zum Kundendienst wird noch mehr als bisher auf die Wünsche der Kunden gehört. Stommel bietet beste Holzhäuser für anspruchsvolle Kunden an, individuell geplant und gebaut. Das ist keine leere Worthülse. Wer eines der Musterhäuser betritt, fühlt sich sofort wohl. Perfekte Planung, saubere handwerkliche Bauausführung und der natürliche Baustoff Polarfichtenholz machen dies möglich. Und so passt auch der neue Slogan perfekt: »... einfach echt wohnen«.

www.stommel-haus.de

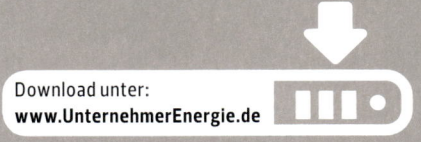

Download unter:
www.UnternehmerEnergie.de

Die sieben Horizonte der Unternehmensplanung

Mit Ihrem griffig formulierten Leitbild ist bereits der erste große Schritt geschafft: Sie haben den »7. Horizont« ins Visier genommen. Nun gilt es in sinnvoller Abstufung die lang-, mittel- und kurzfristigen Ziele zu definieren. Doch zuvor noch ein Wort zur Planung: Achten Sie darauf, dass der Nutzen Ihrer praktischen Planung immer wesentlich größer ist als der Aufwand, den Sie dafür investieren. Planung hilft dabei, möglichst vielen Menschen Klarheit über die anstehenden Tätigkeiten zu geben. Dies ist ein wesentlicher Faktor der Motivation.

7. Horizont
Vision ❯

Eine Vision macht die Zukunft sichtbar, die wir gestalten wollen. Sie bezeichnet die gelebten Kernwerte, die einem Unternehmen die Richtung geben, sowie große, fast unerreichbare Ziele. So ist »das Wissen der Welt zu sammeln« das offizielle Ziel von Wikipedia.

6. Horizont
21 Jahre ❯

Diese Planung umfasst drei mal sieben Jahre und ist damit für die westliche Wirtschaft eine sehr langfristige Zielplanung. Es ist der Zeitraum einer Generation. Wenn eine Planung in 10- oder 15-Jahres-Schritten für Ihre Praxis geeigneter ist, können Sie selbstverständlich auch in diesen Epochen planen. Ich persönlich habe mir für das SchmidtColleg einen Meilenstein für das Jahr 2035 (50-jähriges Jubiläum) gesetzt. Bis dahin will ich bestimmte Ziele erreicht haben, ehe ich das Unternehmen dann in neue Hände übergeben möchte. Unser besonderer Nutzen und Wert für unsere Kunden spielt dabei eine ganz besondere Rolle, denn es bedeutet auch Verantwortung, einen Beitrag leisten zu dürfen, gute Unternehmen noch besser werden zu sehen.

5. Horizont
7 Jahre ❯

Dieser Zeitraum ist sehr konkret und daher sehr wichtig. Er stellt die mittelfristige strategische Planung eines Unternehmens dar. Viele Produkteinführungen sind auf einen solchen Zeitraum von fünf bis sieben Jahren ausgelegt. Mit der mittelfristigen Planung (eine Periode) verlassen wir den visionären Bereich der Strategie und kommen zu ganz konkreten, strategischen Fragestellungen.

4. Horizont
Jahr ❯

Die Jahreszielplanung ist eines der wichtigsten Planungswerkzeuge in einem Unternehmen. Es ist der Horizont der operativen Strategie, d. h. der ganz konkreten Umsetzung, verbunden mit dem dazu gehörigen Zeitmanagement.

3. Horizont
Monat ❯

Hier beginnt das praktische Zeitmanagement eines Unternehmens, das für die Zeiteinheiten Monat, Woche und Tag gilt (3. bis 1. Horizont).

2. Horizont
Woche

Werkzeug ✎ »Periodenzielplanung«

Der 6. Zeit-Horizont Ihres Unternehmens:

Wir schreiben das Jahr: .... /............ /............ (heutiges Datum + Zeitraum Ihres 6. Horizontes).

Versuchen Sie sich diese Zeit vorzustellen. Welche Veränderungen können Sie heute schon absehen? Nehmen Sie sich Zeit und versuchen Sie sich diese Zeit vorzustellen. Gehen Sie einen 6. Horizont in die Vergangenheit zurück, um ein Gefühl für diese Zeitdimension zu bekommen.

1 Welchen Nutzen, welche Produkte und Leistungen bietet unser Unternehmen?
Welche Probleme unserer Kunden lösen wir besser als andere – und wie?
Welche Träume unserer Kunden erfüllen wir besser als andere – und wie?

2 Was unterscheidet unsere Produkte und Leistungen von anderen?

3 Für welche Kunden sind wir tätig?

4 Welchen Ruf und welche Einzigartigkeit genießt unser Unternehmen?

5 Beruht unser Unternehmen auf ethischer und wirksamer Führung?
Leben wir die formulierten Unternehmenswerte? – Welche?

6 In welche Geschäftsbereiche unterteilen sich unsere Unternehmungen?

7 In welchen Ländern und Regionen sind wir tätig?

8 Welche Marktposition hat unser Unternehmen? Sind andere besser?

9 Wenn wir eine Marktführerschaft erreicht haben, welche ist das?

10 Welchen Umsatz haben wir?

11 Welchen Gewinn erwirtschaftet das Unternehmen?

12 Welchen Wert hat das Unternehmen?

13 Wie viele Mitarbeiter beschäftigt das Unternehmen? Was tun wir für ihr Wohl?

14 Welche Vermögenswerte haben wir im Unternehmen?

15 Was leisten wir für die Gesellschaft?

16 Welche Nachteile oder Schäden entstünden, wenn unser Unternehmen nicht mehr bestehen würde?

Download unter:
www.UnternehmerEnergie.de

Best Practice
Rauschenberger Gastro:
»Mit 7-Jahres-Stiefeln zum Erfolg«

Inhaber Jörg Rauschenberger über Seminare, Ideen und seinen Weg zum Erfolg.

Die UnternehmerEnergie-Erfolgsgeschichten

Anwenderbericht
Rauschenberger
Gastronomie
Waiblingen

Die Biografie von Jörg Rauschenberger zeigt anschaulich, wie viel ein Unternehmer in einer Generation bewegen kann: 1982 eröffnete der Hotelbetriebswirt sein erstes Restaurant und entwickelte fünf Jahre später das erfolgreiche Konzept »Spaghetti House«. Nach einem Besuch des Seminars UnternehmerEnergie entstand der erste 7-Jahres-Plan: Aus dem »Spaghetti House« wurde das »Pier 51« – ein Seafood-Restaurant mit eigenem Hummerbecken. Low Cost war gestern, höchste Qualität ist heute. Mit der Fokussierung auf Qualität ließen sich auch die Bereiche Eventcatering und Consulting (Konzeptentwicklung, Unternehmensberatung, Mitarbeitertraining) zielgerichtet entwickeln.

Ein weiterer Erfolgsschritt war die Eröffnung des »CUBE« – ein Restaurant im Top Floor des Kunstmuseums in Stuttgart mit fantastischer Aussicht auf die Stadt. »Dieses Alleinstellungsmerkmal wird dann noch mit unserer Qualität unterfüttert. So etwas ist unschlagbar«, sagt Jörg Rauschenberger mit ein wenig Stolz. Die Serviceexzellenz und die Qualität dort haben sicherlich dazu beigetragen, dass Rauschenberger 2006 zum »Gastronomen des Jahres« gekürt wurde. »So etwas spornt natürlich das ganze Team an«, freut sich der Unternehmer.

Inzwischen hat Rauschenberger ein weiteres Restaurant in Fellbach eröffnet: Das moderne »Goldberg Restaurant & Winelounge« bietet »zeitgemäßes Fine Dining, unkomplizierten Service mit wahrer Herzlichkeit und ein Ambiente, das im besten Sinne außergewöhnlich, in der Summe aber harmonisch ist«.

Der qualitätvolle Ausbau der Restaurantschiene befeuerte geradezu den Unternehmensbereich Eventcatering. In diesem Segment hat es Rauschenberger zum führenden Anbieter in der Landeshauptstadt gebracht, dazu ein Wachstum auf immerhin rund 170 Mitarbeiter. Mit der konsequenten Umsetzung von 7-Jahres-Plänen und Jahreszielplänen ist es ihm in weniger als 30 Jahren gelungen, aus einem einzigen Restaurant Schritt für Schritt eine erfolgreiche Unternehmensgruppe zu gestalten.

www.rauschenberger-gastro.de

Download unter:
www.UnternehmerEnergie.de

Die SWOT-Analyse als strategisches Werkzeug

Für Ihre Zielplanung kann die so genannte SWOT-Analyse hilfreich sein: Sie befasst sich auf der einen Seite mit den positiven Faktoren der Innensicht (Stärken/Strengths) und der Außensicht (Chancen/Opportunities) eines Unternehmens und auf der anderen Seite mit den negativen Aspekten der Innensicht (Schwächen/Weaknesses) und der Außensicht (Gefahren/Threats).

Interne Analyse

Die Analyse der internen Stärken und Schwächen beruht auf einer kritischen (!) Selbstbeobachtung des Unternehmens: Hier geht es um die (mehr oder weniger) produktive Kultur, die in einem Unternehmen gelebt wird, es geht um effiziente Prozesse, um qualifizierte und motivierte Mitarbeiter, um ein hohes Umsetzungstempo und um eine exzellente Qualität von Produkten und Dienstleistungen. Wichtige Faktoren sind hier auch die Positionierung des Unternehmens als Technologie- oder Prozessführer und seine wirtschaftliche Stabilität, die einerseits abhängig ist von seiner finanziellen Ausstattung und andererseits von seiner Fähigkeit, durch innovative Ergebnisse der Forschung und Entwicklung immer wieder neue Quellen freizulegen, aus denen Gewinne sprudeln können.

Externe Analyse

Auf der anderen Seite steht die Analyse der Unternehmensumwelt. Im Fokus stehen hier die Dynamik des Marktes im Hinblick auf Wettbewerb und Technologie, auf demografische Entwicklungen und ökologische Rahmenbedingungen: Wie gelingt es dem Unternehmen, den Markt zu durchdringen? Ist sein Vertrieb schlagkräftig genug? Wie dicht arbeitet das Unternehmen an seinen Kunden? Welche Stärken und Schwächen zeichnen Ihre Konkurrenten aus? Mit welchen gesetzlichen Rahmenbedingungen muss das Unternehmen klarkommen und welche Entwicklungen sind hier zu erwarten (Beispiel Dosenpfand)? Den erfolgreichsten Unternehmen gelingt es, aus der Marktanalyse intelligente Strategien abzuleiten – und kommende Entwicklungen frühzeitig »zu riechen«.

Vorgehen

Die Analyse der internen Faktoren steht und fällt mit Ihrer eigenen Objektivität. Um hier zu treffenden Ergebnissen zu kommen, empfiehlt sich die Einbeziehung qualifizierter Mitarbeiter aus verschiedenen Bereichen und Hierarchieebenen.
Wichtige Erkenntnisse bietet auch die Perspektive Ihrer Kunden. Welche Komplimente oder Beschwerden kommen von Kundenseite? Diese lassen sich systematisch auswerten. Zusätzlich können Sie Ihre Kunden bitten, an einer kurzen Umfrage teilzunehmen, in der diese ihre Zufriedenheit mit bestimmten Produkten, Dienstleistungen oder Abteilungen bewerten können.

Auch eine Marktanalyse können Sie in eigener Regie durchführen.

· Einen ersten Eindruck erhalten Sie durch eine Auswertung von Publikums- und Fachmedien: Was wird wo berichtet? Schalten die Wettbewerber Anzeigen?

· Informationen über »harte Fakten« erhalten Sie zum Beispiel über die Industrie- und Handelskammern und über Wirtschaftsverbände.

· Weil alle deutschen Unternehmen dazu verpflichtet sind, ihre Jahresabschlüsse im elektronischen Bundesanzeiger offenzulegen, lohnt sich ein Blick auf die Seite www.e-bundesanzeiger.de. Hier sehen Sie schwarz auf weiß, wie es um die Gewinne und Verluste Ihrer Mitbewerber bestellt ist, und können die Informationen aus deren Hochglanzbroschüren sehr gut relativieren.

· Der Branchenatlas des 1959 gegründeten Unternehmens Prognos analysiert die Potenziale ausgewählter Branchen (www.prognos.com).

· Im Mittelstandsmonitor werden jedes Jahr Konjunktur- und Strukturfragen des Mittelstands unter die Lupe genommen. Der Bericht wird unter anderem von der KfW Bankengruppe erstellt (www.mittelstandsmonitor.de).

Auswertung

Im nächsten Schritt geht es darum, den Nutzen aus Stärken und Chancen zu maximieren und die Verluste aus Schwächen und Gefahren zu minimieren. Jede SWOT-Analyse sollte im Hinblick auf ein bestimmtes Unternehmensziel durchgeführt werden – sonst kann sie kein präzises Ergebnis liefern. Also: erst fokussieren, dann analysieren. Wichtig ist auch, von externen Chancen nicht auf interne Stärken zu schließen. Nur weil der Markt eine bestimmte Nische bietet, habe ich nicht automatisch die Kompetenzen und Ressourcen, diese zu besetzen.

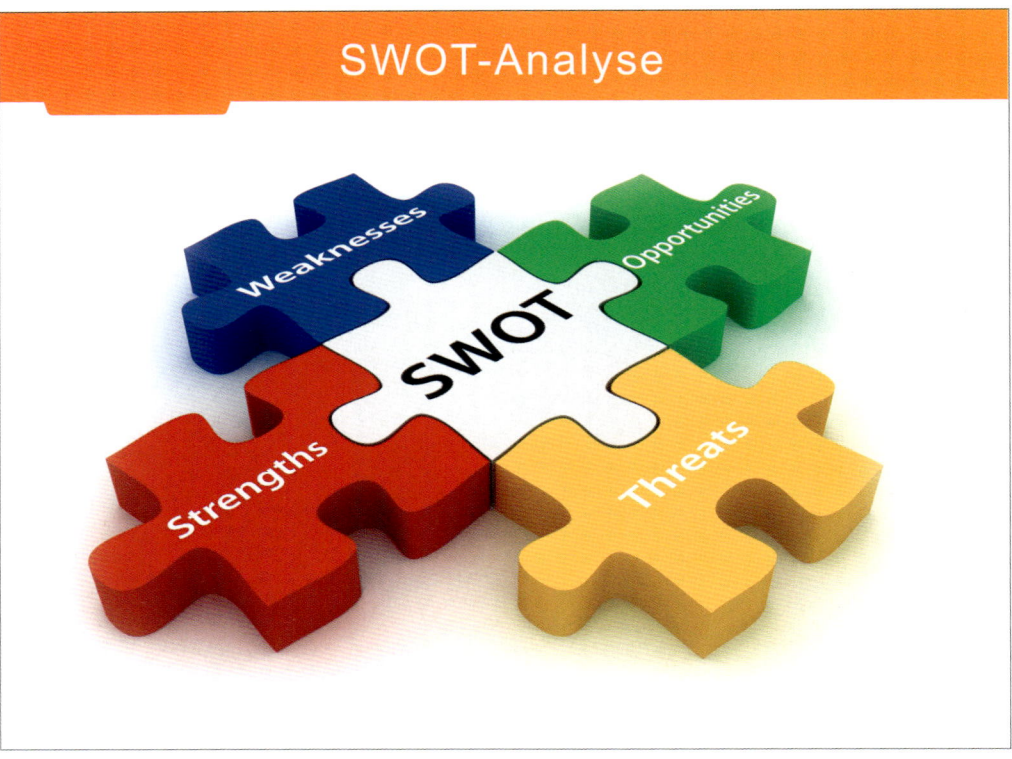

S (strength) STÄRKE

- Erfolgreiche Unternehmenshistorie (Gutes Image des Unternehmens)
- Zuverlässiger Partner für die Kunden
- Mitarbeiter-Know-how
- Flexible Strukturen
- Schnelle Umsetzungsfähigkeit
- Noch exzellente Qualität
- Technologie- und Prozessführer
- Solide finanzielle Ausstattung
- Eigene Forschung und Entwicklung
- Beständige und bewährte Produktpalette
- Gemeinsame Entwicklung mit Kunden
- Eigener Vertrieb (= Unabhängigkeit)

W (weakness) SCHWÄCHE

- Koordination im Unternehmen
- Nachwuchsprobleme bei Personal
- Standortnachteil für Personal
- Abhängigkeiten von wenigen A-Kunden
- Abhängigkeit von Lieferanten
- Unternehmenskultur (sinkendes Engagement/ geringe Veränderungsbereitschaft)
- Schlechte Kommunikation zwischen den einzelnen Unternehmensbereichen
- Schwach im Marketing (war bisher nicht nötig, wird aber immer wichtiger)

O (opportunities) CHANCEN

- Hohe Markteintrittsbarrieren für neue Wettbewerber
- Hoher Marktanteil
- Gute Nachfrage nach unserer Stärke in Systemlösungen
- Niedriger Euro für Export
- Steigende Nachfrage bei noch gutem Preisniveau für individuelle Lösungen

T (threats) GEFAHR

- Wechselkursrisiko, Zinsrisiken
- Viele Kunden in Risikobranchen
- Konjunktur ist fragil
- Neuer Wettbewerb aus dem Ausland
- Einige Techniken werden in den nächsten Jahren substituiert

Intern = Unternehmen

Extern = Markt

Nach der Definition der einzelnen internen Stärken und Schwächen auf der einen Seite und der externen Chancen und Risiken auf der anderen Seite haben Sie eine gute Grundlage für eine detaillierte Analyse dieser SWOT-Matrix gelegt. In der nachfolgenden SWOT-Analyse nämlich können Sie ganz konkrete strategische Handlungsfelder aus den jeweiligen Kombinationen der Felder ableiten. Dazu stellen Sie folgende Fragen:

1. Welche Stärken passen zu welchen Chancen?
2. Wie können wir unsere Stärken nutzen, um Gefahren abzuwenden?
3. Aus welchen Schwächen können Chancen entstehen?
4. Wo sind wir am meisten verwundbar - und wie können wir uns schützen?

Interne Analyse

Stärken (strengths)

Schwächen (weaknesses)

Externe Analyse

Chancen (opportunities)

Strategische Zielsetzung für S-O:

- Neue Chancen nutzen, die zu den Stärken des Unternehmens passen.
- Gemäß der Kernkompetenz und Konzentrationsstrategie sind hier viel versprechende Potenziale.

Strategische Zielsetzung für W-O:

- Die Schwächen des Unternehmens verhindern gute Möglichkeiten auf dem Markt. Es ist hier die Aufgabe der Unternehmensführung, diese Schwächen zu eliminieren.

Risiken Gefahren (threats)

Strategische Zielsetzung für S-T:

- Der Markt stellt die Stärken durch Veränderungen in Frage. Durch neue Produkte, Wettbewerber, Rahmenbedingungen ... werden die Stärke herausgefordert.
- Ausbau der Stärken zur Abwendung der Gefahren.

Strategische Zielsetzung für S-T:

- Risiken des Marktes treffen auf die Schwächen eines Unternehmens. Verteidigungsstrategien bezogen auf die vorhandenen Schwächen, um hier nicht zum Ziel von zu großen Bedrohungen zu werden.

Unternehmer-Porträt  Kai Kienzl

TKW Gebäudeservice GmbH
Adam-Opel-Straße 1
64569 Nauheim
www.tkw.de

»Wir machen wertvolle Unternehmen wertvoller.«

Kai Kienzl startete seine Karriere mit einer Handwerkerausbildung, absolvierte dann die Meisterschule, ein BWL-Studium und zusätzlich zahlreiche Weiterbildungen, zum Beispiel zum NLP-Master und zum EFQM-European Assessor. Mit 23 Jahren gründete er den TKW Gebäudeservice in Rüsselsheim – ein mittelständisches Unternehmen, das sich auf die professionelle Reinigung von Gebäuden spezialisiert hat.

1995, als TKW bereits zehn Jahre erfolgreich tätig war, stellte sich Inhaber Kai Kienzl die entscheidende Frage: »Wie wollen wir zukünftig in unserem immer enger werdenden Markt wahrgenommen werden? **Als Spieler? Oder als Spielball?«**

Nach der Gründungsphase ging es nun darum, das Unternehmen in einem immer stärker werdenden Verdrängungswettbewerb und in einem sich rasch wandelndem Markt intelligent zu positionieren, eine einzigartige Dienstleistungsmentalität zu leben, Kunden zu begeistern und damit Trends und Qualitätsmaßstäbe in der Branche zu setzen.

Ein Vortrag über visionäre Unternehmensführung löste die Initialzündung aus: Gemeinsam mit seinen Führungskräften wollte Kienzl eine eigene Unternehmensvision erschaffen – und setzte diese Idee in kurzer Zeit sehr erfolgreich in die Tat um. (Mehr dazu lesen Sie auf den folgenden Seiten.)

2002 siedelte TKW nach Nauheim bei Groß-Gerau um und unterhält nun im Herzen des Rhein-Main-Gebietes seine Ideenzentrale (wie TKW-Mitarbeiter das Verwaltungsgebäude gerne nennen). Dieser Standort und die gemeinsam geschaffene Unternehmensvision haben die Basis für die hervorragende Marktposition und zahlreiche Auszeichnungen des Unternehmens geschaffen.

Unter anderem wurde TKW Gebäudeservice und sein herausragendes Managementmodell 2007 mit dem Dekra Award ausgezeichnet, 2010 folgte die Auszeichnung mit dem Ludwig-Ehrhard-Preis in Berlin, die höchste nationale Anerkennung für exzellent geführte Unternehmen und Organisationen.

Doch Kai Kienzl hat sich auch persönlich immer weiterentwickelt: Seit 2007 ist er nicht nur als Unternehmer, sondern auch als erfolgreicher Vortragsredner unter anderem in den Schmidt-Colleg-Trainings tätig.

Zertifikate und Auszeichnungen

2010	Charta für den Klimaschutz	2006	UnternehmerEnergie-Preis
2010	Ludwig-Erhard-Preis	2006	Mittelstandsoskar-Finalist
2010	Kundenchampions Top 50	2006	2. Sieger DEKRA Award
2009	Rezertifizierung nach DIN ISO 9001:2008 und DIN ISO 14001	2006	DEKRA Ethik Award
		2005	DEKRA-Award-Finalist
2008	Kundenchampions Top 50	2005	Umweltallianz Hessen
2007	Großer Preis des Mittelstands	2004	EMAS-Umweltmanagement
2007	EMAS-Rezertifizierung	2004	Together in Hessen
2007	1. Sieger DEKRA Award	2003	ISO-Zertifizierung

Henry Ford sagte über seine Vision von der Demokratisierung des Automobils:

>>Ich werde ein Automobil für das breite Volk bauen. Es wird so wenig kosten, dass niemand, dessen Lohntüte gut gefüllt ist, darauf verzichten muss. Jedermann wird eines besitzen. Das Pferd wird von unseren Straßen verschwunden sein und wir werden einer großen Zahl von Menschen eine gut bezahlte Beschäftigung bieten!<<

Fast jeder hat Ford für verrückt gehalten, damals am Beginn des vergangenen Jahrhunderts. Heute ist das Auto, wie Henry Ford es prophezeit hat, ganz selbstverständlich. Seine Vision ist Wirklichkeit geworden. **Wer heute im Markt bestehen will, darf sich nicht scheuen, zu träumen.** Wer sein Unternehmen ausrichtet und positioniert, wer Auftrag, Werte und Vision klar definieren kann, hat über kurz oder lang im Markt die Nase vorn. Seine Mitarbeiter wissen, wofür sie arbeiten, und sind nicht länger verunsichert oder orientierungslos. Das wiederum verbessert das Klima im Unternehmen, strahlt aus auf die Kunden und die Öffentlichkeit.

Wie genau wird aus einem Traum eine Vision zum Anfassen?

Eigene Erfahrungen und Erkenntnisse aus Vorträgen haben mich gelehrt, dass viele Unternehmen zwar eine Vision haben, dass diese aber oft in den Wolken schwebt und ohne Bezug zum Alltag bleibt. Für mich ist eine Vision nur dann in der Praxis wirksam, wenn sie

· >>Beine bekommt<< und bis ins Tagesgeschäft hinein spürbar ist,

· eine Zukunft entwirft, die besser ist als die Gegenwart,

· den von den Mitarbeitern verlangten Veränderungen einen Sinn verleiht,

· Aufmerksamkeit bündelt und den täglichen Aktivitäten Sinn und Gewicht gibt,

· Stolz, Energien und das Gefühl weckt, etwas Wichtiges zu leisten,

· die Einzigartigkeit des Unternehmens widerspiegelt,

· einprägsam und motivierend ist,

· Zweck und Richtung deutlich macht,

· Standards definiert, die hohe Ideale widerspiegeln und Begeisterung wecken,

· die Menschen zum Handeln bewegt, weil sie ihnen in ihrem Tun Orientierung gibt,

· eine Brücke zwischen Gegenwart und Zukunft schlägt.

1. Visualisierung der Vision

Viele Unternehmensvisionen sind nicht mehr wert als das Papier, auf das sie gedruckt sind. Oft ist der Grund, dass diese Visionen keinen Bezug zur Realität der Mitarbeiter an der Basis herstellen – oder schlicht und ergreifend völlig unverständlich formuliert sind. Das wollten wir besser machen und setzten deshalb alles daran, unsere Vision vom Kopf auf die Füße zu stellen. Schließlich wollten wir uns nicht in Wolkenkuckucksheim erfolgreich weiterentwickeln, sondern jetzt und hier, mitten im Rhein-Main-Gebiet. Die von uns 1995 gemeinsam formulierte Vision lautete

**TKW ist im Bereich Gebäudeservice
die führende Marke
im Rhein-Main-Gebiet.
Wir begeistern unsere Kunden
und setzen damit Trends
und Qualitätsmaßstäbe
in unserer Branche.**

Um diese Vision allen Mitarbeitern des TKW Gebäudeservice nicht nur rational (als Text) nahezubringen, sondern auch auf emotionalem Weg, haben wir unsere Vision zusätzlich als große Collage sichtbar gemacht (siehe Foto auf dieser Seite).
Aus unserer Erfahrung heraus erhöht dieser Visualisierungsprozess sehr wesentlich das Verständnis, die Identifikation und das Gefühl, gemeinsame Ziele zu verfolgen. Das ist existenziell wichtig: Denn nur visionär ausgerichtete Unternehmen können verlässliche Partner für die Mitarbeiter, Kunden und Geschäftspartner sein.

Rechts ist die Entwicklung der Vision aus dem Jahre 2000 für das Jahr 2010 zu sehen. Die meisten der damals sehr ambitionierten Ziele wurden bis 2010 erreicht. Es ist von großem Vorteil, wenn alle Mitarbeiter die großen Ziele und den Fortschritt auf dem Weg dorthin vor Augen haben und somit im Sinne einer Vision die gestaltete Zukunft sehen können.

2. Definition eines Unternehmensleitsatzes

Um die Unternehmensvision wirksam werden zu lassen, ist es sinnvoll, ihr einen Leitsatz zur Seite zu stellen, der allen Mitarbeitern den Sinn ihrer Arbeit verdeutlicht – und zwar in einem Satz. Der Leitsatz des TKW Gebäudeservice lautet:

Wir fördern die Werterhaltung der Kundenobjekte, dienen der Gesundheit, dem Wohlbefinden und der Arbeitsfreude unserer Auftraggeber, indem wir für Sauberkeit, Hygiene und Frische sorgen.

Ein solcher Leitsatz vermittelt den Mitarbeitern nicht nur Sinn, sondern stärkt auch ihr Selbstbewusstsein. Es ist eben ein großer Unterschied, ob sich ein TKW-Mitarbeiter als Teil einer einfachen »Putzfirma« versteht, die für die Beseitigung von »Schmutz« zuständig ist – oder ob er sich als jemand definiert, der im Auftrag des regionalen Branchenprimus für »Werte, Gesundheit, Wohlbefinden, Freude und Frische« unterwegs ist.

3. Unternehmenswerte

Neben Vision und Leitsatz muss ein dritter Baustein gesetzt werden, um den Gesamtprozess erfolgreich zu machen: der Baustein »Unternehmenswerte«. Hier geht es darum, drei Werte zu definieren, für die das Unternehmen steht.

Unsere Werte haben wir definiert, indem wir im Team die Frage gestellt haben: Worüber ärgern wir uns in unserem Job am meisten? Schnell wurde klar, dass Unzuverlässigkeit, inkompetente und unwahre Äußerungen die markantesten Punkte sind, die uns im Umgang miteinander stören. Deshalb haben wir bei **TKW folgende Werte in den Mittelpunkt gestellt:**

· **Zuverlässigkeit**
· **Kompetenz**
· **Ehrlichkeit/Offenheit**

Kienzl: »Wir wollen Leader sein«

Als ich mich 1995 dazu entschieden habe, gemeinsam mit meinen Führungskräften und unter Anleitung eines fachkundigen Trainers eine Unternehmensvision zu entwickeln, war ich selbst sicherlich der größte Skeptiker gegenüber einer Unternehmensführung, die »visionär« sein will. Zum damaligen Zeitpunkt habe ich an die Dinge geglaubt, die ich erlebt habe, die ich anfassen und sehen konnte.

Was soll das überhaupt sein, eine »Vision«? Im Duden steht: **»Es handelt sich um eine Art Fata Morgana, die nur in Konturen oder als gar nicht wahrnehmbare Abbildung am Horizont erscheint.«** Was soll ein praktisch handelnder Unternehmer mit einer solchen Aussage anfangen? Ich zumindest war ratlos. Gleichzeitig aber war ich mit dem Entwicklungsstand meines Unternehmens und mit meiner eigenen Tätigkeit nicht mehr recht glücklich, und so war ich mutig genug und bereit, mich auf das spannende Abenteuer einzulassen, im Jahr 1995 eine Vision des Jahres 2005 zu entwerfen.

Tatsächlich stellte mich der Prozess vor manche Herausforderung: Ich kann mich heute noch gut daran erinnern, dass zwei meiner Mitarbeiter TKW als ein ausgezeichnetes Unternehmen sehen wollten, das zahlreiche Preise gewinnt. Bei der Erstellung der Visionscollage schnitten diese beiden als Symbol für die Auszeichnungen zwei Goldmedaillen aus – was meine Toleranz deutlich in ihren Grenzbereich trieb. Zum damaligen Zeitpunkt hatte

ich persönlich keinerlei Vorstellung davon, wer uns als Reinigungsunternehmen auszeichnen wollen könnte oder welche Preise wir überhaupt gewinnen sollten. Ein Teil in mir (auch der patriarchische) dachte darüber nach, diese Aussagen aus der Vision zu entfernen.

Wenn ich alleine an dieser Stelle zurückblicke, haben wir – meine Mitarbeiter, mein Unternehmen und auch ich persönlich – gerade durch das Gewinnen von Qualitäts- und Managementpreisen eine so grandiose Entwicklung hinter uns gebracht, dass wir heute selbstverständlich eine ganz andere Beziehung und Einstellung zu der Erstellung von Visionen haben und diese nicht mehr für Träumereien und Humbug halten, sondern als notwendiges Führungs- und Überlebensinstrument ansehen.

Ich bin überzeugt: Jeder Unternehmer sollte sich fragen, wie er im Markt positioniert sein will: als Spieler oder als Spielball. Ein Unternehmen, das sich als Spieler im Markt sieht – entweder als Leader, Vorreiter, Macher oder Trendsetter –, wird viel mehr erreichen als eines, das sich von den Kräften des Marktes hin und her treiben lässt. Wenn diese Vision nicht nur im Kopf des Unternehmers, sondern auch in den Köpfen der Führungskräfte und Mitarbeiter wirksam wird, vervielfältigt sich die Chance darauf, gemeinsam wirklich Großes zu gestalten.

Ich persönlich kenne viele Bekannte und Freunde, die eine solche Visionscollage auch im privaten Rahmen für ihre Familien erstellt haben – gemeinsam mit Ehepartnern und Kindern – und dieses Instrument dazu nutzen, die familiäre Gruppendynamik (die, wie wir alle wissen, äußerst dynamisch sein kann ...) positiv sichtbar zu machen und zu steuern.

Wir wissen heute, dass Familie nicht von alleine passiert, sondern dass gemeinsame Werte, Routinen und Umgangsformen bewusst gestaltet und eingeübt werden müssen (Fachleute sprechen von »doing family«). Das Gleiche gilt für Unternehmen. Auch dieses kann bewusst gelebt und beeinflusst werden durch gemeinsame Visionen, Leitsätze und Werte (also, salopp gesagt, durch ein erfolgreiches »doing firma«). Ich wünsche Ihnen viel Spaß dabei!

Herzliche Grüße, Kai Kienzl
TKW.de

Exzellenz

Der Weg zu den Besten

> **»Wir sind, was wir tun. Exzellenz ist daher kein einmaliger Akt, sondern eine Gewohnheit.«**
>
> Aristoteles

Exzellenz – wenn wir dieses Wort hören, dann richten wir uns auf, wir straffen die Schultern, wir fokussieren uns auf unsere Ziele. Die Suche nach Exzellenz setzt Kraft frei. Und so gelangen wir wie von selbst auf den Weg, der uns zu den Besten führt.

Doch was bedeutet eigentlich Exzellenz? Um dieses ursprünglich lateinische Wort (excellens = hervorragend, ausgezeichnet) ganz präzise zu verstehen, schauen wir uns zunächst das Umfeld an

· **dignitas** meint Pracht, Glanz, Erhabenheit, Rang;
· **gravitas** bezeichnet Gewichtigkeit, Größe, Kraft und Macht;
· **honestas** zielt auf Ehre und Ansehen, während
· **auctoritas** Einfluss und Vorbildlichkeit ausdrückt.

Exzellenz nun meint zum einen die Vortrefflichkeit (excellentia) einer hervorragenden Persönlichkeit, zum anderen aber auch ihren hohen Rang (excelsum). Das Besondere an diesem Begriff nun ist, dass die hohe Stellung nicht qua Geburt erreicht wird, sondern durch hervorragende Arbeit. Exzellenz ist eben nicht abhängig von sozialem Kapital (Vitamin B), kulturellem Kapital (Bildung, Habitus) oder einfach von Kapital (Geld).

Exzellenz ist eine Haltung

Das verdeutlichte bereits Aristoteles, indem er zwei Arten von Tugenden unterschied: die des Verstandes und die des Charakters. Wer ein gutes Leben führen will, braucht beides. Und wer exzellent sein möchte, der muss sowohl seinen Verstand als auch seinen Charakter durch eine harte Schule schicken. Denn: Haltung entsteht durch Übung.

Der hohe Anspruch motiviert

Wenn wir nach Exzellenz streben, dann sind wir hoch motiviert – obwohl (oder gerade weil) wir hart dafür arbeiten müssen. Ganz anders fühlt sich das Streben nach Perfektion an. Da wir niemals perfekte Ergebnisse erreichen können (das machen der »Faktor Mensch« und der »Faktor Maschine« unmöglich), kann Perfektionismus uns nur blockieren und schließlich demoralisieren. Perfektion ist über alles und alle erhaben, sie ist vollkommen und damit vollkommen unerreichbar. Exzellenz aber steht in einem produktiven Wettstreit mit anderen. Und mehr noch: Sie wird umso größer, je mehr exzellente Mitstreiter produktive Kooperationen eingehen und gemeinsam Dinge schaffen, die niemand für möglich gehalten hat. Das ist der Grund dafür, warum das Streben nach Exzellenz so viel Energie freisetzen kann.

Exzellenz ist nicht das Ziel, sondern das Ergebnis

Die größte Exzellenz wird dann erreicht, wenn sie nicht an sich angestrebt wird, sondern als Resultat von Kreativität und Fleiß, von Talent und Übung, von hohen Wertmaßstäben und herausfordernden Aufgaben wie von selbst entsteht. Das ist der Grund, warum ich Erfolg immer als Mosaik verstehe. Er setzt sich zusammen aus vielen exzellenten Momenten und Resultaten – und das gilt sowohl für das unternehmerische Leben wie auch für das private Leben.

Heute ist Exzellenz eine Notwendigkeit: Kürzlich habe ich diesen O-Ton aufgeschnappt: »Wir sind Dienstleister: Wir bieten das an, was alle anderen auch anbieten, machen unsere Sache gut und unterscheiden uns nur deshalb von der Konkurrenz, weil wir ein bisschen teurer sind.« Glauben Sie, dass dieser Dienstleister erfolgreich ist? Wahrscheinlich ist er es nicht – und zwar, weil ihm das Wichtigste fehlt: Exzellenz.

Sie wissen es besser als ich: Anbieter von Basisdiensten sind heute austauschbar geworden. Die einzige Möglichkeit, sich im Markt zu behaupten, ist eine Differenzierung über wirklich hervorragende Arbeit, über intelligente Dienste, die dem Kunden tatsächlichen Mehrwert bieten – oder das Entdecken (und sofortige Besetzen!) völlig neuer Nischen.

Dazu gehören selbstverständlich auch exzellente Prozesse innerhalb des Unternehmens und über die Schnittstellen nach außen auch eine exzellente Zusammenarbeit mit Zulieferern, Geschäftspartnern und Kunden. Je mehr Partner diese »Exzellenz« leben und voneinander einfordern, desto gewinnbringender wird die Zusammenarbeit für alle Beteiligten sein.

Exzellenz ist ganzheitlich

Exzellente Unternehmen verstehen es, Umsätze, Motivation, Grundsätze und Kreativität zu einem ganzheitlichen Puzzle zu verbinden. Als Arzt sehe ich hier eine enge Verbindung zu den vier Dimensionen ganzheitlicher Gesundheit: Körper, Geist, Herz und Seele. Schauen wir uns die einzelnen Puzzleteile einmal genauer an:

Der Umsatz steht für die körperliche (materielle) Dimension unseres Unternehmens. Umsatz hat viel damit zu tun, auch umgesetzt zu haben. All die Ideen, Ziele und Visionen, die Realität geworden sind, führen zu einem guten Umsatz. Zu einem guten Unternehmen gehören dann auch gute Gewinne. Die Grundlage von guten Gewinnen sind die Attraktivität für die Kunden (wir bieten das Richtige an), die Effizienz (wir machen unsere Arbeit richtig), die Qualität (wir arbeiten exzellent) und ein guter Preis. Das alles führt zu der körperlichen Dimension eines Unternehmens.

Die Kreativität unserer Mitarbeiter steht für die Dimension des Geistes. Exzellente Unternehmen sind kreativ und kompetent. Aus Kreativität und Kompetenz entsteht Neues, also Innovation. Leistung und Qualität wachsen aus dem Zusammenspiel der körperlichen und geistigen Dimension. Jedes Unternehmen muss sie jeden Tag aufs Neue unter Beweis stellen.

Motivation und Begeisterung auf der anderen Seite machen das Herz eines Unternehmens aus. In Kombination mit der körperlichen Dimension sorgen Sie für guten Service und für Emotionen bei den Kunden, und in Verbindung mit der seelischen Dimension entstehen gelebte Spielregeln und eine Kultur, die auch nach außen ausstrahlt.

Die Grundsätze – die seelische (spirituelle) Dimension eines Unternehmens – spiegeln sich in sozialem Gewinn und in einer lebendigen Ethik wider. Dieser Faktor der Exzellenz wird gegenwärtig immer wichtiger, denn unsere Kunden interessieren sich immer weniger für das »Was« (das Produkt) und immer mehr für das »Wie« (das, was hinter dem Produkt steht).

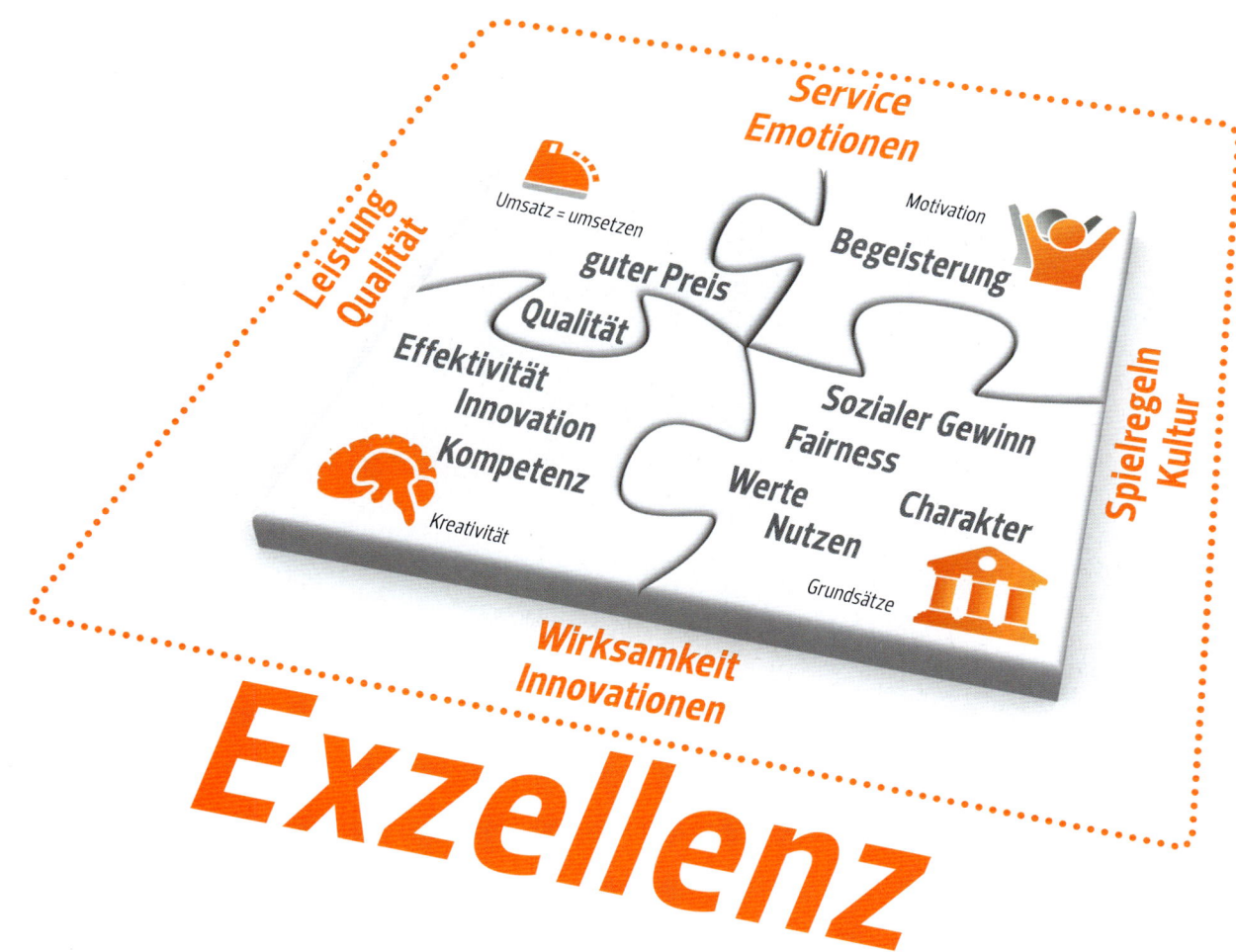

Gelebte Exzellenz

Kunden suchen heute ganzheitliche Exzellenz. Sie kaufen keine Marken mehr, sondern sie treten ihnen bei. Kunden wollen sich mit Unternehmen und ihren Marken identifizieren können.
Die Leute sind bereit, mehr Geld auszugeben, aber dafür wollen sie eben auch etwas Besonderes. Hier liegen häufig die Chancen der Mittelschicht.

Zu ähnlich!

»Wir haben zu viele ähnliche Firmen, die ähnliche Mitarbeiter beschäftigen mit einer ähnlichen Ausbildung, die ähnliche Arbeiten durchführen. Sie haben ähnliche Ideen und produzieren ähnliche Dinge zu ähnlichen Preisen in ähnlicher Qualität. Wenn Sie dazugehören, werden Sie es künftig schwer haben.«

Karl Pilsl

»Unser Bewusstsein, unsere Kreativität, eine positive Einstellung und die Art unseres Denkens, das Engagement und die Konsequenz bei der Umsetzung werden die entscheidenden Vorteile im Wettbewerb des 21. Jahrhunderts sein. Es liegt an uns, zu gewinnen.«

Cay von Fournier

Sich mehr engagieren,

sich mehr kümmern,

mehr riskieren,

leidenschaftlicher sein,

klüger entscheiden,

mehr erwarten,

mutiger handeln,

mehr umsetzen,

schneller sein

… als alle Anderen.

= Exzellenz!

BUCHEMPFEHLUNG: Cay von Fournier; Silvia Danne: Anders und nicht Artig. Impulse und praktische Strategien für eine erfolgreiche Unternehmenspositionierung. Wien, Linde Verlag 2011

Verantwortung tragen

»Grundvoraussetzung für ein exzellentes Unternehmen ist die Bewältigung der ständig neuen technologischen Herausforderungen auf möglichst hohem Niveau. Der Mittelstand ist dazu hervorragend gerüstet, was die enorm gestiegene Anzahl der sich verstärkt der Forschung und Entwicklung widmenden Unternehmen belegt. Ich warne allerdings vor der kritiklosen Übernahme von US-Managementmethoden mit dem Ziel kurzfristiger Erfolge statt langfristiger Werte. Wir müssen die Amerikaner kapieren, nicht kopieren. Wir müssen unsere eigene Identität bewahren – durch einen verantwortungsbewussten Umgang mit unseren Mitarbeitern.«

Walter Bach

Geschäftsführer Scherdel GmbH, Marktdrewitz, www.scherdel.de

Der eigenen Kraft vertrauen

»Eine direkte, echte Verantwortung und eine ausgeprägte Unternehmenskultur sind zwei wesentliche Punkte, die zur Exzellenz mittelständischer Unternehmen führen. So gelingt es, die rasant zunehmende Komplexität zu beherrschen, die in der modernen Unternehmensführung immer mehr zur entscheidenden Herausforderung wird. Mit der Konzentration auf das Wesentliche, die Kunden, die Produkte und die Mitarbeiter, sind die Kleinen besser als die Großen. Ein exzellenter Mittelständler kann seinen eigenen Kräften und seinem gesunden Menschenverstand mehr trauen als den oft absurden Ratschlägen von Beratern.«

Willy Schwenger,

Geschäftsführer Carl Stahl GmbH, Süßen, www.carlstahl.de

Gemeinschaft pflegen

»Exzellente mittelständische Unternehmen zeichnen sich durch das Zusammengehörigkeitsgefühl der Belegschaft aus: Die Mitarbeitenden fühlen sich als Betriebsangehörige. Die Kundenbindung pflegen sie als Kundenverbundenheit. Der Kunde ist ein Mensch, den man kennt, mit dem man sich verbündet. Und in diesem Bündnis ist man auch bereit, Konflikte gemeinsam zu lösen.«

Dr. Albert Ziegler SJ

Theologe, Seelsorger, Berater, Trainer

Immer besser werden

»Exzellenz beginnt damit, dass wir uns dauerhaft damit auseinandersetzen, wie wir wirklich besser werden wollen. Und jeden Abend den Menschen im Spiegel fragen: ›Hast du heute dein Bestes gegeben?‹ «

Harald Brust und Siegmund Dumm

Brust+Partner Unternehmensgruppe, Bad Schönborn

www.brust-partner.de

Einfach bleiben

»Der exzellente Mittelständler beherrscht die Komplexität der Welt mit der Verantwortung des Inhabers und einer ausgeprägten Unternehmenskultur. Er konzentriert sich so auf das Wesentliche: Produkte, Kunden und Mitarbeiter. Dadurch sind Mittelständler oft besser als die Großen, die sich zunehmend mit sich selbst, ihren Bonussystemen sowie ihren hochkomplexen und bewundernswerten Controlling- und IT-Systemen beschäftigen.«

Dieter Brandes,

Berater, Autor, Redner, ehemaliger Geschäftsführer Aldi-Nord.

www.einfach-managen.de

BUCHEMPFEHLUNG:
Cay von Fournier (Hrsg.): Exzellenz im Mittelstand. Wien, Linde Verlag 2010

»Nur exzellente Unternehmen mit einem besonderen Angebot werden auch langfristig überleben können. Mittelmaß reicht dafür nicht mehr aus.«

Cay von Fournier

Werkzeug ☉ »Leben Sie Exzellenz?«

An dieser Stelle können Sie überprüfen, welche Rolle das Streben nach Exzellenz in Ihrem Unternehmen spielt. Sehen Sie die folgenden Fragen als eine Möglichkeit des Selbstcoachings für Sie und Ihr Unternehmen an, das Sie alleine durchführen können, zu dem Sie aber auch andere hinzuziehen können.

1. Haltung

Wie sieht Ihre persönliche Haltung zum Thema Exzellenz aus?

Ist Exzellenz ein Thema in Ihrem Leitbild?

Wie schätzen Sie die Haltung Ihrer Mitarbeiter ein: Streben diese nach Exzellenz?

2. Übung

Wie fördern Sie die Exzellenz in Ihrem Unternehmen?

Welche Rolle spielen Fort- und Weiterbildungen für Manager und Mitarbeiter?

Wie sorgen Sie für exzellente Qualität Ihrer Produkte und Dienstleistungen?

3. Motivation

Welche Haltung gegenüber Fehlern wird in Ihrem Unternehmen gelebt?

Streben Sie gemeinsam (angstvoll) nach Perfektion?

Oder darf es auf dem Weg zu exzellenten (kreativen) Ergebnissen auch mal einen Fehler geben?

4. Ergebnis

Welchen »Rang« erzielen Ihre Produkte und Dienstleistungen im Vergleich zu Ihren Wettbewerbern?

Gelten Sie in Ihrer Branche als »Größe«?

Haben Sie echte »Koryphäen« unter Vertrag – sei es im Mitarbeiterstamm, in der Riege der Manager, als externe Berater oder als Kunden?

5. Notwendigkeit

Durch Exzellenz in welchem Bereich unterscheiden Sie sich tatsächlich von Ihren Mitbewerbern?

Wo könnten Sie noch mehr an Ihrer Exzellenz arbeiten?

Was konkret könnten Sie dafür tun?

Unternehmer-Porträt
Norbert Samhammer

Samhammer AG
Zur Kesselschmiede 3
92637 Weiden
www.samhammer.de

Mit Service Menschen begeistern

Norbert Samhammer studierte Ingenieursinformatik an der FH Furtwangen und arbeitete anschließend mehrere Jahre lang als Führungskraft im Produktmarketing bei Hewlett Packard in Deutschland und den USA. Im Jahr 1988 gründete er die Samhammer AG – ein Unternehmen, das sich auf das Thema Service spezialisiert hat. Die AG umfasst die Bereiche E-Business, Call-Center und Logistik und beschäftigt insgesamt 360 Mitarbeiter. Alle Bereiche bieten Service-Dienstleistungen wie zum Beispiel Kundenberatung entweder direkt an oder unterstützen Unternehmen durch Software-Lösungen wie das Service-CRM-Tool »1stAnswer«.

Norbert Samhammer führt das Unternehmen gemeinsam mit Thomas Hellerich. Im Jahre 2004 lernte er die Philosophie und Methoden des SchmidtColleg-Lehrwerks Unternehmer-Energie kennen – und war so begeistert, dass er diese Methoden innerhalb kurzer Zeit im gesamten Unternehmen einführte.

Seitdem arbeitet die Samhammer AG konsequent mit visualisierten 7-Jahres-Plänen, mit einzelnen Jahresplanungen und Umsetzungsworkshops. So stellt das Unternehmen sicher, dass es nicht nur heute mit seinen Services und Softwarelösungen den Puls der Zeit trifft, sondern auch morgen und übermorgen.

Zertifikate und Auszeichnungen

2010   DEKRA zertifiziert nach ISO 9001:2008
2010   Bayerns Best 50 – 2010
2009   Medaille des Bayerischen Staatsministeriums für Wirtschaft für besondere Verdienste um die bayerische Wirtschaft
2007   Innovationspreis der Stadt Weiden
2006   Bayerns Best 50
2006   Europe's 500
2004   Bayerns Best 50
2004   Auszeichnung der Stadt Weiden – Eins-Plus-Betrieb

Die Philosophie der Samhammer AG basiert auf den Grundsätzen der werteorientierten Unternehmensführung.

1. Grundsatz: Verständnis von Ursache und Wirkung

Der erste Grundsatz widmet sich den Zusammenhängen zwischen Ursache und Wirkung. Als zentralen Motor sieht die Samhammer AG die Person des Unternehmers (»Ich«). Seine Energie, sein konkretes Handeln, seine Gedanken und Wertvorstellungen wirken unmittelbar auf Führungskräfte und Mitarbeiter im Unternehmen (»Wir«). Diese wiederum erzielen mit ihrer Arbeit letztendlich konkrete Ergebnisse: Sie generieren Gewinne, weil sie Services in 15 verschiedenen Sprachen bieten und damit Geschäftskontakte in 35 Ländern ermöglichen. Und sie sind es, die Softwarelösungen immer auf dem neuesten Stand der Technik halten.

2. Grundsatz: Wir sehen jeden Menschen als Ganzes

Mitarbeiter sind für die Samhammer AG nicht nur »Arbeitskraft«. Das Unternehmen will jeden Mitarbeiter als ganzen Menschen sehen und fördern. Denn nur wenn alle Bereiche – Körper, Geist und Seele – in Balance sind, fühlt sich der Mensch wohl. Und nur in diesem Zustand der inneren Balance sind Mitarbeiter kreativ, motiviert und mit Freude bei der Arbeit. Darum legt das Service-Unternehmen großen Wert auf das Wohlbefinden und die Gesundheit der Mitarbeiter. Alle Arbeitsplätze sind nach den Grundsätzen von Feng-Shui ausgestattet. Deshalb finden die Mitarbeiter der Samhammer AG Arbeitsplätze vor, die nicht wie herkömmliche Großraumbüros aussehen, sondern freundlich gestaltet und optimal ausgerichtet sind.

3. Grundsatz: Das magische Dreieck des Lebensglücks

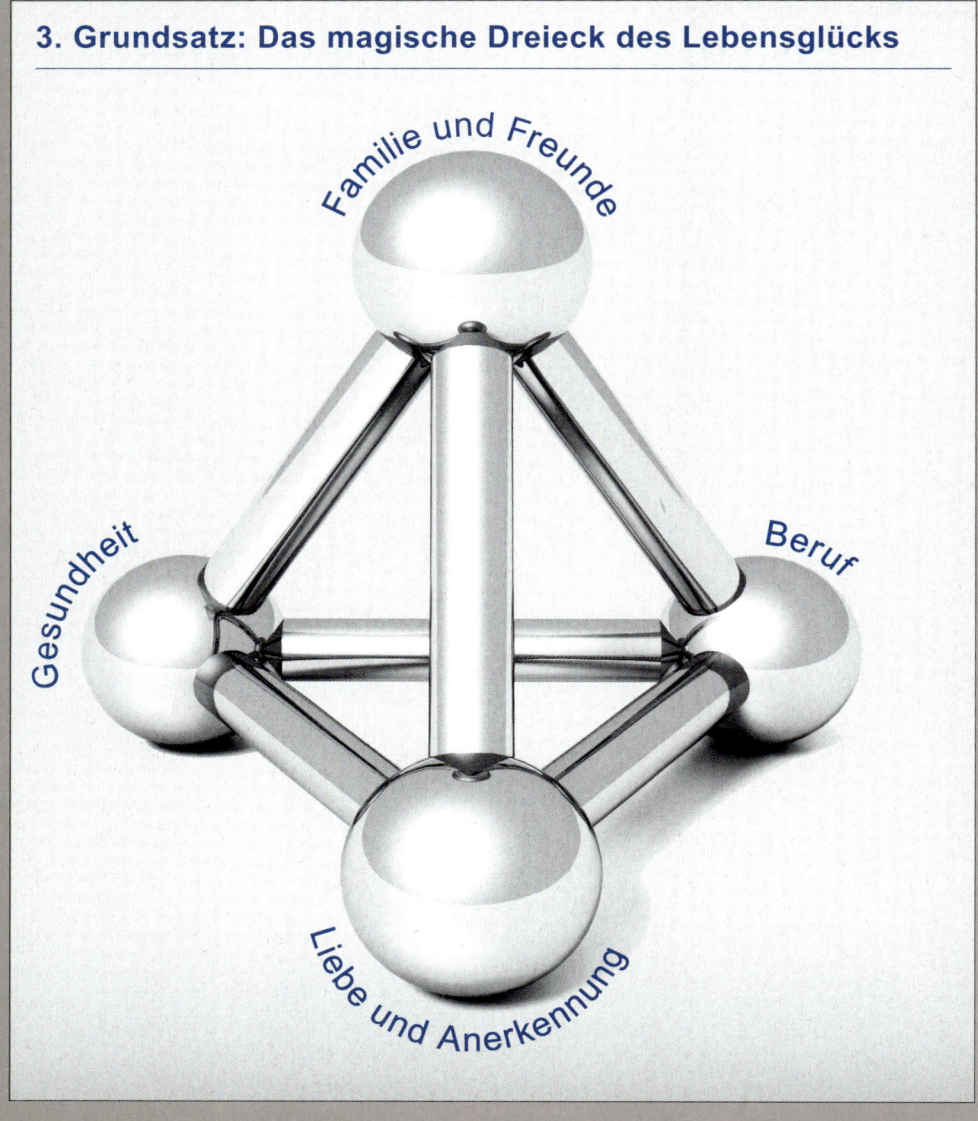

Der dritte Grundsatz beschäftigt sich mit dem magischen Dreieck des Lebensglücks. Die Samhammer AG ist überzeugt, dass Gesundheit, Familie und Beruf in unmittelbarer Verbindung zueinander stehen und aufeinander einwirken. Alle Themen sind überdies durch ein »Klebeband« aus Liebe, Anerkennung und einer positiven Grundhaltung miteinander verbunden. Wird einer der Dreieckpunkte überstrapaziert, so leiden die anderen. Konkret: Arbeitet ein Mitarbeiter zu viel, so leiden automatisch seine Familie und Freunde oder seine Gesundheit, vielleicht sogar alle drei. Daher ist es dem Unternehmen ein großes Anliegen, dass alle Mitarbeiter die Theorie des magischen Dreiecks verstehen und lernen, dies auch in ihrer Praxis umzusetzen.

Alle drei Grundsätze fließen in die werteorientierte Unternehmensführung der Samhammer AG ein, weil man der festen Überzeugung ist: Je mehr alle Mitarbeiter im Sinne des Balance-Modells leben, desto besser sieht die Zukunft sowohl für die Mitarbeiter als auch für das Unternehmen aus. Regelmäßig werden Mitarbeiter, Führungskräfte und Vorstände deshalb gefragt:

· Welche körperlichen, geistigen und seelischen Fähigkeiten möchtest du dieses Geschäftsjahr für dich entwickeln?
· Was veränderst du an deinen magischen Dreieckspunkten?
· Wo verlässt du deine Komfortzone?
· Was möchtest du im neuen Jahr neu erlernen?

»Nur wer den Mut hat, alte Pfade zu verlassen, wird mit neuen Erfahrungen belohnt.«

Norbert Samhammer

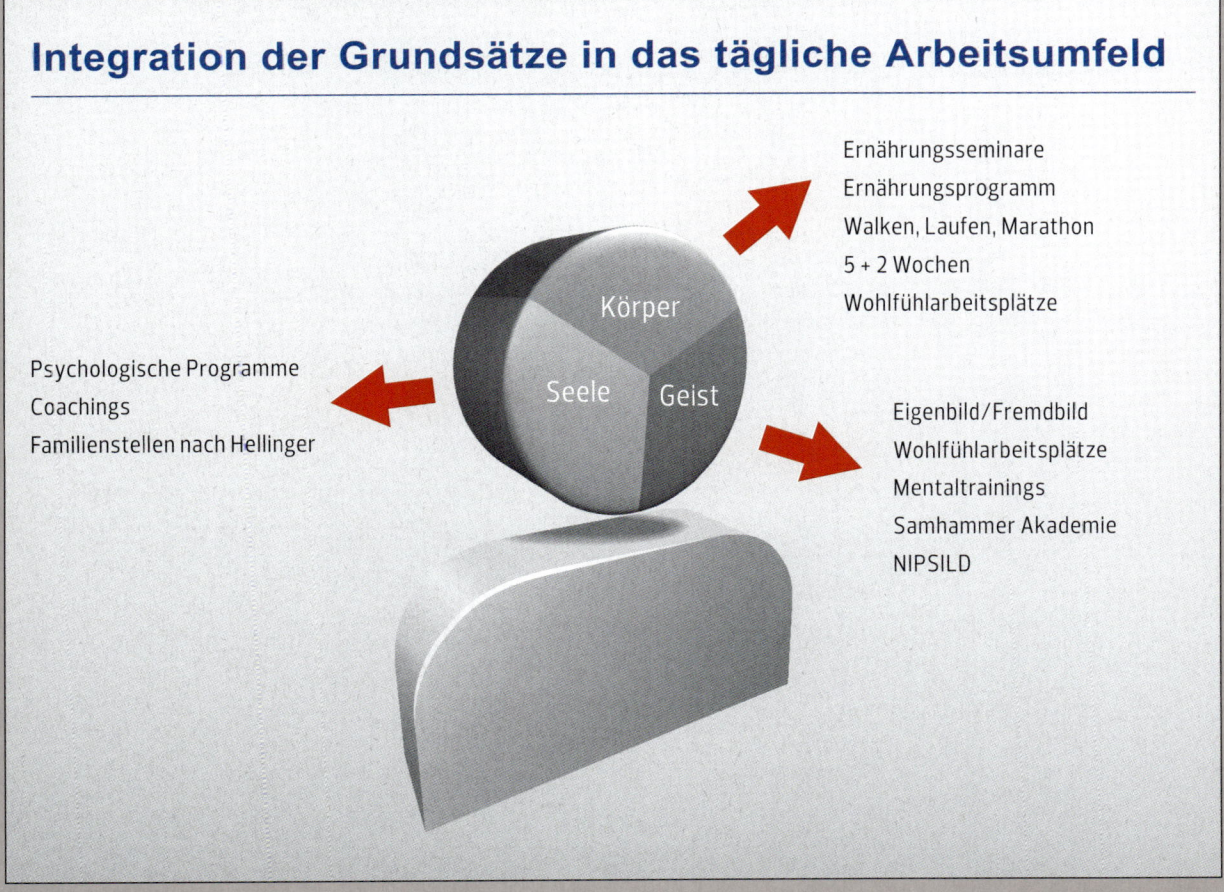

Die Samhammer AG bietet allen Mitarbeitern zum Thema Körper, Geist und Seele eine große Auswahl an Seminaren und Veranstaltungen an. So stehen im Bereich Entwicklung des Körpers regelmäßige Ernährungsseminare und Referate zu »Wohlfühlarbeitsplätzen« auf dem Programm. Im Bereich »Geist« werden Mentaltrainings oder Seminare zum Thema Eigen- und Fremdbild angeboten. Zur der Entwicklung der seelischen Fähigkeiten bietet das Unternehmen psychologische Programme für besondere Krisensituationen, individuelle Coachings oder Familienstellen nach Hellinger an. Das LebensBalance-Modell aus dem UnternehmerEnergie-Lehrwerk bietet dazu eine optimale Vorlage.

MENSCHLICH NAH

Wir fördern unsere Mitarbeiter individuell nach ihren Fähigkeiten

- Wir setzen Mitarbeiter nach ihren Talenten ein und erwarten dafür besonders gute Ergebnisse.

- Wir investieren in die Weiterbildung und -entwicklung unserer Mitarbeiter, damit sie ihre Aufgaben qualifizierter erfüllen können.

Wir schaffen ein gesundes und angenehmes Arbeitsklima

- Wir gestalten ansprechende und gleichzeitig funktionale Arbeitsplätze, damit sich die Mitarbeiter in ihrer Arbeitsumgebung wohlfühlen.

- Wir setzen uns für die Gesundheit unserer Mitarbeiter ein, damit sie immer über eine optimale Leistungs-fähigkeit verfügen.

- Wir leben einen mitarbeiterorientierten Führungsstil, der die Bindung zwischen Mitarbeiter und Unternehmen stärkt.

Wir erwarten von unseren Mitarbeitern Eigenverantwortung und Teamgeist

- Ich trage die Verantwortung für die Qualität meiner Arbeit und den gemeinsamen Teamerfolg.

STRATEGISCH WEIT

Wir entwickeln nur marktführende Produkte

- Unsere Produkte haben geistige Väter, die unsere Produkte nicht nur entwickeln, sondern auch mit Leben füllen.

- Wir leben unsere Produkte im eigenen Einsatz.

Wir schaffen begeisternde Service-leistungen

- Wir sichern damit unseren Kunden Wettbewerbsvorteile.

- Wir schaffen dem Kunden Freiraum für seine Kernkompetenzen.

Unsere Prozesse und Serviceleistungen sind von höchster Qualität

- Wir wachsen an anspruchsvollen Aufgaben und reagieren schnell und flexibel auf neue Herausforderungen.

- Wir leben Qualität.

- Wir dokumentieren und optimieren unsere Prozesse permanent und sind so transparent für unsere Kunden.

Samhammer: »Exzellenz ist ein entscheidender Wettbewerbsvorteil«

Unsere Spezialisierung auf das Thema Service macht exzellente Leistungen notwendig und möglich zugleich. Denn gerade in Deutschland sind viele Kunden nicht zufrieden mit dem Service der Unternehmen – und zwar quer durch alle Branchen. Unser Marktpotenzial besteht darin, diese Lücke zu schließen, und dies exzellent zu tun. Denn durch häufige Frustrationen sind die Kunden besonders kritisch.

Ich bin überzeugt davon, dass Unternehmensexzellenz einen entscheidenden Wettbewerbsvorteil darstellt. Denn nur wenn es gelingt, ein Unternehmen als Marke und seine Dienstleistungen oder Produkte als marktführend zu positionieren, ist langfristig Wachstum möglich. Der Marktführer führt den Markt – unter diesem Motto lebt die Samhammer AG Unternehmensexzellenz, und unter diesem Motto führt sie auch eine Tradition weiter, die bereits in den 1950er Jahren Jahren begonnen hat.

1959 gründete Josef Samhammer, der Vater von Norbert Samhammer, ein Elektrounternehmen in Weiden. Der nicht zuletzt wegen seiner hohen Zuverlässigkeit angesehene Elektromeister erweiterte sein Unternehmen 1970 um einen Verpackungsbetrieb für die Firma BSH Bosch Siemens Hausgeräte und legte damit den Ursprung für den Unternehmensbereich Logistik, der bis heute exzellente Arbeit leistet.

Ende der 1980er Jahre kam BSH wieder auf Samhammer zu: Dieses Mal, um den ersten telefonischen Bereitschaftsdienst für Kühl- und Gefriergeräte aufzubauen. Aus diesen Anfängen entwickelte sich der heutige Unternehmensbereich Call-Center.

In den 1990er Jahren dann kam BSH auf die Idee, alle Vertragskundendienste mit einer einheitlichen, neu zu entwickelnden Software auszustatten. Auch diese Aufgabe löste Samhammer exzellent – und schuf so den Grundstein für den dritten Unternehmensbereich: Service-Software. Heute beschäftigt die Samhammer AG 400 Mitarbeiter. **Ihre Geschichte zeigt, dass Exzellenz und kontinuierliche Erstklassigkeit sehr eng miteinander verbunden sind.**

»Die Veränderungen der Märkte in den nächsten Jahren stellen Herausforderungen dar, die nur durch exzellente Arbeit im und am Unternehmen gemeistert werden können. Die Unternehmen, die die Wechselwirkung zwischen Mitarbeiterentwicklungen und globalen Marktentwicklungen am besten einschätzen können und diese in innovative und ertragreiche Produktentwicklungen umsetzen, sind die Champions von morgen.«

Norbert Samhammer

Begeisterung

Kunden werden zu Fans

> »Wir könnten unsere Vertriebsleistung im Inland um 25 Prozent steigern, wenn sich alle Beschäftigten angewöhnen könnten, jeden Kunden, den sie sehen, freundlich zu grüßen.«
>
> Hilmar Kopper

Ihre besten Kunden sind nicht einfach nur Käufer. Und Ihre besten Produkte sind nicht einfach nur Sachen. Warum das? Weil sich Ihre besten Kunden in Ihre besten Produkte verliebt haben. Das klingt nun ganz und gar nicht zweckrational, das ist es auch nicht, und gerade das ist gut für Ihr Unternehmen. Wie sonst könnten Sie es erreichen, dass Kunden 15 Euro für ein Notizbuch ausgeben, das sie auch für 3 Euro kaufen könnten (denken Sie nur an die Marke »Moleskine«)? Warum würden Kunden 200 Euro für ein tragbares Musikabspielgerät ausgeben (bloß weil ein angebissener Apfel darauf markiert ist)? Oder 100 Euro für ein einfaches T-Shirt (mit Krokodil-Aufnäher)? Sie kennen die Zusammenhänge. Doch wie bringt man Kunden dazu, dass sie sich von ganz normalen (nervigen, knauserigen, zimperlichen) Kunden in Verliebte verwandeln? Ich denke, indem man zunächst ihr Vertrauen gewinnt, sie dann verführt und danach immer wieder überrascht.

Vertrauen gewinnen

Stimmt Ihre Dienstleistung? Liefern Sie gute Qualität zu einem vernünftigen Preis – und das pünktlich? Dann haben Sie eine gute Basis, das Vertrauen Ihrer Kunden zu gewinnen. Sie müssen es nur schaffen, diese Kunden überhaupt auf sich aufmerksam zu machen, damit Sie den nächsten Schritt gehen können:

Faszinieren

Die Kunst des Verführens kann recht aufwendig betrieben werden (kein Wunder, dass viele Unternehmen so unendlich viel Geld in Marketing stecken) – sie muss es aber nicht. Denn in manchen Fällen reicht es völlig aus, einzelne Kunden durch echte Leistung zu begeistern, diese Kunden mit einer emotionalen »Welt« zu faszinieren (sei es eine innovative Markenwelt, eigenwillige Räume oder ein besonderer Habitus), und dann auf Mundpropaganda zu setzen. Auch besondere Services oder eine von Herzen kommende Freundlichkeit können gewöhnliche Käufer in begeisterte Kunden und schließlich in echte Fans verwandeln.

Verblüffen

Da sich Kunden auch an das ganz Besondere gewöhnen, bleibt Unternehmen auch in dieser Beziehung nichts anderes übrig, als immer wieder an den Hochzeitstag zu denken und Rosen zu schenken. Hier eröffnen sich unzählige Möglichkeiten, Kunden zu überraschen (umso erstaunlicher ist die hier grassierende Einfallslosigkeit): Mit innovativen Dienstleistungen oder exklusiven Informationen, mit Geschenken (die gerade nicht zu Weihnachten kommen), mit Einladungen zu besonderen Events, mit personalisierten Büchern, Kleidungsstücken oder Delikatessen ... Ihr großes Ziel sollte es sein, Ihre Kunden einen Moment lang sprachlos zu machen. Oder zumindest so zu erstaunen, dass sie nur noch hauchen können: »Wow ...!«

Große Effekte mit einfachen Mitteln

Diese »Wow«-Effekte müssen für Sie als Unternehmer nicht kostspielig sein. Der Unterschied entsteht nicht durch ein besonders großes Budget mit der Aufschrift »Kundenorientierung«, sondern durch echte Aufmerksamkeit für die Bedürfnisse der Kunden – und zwar nicht nur für die manifesten, weil häufig geäußerten Bedürfnisse, sondern auch für Wünsche, auf die Kunden selbst noch gar nicht gekommen sind. Hier gibt es wunderbare Beispiele aus vielen Branchen.

Automobilbranche: Wie fänden Sie es, wenn Ihr Auto nach der Wartung oder Reparatur nicht nur »heile«, sondern innen auch sauber gesaugt und außen auf Hochglanz poliert zu Ihnen nach Hause gebracht würde?

Tourismus: Stellen Sie sich vor, Sie machen Urlaub auf einem Bauernhof in der Bayerischen Rhön, und Ihr Hofbauer stellt Ihnen selbstverständlich und kostenlos WLAN zur Verfügung?

Hotellerie und Gastronomie: Wie wäre es, wenn Sie ein bestimmtes Hotel oder ein Restaurant zum zweiten Mal besuchen und es läge selbstverständlich ihre Lieblingszeitung bereit – oder das Buch, das Sie bei Ihrem letzten Besuch in der Hotel-Bibliothek begonnen haben, sogar aufgeschlagen auf der richtigen Seite und versehen mit einer Post-IT Notiz: »Viel Spaß beim Weiterlesen!«?

Haushaltsgeräte: Wie würde der Service eines Hausgeräteherstellers bei Ihnen ankommen, während der Reparaturzeit Ihrer Waschmaschine für einen kostenlosen Wäscheservice zu sorgen?

Einzelhandel: Angenommen, Ihre Lieblingsbuchhändlerin über-

rascht Sie bei Ihrem nächsten Besuch mit einer Vorauswahl an Neuerscheinungen, die sie extra für Sie zusammengestellt hat? Oder Ihr Weinhändler holt eine besondere Rarität aus seinem Lager, die er ungefragt für Sie zurückgelegt hat – einfach, weil er Ihre Vorlieben kennt?

Sie sehen: So schwer ist es gar nicht. **Wie könnten Sie Ihre Kunden überraschen?**

Vergessen Sie erstens:

QUALITÄT

Das ist selbstverständlich!

Streichen Sie zwei Begriffe aus Ihrem Wortschatz, wenn es um den Verkauf Ihrer Produkte oder Ihrer Dienstleistung geht. Der erste davon ist **»Qualität«**. Das setzen Ihre Kunden voraus!

Vergessen Sie zweitens:

KUNDENZUFRIEDENHEIT

Das reicht nicht!

Der zweite Begriff ist **»Kundenzufriedenheit«**. Das reicht heute nicht mehr aus! Die Menschen wollen nicht zufrieden sein, sondern begeistert! Begeistern Sie Ihre Kunden und Sie werden die besten Außendienstmitarbeiter überhaupt bekommen. Stellen Sie sich vor, Sie waren in einem Kinofilm, den Sie ganz gut fanden. Was passiert am nächsten Tag im Büro? Nichts weiter. Hat der Film Sie aber begeistert, total mitgerissen – was passiert dann? Sie empfehlen Ihren Kollegen, sich den Film auch anzuschauen! Gerade heute zählen für viele Menschen persönliche Empfehlungen viel mehr als Werbebotschaften, von denen wir ja wissen, dass sie uns anlügen.

»Nicht die Stärksten überleben oder die Intelligentesten, sondern die am meisten bereit zum Wandel sind.«

Charles Darwin

Schauen wir uns den Effekt der Kundenbegeisterung nun an einem Beispiel an. Angenommen, Sie brauchen eine neue Lampe für Ihren Schreibtisch.

1. Basisleistung: Wenn Sie ausschließlich Wert auf ein gutes Preis-Leistungs-Verhältnis legen – also auf eine günstige Lampe, die zuverlässig leuchtet –, dann greifen Sie einfach beim nächsten Sonderangebot Ihres Lieblingsdiscounters zu und haben das Thema damit abgehakt.

2. Differenzierung: Vielleicht wollen Sie ja auch ein wenig mehr als eine einfache Leuchte, weil Sie ein Faible für Design, Technik und Innovation haben und dafür gern auch einen höheren Preis in Kauf nehmen. In diesem Falle besuchen Sie ein Fachgeschäft für Lampen und wählen ein bekanntes Markenprodukt aus, das für einen bestimmten Stil – im besten Falle für Ihren persönlichen Lebensstil – steht. Ein Beispiel dafür sind die »Tolomeo«-Schreibtischlampen aus dem Hause Artemide. Einerseits handelt es sich hier um ein Designprodukt, das andererseits so weit verbreitet ist, dass man beinahe schon von Massenware sprechen kann.

3. Identifikation: Möglicherweise sind Sie aber auch ein echter Lampen-Enthusiast und suchen etwas anderes als ein Standardprodukt für Ihren Schreibtisch. Dann fühlen Sie sich zum Beispiel angesprochen von der »Midgard Lenkleuchte 113«, die in den 1920er Jahren von Walter Gropius, Christian Dell und Marianne Brandt angeregt und von Curt Fischer entwickelt wurde. Diese Lampe kann auf eine echte Bauhaus-Design-Vergangenheit zurückblicken und wird heute, 60 Jahre nach ihrer letzten Auslieferung, wieder in einem kleinen Betrieb in Ostdeutschland hergestellt. Sie recherchieren, über welchen Vertriebsweg Sie diese Lampe erstehen können, und scheuen auch nicht davor zurück, direkt beim Hersteller im thüringischen Auma anzurufen. Oder Sie wählen ein Fabrikat des französischen Ingenieurs Jean-Louis Domecq mit vier in alle Richtungen drehbaren Schleifkontakt-Gelenken, einem Schalter mit Doppelkontakt und Porzellanfassung aus den 1950er Jahren. Der Preis für diese Produkte spielt für Sie eine untergeordnete Rolle. Als viel wichtiger empfinden Sie es, sich jeden Tag an dem gelungenen Entwurf zu freuen und sich darüber hinaus der Gemeinschaft der Designkenner zugehörig zu fühlen.

Aber bitte mit Sahne

Sahnehaube = Begeisterung

Füllung = Einzigartigkeit

Tortenboden = Basisleistung

Die drei Stufen von der Kundenzufriedenheit bis hin zur Kundenbegeisterung können Sie sich vorstellen wie einen Querschnitt durch eine Torte.

1. Tortenboden: Firmen, die nur einen Tortenboden anbieten, unterscheiden sich im Wesentlichen nicht. Sie haben es versäumt, besondere Wettbewerbsvorteile aufzubauen. Oder sie haben sich bewusst dafür entschieden und in der Firmenstrategie festgelegt, ausschließlich bestmögliche Tortenböden zu einem möglichst günstigen Preis anzubieten. Aldi ist ein Vertreter eines solchen Konzeptes und ein durchaus erfolgreicher.

2. Füllung: Für den Mittelstand ist dies allerdings eine sehr gefährliche Strategie, schlicht und ergreifend deshalb, weil sie mit kleinen Belegschaften und niedrigen Stückzahlen nicht aufgehen kann. Unternehmer sollten sich deshalb nicht nur mit der Optimierung ihrer Tortenböden beschäftigen, sondern auch mit der Rezeptur für ihre Füllung. Die Füllung ist es schließlich, die das Unternehmen zu einem besonderen Unternehmen macht, sei es, weil es einen

besonderen Service bietet oder eine außergewöhnliche Produktqualität, oder sei es, weil es für Innovation steht. Hier zeigen sich die Kernkompetenzen, die andere Unternehmen nicht haben und die sich im Preis niederschlagen dürfen (und müssen!).

3. Sahnehaube: Die »Sahnehaube« oben auf der Torte sind die »WOW!«-Effekte oder die magischen Momente der Begeisterung. Auf dieser Ebene erwachen einfache Produkte oder Dienstleistungen zum Leben: Sie laden sich auf mit Gefühlen und Werten – und binden Kunden so auf der emotionalen und auch auf der rationalen Ebene fest an sich. Gelingt es einem Unternehmen, über viele Jahre hinweg eine konsistente Welt der Emotionen und Werte auf- und immer weiter auszubauen, wird sie nicht nur einen großen Kundenstamm begeistern, sondern eine echte Fangemeinde um sich sammeln. In jüngerer Zeit ist dies einigen Unternehmen gelungen. Um nur wenige zu nennen: Apple mit seinen elektronischen Kleingeräten, Moleskine mit seinen einfachen Notizbüchern und die Automarke Mini.

WOWS!

So begeistern Sie Ihre Kunden 〉〉〉〉

Kundenbegeisterung ist ein Effekt, der sich über viele Stellhebel in Ihrem Unternehmen verbessern lässt. Dies beginnt beim ersten Besuch Ihrer Homepage oder Ihrer Geschäftsräume. Sind Sie überhaupt erreichbar? Viele Unternehmen scheitern schon an diesem Punkt (»Hier entsteht eine neue Internet-Präsenz ...« oder »Bin gleich wieder da!«). Macht Ihr Unternehmen einen freundlichen und kompetenten Eindruck? Wird sofort verständlich, welche Produkte und Dienstleistungen Sie anbieten? Wie sprechen Sie Ihre Kunden an? Wie und in welchem Zeitraum reagieren Sie auf Anfragen? Wirken Ihre gedruckten Unterlagen (Broschüren, Datenblätter, Preislisten, Angebote, Rechnungen) ansprechend und verständlich? Überzeugt die Qualität Ihrer Produkte und Dienstleistungen? Wie schnell liefern Sie und wie sehen Ihre Lieferungen aus? Und wie gehen Sie mit Reklamationen um? Wenn Sie zu all diesen Fragen eine objektive Einschätzung wünschen, bitten Sie doch einfach einmal eine Person Ihres Vertrauens um ein »Mystery Shopping« in Ihrem Unternehmen.

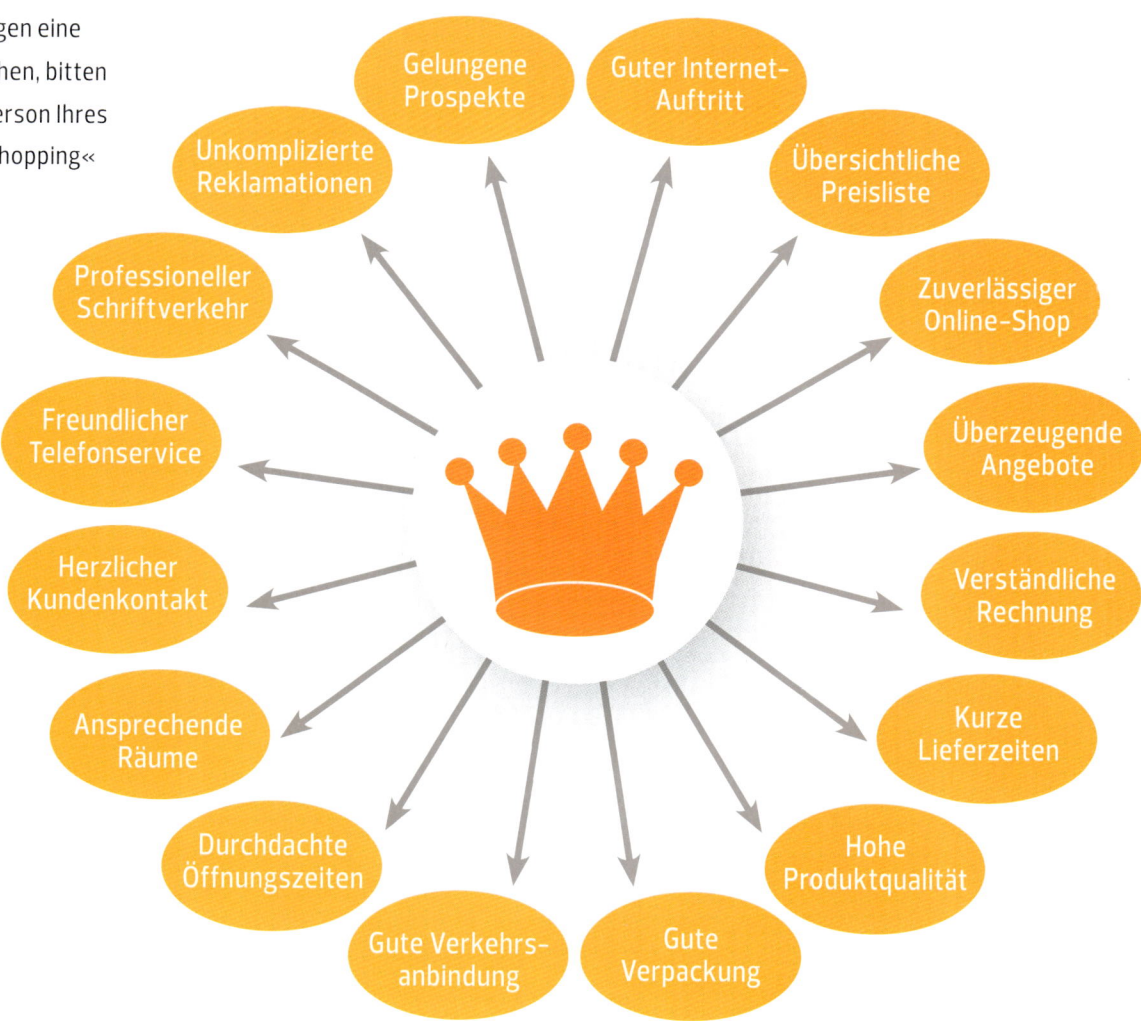

Die »WOW«-Effekte

Das Unternehmen Logolini® Präsente bekommt es gebacken: Der junge Geschäftsbereich von Fickenschers Backhaus, einem Familienunternehmen mit einer mehr als 300-jährigen Geschichte, entwickelt, produziert und vertreibt personalisierte Backwaren, die Unternehmen zu Marketingzwecken einsetzen können. So wird es zum Beispiel möglich, den ersten Brief an einen Neukunden auf eine Torte aufzudrucken, via Müslipackung »Guten Morgen!« zu wünschen oder einen Neuwagenbesitzer mit einer Keksdose (»Parkplätzchen!«) zu überraschen. Gesundheitsbewussten Auftraggebern werden selbstverständlich auch individualisierte Packungen mit Brot-Chips angeboten.

Dr. Reinhard Kanzler und Dr. Susanne Kydles aus Schwabach bieten den Klienten ihrer Zahnarztpraxis viele »Wows«: Ein Fahrdienst für ältere Patienten steht zur Verfügung. Im Wartezimmer verkürzt ein Meerwasseraquarium die gefühlte Wartezeit: »Sicherlich ein großer finanzieller und auch zeitlicher Aufwand. Alleine die Pflege dauert 20 Minuten täglich«, so Dr. Kanzler. Doch er ist sicher, dass sich der Aufwand lohnt. »Die Patienten schauen ganz gespannt den Fischen zu. Die Wartezeit wird kurzweilig.« Wobei die Wartezeiten in der Regel sehr kurz sind. Möglich wird dies durch die gute Praxisorganisation und durch Öffnungszeiten von 12,5 Stunden wochentäglich.

Ein überraschender und nachhaltiger »Wow!«-Effekt lässt sich mit einem Unternehmensbuch erzielen. Auf dieses Genre greifen immer mehr Unternehmen zurück, die sich von hohen Investitionen in kurzlebige Broschüren verabschieden wollen. Ein hochwertig gestaltetes und gebundenes Buch bietet Ihren Kunden und Geschäftspartnern einerseits viele Zusatzinformationen und vermittelt ihnen andererseits ein Gefühl der besonderen Wertschätzung. Für Sie als Unternehmer ist der Weg zum eigenen Unternehmensbuch unkompliziert: Spezialisten liefern Gestaltung und Text aus einer Hand (siehe zum Beispiel www.verena-lorenz.de/unternehmensbuch.htm).

Ein gelungenes Beispiel für ein Unternehmensbuch ist die Hörfibel des Fachgeschäfts Butscher Akustik »Hören ist Genuss«. Das hochwertige Buch wird allen Kunden überreicht, die an besserem Hören interessiert sind. Mit diesem überraschenden Geschenk beeindruckt das Fachgeschäft und bindet potenzielle Kunden. Zusätzlich informiert Butscher über verschiedene Hörgerät-Typen und räumt, für die Leser völlig unerwartet, auf sehr humorvolle Art und Weise mit etlichen Vorurteilen gegenüber Schwerhörigkeit und Hörgeräten auf. Laut Butscher ist die Bereitschaft der Kunden, sich eingehend beraten zu lassen und sich für hochwertige Produkte zu entscheiden, durch die Fibel deutlich gestiegen.

»Mit Kostenbeteiligung von Partnern durch Anzeigen oder Interviews ist die Fibel möglicherweise das günstigste und werbewirksamste Medium.«

Hermann Scherer

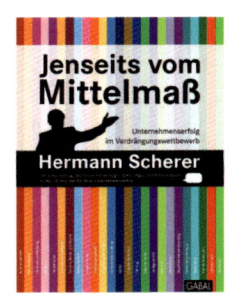

BUCHEMPFEHLUNG: Hermann Scherer: Jenseits vom Mittelmaß. 3. Aufl. Offenbach, GABAL 2011

Familien-Braukunst
seit
1447

Privat-Brauerei Zötler blickt auf eine über 555-jährige Geschichte zurück (auf der Webseite legt man Wert auf diese magische Zahl). Der Familienbetrieb stellt verschiedene Biere nach dem bayerischen Reinheitsgebot von 1516 her, prägt zugleich aber völlig neue (magische!) Trends. Das »Vollmond-Bier« zum Beispiel wird nur in der Vollmondnacht gebraut. »In dieser Nacht der Nächte«, so die Brauerei, »versuchen die Braumeister, die ganze Kraft und Magie des Vollmondes in dieser Bierspezialität zu bündeln.« Insbesondere die Damenwelt schätze das besonders milde, süffige, schlanke und fein gehopfte Bier mit der »leuchtenden Bernsteinfarbe«. Und das Controlling der Brauerei freut sich über die guten Umsätze – nicht nur zu Vollmond.

»Man muss nicht nur mehr Ideen haben als andere, sondern auch die Fähigkeit besitzen, zu entscheiden, welche dieser Ideen gut sind.«

Linus Pauling

Best Practice & Hans Seeholzer:
»DDS Denterprise«

Einen besonderen Weg der Kundenbegeisterung ist Dr. Hans Seeholzer gegangen, ein durchaus eigenwilliger Kieferorthopäde aus Erding. Nachdem er das Seminar UnternehmerEnergie besucht hatte, baute er seine Praxis als Raumschiff Enterprise um und gab ihr den Namen »DDS Denterprise«. Von den Behandlungsstühlen aus genießt man seitdem den Blick ins Weltall oder kann auch via Monitore, die über den Behandlungsstühlen installiert sind, zu einem Rundflug durchs Weltall starten. Sicher können Sie sich die Reaktionen der Mitarbeiter vorstellen. Zunächst herrschte Entsetzen über den »verrückt« gewordenen Chef. In der Tat hatte er seinen Standpunkt »verrückt« und sah nun wesentlich klarer, dass auch Ärzte Unternehmer sind. Hans Seeholzer fing sofort an, von seinen Patienten und seinen Produkten zu sprechen. Er selbst bildete sich im Thema Kommunikation weiter und ließ auch alle seine Mitarbeiter ausbilden.

Captain Kirk im Zahnarztkittel

Bei der Neueröffnung verschenkte DDS Denterprise Captain Seeholzer seinen Patienten Enterprise-T-Shirts. So wusste sehr schnell jeder, wo »die Post abgeht«. Da die meisten Patienten unter 18 Jahre alt sind, war die Begeisterung über dieses Praxisraumschiff sehr groß. Es gab kaum einen Teenager, der sich im Raum Erding nicht von »Captain Kirk« persönlich behandeln lassen wollte. 2010 ist der »verrückte Kieferorthopäde« in seinen wohlverdienten Unruhestand gewechselt und kann sich verstärkt seinem eigenen Seminarbetrieb und seinem großen Hobby widmen: der Fliegerei. Mit fünfzehn Jahren war er Deutschlands jüngster Pilot, noch heute macht er Kunstflug mit seiner russischen Yakulew 52 und steuert den größten Doppeldecker der Welt, eine Antonow An-2, als Copilot.

www.seminare.seeholzer.de

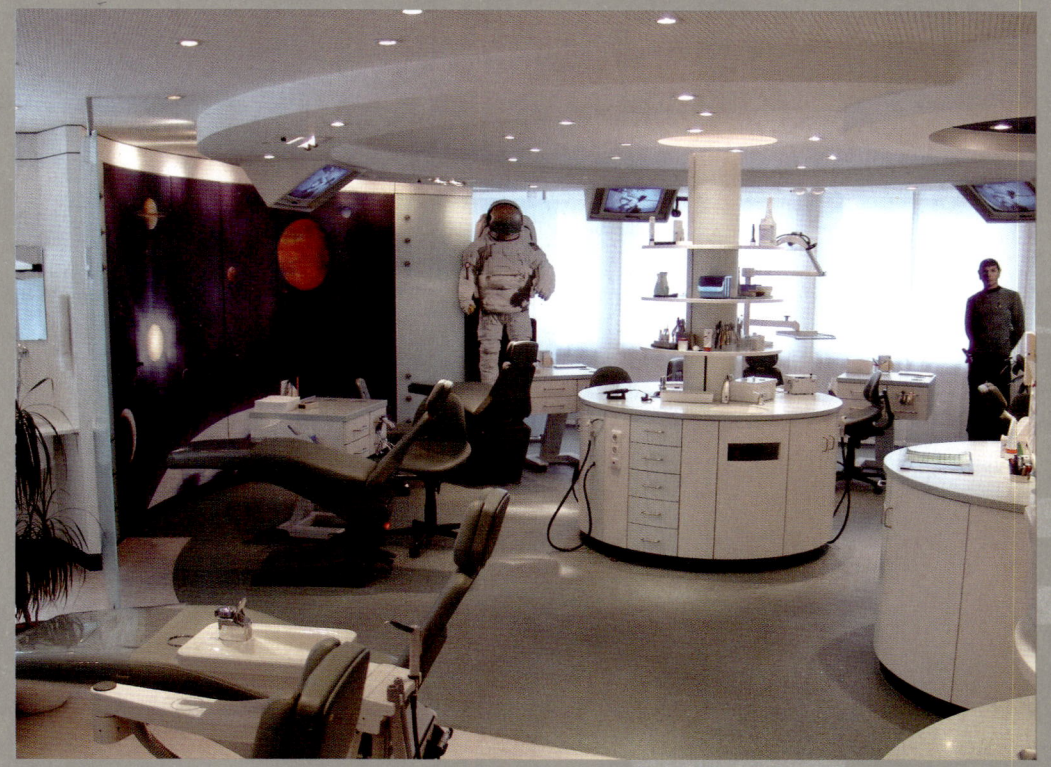

Eine sinnvolle Preisstrategie

»Sagen Sie Ihren Kunden, dass sie mit Ihnen über alles sprechen können – nur nicht über den Preis.«

Cay von Fournier

Können Sie sich billig leisten?

PREISHAMMER

Es ist offensichtlich, dass ein Unternehmen nur dann langfristig überleben kann, wenn auch gesunde Deckungsbeiträge und darüber auch ein gesunder Gewinn erwirtschaftet werden. Auf der einen Seite gibt es Monopolisten, die Preise bestimmen, und große Player in regulierten Märkten, die nicht nach den Spielregeln des freien Marktes spielen (können) und immense Gewinne erwirtschaften, bei denen Kunden aber immer wieder nicht zufrieden sind. Auf der anderen Seite stehen Kostenführer, die ihre Marktanteile mit Billigpreisen ausbauen (damit sind die in Deutschland äußerst erfolgreichen Discounter gemeint). Dies sind nicht unsere Spielwiesen. Mittelständische Unternehmen können sich »billig« nicht leisten. Am besten, Sie lassen also Ihr »Preishammer!«-Schild gut versteckt im Lager.

Es kommt auf etwas anderes an: Sie müssen an einer guten Leistung arbeiten und mit Service, Innovation, Kreativität, Herzlichkeit und Geschwindigkeit punkten, damit Sie gute Preise auf dem Markt durchsetzen und damit auch ordentliche Gewinne erwirtschaften können.

Die drei Gewinntreiber

Gewinn = Preis X Volumen − Kosten

variabel

fix

Preis: Noch nicht professionell optimiert

Volumen: Möglichkeiten zur Ausweitung begrenzt
· Sättigung
· Marktanteil

Kosten: Weitgehend ausgereizt

Die Grundformel eines jeden Geschäftes ist betriebswirtschaftlich einfach. Der Gewinn errechnet sich aus dem **Preis mal Volumen minus Kosten.**

Die Kosten werden in Phasen der Restrukturierung und Sanierung gerne und kräftig reduziert. In der Tat setzten Unternehmen regelmäßig Speck an, der dann von Zeit zu Zeit abtrainiert werden muss. Doch Sparsamkeit ist eine Tugend und keine Strategie! Unternehmen, die das verwechseln, neigen oft auch zu übertriebenen »Cost-cutting«-Maßnahmen und beschneiden damit versehentlich die eigene Kompetenz. Steht die Kosten-Stellschraube falsch, kann ein Unternehmen auch mit sehr gutem Umsatz in die Insolvenz rutschen – und das sogar ziemlich schnell. Eine vernünftig aufgebaute, schlanke Organisation indes führt dazu, dass »die Dinge richtig gemacht werden«. Das heißt, dass durch gute Effizienz auch gute Gewinne entstehen.

Das Volumen steht im Mittelpunkt aller den Verkauf fördernden Maßnahmen. Letztlich sind das gesamte Marketing und der ganze Vertrieb darauf ausgerichtet, den Umsatz eines Unternehmens zu vergrößern. Dies kann gelingen, wenn wir das richtige Produkt oder die richtige Dienstleistung richtig vermarkten und verkaufen.

Die Preise sind meiner Einschätzung nach die offene Flanke der meisten Mittelständler. Weder optimal eingestellte Kosten noch ein wachsendes Volumen bringen etwas, wenn der Preis nicht stimmt. Darum ist jedes Unternehmen gut beraten, einmal im Jahr einen kleinen Workshop zur Gestaltung der aktuellen Preise durchzuführen. Dies ist ein wesentlicher Bestandteil der Strategieentwicklung eines Unternehmens.

BUCHEMPFEHLUNG:
Hermann Simon;
Martin Fassnacht:
Preismanagement.
Strategie, Analyse,
Entscheidung, Umsetzung. 3. Aufl. Wiesbaden, Gabler 2008

In sehr vielen mittelständischen Unternehmen sieht es so aus: Die Menschen sind das ganze Jahr über fleißig und ... erfolglos. Denn am Ende des Jahres bleibt wenig übrig. Und so steht im deutschen Mittelstand der exzellenten Leistung viel Frustration gegenüber.

Am Ende des Jahres ...

Intelligente Preispolitik?

Auf der folgenden Seite werden wir sehen, wie sich dieser Frust durch eine intelligente Preispolitik beseitigen lässt – eine Politik, die der englische Sozialphilosoph John Ruskin schon im 19. Jahrhundert auf den Punkt gebracht hat: »Es gibt kaum etwas auf dieser Welt, das nicht irgendjemand ein wenig schlechter machen und etwas billiger verkaufen könnte, und die Menschen, die sich nur am Preis orientieren, werden die gerechte Beute solcher Machenschaften. **Es ist unklug, zu viel zu bezahlen, aber es ist noch schlechter, zu wenig zu bezahlen.** Wenn Sie zu viel bezahlen, verlieren Sie etwas Geld. Das ist alles. Wenn Sie dagegen zu wenig bezahlen, verlieren Sie manchmal alles, da der gekaufte Gegenstand die ihm zugedachte Aufgabe nicht erfüllen kann. Das Gesetz der Wirtschaft verbietet es, für wenig Geld viel Wert zu erhalten. Nehmen Sie das niedrigste Angebot an, müssen Sie für das Risiko, das Sie eingehen, etwas hinzurechnen. Und wenn Sie das tun, dann haben Sie auch genug Geld, um für etwas Besseres zu bezahlen.«

»Meist belehrt erst der Verlust über den Wert der Dinge.«

Arthur Schopenhauer

Nehmen wir an, es gäbe ein Friseurgeschäft mit fünf Filialen, in denen jeweils sechs Mitarbeiterinnen arbeiten. 100.000 Haarschnitte im Jahr zu je 14 Euro bringen, abzüglich der Kosten (200.000 Euro), immerhin 100.000 Euro Gewinn. Davon müssen aber sämtliche Investitionen getätigt, der Unternehmerlohn bezahlt und alle sonstigen Kosten beglichen werden (Steuerberater, Steuern, Versicherungen etc.). Wenn ein solcher Friseur seinen Preis von 14 Euro auf 13 Euro senkt (also um 7,1 Prozent), die Anzahl der Schnitte aber nicht erhöhen kann (also nach wie vor 100.000 Schnitte durchführt), ruiniert er sein Geschäft vollständig: Sein Gewinn sinkt auf null.

Drehen wir das Beispiel einmal um. Angenommen, unser Friseur erhöht seinen Preis um 7,1 Prozent, also von 14 auf 15 Euro. Was würde passieren? Bei gleicher Rechnung erzielte er 1 Euro mehr Deckungsbeitrag. **Der Gewinn würde sich also verdoppeln!**

Viele Handwerker vermeiden einen solchen Schritt, weil sie befürchten, dass die Kunden davonlaufen. Doch rechnen wir es durch: Selbst wenn aus den 100.000 Schnitten nun 90.000 würden, käme es immer noch zu einer Gewinnsteigerung von 60 Prozent, und selbst bei 80.000 Schnitten erzielte der Friseur noch 20 Prozent mehr Gewinn. Allerdings nicht mehr bei 1,4 Millionen Euro Umsatz, sondern »nur« noch bei 1,2 Millionen. Hier gilt: weniger Umsatz, mehr Gewinn. Oft müssen wir uns entscheiden, was uns wichtiger ist.

Ein Rechenbeispiel zur Preisgestaltung

100.000 Haarschnitte pro Jahr
14 Euro pro Schnitt
11 Euro Wareneinsatzkosten inkl. Lohn pro Schnitt
200.000 Euro fixe Kosten

Umsatz	1.400.000 Euro
WEK	1.100.000 Euro
Fixe Kosten	200.000 Euro
Gewinn	100.000 Euro

Eine Preissenkung von 7,1 %:

14 EUR → 13 EUR

Umsatz	1.300.000 Euro
WEK	1.100.000 Euro
Fixe Kosten	200.000 Euro
Gewinn	0 Euro

Der ganze Gewinn ist weg!

Eine Preiserhöhung von 7,1 %:

14 EUR → 15 EUR

Umsatz	1.500.000 Euro
WEK	1.100.000 Euro
Fixe Kosten	200.000 Euro
Gewinn	200.000 Euro

Der Gewinn hat sich verdoppelt!

–10 % Kunden (= 90.000 Haarschnitte)

Umsatz	1.350.000 Euro
WEK	990.000 Euro
Fixe Kosten	200.000 Euro
Gewinn	160.000 Euro

Trotz weniger Kunden mehr Gewinn!

CHECK-UP: SO ERHÖHEN SIE IHRE PREISE

WELLA

- Erhöhen Sie die Preise **kontinuierlich** jedes Jahr.
- Erhöhen Sie die Preise in **kleinen Schritten.**
- Verzichten Sie auf massive, aber seltene Preiserhöhungen.

Beispiel: Erhöhen Sie die Preise für Schnitt und Frisur um 1,– EUR.

Rechenbeispiel: Salon mit 5 Mitarbeitern
Jeder Mitarbeiter bedient 8 Kunden pro Tag (6 Frauen, 2 Männer). Bei 210 Arbeitstagen pro Mitarbeiter (Urlaub und Krankheit sind pauschal berücksichtigt) sind dies 6.300 Damenbedienungen pro Jahr (210 Arbeitstage x 5 Mitarbeiter x 6 Damen) und 2.100 Herrenbedienungen pro Jahr.

94,3 %* aller Damen bekommen Schnitt und/oder Frisur. Das heißt, es werden 5.941 Damenschnitte/-frisuren erstellt.

Bei den Männern können wir von 100 % ausgehen, das heißt 2.100.

Bei einer Preisanhebung von nur 1,– EUR ergäbe dies einen

Mehrumsatz von	8.041,– EUR.	Nach Abzug der MwSt. ergibt dies einen
Mehrumsatz von netto	6.757,– EUR.	Die Kosten bleiben von Preiserhöhungen unbeeinflusst.

Das ergibt einen
Zusatzgewinn von 6.757,– EUR pro Jahr.

*Quelle: GFK, 4. Quartal 2009

Produkte und Preise präzise zuschneiden

Haben Sie sich schon einmal Gedanken darüber gemacht, wer Ihre Kunden eigentlich sind? Wen wollen Sie bedienen und wen nicht? Mit wem machen Sie aktuell am meisten Umsatz? Eine genaue Analyse der Kundenstruktur lohnt sich, denn nur wenn Sie wissen, mit wem Sie es »auf der anderen Seite« zu tun haben, können Sie Ihre Kunden wirklich begeistern. Wissen Sie das nicht, können gut gemeinte Aktionen genau ins Gegenteil umschlagen.

Dazu ein Beispiel: Stellen Sie sich eine wohlhabende Kundin vor, die beruflich stark eingespannt ist und nur wenig Zeit für Friseurbesuche erübrigen kann. Wäre sie begeistert von einem Service, der mit großem Smalltalk beginnt, warme Handtüchern mit Zitronenduft und einen umständlich gebrauten Espresso macchiato ins

Spiel bringt und deshalb 40 Minuten länger dauert als unbedingt notwendig? Nein. Für sie sind Haare nicht mehr als eben Haare, die in kürzester Zeit perfekt gestylt werden sollten. (Wenn in dieser kurzen Zeit bitte noch ein Mitarbeiter das Auto durch die Waschanlage fahren könnte? Das wäre doch eine gute Idee.)

Zukunftsforscher Matthias Horx hat das Feld der Kunden danach sortiert, wie viel (oder wenig) Geld und Zeit diesen zur Verfügung steht. Daraus ergeben sich die unten beschriebenen Kundengruppen. Fragen Sie sich selbst: Wen sprechen Sie mit Ihren Produkten oder Dienstleistungen wirklich an? Von welcher Kundengruppe bekommen Sie das beste Feedback? Und für wen arbeiten Sie am liebsten?

Luxus
Status

viel Geld wenig Zeit	viel Geld viel Zeit
Diese Kunden schätzen jede Art von Service, die Ihnen Zeit spart. Dafür nehmen Sie höhere Preise gern in Kauf (Beispiel: Convenience-Food).	Jene Kunden können sich Luxus leisten und haben auch Zeit, diesen ausgiebig zu erleben (Beispiel: Luxusurlaub).
wenig Geld wenig Zeit	wenig Geld viel Zeit
Kunden dieser Kategorie kaufen gerne dort ein, wo die Preise niedrig und die Dienstleister schnell sind (Beispiele: Discounter; Billigfriseure).	Solche Kunden können viel Zeit damit verbringen, gebrauchte Gegenstände zu erwerben oder Dinge selbst zu machen (Beispiele: Selbstbaumöbel).

Probleme
Zeit
Service

Erlebnis
Emotion
Motivation

Preis

Quelle: Matthias Horx: Future Fitness. 1. Aufl. Frankfurt am Main, Eichborn 2003

Werkzeug ⟳ »Kundenbegeisterung«

Bitte wählen Sie 2 Kundenbereiche aus der Grafik von Seite 182.

Das sind meine Kunden

_____ ZEIT	_____ ZEIT
_____ GELD	_____ GELD

Was sind deren spezielle Bedürfnisse?

Welche Produkte und welchen Service kann ich speziell für deren Bedürfnisse entwickeln?

Das sind nicht meine Kunden

_____ ZEIT	_____ ZEIT
_____ GELD	_____ GELD

Fragen Sie sich: Sind unsere tatsächlichen Kunden auch unsere Traumkunden? Wem wollen wir zukünftig etwas verkaufen?

Was ist unsere Kernkompetenz (besondere Fähigkeiten)?

Welchen Nutzen bieten wir unseren Kunden mit unseren Produkten und Leistungen?

Welche zentralen Probleme werden mit unserem Geschäft gelöst?

Welche »WOWS!« bieten wir unseren Kunden mit unseren Produkten und Leistungen?

Was tun wir dafür, dass Menschen gerne mit uns Geschäfte machen?

Wie pflegen wir unsere Stammkunden?

Welche Geschichte können wir um unser Produkt herum erzählen?

Hier ein paar Anregungen:

Beispiel
Business-Friseur
Zielgruppe: viel Geld, wenig Zeit

Öffnungszeiten auch montags und nach 20 Uhr
Hausbesuche
Kurz-Styling vor Ort für wichtige Termine
Speed-Maniküre und schneller Schmink-Service
WLAN und guter Mobilfunk-Empfang

Beispiel
Starfriseur
Zielgruppe: viel Geld, viel Zeit

Begrüßungs-Sekt
Farb- und Stilberatung
Wellness-Programm mit Kopf- und Handmassage
Besonders aufwendige Schneidetechniken
Exklusive Zeitschriften

Beispiel
Cut'n go
Zielgruppe: wenig Geld, wenig Zeit

Keine Terminvergabe
Kurze Wartezeiten
Lange Öffnungszeiten
Schnelle, unkomplizierte Schnitte
Kein Smalltalk

Beispiel
»Gabys Haarstube«
Zielgruppe: wenig Geld, viel Zeit

Herzlicher Service
Netter Smalltalk
Ruhige, gemütliche Atmosphäre
Heißgetränke und Zeitschriften
Moderne, preisgünstige Schnitte

Best Practice ⬤ Beckmanns Bäckerland: »Beste Brötchen können nicht billig sein«

Die UnternehmerEnergie-Erfolgsgeschichten

Anwenderbericht
Beckmanns Bäckerland
Bremen

Marion und Jörn Beckmann über Seminare, Ideen und ihren Weg zum Erfolg.

Als Jörn Beckmann 1997 den Betrieb vom Vater übernahm, waren in der ländlich strukturierten Gegend vor den Toren Bremens 16 Bäckereien am Markt. Heute sind es nur noch sechs. Gekommen sind seither immer mehr Filialisten und Großbäcker, die über den Preis verkaufen. Beckmann ficht das nicht an. Er setzt auf sehr gute Qualität, auf außergewöhnlichen Service – und macht nicht mit beim Preisdumping.

Beispiel Qualität: In der Backstube werden keine Tiefkühl-Teiglinge verwendet und keine Backmischungen. Alle Produkte entstehen in Handarbeit. »Jedes Brot ist ein Unikat«, erklärt Beckmann. Und kein Brötchen, das im Laden verkauft wird, ist älter als 90 Minuten. So etwas spricht sich natürlich herum und kommt bei den Kunden sehr gut an, auch wenn die Discounter mehr und mehr versuchen, mit billigen Brötchen aus eigenen Backautomaten den traditionellen Bäckern das Wasser abzugraben.

Beispiel Service: »Wenn der Küchenchef der Universitätsmensa anruft und schnell 1.000 Brötchen benötigt, können wir diese in einer Stunde liefern.« Wer einen solchen Service und beste Qualität haben möchte, bekommt nicht auch noch den günstigsten Preis. »Diesen können und wollen wir nicht bieten«, sagt Beckmann selbstbewusst.

Neben dem Verkauf in den eigenen Geschäften beliefert Beckmann auch Großkunden wie Hotels, Gaststätten, Caterer, Seniorenresidenzen, Schulen, Supermärkte, Feinkostgeschäfte, Delikatessen-Versandhändler, die Universität Bremen und viele andere mehr. »Unsere Zahlen sprechen für sich«, sagt der Bremer Bäcker- und Konditormeister. »Beckmanns Bäckerland« erzielt positive Ergebnisse, die völlig gegen den Trend in der Backbranche gehen – und das Geschäft wächst weiter.

www.schiffsbrot.de

Best Practice ⟵ Die Bücherinsel:
»So werden Leser zu Ladenfans«

Anwenderbericht
Bücherinsel
Dieburg

Claudia und Erich Kleene über Seminare, Ideen und ihren Weg zum Erfolg.

Bücher werden heute im Internet verkauft. Das könnte man denken, wenn man an die großen Onlinebuchhändler denkt. »Stimmt so nicht«, sagen Claudia und Erich Kleene. »Immer noch wird der Großteil des Buchumsatzes über den Buchhandel gemacht.« Die Schlacht um die Kunden werde nicht virtuell geschlagen, sondern in den Läden. Die Dieburger Buchhandlung »Bücherinsel« ist da gut aufgestellt. Sie wurde 2004 zur besten in Deutschland gewählt. 2008 wurde sie mit dem Kundenchampion der Zeitschrift »impulse« ausgezeichnet. Und im Jahr 2010 wurden Erich und Claudia Kleene in Berlin zum »Mutmacher der Nation« (Landessieger Hessen) gekürt. Ein Buchhändler von der Pike auf ist Erich Kleene nicht. Der gelernte Schreiner war jahrelang im Messebau tätig. Die Geburt seiner Tochter gab den Anstoß zum Umdenken und mit 15.000 DM aus einer Erbschaft wurde 1982 die erste Buchhandlung auf 22 Quadratmeter Ladenfläche eröffnet. Seine Frau Claudia, heute Inhaberin der Bücherinsel, hat Germanistik studiert und brachte das notwendige Bücherwissen mit ein. Erich Kleene baute die Ladeneinrichtung selbst und so konnte man beginnen. 1993 konnte eine zweite Buchhandlung in Roßdorf eröffnet werden. 1997 wurde in der Dieburger Fußgängerzone ein Geschäftshaus gekauft und der Laden dorthin verlegt. 2009 dann der ganz große Sprung: vom Geschäftshaus in 2b-Lage in eine 1a-Lage, von 150 Quadratmeter auf 450 Quadratmeter, natürlich wieder in eigener Immobilie, und das in einer Kleinstadt mit nur 16000 Einwohnern. »Da muss man schon richtig an sein Konzept glauben«, sind sich die Kleenes einig.

Kurzurlaub für alle Sinne: Bereits ein Blick in die Buchhandlung zeigt, dass hier einiges anders ist: Hier werden alle Sinne angesprochen. Bücher und andere Angebote sind geschmackvoll auf Tischen dekoriert. »Sie finden auch überall aufgeschlagene Bücher«, zeigt

Claudia Kleene die Philosophie auf. Diese zögen die Kunden förmlich an. Ein kleines Café verbreitet intensiven Kaffeeduft. Gemütliche Sessel laden zum Schmökern ein, die Kaffespezialitäten erhöhen die Verweildauer. Im Sommer kann man dies sogar im Gartenkaffee tun, der idyllisch im großen Hof der Bücherinsel angelegt ist.

Einschließen und genießen: Die Bücherinsel will eine einzigartige und entspannte Atmosphäre schaffen. Um dies zu erreichen, scheut man sich auch nicht, den Laden Kunden komplett zu überlassen. Die Idee zum Angebot »Einschließen und genießen« wurde 2004 durch eine Kundin gezündet, die spontan sagte: »Bei euch würde ich mich gerne mal einschließen lassen! « Seither können sich Kunden alleine oder mit Freunden in der Buchhandlung einschließen lassen. »Mittlerweile gibt es in der ganzen Republik Buchhandlungen, die dieses Konzept mit Erfolg übernommen haben.«, sagt Claudia Kleene.

Immer wieder neue Ideen: »Berühmt und rappelvoll« sind die regelmäßigen Bücherinselfeste – ein Magnet für Stammkunden und ihre Familien. Denn grundsätzlich gilt: Kinder erwünscht! Für Kinder gibt es eine uralte Schulbank im Laden, eine kleine, heiß geliebte Spielküche, ein geheimnisvolles Loch im Boden, ein Kinderhäuschen und – auch hier zeigen die Geschäftsleute ein besonderes Gespür für die Bedürfnisse ihrer Zielgruppe – eine besonders schöne Kindertoilette. Dass sich dies alles in der Summe auszahlt, zeigen die Umsatz- und Ertragszahlen, aber auch die in der Vergangenheit erzielten Auszeichnungen. Claudia Kleene berichtet mit ein bisschen Stolz auf den Lippen, dass Stammkunden ihre Bekannten in die Bücherinsel mitbringen, um ihnen »die Buchhandlung des Jahres« und den »Mutmacher« zu zeigen. Das sind eben wahre Fans.

www.buecherinsel.net

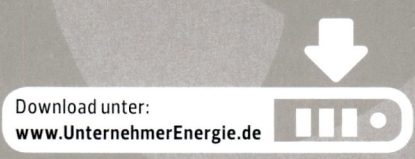

Download unter:
www.UnternehmerEnergie.de

Die Klarheit eines Unternehmens

Steuerung

> »Nur was ich im Unternehmen messen kann, das kann ich auch steuern und managen.«

Peter Drucker

Die Steuerung des Unternehmens zählt neben der Strategie, der Führung und dem Management zu den vier unternehmerischen Hauptaufgaben.

Ein Großteil der Unternehmenskrisen lässt sich durch eine aussagefähige und konsequente Steuerung frühzeitig erkennen und erfolgreich vermeiden. Als **ergebnisorientierte Steuerung des Unternehmens** ist Controlling Chefsache, gibt es Ihnen als Unternehmer doch genau die Informationen an die Hand, die Sie brauchen, um Prozesse, Projekte und Abläufe

- zu **planen,**
- zu **koordinieren** und
- zu **kontrollieren,**

und somit die Grundlage, täglich gute Entscheidungen treffen zu können.

Controlling im Sinne des Unternehmensführungs- und Managementsystems FührungsEnergie ist aber noch mehr. Es ist ein auf Vertrauen basierendes »Controlling-Denken« in den Köpfen aller Mitarbeiter im Unternehmen, das eben nicht nur der Unternehmer oder der Controller verinnerlicht haben sollten, sondern jeder Mitarbeiter in seinem Arbeitsumfeld.

Es geht in modernen Unternehmen nicht darum, dass ein Mensch sich um die Steuerung kümmert und den anderen sagt, was richtig und falsch ist, sondern darum, dass ein transparentes Unternehmen es jedem Mitarbeiter ermöglicht, den Erfolg seines eigenen Handelns einschätzen zu können. So tragen alle nicht nur zur täglichen Leistung bei, sondern jeder Mitarbeiter hat auch die Möglichkeiten, seine Entscheidungen jeden Tag zu überprüfen. Die schlechte Variante ist, dass Menschen gar keine Entscheidung treffen und auch nicht treffen wollen.

Ebenso sind falsche Entscheidungen für den Erfolg eines Unternehmens gefährlich. Umso wichtiger ist es in einer modernen und komplexen Welt, dass Entscheidungen möglichst gut und möglichst schnell getroffen werden können. Controlling dabei ganzheitlich zu denken ist ein großer Vorteil.

Controlling ist mehr als Kontrolle

Damit wird aber auch deutlich, dass Controlling weit mehr als »Kontrolle« ist, zu der es sich leider in vielen Unternehmen - insbesondere in großen Konzernen – zurückentwickelt hat. Wird Controlling als autoritäres Kontrollinstrument verstanden, sinkt die Akzeptanz bei den Mitarbeitern auf ein Minimum, und eine große Chance ist vertan.

Die Funktion des Controllers im Unternehmen ist eben nicht die eines »Aufpassers«. Er sollte eher die Rolle eines »Moderators«, eines »internen Beraters« oder eines »internen Dienstleisters« übernehmen, denn letztlich müssen im Unternehmen alle an einem Strang ziehen.

Es ist eine große Herausforderung der heutigen Zeit, sich angesichts der technisch perfekten Möglichkeiten der Controllingsysteme bewusst nicht zu einer Zahlen- und Kontrollfixiertheit verleiten zu lassen.

Controlling mit Vertrauen ist besser

Wenn Controlling ein Führungs- und Steuerungsinstrument ist, welches die Unternehmensführung darüber informiert, ob die Unternehmensziele erreicht werden, dann benötigt jede Führungskraft in ihrem Verantwortungsbereich und letztlich jeder Mitarbeiter auch für sein konkretes Aufgabengebiet die gleichen Informationen. Nur auf diese Weise werden zielorientiertes Arbeiten und gute Entscheidungen möglich.

In einer Vertrauenskultur werden die Mitarbeiter oder die Teilbereiche im Unternehmen daher nicht »kontrolliert«, sondern über das Controlling mit relevanten Informationen versorgt. Aus abweichenden oder schwankenden Zahlen können sie im Idealfall die richtigen Rückschlüsse ziehen – und rechtzeitig darauf reagieren. Dies nicht im Sinne einer »Rechtfertigungskultur«, sondern im Sinne einer »Entwicklungskultur«, in der das Unternehmen effektiv und effizient unter Einbeziehung aller Beteiligten gestaltet wird.

So weit die Theorie. In der Praxis haben das Controlling und die Controller oft einen schweren Stand, und häufig sind es gerade die Mittelständler, die einen großen Bogen um das gesamte Thema schlagen. Mit folgenden Maßnahmen kann die Akzeptanz dieses existenziell wichtigen Steuerungsinstrumentes verbessert werden:

Einführung und Intensivierung einer wirksamen Steuerung im Unternehmen:

- Kommunizieren Sie Controlling im Unternehmen nicht als »Kontrolle«, sondern als das »Motivationsinstrument Steuerung« im Hinblick auf die gemeinsame Erreichung der Unternehmensziele.
- Führen Sie Controlling/Steuerung als einen Funktionsbereich ein, der im Sinne einer »internen Beratung« unterstützend und vernetzt wirken soll.
- Legen Sie die Kompetenzen und Verantwortungsbereiche (Entscheidungskompetenzen) für alle mit der Steuerung betrauten Personen im Unternehmen klar fest.
- Fördern und fordern Sie das steuernde Denken in den Köpfen aller Mitarbeiter.

Anwendung einer praktischen Steuerung:

- Analysieren Sie regelmäßig mögliche Abweichungen von Ihren geplanten Zielen.
- Führen Sie anschließend Analysegespräche, in denen Sie mögliche Ursachen finden und Lösungen entwickeln.
- Sofern persönliche Gründe (noch fehlende Fähigkeiten, Kenntnisse, Erfahrungen) eine Rolle spielen, fördern Sie die Kompetenz und legen Sie quantitative und qualitative Ziele gemeinsam fest. Dies sollte praktisch und unterstützend geschehen.
- Überlegen Sie sich auch, was passiert, wenn Ziele erreicht oder sogar übertroffen werden.

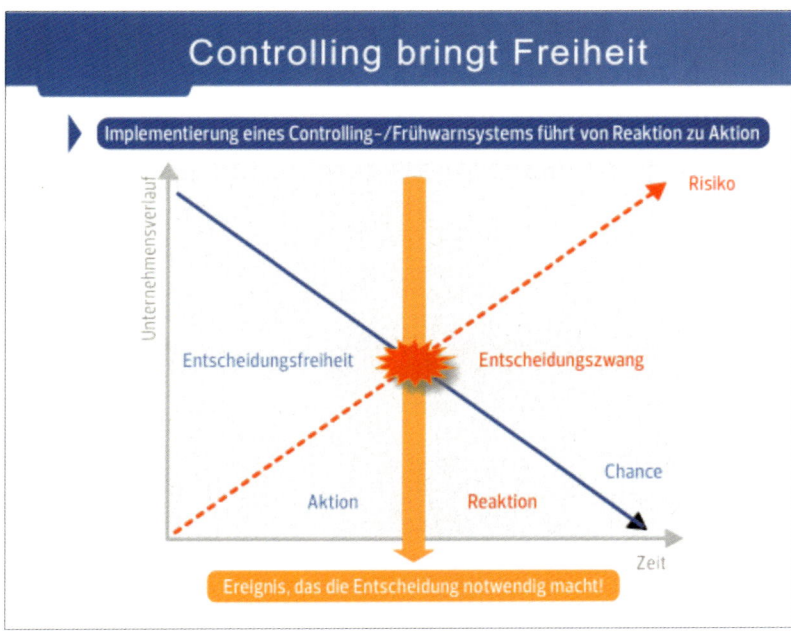

Wenn die Zahlen stimmen, ist unsere unternehmerische Freiheit groß: Wir haben Spielraum für Innovationen und Investitionen. Aber auch bei schlechten, aber transparenten Zahlen ist es möglich, die richtigen Entscheidungen zu treffen und das Unternehmen auch durch eine Krise zu steuern. Anders sieht es aber aus, wenn wir die Augen vor den Entwicklungen unseres Unternehmens schließen. Auf diese Weise kommen wir irgendwann in Handlungszwang. Dann muss plötzlich alles ganz schnell gehen, wenn nicht, kann dies schnell das Ende eines Unternehmens sein. Um überhaupt zu überleben, müssen wir möglichst schnell Kosten sparen, Mitarbeiter entlassen (dann oft die falschen, weil wir nicht genügend Zeit haben) oder auch Bereiche oder Produkte abstoßen. Als Unternehmer gehen wir dann nicht mehr aktiv mit der Zukunft um, sondern laufen den Ereignissen hinterher. Wir agieren nicht mehr, sondern reagieren nur noch.

Eine gute Metapher ist hier das Wellenreiten. Wenn wir in die Welle geraten (= Entscheidungszwang), so geht es nur noch darum, Luft zu bekommen. Der Kampf ums Überleben hat in diesem Moment begonnen und es ist zu hoffen, dass genug Luft in den Lungen ist (= Liquidität auf dem Konto). Haben wir jedoch unsere Zahlen und Entwicklungen im Griff, können wir vor der Welle reiten und uns von der Kraft des Unternehmens und der Energie unserer Entscheidungen tragen lassen, und dabei selbst die Richtung bestimmen. So macht Unternehmertum Spaß.

Drei Grundsätze des Controllings

Hochkomplexe Systeme, die von nur wenigen verstanden werden, helfen niemandem. Oft ist Controlling zu kompliziert und wird daher von den Mitarbeitern nur widerwillig angenommen.

Controlling muss einfach sein! Nicht alles, was wir messen können, lohnt den Aufwand, und nicht alles ist auch zielführend. Letztlich müssen aus dem Gemessenen Aktionen abgeleitet werden mit dem Ziel der Unternehmensführung, Mitarbeitern, Kunden und der Organisation des Unternehmens insgesamt zu nützen. Definieren Sie das Prinzip Einfachheit in Ihrem Unternehmen.

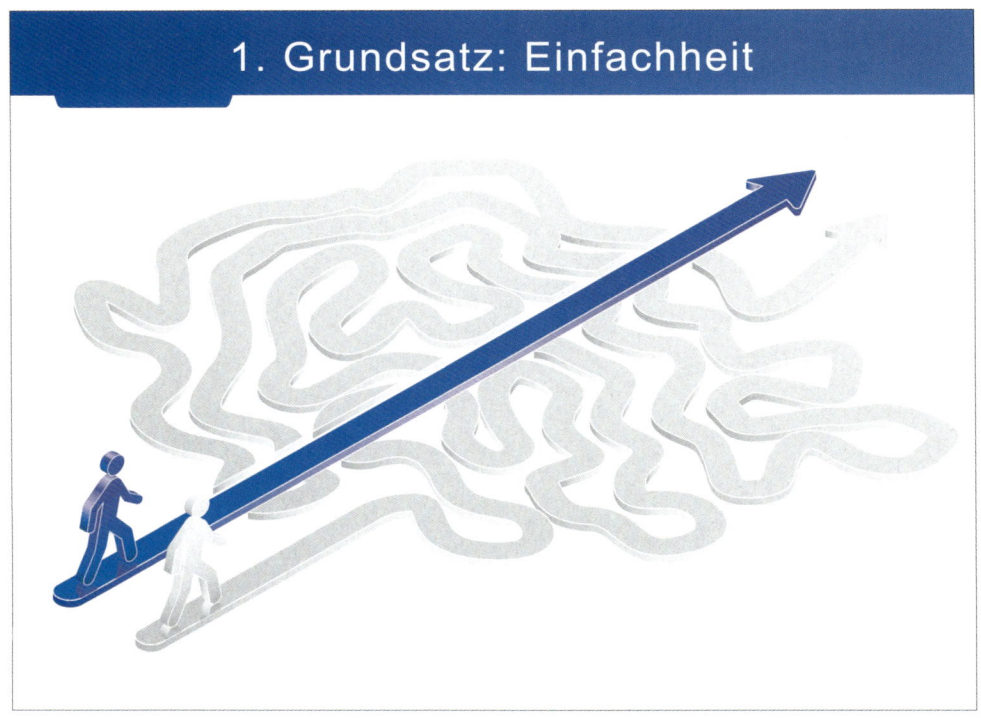

1. Grundsatz: Einfachheit

2. Grundsatz: Konsequenz

Das Wort »con-sequenz« leitet sich aus dem Lateinischen ab und bedeutet »mit Folgen«: Controlling muss praktisch gelebt werden, das heißt, die Bereitstellung und Analyse der Informationen muss im nächsten Schritt zu sinnvollen Handlungen führen. Außerdem muss Controlling auch regelmäßig gelebt werden. Nur wenn ich Zahlen in ihrer Entwicklung sehe und vergleiche, kann ich sinnvolle Erkenntnisse ableiten. Einzelne mathematische Schnappschüsse mögen zwar auch interessant sein, ein Unternehmen lässt sich aber nur führen, wenn sein Kurs regelmäßig bestimmt und mit Fingerspitzengefühl nachjustiert wird.

3. Grundsatz: Kontinuität

Eine effiziente und effektive Unternehmensführung ist keine einmalige Tat, sondern eine Gewohnheit. Aus diesem Grund kommt es auch beim Controlling auf Kontinuität an. Je länger Sie sich mit diesem Thema befassen, desto ausgefeilter und einfacher werden die Instrumente, mit denen Sie arbeiten werden. Wenn die Instrumente Ihnen und allen Mitarbeitern im Laufe der Jahre in »Fleisch und Blut« übergegangen sind, werden Sie auch immer weniger Zeit für Ihr Controlling aufwenden müssen. Es läuft dann zwar nicht komplett von alleine, aber in vielen Bereichen schon automatisch.

Controlling ist kein »L'art pour l'art« – keine Kunst um der Kunst willen. Es geht ausschließlich darum, möglichst schnell und präzise das zu messen, was das Unternehmen wissen muss, um vernünftig zu wirtschaften. Es gilt die Faustregel: 80 Prozent der Energie eines Unternehmens muss dem Kunden zugute kommen, 20 Prozent der Energie ist notwendig, um die Organisation des Unternehmens selbst aufrechtzuerhalten. Frisst Ihr Controlling mehr Zeit (und Geld), sind Ihre Messungen möglicherweise zu umfangreich, zu kompliziert oder zu engmaschig. Achten Sie stets darauf, wie viel Aufwand Ihnen welchen Nutzen bietet. Die gute 80:20-Regel stimmt nicht immer, aber oft. Dies gilt für viele unternehmerische Themen ebenso wie auch für private.

»Wenn du eine weise Antwort verlangst, musst du vernünftig fragen.«

Johann Wolfgang von Goethe

Analyse

Chancen erkennen und Gefahren meiden

> »Es gibt die erstaunliche Möglichkeit, dass man einen Gegenstand mathematisch beherrschen kann, ohne den Witz der Sache wirklich erfasst zu haben.«

Albert Einstein, 1950

Am Anfang jeder **Unternehmensanalyse** steht die genaue Untersuchung der Situation, in der sich das Unternehmen aktuell befindet. Auf den Prüfstand kommen dabei einzelne Leistungsbereiche, wie zum Beispiel Produktion, Materialwirtschaft, Lagerwirtschaft und Service etc. Daneben werden die **Ressourcen** analysiert, wie zum Beispiel Marken, Produkte und Dienstleistungen (mit ihren Lebenszyklen), Personal (bezogen auf Kompetenzen und Erfahrungen), Kapitalausstattung, Bankfinanzierungen und Infrastruktur.

Zusätzlich ist eine Analyse des **Unternehmensumfeldes** sinnvoll, die die aktuelle Situation des Marktes und der Branche sowohl weltweit wie regional unter die Lupe nimmt und dabei die Chancen und Risiken herausarbeitet, die für das eigene Unternehmen erfolgsentscheidend sein können.
Im nächsten Schritt geht es also darum, die Unternehmensanalyse mit der Umfeldanalyse zu kombinieren. Dazu stehen einige etablierte Methoden zur Verfügung. Zusätzliche Werkzeuge habe ich für Sie hinzugefügt.

Das Benchmarking (vergleichbare Werte gegenüberstellen)

Das Benchmarking ist ein kluges Werkzeug der Steuerung, da es sich mit zwei Quellen realer Zahlen befasst (im Gegensatz zum Soll-Ist-Vergleich, bei dem eine Zahl aus dem virtuellen Bereich der Planung kommt). Es gibt viele Möglichkeiten des Vergleichs. Beim direkten Vergleich fungieren zwei eigene Unternehmenseinheiten – zum Beispiel vergleichbare Filialen – als Sparringspartner. Während beim internen Vergleich (»internes Benchmarking«) vor allem Geschäftseinheiten, Vertriebsbereiche, Niederlassungen oder interne Geschäftsbereiche miteinander verglichen werden, stellen wir beim externen Vergleich (»externes Benchmarking«)

Daten anderer Unternehmen gegenüber: Möglich ist ein Vergleich mit direkten Wettbewerbern (»competitive benchmarking«), ein Vergleich innerhalb einer Branche (»functional benchmarking«), ein Vergleich mit der bestmöglichen Realisierung (»best practice benchmarking«) oder ein Vergleich mit Preisgewinnern (»award model benchmarking«).
Die Kernfrage ist hier, wie genau diese Daten sind und ob der Vergleich einen Nutzen für das Unternehmen bietet. Als Jury-Mitglied gleich zweier »Award-Modelle« (TOP100 und TOPJOB) sehe ich jedes Jahr einen großen Nutzen für exzellente Teilnehmer, wenn sie sich mit anderen sehr guten Unternehmen vergleichen lassen.

Einfach und intelligent

Welche Methode auch immer Sie wählen: Im Vordergrund sollte immer das Prinzip der Einfachheit stehen. **Einfach, damit es auch tatsächlich getan wird und damit es auch verstanden wird.**
Gleichzeitig sollten Sie darauf achten, dass Sie nicht nur operativ (fleißig) messen, sondern strategisch (intelligent).
Weder Kennzahlen noch Kennzahlensysteme nämlich sind per se strategieorientiert. Das heißt: Die Wirksamkeit einer Unternehmensstrategie, insbesondere die Wirkkraft der so genannten weichen Faktoren, lässt sich mit einem rein operativen Controlling nicht messen. Dem rein operativen Controlling fehlt auch ein intelligentes Regelkreisdenken: Entwicklungen in den einzelnen Werttreiberbereichen des Unternehmens Kunden, Prozesse und Mitarbeiter kann es nicht, oder nur sehr ungenügend abbilden. Darüber hinaus ist operatives Controlling auch nicht in der Lage, Risiken zu berücksichtigen.

Intelligentes Controlling misst strategisch

Aus diesen Gründen wurde das operative Controlling durch das strategische Controlling ergänzt. Darunter verstehen wir das Entwerfen, Prüfen, Durchsetzen und Überwachen von Strategien – also genau das, was Führung ausmacht. Im Grunde bietet das strategische Controlling den Rahmen für das operative Controlling. Ausgangspunkt sind deshalb die strategischen Planungen des Unternehmens. Der Zeithorizont ergibt sich durch die mit den Strategien abzudeckenden Zeiträume. Zielgrößen sind hier zum Beispiel bestehende und zukünftige Erfolgspotentiale, Marktanteile sowie zukünftige Liquiditätsverwendungspotentiale, das heißt quantitative und vor allem qualitative Größen.

»Unternehmen allein über Finanzzahlen zu führen,
gleicht dem Verfolgen eines Fußballspiels via Anzeigetafel.«

Jürgen Weber

Bedeutung von Zahlen

Für jedes Unternehmen ist es existenziell wichtig, seine Zahlen zu kennen und regelmäßig zu kontrollieren (auch wenn es sich komisch anhört, so ist beides keine Selbstverständlichkeit in kleinen und mittelgroßen Unternehmen). Doch die Tugenden der Disziplin und des Maßhaltens taugen wenig, wenn nicht die Klugheit des Unternehmers dazukommt.

Denn Zahlen allein sagen sehr wenig aus, es gilt, die richtigen Zahlen zu haben und diese auch richtig zu interpretieren (Effektivität und Effizienz des Controllings). Kennzahlen und Kennzahlensysteme sind häufig monetär geprägt und führen ohne eine genaue Ursachenanalyse selbst zu keiner Erkenntnis.

So kann ein Anstieg des Kundenziels bedeuten, dass die Kunden Zahlungsschwierigkeiten haben. Es kann aber auch bedeuten, dass die Kunden die erbrachten Leistungen als noch nicht vollständig erbracht betrachten oder Reklamationen geltend machen und deshalb nicht zahlen. Die Abnahme des Verschuldungsgrades kann genauso auf einer Kapitalerhöhung beruhen wie auf einer Rückführung der Kredite. Sie kann Ergebnis einer positiven Ergebnis- und damit Eigenkapitalentwicklung sein, wie das Ergebnis eines erhaltenen öffentlichen Zuschusses.

Überdies können die Kurzfristigkeit und vor allem die Zeitpunktbezogenheit die Aussagefähigkeit der erhobenen Zahlen deutlich relativieren. Der Grund: Nicht selten werden zum Jahresende – übrigens völlig legal – eine Reihe von Maßnahmen ergriffen, um Ergebnis-, aber vor allem auch Bilanzkennzahlen zu verbessern oder auch zu verschlechtern, je nach Finanzstrategie.

Strategisches Controlling

Mit der Balanced Scorecard (BSC) –
der »Ausbalancierten Messwert-
karte« – haben die amerikanischen
Betriebswirtschaftsprofessoren
Robert Kaplan und David Norton ein
Steuerungs- und Kommunikationsinstrument zur Umsetzung und Prüfung von Unternehmensstrategien
geschaffen. Die BSC überträgt Strategien in konkrete Maßnahmen und
macht diese messbar und kommu-
nizierbar. So werden Strategien mit
operativem Handeln verbunden und
quantitative und qualitative Größen
zusammengeführt. Dabei werden
Ursache-Wirkungs-Zusammenhänge
hergestellt, Schnittstellenprobleme
erkannt und bearbeitungsfähig.

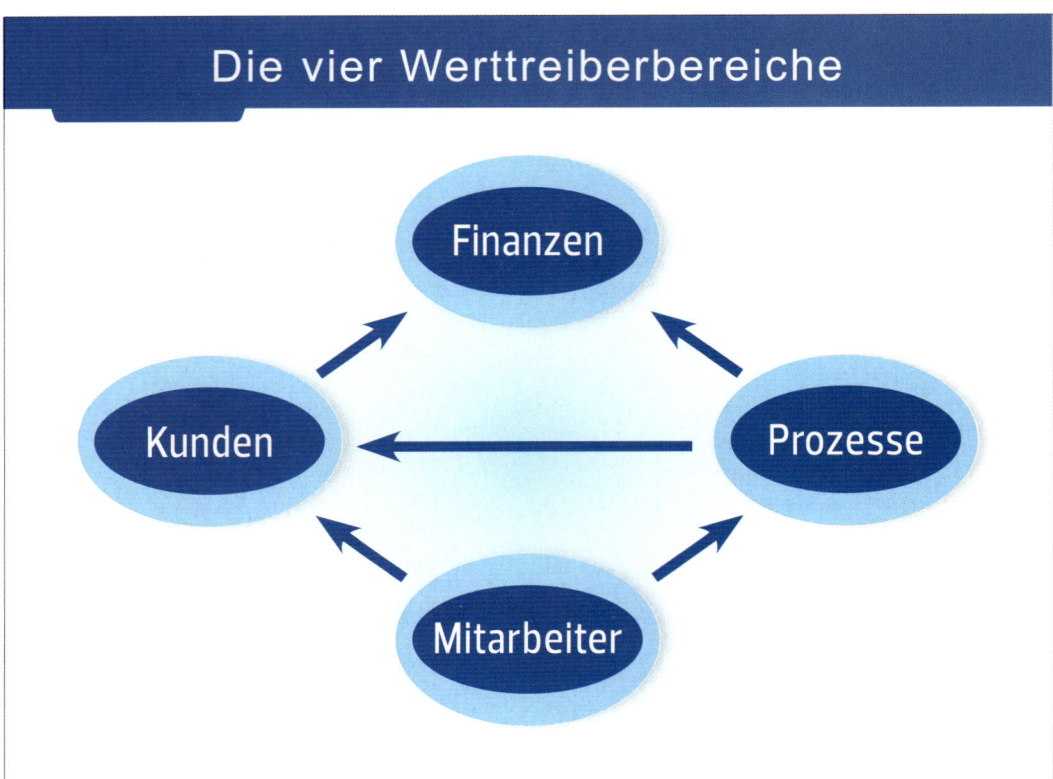

Die vier Werttreiberbereiche

Der klassische BSC-Ansatz von
Kaplan und Norton basiert auf vier
Werttreiberbereichen und bezeichnet diese als Perspektiven. Für jede
dieser vier Perspektiven gibt es
eine Kernfrage.

Kernfragen

Finanzen — Wie sollen wir den **finanziellen Erfolg** unserer Vision demonstrieren?

Kunden — Wie gut realisieren wir gegenüber unseren **Kunden** unsere Vision? (Wie kundenorientiert sind wir?)

Prozesse — Wie gut laufen unsere **Geschäftsprozesse?**

Mitarbeiter — Wie können wir unsere **Mitarbeiter** befähigen, die Vision und die daraus abgeleiteten Ziele umzusetzen?

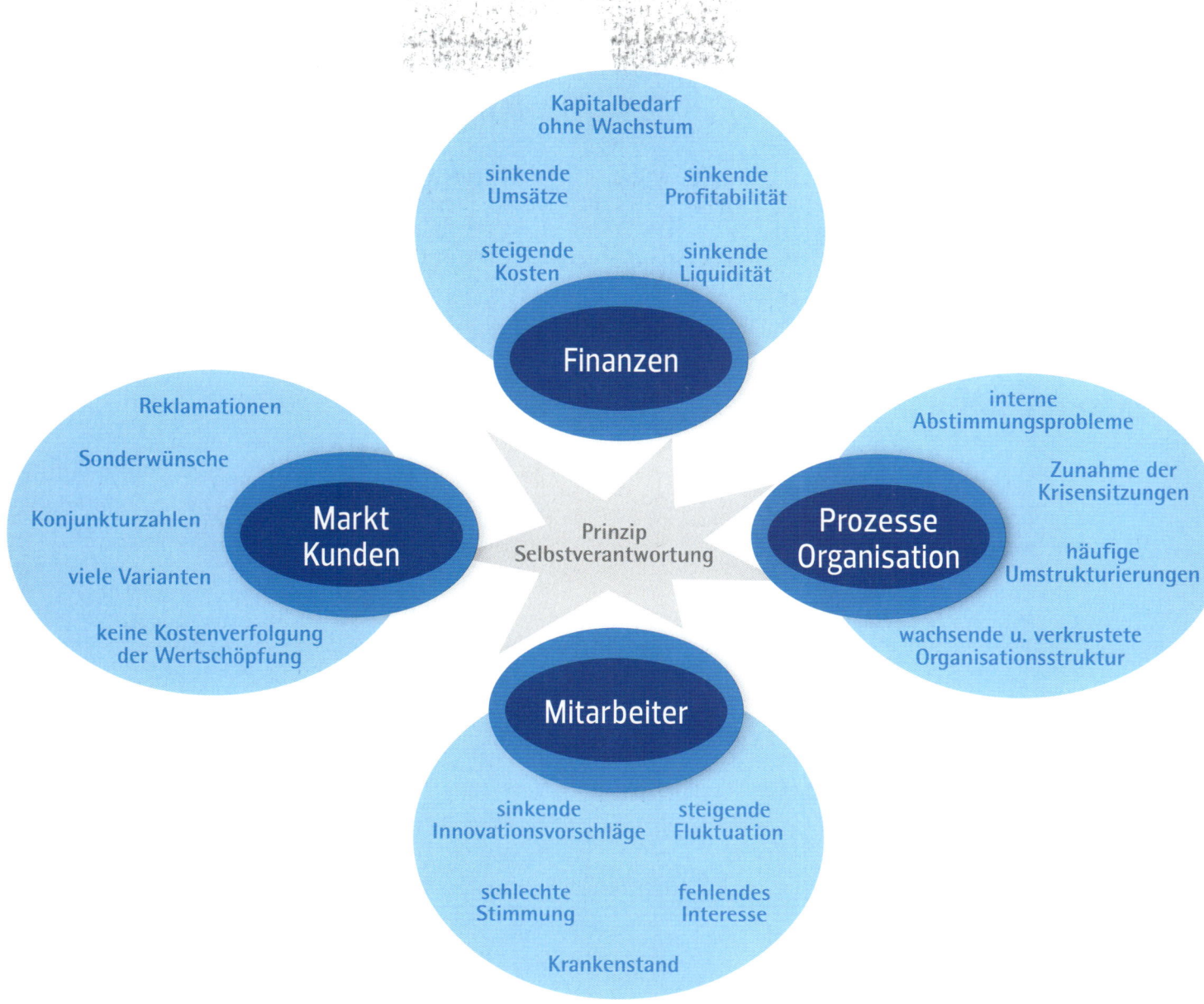

Strategisches Controlling setzt sinnvollerweise in den vier **Werttreiberbereichen** des Unternehmens an: **Kunden (Markt), Mitarbeiter, Prozesse (Organisation), Finanzen.** Zwischen allen Bereichen gibt es mannigfaltige Interdependenzen, die sich in ihren Auswirkungen am Ende immer im Finanzbereich zeigen. Alle Maßnahmen, die operative Planungen und Budgets betreffen, müssen sich an der längerfristigen Strategie des Unternehmens orientieren. Andernfalls werden die Unternehmen an der Umsetzung der Strategie operativ scheitern.

Beispiel 1: Die Ausbildung der Mitarbeiter führt dazu, dass Fehler in der Produktion vermieden werden. Einerseits wird damit der Bereich Finanzen durch die Investition in die Ausbildung der Mitarbeiter finanziell belastet, andererseits können durch eine effizientere und fehlerlosere Fertigung Kosten eingespart werden.

Beispiel 2: Das Ziel »Mitarbeiterinformation verbessern« führt zu fehlerfreien internen Prozessen. Dies wiederum ist die Voraussetzung für die Verbesserung des Qualitätsmanagements, welches seinerseits einen erhöhten Cashflow im Finanzbereich zur Folge hat.

Gründe für unzureichendes Controlling

Viele mittelständischen Unternehmer tun sich mit den Themen Steuerung oder Controlling schwer. Die einen verlassen sich lieber auf ihren Instinkt als auf harte Zahlen. Die anderen glauben, dass sie alles im Kopf haben, was sie brauchen (»Ich merke doch selbst, wie der Laden läuft!«). Damit bleiben sie oftmals weit hinter ihren Möglichkeiten zurück.

Fehlendes Zielsystem und Planung

»Wer das Ziel nicht kennt, kann den Weg nicht kennen – und wer den Weg nicht kennt, kann keine Abweichungen feststellen.« Ein sinnvolles Controlling erfordert die Festlegung von Unternehmenszielen und eine detaillierte Unternehmensplanung. Wenn Sie keine Ziele festlegen, sparen Sie sich zwar die Frustration, diese möglicherweise zu verfehlen – Sie erreichen aber auch nicht viel und verpassen Ihre Chancen.

Angst vor dem zusätzlichen Zeitaufwand

Viele Unternehmer vermeiden die detaillierte Beschäftigung mit der Unternehmenssteuerung, weil sie Angst davor haben, dass neben dem Alltagsgeschäft zu viel Zeit dafür aufgewendet werden muss. In der Realität zeigt sich der gegenteilige Effekt: »Vorbereitungszeit verdoppeln heißt Ausführungszeit halbieren.«

Angst vor den Kosten

Neben dem erforderlichen Zeitaufwand schrecken viele mittelständische Unternehmer vor den Kosten zurück, die mit der Einrichtung von Controlling-Systemen einhergehen könnten. Wenn Sie sich kein eigenes System aufbauen möchte, gibt es für Sie heute aber bereits sehr gute kostengünstige Planungs- und Controllingtools. Bei der Auswahl sollten Sie auf intelligente Schnittstellen achten, sei es zu den Produktionsplanungs- und Steuerungssystemen (PPS) oder zur Buchhaltung, um Doppelarbeit beim Erfassen oder Eingeben von Daten weitestgehend zu vermeiden.

Angst vor zunehmender Komplexität

Die Größe des Unternehmens, die Komplexität der betrieblichen Vorgänge, die Lieferanten- und Kundenstruktur, die Anzahl der Mitarbeiter, die Anzahl von Tochtergesellschaften, die wirtschaftliche Situation (vor allem die Liquiditätssituation), die Anzahl von Geschäftsfeldern und vieles mehr bestimmen die Komplexität des Controllings. So entsteht schnell eine große Datenfülle. Schrecken Sie nicht davor zurück, sondern bauen Sie Schritt für Schritt ein Controlling auf, das Ihnen und Ihrem Unternehmen gerecht wird. Dabei gilt immer: Keep it simple!

Fehlendes Wissen um einfache Controllinglösungen

Ringen Sie nicht mit Komplexität oder gar Kompliziertheit. Setzen Sie konsequent auf die Zahlen, die pünktlich vorliegen und aussagefähig sind. So schaffen Sie mit einem vertretbaren zeitlichen, organisatorischen, personellen und finanziellen Aufwand Ihre individuell angemessene Lösung.

Angst vor Veränderungen

Controlling ist ein Werkzeug, das Veränderungen bewirken soll. Vielleicht liegt die fehlende Akzeptanz und Bereitschaft im Mittelstand auch daran, dass wir uns nicht so gerne verändern? Nun soll und muss das Controlling aber Hilfestellung geben, die notwendigen Veränderungen im Unternehmen zu veranlassen, damit Sie als Unternehmer die Unternehmensvision und die daraus abgeleiteten Unternehmensziele verwirklichen können.

Denn gerade wenn das Geschäft gut läuft (was im Übrigen nicht heißt, dass es durch ein Steuerungs- und Controllingsystem nicht noch besser laufen könnte), wird Veränderungsbedarf selten gesehen. Hier gilt der Satz, dass »der Erfolg von heute der Feind des Erfolges von morgen ist«. Das heißt: Genau in der Situation, in der es Ihrem Unternehmen gut geht, sollten Sie Vorsorge treffen – nicht zuletzt durch die Implementierung sinnvoller Controlling-Instrumente in den unterschiedlichen Unternehmensbereichen.

> »Der Gebildete treibt die Genauigkeit nicht weiter, als es der Natur der Sache entspricht.«
>
> Aristoteles

Kurztest: Wie fit ist Ihr Controlling?

Um festzustellen, wie es um das strategische Controlling in Ihrem Unternehmen bestellt ist, beantworten Sie bitte die folgende Fragen:

1. Ist die Unternehmensvision formuliert?
☐ ja ☐ nein

2. Sind aus der Vision kurz-, mittel- und langfristige Unternehmensstrategien abgeleitet?
☐ ja ☐ nein

3. Sind die Unternehmensziele und die erwarteten Wirkungen klar und operational definiert?
☐ ja ☐ nein

4. Erfolgt die Unternehmensplanung durch einen Planungsprozess, der in allen Teilbereichen des Unternehmens durchgeführt wird?
☐ ja ☐ nein

5. Sind die notwendigen Maßnahmen im erforderlichen Umfang und detailliert genug durchgeplant?
☐ ja ☐ nein

6. Werden die geplanten Maßnahmen auch tatsächlich umgesetzt?
☐ ja ☐ nein

7. Ist aus der Unternehmensstrategie ein Zielsystem, bestehend aus kurz-, mittel- und langfristigen Zielen, abgeleitet?
☐ ja ☐ nein

8. Sind die Ziele von den Beteiligten akzeptiert?
☐ ja ☐ nein

9. Werden dabei auch qualitativen Ziele im Unternehmen formuliert?
☐ ja ☐ nein

10. Wird die Zielerreichung kontrolliert und werden Abweichungen analysiert?
☐ ja ☐ nein

11. Führen Sie hinsichtlich Ihrer wirtschaftlichen Entwicklung Markt- und Wettbewerbsanalysen durch?
☐ ja ☐ nein

12. Gibt es alternative Planungen für unterschiedliche Unternehmensentwicklungen (Worst-case-Betrachtungen)?
☐ ja ☐ nein

13. Sind Mitarbeitern qualitative Ziele zugeordnet?
☐ ja ☐ nein

14. Werden die mitarbeiterbezogenen Zielvorgaben einem regelmäßigen Soll-Ist-Abgleich unterzogen und gegenüber den betroffenen Mitarbeitern kommuniziert?
☐ ja ☐ nein

15. Ist organisatorisch Vorsorge dafür getroffen worden, dass die Führung den Umsetzungsprozess beherrschen kann?
☐ ja ☐ nein

16. Funktioniert das Frühwarnsystem insbesondere des Berichtswesens, so dass Gegensteuerungsmaßnahmen rechtzeitig ergriffen werden können?
☐ ja ☐ nein

Summe

ja _____

nein _____

Sollten Sie mehr als 4 Fragen mit »nein« beantwortet haben, empfehlen wir Ihnen dringend, sich mit der Einführung eines strategischen Steuerungs- und Controllingsystems zu beschäftigen.

Viele Unternehmen steuern nach dem „Prinzip Hoffnung"

50 % der Insolvenzen wären mit Controlling vermeidbar.

Lösungsansätze zur Gestaltung des Controllings im Mittelstand

Häufig sehen sich mittelständische Unternehmer überfordert, ein adäquates Controlling mit einem vertretbaren finanziellen und personellen Aufwand aufzubauen. Tatsächlich ist es für viele unnötig, einen eigenen Controller einzustellen, weil die Unternehmensgröße und Unternehmensstruktur auch andere Lösungen zulassen. Hier einige dieser alternativen Lösungen:

Externes Controlling: Das Controlling wird zum Beispiel in Kooperation mit externen Experten aus Hochschulen oder Beratungsunternehmen aufgebaut. Outsourcing in dieser Form kann sehr kostensparend sein. Möglicherweise reichen ein oder zwei Tage im Monat schon aus, um ein professionelles Controlling sicherzustellen.

Controlling-Sharing: Mehrere Unternehmen teilen sich eine Controlling-Service-Einheit. Ein positiver Nebeneffekt besteht im Best-Practice-Sharing, das heißt in der Möglichkeit, von den übrigen Beteiligten zu lernen.

Controlling als Teilfunktion: Das Controlling wird in mehrere Teilfunktionen aufgegliedert, so dass dann mehrere Personen im Unternehmen jeweils Teilaspekte des Controllings wahrnehmen. Die Ressourcenbindung ist damit bei jedem Mitarbeiter begrenzt und die Kosten-Nutzen-Relation günstig.

Temporäre (semi-)professionelle Controllingunterstützung: Eine weitere Lösung ist ein zeitlich begrenzter Einsatz von Managementberatern oder qualifizierten Zeitarbeitskräften sowie Studenten, die im Unternehmen (nicht extern) die Controllingarbeiten übernehmen.

Nutzen und Ziel des Controllings

Im Ergebnis sollte Ihr Controlling

· eine zukunftsgerichtete Unternehmerdenkhaltung unter Berücksichtigung von Markt-, Kunden- und Technologieentwicklungen darstellen,

· die Kreativität und Intuition des Unternehmers und seiner Führungskräfte als Teil eines Führungs- und Steuerungsinstruments unterstützen,

· bei der visionären und ganzheitlichen Entwicklung des Unternehmens helfen,

· Marktchancen und Stärken des Unternehmens weiterentwickeln,

· den Unternehmer dazu befähigen, den Gewinn zu beeinflussen und Verluste zu minimieren,

· nicht bei der Analyse der Situation stehen bleiben, sondern Gegenmaßnahmen treffen oder vorschlagen,

· von allen Mitarbeitern akzeptiert und nicht als Kontrolle empfunden werden und

· Bindeglied zwischen planender und ausführender Ebene sein.

Schnell abrufbare Informationen

Controlling hilft, Verlust zu minimieren

Controlling als Frühwarnsystem

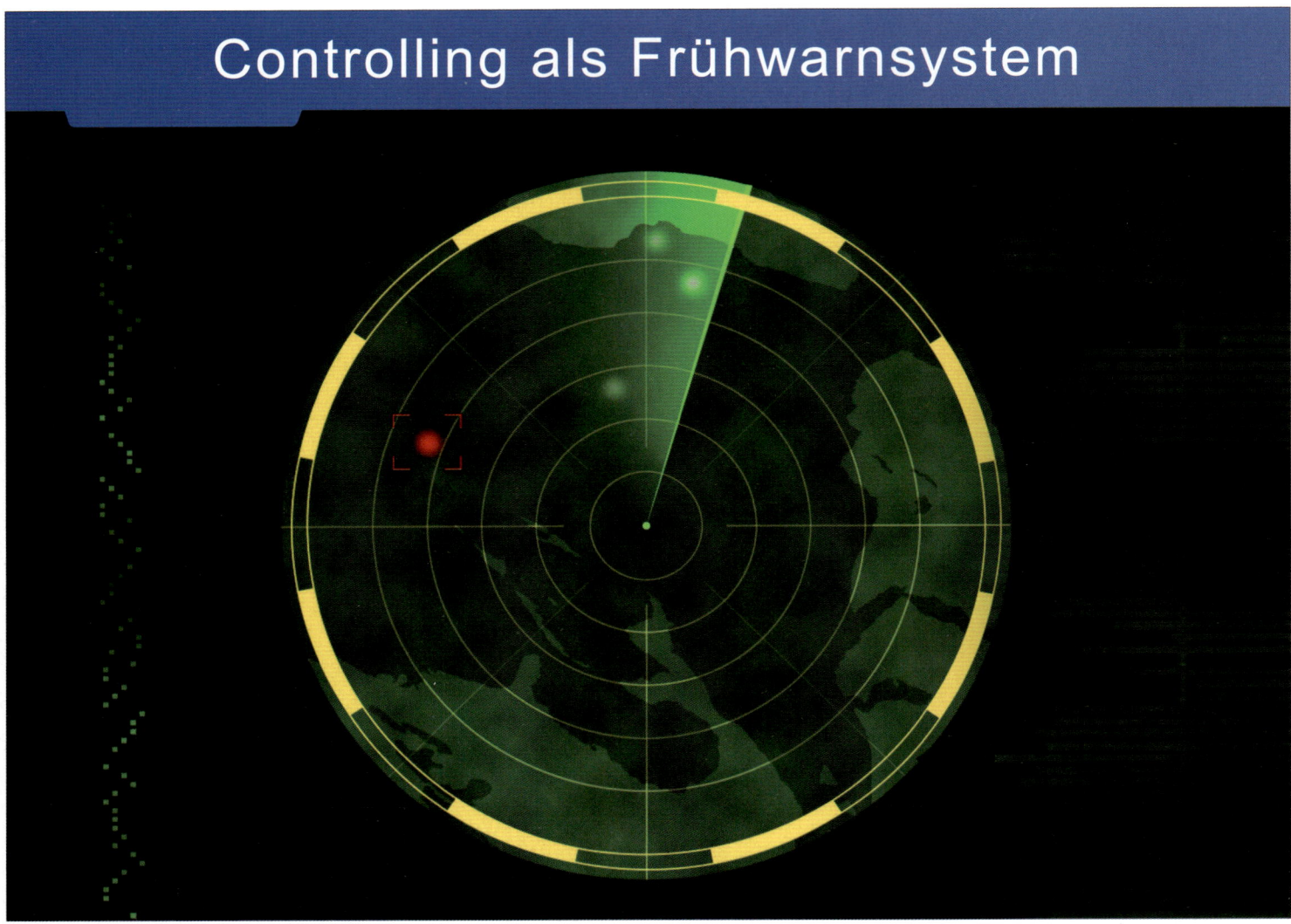

Sie können strategisches Controlling im Unternehmen einerseits nutzen, um Ihre Chancen effektiver zu realisieren, und andererseits, um Risiken frühzeitig zu erkennen. Je nach Komplexität Ihrer Daten können Sie so akute Krisen analysieren, kommende Krisen sehen und strategische Fehlentscheidungen erkennen.

1. Stufe: Die Daten des Rechnungswesens (zum Beispiel betriebswirtschaftliche Auswertungen, Betriebsabrechnungsbögen, Kostenrechnungen etc.) werden zur Erkennung akuter Ertrags- und Liquiditätskrisen analysiert (GuV- und Bilanzanalysen, Soll-Ist-Vergleiche).

2. Stufe: In einem fortgeschrittenen Ansatz werden neben den Daten des Rechnungswesens auch quantitative Informationen aus der Fertigung, dem Personalbereich, dem Vertrieb oder dem Markt- und Wettbewerbsumfeld herangezogen. Über die Definition und Verwendung von Operatoren, deren Abweichung von festgelegten Grenzwerten Hinweise auf drohende Krisen geben, lassen sich somit Probleme frühzeitiger erkennen.

3. Stufe: Im strategischen Controlling wird nach »Signalen« gesucht, die dem Erkennen von strategischen Fehlentscheidungen dienen. Anhaltspunkt geben Frühindikatoren aus den vier Werttreiberbereichen des Unternehmens (Finanzen, Kunden, Prozesse und Mitarbeiter).

Werkzeug 🖱 »kurze Unternehmensanalyse«

Wo stehen wir?

Das SchmidtColleg hat ein eigenes Unternehmensanalysewerkzeug entwickelt, welches Ihnen innerhalb von wenigen Minuten einen sehr guten Überblick über die gegenwärtige Situation des Unternehmens ermöglicht. Es handelt sich um eine methodische Selbsteinschätzung, die sie sofort selber durchführen können. Allerdings hat dieses Werkzeug auch die Grenzen einer Selbstbewertung, denn für die Führung eines Unternehmens ist es sehr nützlich, sich von Zeit zu Zeit den guten und seriösen Rat eines Außenstehenden einzuholen. Oft schmoren die Unternehmen in ihrem eigenen Saft und merken die Veränderung des Marktes nicht oder viel zu spät.

»Nichts ist leichter als Selbstbetrug, denn was ein Mensch wahrhaben möchte, hält er auch für wahr.«

Demosthenes

Basierend auf den 4 Hauptaufgaben (Strategie, Steuerung, Management, Führung) stellen Sie sich die nachfolgenden 16 Fragen, die dann prozentual in die Grafik (siehe S. 205) eingefügt werden.

A Strategie

		0%	25%	50%	75%	100%

A1 PHILOSOPHIE: Wie klar ist Ihre Unternehmensphilosophie?

A2 ZIELE: Wie genau ist Ihr Zielsystem (allen Mitarbeitern bekannt)?

A3 MARKETING: Wie gut ist Ihr Marketing?

A4 GESCHÄFTSMODELL: Wie gut und schriftlich formuliert ist
Ihre Unternehmensstrategie?

B Steuerung

		0%	25%	50%	75%	100%

B1 FINANZEN: Wie gut ist die finanzielle Transparenz?

B2 ANALYSE: Wie gut sind die regelmäßigen Analysen?

B3 BERICHTSWESEN: Wie gut ist das regelmäßige Berichtswesen?

B4 KENNZAHLEN: Wie gut sind die Kennzahlensysteme?

C Management

		0%	25%	50%	75%	100%

C1 TECHNIK: Wie beurteilen Sie Ihre technische Ausstattung
(EDV, Kommunikation)?

C2 ORGANISATION: Wie gut organisiert ist Ihr Unternehmen?

C3 QUALITÄT: Wie gut wird das Qualitätsmanagement gelebt?

C4 INFRASTRUTKUR: Wie gut ist die Infrastruktur?

D Führung

		0%	25%	50%	75%	100%

D1 KOMMUNIKATION: Wie gut ist die Kommunikation?

D2 MITARBEITERORIENTIERUNG: Wie ausgeprägt ist die
Mitarbeiterorientierung?

D3 MITARBEITERENTWICKLUNG: Wie gut ist die Mitarbeiterentwicklung in Ihrem Unternehmen?

D4 KULTUR: Wie gut ist die gelebte Kultur und Stimmung in
Ihrem Unternehmen?

Tragen Sie hier nun Ihre Werte ein.

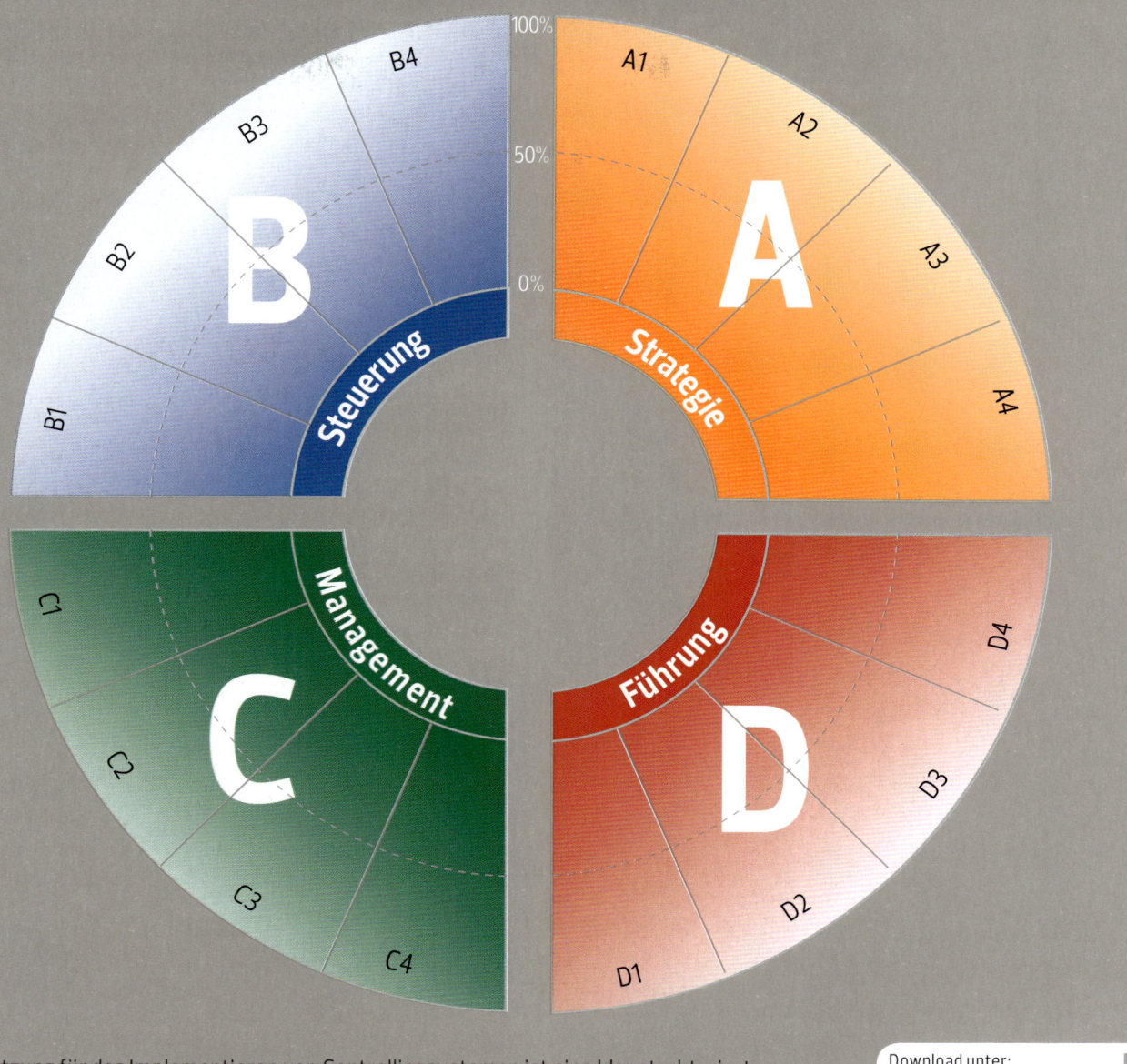

Voraussetzung für das Implementieren von Controllingsystemen ist eine klar strukturierte Analyse der Unternehmenssituation. Neben einer Analyse der Leistungsbereiche, zum Beispiel Produktion, Material-, Lagerwirtschaft, Service etc., müssen auch die Ressourcen, zum Beispiel Personal, Kapitalausstattung, Bankfinanzierungen, Infrastruktur, sowie Schwachstellen des Unternehmens angesehen werden. Diese Vorgehensweise kann durch einen Vergleich mit anderen Unternehmen oder weiteren eigenen Unternehmensbereichen (»internes und externes Benchmarking«) ergänzt werden. Auch eine Analyse des eigenen Marktes und der Wettbewerber (zum Beispiel auch durch Kundenbefragungen) ist ein wichtiger Baustein in der Analyse der Unternehmenssituation. Ebenso sollten regelmäßig die Kosten- und Ertragsplanungen detailliert hinterfragt werden. So wie bei allen Methoden und Werkzeugen steht auch hier das Prinzip »Einfachheit« im Vordergrund.

Download unter:
www.UnternehmerEnergie.de

»Was einfach ist, wird verstanden.
Was verstanden ist, wird auch getan.«

Cay von Fournier

Cockpit

Das Unternehmen unter Kontrolle

> »Die Zukunft hat viele Namen: Für Schwache ist sie das Unerreichbare, für die Furchtsamen das Unbekannte, für die Mutigen die Chance.«
>
> Gotthold Ephraim Lessing

Ein wichtiges und praktisches Werkzeug für die Steuerung eines Unternehmens ist der Geschäftsplan (Businessplan). Sobald ein Unternehmer gefordert ist, für interne Zwecke (Kommunikationsinstrument gegenüber Mitarbeitern oder Gesellschaftern) oder für externe Zwecke (Banken, Eigenkapitalgeber, Kreditversicherer, Lieferanten, Kunden) einen Geschäftsplan zu erstellen, ist er automatisch gezwungen, sich inhaltlich mit dem gesamten Unternehmen detailliert auseinanderzusetzen, es zu analysieren und zu planen. Die Planung deckt systematisch Wissens- oder Planungslücken auf und hilft dabei, diese zu füllen. Die Erstellung des Geschäftsplans gewinnt heute für die meisten Unternehmer an zusätzlicher Bedeutung, denn im Rahmen des Ratingprozesses nach Basel II wird jedes Kredit aufnehmende Unternehmen von seiner Hausbank einem intensiven Bonitätsanalyseprozess unterworfen.

Geschäftspläne sind vor allem bei der Neugründung von Unternehmen notwendig, sie können aber für andere **Ziele** eingesetzt werden. Zum Beispiel für

· firmeninterne Planungen,
· Einführungen neuer Produkte oder Dienstleistungen,
· Übernahmen von Firmen oder Firmenteilen.

Je nach Zielsetzung muss sich der Businessplan schwerpunktmäßig auf die Analyse der Marktsituation und auf Marketing- und Vertriebsthemen fokussieren (das gilt zum Beispiel für Produktinnovationen) oder auf Finanzthemen (bei Übernahmen).
Der **Umfang** des Geschäftsplans hängt von der Größe Ihres Vorhabens ab. So sollten bis zu zehn Seiten reichen, um die Gründung eines kleinen Ladengeschäfts zu beschreiben. Wollen Sie ein mittelständisches Unternehmen von regionaler Bedeutung aufbauen, sollten Sie Ihr Vorhaben ausführlicher beschreiben (auf bis zu 20 Seiten). Große Unternehmen von nationaler Bedeutung erfordern sehr ausführliche Planungen, weil hier in der Regel auch viele Investoren überzeugt werden müssen.

Vorsicht, Fixkosten!

Von entscheidender Bedeutung für den Erfolg Ihres Unternehmens ist eine realistische **Finanzplanung.** Vielen Unternehmern laufen gerade in der Startphase die **Kosten** davon, weil sie sich zu viele Fixkosten aufhalsen, etwa für zu große Büroräume und zu viel Personal. Ihnen droht häufig schon nach kurzer Zeit das, was Geschäftsleute salopp als »Fixkostentod« bezeichnen.

Vorsicht, Umsicht und Sorgfalt sind auch bei Ihrer **Umsatzplanung** erfolgsentscheidend. Häufig gehen Gründer gerade in der Startphase von zu hohen Umsätzen aus und stützen sich in der Folge auf Liquiditätspläne, die nicht aufgehen können.

Sorgen Sie für Liquidität

Ihr **Liquiditätsplan** zeigt Ihnen, ob Sie in den kommenden Monaten Ihren Zahlungsverpflichtungen nachkommen können. Dazu stellen Sie Ihre erwarteten Einnahmen und Ausgaben gegenüber und ordnen diese den einzelnen Monaten zu, in denen sie anfallen. Das ist von entscheidender Bedeutung vor allem dann, wenn Sie zu Beginn des Jahres hohe Kosten zu tragen haben, die Erlöse aber erst am Jahresende fließen. Sorgen Sie hier nicht für die ausreichenden liquiden Mittel, müssen Sie Ihr Geschäft trotz hoher zu erwartender Rentabilität schon nach einigen Monaten wegen Zahlungsunfähigkeit schließen.

Eine weitere Falle für Jungunternehmer ist die Steuer: Auch wenn die Umsatzsteuer nicht monatlich angemeldet werden muss, ist es bei der Liquiditätsplanung notwendig, die eingenommene Steuer eben nicht in die liquiden Mittel einzurechnen. Dass am Ende des Jahres eine Einkommenssteuer gezahlt werden muss, verlieren etliche Unternehmer ebenfalls aus dem Blick.

Bleiben Sie kritisch!

Denken Sie immer daran: Ihr Plan ist ein wichtiges Instrument, das Ihnen bei der Steuerung Ihres Unternehmens hilft. Aber Ihr Plan ist nicht die Realität, und Ihr Plan hat auch keinen direkten Einfluss auf die Realität. Es bleibt Ihnen nichts anderes übrig, als jeden Tag Augen und Ohren offen zu halten, um gefährliche Abweichungen oder neue Chancen frühzeitig zu erkennen.

Der Business-Plan als Basis

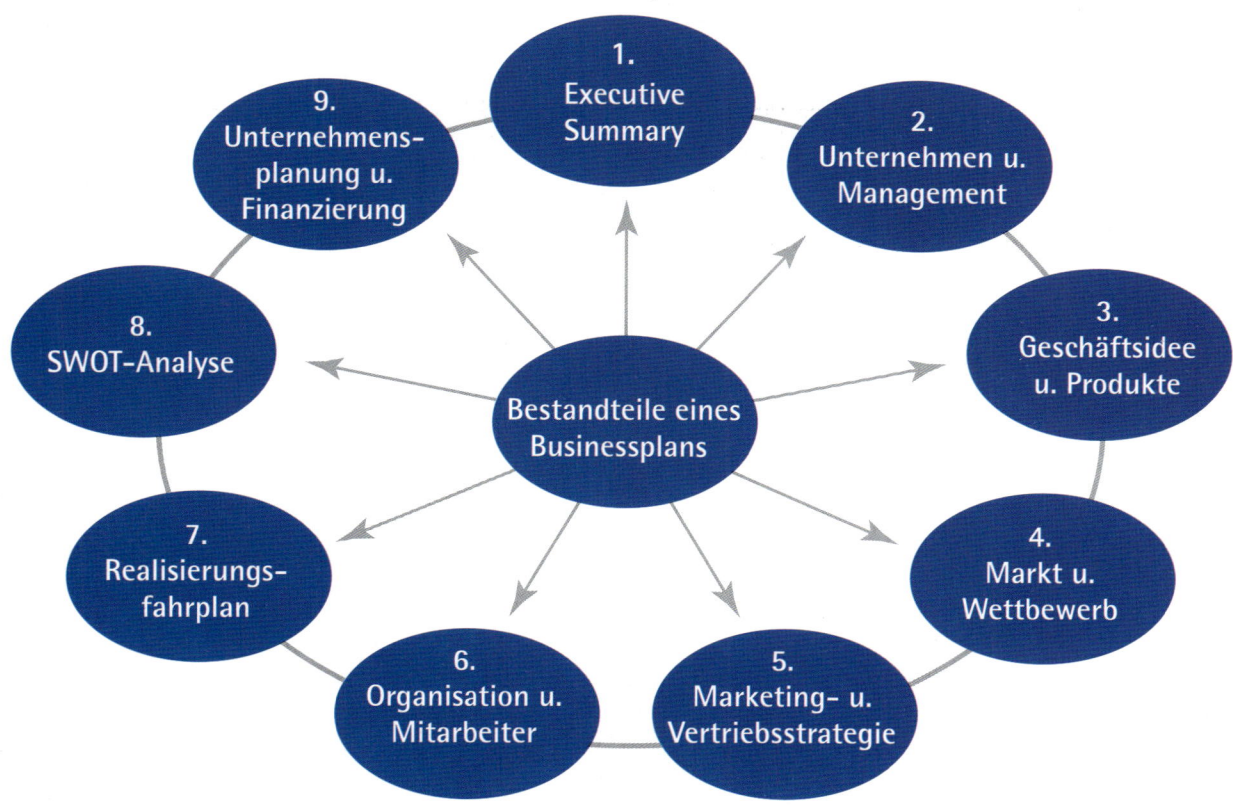

1. Executive Summary: Diese Zeilen schreiben Sie am besten, wenn Ihre komplette Planung schon steht. Sie bieten damit einen schnellen Überblick für Entscheider.

2. Unternehmen und Management: Hier geht es um die wirtschaftliche Geschichte Ihres Unternehmens, die Sie mit aussagekräftigen Zahlen darstellen können. Relevant ist zudem die Firmenstruktur (Organigramm) und nicht zuletzt das Unternehmerteam. Hier können Sie ausführlich über die Kompetenzen und Funktionen jedes einzelnen Mitglieds berichten.

3. Geschäftsidee und Produkte: Beschreiben Sie in diesem Punkt den einzigartigen Nutzen Ihrer Dienstleistung oder Ihres Produktes. Welches Problem Ihrer Kunden lösen Sie besser (schneller, billiger, anders, leichter, schöner) als jeder andere Anbieter (oder überhaupt erstmals)?

4. Markt und Wettbewerb: Wie sieht der Markt aus, in dem Sie sich bewegen wollen? Wie sind Ihre Mitbewerber positioniert? Welche Stärken und Schwächen haben Sie? Wer sind Ihre Kunden? Wo sind Ihre Kunden? Eine sauber recherchierte Wettbewerbsanalyse zeigt Entscheidern glasklar, wie die Chancen für Ihr Unternehmen stehen.

5. Marketing- und Vertriebsstrategie: Wie viel werden Sie verkaufen? Wann wird das sein? In welchem Preissegment siedeln Sie Ihre Produkte oder Dienstleistungen an? Wie werden Sie sich im Markt bekannt machen? Welche Aussagen transportiert Ihre Werbung – und Ihr Angebot selbst? Wenn diese Strategie aufgeht, haben Sie schon fast gewonnen.

6. Organisation und Mitarbeiter: Wer macht was, wann und wie? Je intelligenter Sie Ihr Unternehmen organisieren, desto kleiner sind Ihre Reibungsverluste – und desto größer Ihre Wertschöpfung.

7. Realisierungsfahrplan: Ihr Fahrplan zum Erfolg. Skizzieren Sie, in welchen Monaten des Jahres was passieren wird. So zeigen Sie Entscheidern, wie Ihr Plan Schritt für Schritt Gestalt annimmt.

8. SWOT-Analyse: Mit einer realistischen Einschätzung Ihrer Risiken punkten Sie bei den Entscheidern: Sie zeigen, dass Sie sich auskennen und keineswegs ins Blaue hinein geplant haben.

9. Unternehmensplanung und Finanzierung: An dieser Stelle weisen Sie eine Prognose der wichtigsten Kennzahlen Ihres Unternehmens aus, und zwar für einen Planungszeitraum von drei bis fünf Jahren.

Sensitivierung der Planung

Am Ende der inhaltlichen und damit vor allem qualitativen Phase der Erstellung eines Geschäftsplans erfolgt die quantitative Umsetzung in Form der Unternehmensplanung, bestehend aus den detaillierten Umsatzplanungen, Personalplanungen, Kostenaufstellungen, Investitions- und Abschreibungsplänen, Gewinn-und-Verlust-Rechnungen, Planbilanzen, Plan-Kapitalflussrechnungen und monatlichen Liquiditätsbetrachtungen.

Um unterschiedlichen Entwicklungen im Unternehmen Rechnung zu tragen, sollten im Rahmen einer Sensitivitätsanalyse (Szenarienrechnungen) unterschiedliche Unternehmensverläufe simuliert und planerisch abgebildet werden. So kann zum Beispiel ein günstiger, ein normaler und ein ungünstiger Verlauf dargestellt werden. Sehr häufig ergibt sich aus dem ungünstigen Verlauf ein zusätzlicher Finanzierungsbedarf, der frühzeitig gedeckt werden sollte.

Der Geschäftsplan ist alles andere als eine lästige Hausaufgabe, die irgendwann in einer Schublade verschwindet. Im Gegenteil: Mit diesem Plan legen Sie die Basis für ein operatives Steuerungs- und Controllingsystem. Ohne zusätzlichen Aufwand können Sie sofort mit monatlichen Soll-Ist-Vergleichen beginnen, was Ihnen einen doppelten Nutzen bringt: Zum einen steht Ihnen ein professionelles Steuerungsinstrument zur Verfügung, und zum anderen können Sie auf Grundlage Ihrer Daten gegenüber Investoren oder der Hausbank sehr hohe Professionalität dokumentieren und erzielen so ein gutes Rating, das heißt eine gute Bonitätseinstufung, und damit günstigere Kreditkonditionen. (Idealerweise berücksichtigt Ihr Geschäftsplan auch die Notwendigkeiten, die sich hinsichtlich der Inhalte und der Aussagefähigkeit im Ratingprozess nach Basel II ergeben!)

Der Geschäftsplan ist ein »lebendiges« Instrument für Ihr Unternehmen, das aktiv für die unterschiedlichsten Zwecke genutzt werden kann (und sollte!).

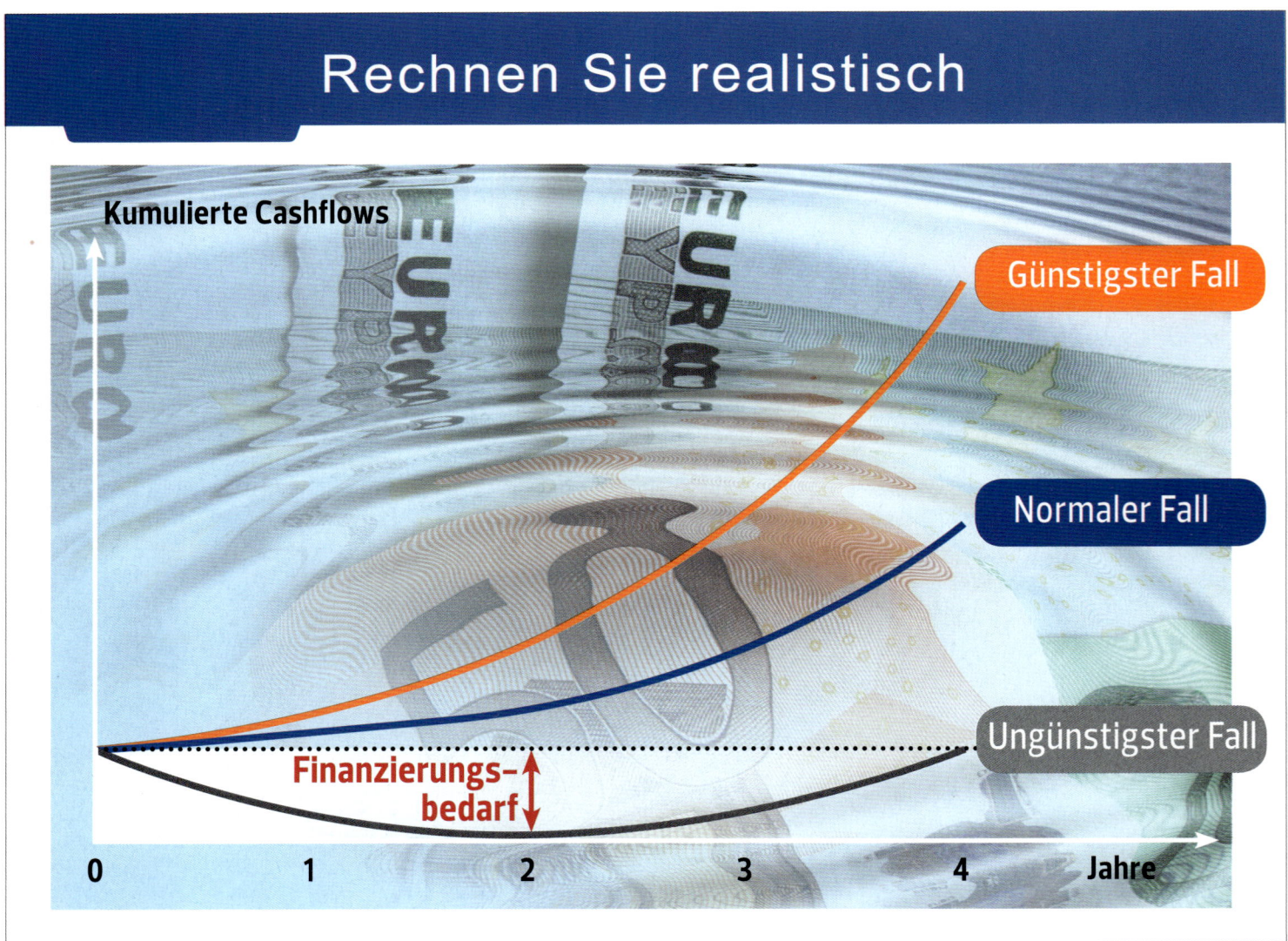

Rechnen Sie realistisch

Kumulierte Cashflows

Günstigster Fall

Normaler Fall

Ungünstigster Fall

Finanzierungs-bedarf

0   1   2   3   4   Jahre

So finden Sie die geeigneten Kennzahlen

Wenn Sie die Methode der Balanced Scorecard wählen, steht und fällt Ihr Erfolg mit der intelligenten **Auswahl der Kennzahlen.** Auf den folgenden Seiten habe ich einige Ansätze für Sie zusammengestellt, die sich in mittelständischen Unternehmen bewährt haben.

Wählen Sie sorgfältig aus

»Wer all seine Ziele erreicht hat, hat sie sich als zu niedrig ausgewählt.«

Herbert von Karajan

Strategisches Ziel (= Leitlinie)	Kennzahl (= Messgröße)	Vorgabe (= operatives Ziel)	Maßnahmen (= Aktivität)

Ebene der Finanzen

Hier lassen sich verhältnismäßig einfach Kennzahlen finden. »Umsatz pro Mitarbeiter« oder »Materialkosten pro Produkt« sind Messgrößen, an denen gut abgelesen werden kann, ob Ziele wie »Kostensenkung« oder »Ausschöpfung der Ressourcen« erreicht wurden.
Auf der Ebene der Unternehmensführung könnte für den Bereich Finanzen eine Scorecard wie folgt formuliert werden:

FINANZEN

Strategisches Ziel (= Leitlinie)	Kennzahl (= Messgröße)	Vorgabe (= operatives Ziel)	Maßnahmen (= Aktivität)
Erwirtschaftung einer Umsatzrendite vor Steuern im oberen Bereich vergleichbarer Unternehmen der Branche	Umsatzrendite	Umsatzrendite > 10 %	Verkaufsförderung von Produkten mit größeren Deckungsbeiträgen Neue Vertriebsgebiete erschließen

Einige Beispiele typischer Kennzahlen in der Finanzperspektive sind:

- Unternehmenswert
- Gesamtkapitalrendite
- Eigenkapitalrendite
- Kapitalkosten
- Umsatzwachstumsrate
- Umsatzrendite
- Investitionsquote
- Kapitalrückflussquote
- Liquiditätsreichweite
- Eigenkapitalquote
- Dynamischer Verschuldungsgrad
- Cashflow-Marge
- Debitorenfrist
- Fixkostenanteil am Umsatz

Ebene der Prozesse

Hier können »Ausschussquoten« oder »Lagerumschlagshäufigkeit« gemessen werden, um sichtbar zu machen, inwieweit Ziele wie »fehlerhafte Prozesse« oder »höhere Flexibilität« erreicht werden.

Denkbar wären natürlich auch Zielvorgaben, die mit mehreren Kennzahlen gemessen werden oder mit einer größeren Zahl von Maßnahmen. Diese Scorecard wird auf die einzelnen Hierarchieebenen des Unternehmens heruntergebrochen, das heißt: Für jeden Betroffenen werden konkrete Vorgaben und Maßnahmen festgelegt. Auf der Ebene der Unternehmensführung könnte für den Bereich Prozesse eine Scorecard wie folgt formuliert werden. Im vorliegenden Beispiel stehen eine Kennzahl, eine Vorgabe und zwei Maßnahmen im Fokus.

PROZESSE

Strategisches Ziel (= Leitlinie)	Kennzahl (= Messgröße)	Vorgabe (= operatives Ziel)	Maßnahmen (= Aktivität)
Innovative Produkte auf den Markt bringen	Ertrag aus neuen Produkten in % am Gesamtumsatz	Mindestens 5 % pro Jahr	Kreativteam bilden Kundenbefragungen auswerten
Servicequalität erhöhen	Anzahl der Reklamationen	Senkung gegenüber Vorjahr um 30 %	Technologietrends auswerten Ausbildung der Mitarbeiter verbessern

Einige Beispiele typischer Kennzahlen in der Prozessperspektive sind:

- Lieferzuverlässigkeit
- Lagerreichweite
- Verfügbarkeit der Anlagen
- Produktivität
- Kapazitätsauslastung
- Ausschussquoten
- Deckungsbeitrag je Mitarbeiter
- Relation Bearbeitungs- zu Durchlaufzeit
- Zeit bis zur Produktreife (Time to Market)
- Anteil Verwaltungsmitarbeiter
- Projektanzahl
- Lieferantenanzahl

Ebene der Kunden

Aus Kundenperspektive werden häufig die Ergebnisse von »Kundenbefragungen« oder die »Anzahl der Reklamationen« als Messgrößen herangezogen. Im Dienstleistungsbereich wird zum Beispiel häufig gemessen, wie viel Zeit vergeht, bis ein Mitarbeiter einen Anruf annimmt.

Auf der Ebene der Unternehmensführung könnte für den Bereich Kunden eine Scorecard wie folgt formuliert werden. Bei diesem Beispiel wurden für die Prozessperspektive zwei strategische Ziele mit jeweils einer Kennzahl und einer operativen Vorgabe und mehreren Maßnahmen formuliert.

KUNDEN

Strategisches Ziel (= Leitlinie)	Kennzahl (= Messgröße)	Vorgabe (= operatives Ziel)	Maßnahmen (= Aktivität)
Erhöhte Reputation und Bekanntheitsgrad	Reputationsindex	Erhöhung um 15 % im nächsten Jahr	Gezielte Imagewerbung
Akquisition von Neukunden	Anteil Neukunden am bestehenden Kundenstamm	Mindestens 10 % pro Jahr	Werbekampagne, Aufbau neuer Vertriebskanäle
Senkung von Verwaltungstätigkeiten der Kundenbetreuer	Administrative Tätigkeiten in % der Gesamttätigkeit	Maximal 20 %	Überprüfung der internen Prozesse an den Arbeitsplätzen der Kundenbetreuer

Einige Beispiele typischer Kennzahlen in der Kundenperspektive sind:

- Anzahl der Kundenreklamationen
- Anzahl der Neukundenkontakte
- Anzahl der Vertriebsmitarbeiter
- Kundenzufriedenheit
- Anteil Stammkunden
- Kundentreue
- Durchschnittliche Auftragsgröße
- Auftragseingang
- Auftragsbestand
- Marktanteil
- Wettbewerbsvorteile
- Akquisitionserfolgsquote
- Werbeerfolgsquote
- Werbung in Prozent des Umsatzes
- Anzahl der (positiven) Erwähnungen des Unternehmens in der Presse

Ebene der Mitarbeiter

Für die Mitarbeiterperspektive ist es viel schwieriger, die weichen Erfolgsfaktoren wie zum Beispiel den »Informationsstand der Mitarbeiter« zu quantifizieren. Hierzu werden von einigen Unternehmen interne Befragungen eingesetzt.

Auf der Ebene der Unternehmensführung könnte für den Bereich Mitarbeiter eine Scorecard wie folgt formuliert werden.

MITARBEITER

Strategisches Ziel (= Leitlinie)	Kennzahl (= Messgröße)	Vorgabe (= operatives Ziel)	Maßnahmen (= Aktivität)
Mitarbeiterkompetenz erhöhen	Ausbildungsausgaben in % der Lohnsumme	Erhöhung um 10 % zum Vorjahr	Aufbau einer eigenen Fortbildungsakademie mit dem SchmidtColleg als externem Partner
Mitarbeitertreue erhöhen	Fluktuationsrate	< 6 %	Projekt »Jobenlargement« initiieren

Einige Beispiele typischer Kennzahlen in der Mitarbeiterperspektive sind:

- Mitarbeiterzufriedenheit
- Forschungs- und Entwicklungskosten in % des Umsatzes
- Anzahl veröffentlichter Fachartikel
- Anzahl der verfügbaren Patente
- Teilnahme an Kongressen
- Anzahl der Verbesserungsvorschläge
- Weiterbildungsumfang
- Krankenstand
- Fluktuationsrate
- Schulungsquote
- Anzahl Besprechungen

Entwicklung einer Balanced Scorecard

Bei der Auswahl von Kennziffern ist sehr genau auf deren Verwendbarkeit und Aussagefähigkeit zu achten. So ist beispielsweise der Krankenstand nur eine bedingt verwendbare Größe, denn ein Rückgang kann beispielsweise nicht Ausdruck gestiegener Mitarbeiterzufriedenheit sein, sondern Sorge um den Arbeitsplatz. Mitarbeiterzufriedenheit lässt sich am ehesten im Rahmen einer Mitarbeiterbefragung ermitteln. Durch die Einführung der BSC soll die Kompetenz auf den unteren Hierarchieebenen gestärkt werden. Sie lässt sich deshalb ab einer gewissen Unternehmensgröße auch gut für Dezentralisierungsvorhaben einsetzen. So können einzelne Einheiten selbst entscheiden, wie sie die Vorgaben der Scorecards erreichen. In erfolgreichen BSC-Unternehmen wird dieser Mut zur Eigenständigkeit zudem mit Bonifikationen anstelle von Sanktionen gefördert. Dies setzt bei den Betroffenen zusätzliche Energien frei.

Die Scorecards dürfen nicht mit Kennzahlen überfrachtet werden. Auch hier besteht die Kunst im Weglassen, das heißt in der von diesem Buch geforderten Einfachheit. Die Konzentration auf möglichst wenige, aber wichtige Kennzahlen ist sehr wichtig. Zu viele, falsche oder rein quantitative Kennzahlen machen das System unübersichtlich und ineffizient.

Sorgen Sie also dafür, dass alle Zahlen, die nichts über die Erreichung eines Ziels aussagen, abgeschafft werden – und profitieren Sie von den Vorteilen des strategischen Controllings mit der BSC: die Konzentration auf wettbewerbsrelevante Faktoren und die Erhöhung der Transparenz und ein vertieftes Verständnis für die Geschäftsaktivitäten insgesamt.

Das Vorgehen zur Entwicklung einer BSC sieht wie folgt aus:
1. Entwicklung von Vision und Unternehmensstrategie.
2. Ableitung und Formulierung der strategischen Ziele für das Unternehmen insgesamt.
3. Ableiten der strategischen Ziele für die nachgelagerten Unternehmenseinheiten.
4. Abbildung der Ziele in einem Ursache-Wirkungs-Modell.
5. Definition von Kennzahlen (= Messgrößen) zur Messung des Erreichungsgrades dieser Ziele.
6. Festlegung der operativen Ziele (= Vorgaben für die Kennzahlen).
7. Festlegung der dazugehörigen Maßnahmen (= Aktivitäten).
8. Einführung im Unternehmen im Rahmen eines Umsetzungsplans.
9. Informations-, Kommunikations- und Feedbackprozesse aufbauen.

Der Prozess lässt sich grafisch auch wie folgt darstellen:

Vision
Was streben wir an?

Strategie
Wie können wir diese Vision verwirklichen?

Ziele
Durch welche Ziele wird die Strategie verwirklicht?

Maßnahmen
Was tun wir konkret, um dies Ziele zu erreichen?

Messung
Ein Rahmen, um Ziele zu kommunizieren und deren Umsetzung zu überwachen

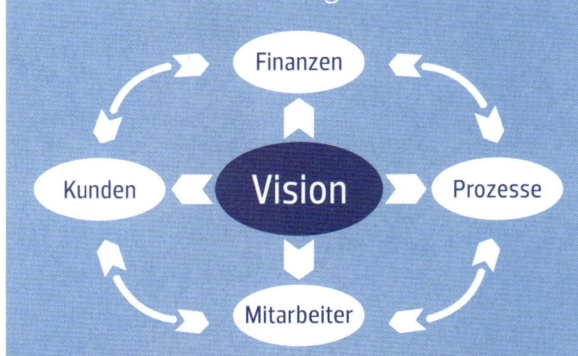

Werkzeug ⏱ »Monatsbericht«

Als ein sehr wirkungsvolles und praktisches Instrument im Rahmen des Controllings haben sich die Monatsberichte für die Führungskräfte und Mitarbeiter erwiesen.

Die Monatsberichte haben den Vorteil, dass der Unternehmer bzw. der Controller automatisch die Information darüber erhält, wie weit das Unternehmen hinsichtlich der Erreichung der Jahresziele ist. Umgekehrt setzen die Führungskräfte (Bereichsleiter, Teamleiter) und die Mitarbeiter Fähigkeiten, Wissen und Erfahrungen eigenverantwortlich zur Realisierung ihrer Ziele ein. So entsteht eine gewünschte Eigendynamik im Unternehmen.

Sollten im Laufe des Monats Schwierigkeiten, Hindernisse, Störungen oder besondere Herausforderungen entstanden sein, so werden diese im Bericht geschildert. Die eigentliche Beseitigung und Bearbeitung derselben erfolgt über den Qualitätsmanagementprozess (Qualitätsanalyse oder Innovationsberichte). In vielen Fällen ist es sinnvoll, aus dem Monatsplan auch Wochen- oder Tagespläne abzuleiten. Insgesamt sind die Monatsberichte in unserem Verständnis ein wertvoller Beitrag für ein vertrauensvolles Controlling-Verständnis.

Rechts sehen Sie ein Beispiel für den Monatsbericht im SchmidtColleg.

Monatsbericht

Monatsbericht Februar 2011

Datum: 07.03.2011

Verfasser: KHS

Bereich: Seminare

Verteiler: Geschäftsleitung, Controlling

1. **Mein Monatsziel für den oben genannten Monat habe ich erreicht. Im einzelnen wurde folgendes erledigt:**
   - Betreuung und Kundengespräche bei FS´s in Passau 4.2. und Regensburg 5.2.
   - Besuch Eisen-Müller, Nördlingen, am 16.2. mit HW (3 UE-Anmeldungen, weitere 2 UE sowie FE und ME folgen)
   - Anfragenbearbeitung aus Wiedervorlage (ca. 150 Kontakte, Seminare siehe Navision-Auflistung)
   - Aufträge für interne Seminare: APN 5.850,–/ Schäfer 5.000,–/ Schmidt 11.500,–
   - Seminarbuchungen lt. Ausdruck ca. 137.176,–– (incl. interne Seminare, FS´s, FCT)

2. **Folgende Probleme sind dabei aufgetreten:**
   Der Aufwand für die Vorbereitung der internen Seminare wurde durch unklare Aufgabenverteilung immer größer.

3. **Die Probleme habe ich wie folgt gelöst:**
   Es wurde geklärt und festgelegt, wer bei internen Seminaren für was verantwortlich ist; die Seminarchecklisten wurden/werden von ABA überarbeitet.

4. **Folgendes Vorgehen hat besondere Erfolge gebracht:**
   Besuche bei Kunden und dauerhafte Kundenkontakte

5. **Im Jahreszielplan 2011 habe ich folgenden Vorsprung:**
   71.541,– EUR (Plan kum.: 150.000,– / Ist kum.: 221.541,-)

6. **Mein Bereichsziel für den nächsten Monat ist:** Seminaranmeldungen für das zweite Quartal 2011 forcieren

7. **Mein Umsatzziel im folgenden Monat lautet:** 75.000,- EUR

8. **Folgende Maßnahmen werde ich einleiten:**
   - Ansprache von Kunden auf Teilnahme bei den CollegTagen
   - Bestmögliche Vorbereitung interne Seminare KBS 10./11.3. und 18.3. Schmidt 13.3.

9. **Welches Thema in Presse / Funk / Fernsehen würde unserem Unternehmensziel dienen und welche Maßnahmen würden unser Image in der Öffentlichkeit fördern?**
   Die Geschichte eines Unternehmers/einer Unternehmerin vom ersten UE-Besuch bis hin zur Umsetzungsbegleitung vor Ort. Die Darstellung der Entwicklung, Überwindung von Schwierigkeiten und Gefahren für das Unternehmen, Erreichen von Zielen... Eine Dokumentation, die wir in Zusammenarbeit mit unserer Agentur über einige Jahre erstellen können und regelmäßig darüber berichten (z.B. im Newsletter und/oder auf unserer Homepage, mit Text und Bild) – sozusagen FührungsEnergie „live" aus der Praxis („Böse" Zungen würden von Doku-Soap sprechen   - aber vielleicht haben ja auch Sender wie arte oder Phoenix Interesse daran.

Kopie dieses Berichtes an Geschäftsleitung und den Bereich Controlling

Unterschrift: KHS   Datum: 07.03.11

Download unter:
www.UnternehmerEnergie.de

Entscheidung

Die richtige Wahl

> **»Es ist nicht zu glauben, wie schlau und erfinderisch die Menschen sind, um Entscheidungen aus dem Weg zu gehen.«**
>
> Søren Kierkegaard

Unternehmer und Führungskräfte stehen zunehmend vor der Herausforderung, Entscheidungen unter sehr komplexen Rahmenbedingungen zu treffen. Die Reaktionen darauf sind unterschiedlich: Die einen verlassen sich nur noch auf ihr Bauchgefühl, die anderen allein auf ihren Verstand, eine dritte Gruppe reagiert mit Unentschlossenheit – entscheidet also gar nichts mehr. Keiner der drei Lösungswege führt zum Ziel. Denn klug wird eine Entscheidung erst durch das Zusammenspiel unserer rationalen und emotionalen Kompetenzen.

Doch beginnen wir mit der Grundfrage: Warum müssen wir heute mehr Entscheidungen treffen als die Generationen vor uns? Weil wir mehr Auswahl haben. Wir arbeiten nicht mehr nur mit Kunden und Geschäftspartnern aus der Region zusammen – sondern wirtschaften global. Wir wickeln Aufträge nicht mehr nur selbst ab, sondern arbeiten mit zahlreichen Kooperationspartnern zusammen, um nur wenige Beispiele zu nennen. Wir müssen uns heute sogar für bestimmte Post- und Telefondienstleister entscheiden.

In unserem Privatleben geht es ähnlich zu: Im Grunde können wir heute leben wie, wo und mit wem wir wollen, wir können Karriere machen oder auch nicht und zwischen 185 Sorten Brot wählen. Manch einen treibt die Überfülle an Wahlmöglichkeiten in einen höchst angespannten Stillstand – ein Zustand, der sehr treffend als »Multioptionsparalyse« bezeichnet wird.

Entscheiden nach dem Bernoulli-Prinzip

Im 18. Jahrhundert glaubte man noch, weise Entscheidungen mit rationalen Formeln abbilden zu können. Der Schweizer Mathematiker und Physiker Daniel Bernoulli, Spross einer berühmten Gelehrtenfamilie, entwarf zahlreiche Formeln zur Entscheidungstheorie, die aber so kompliziert sind, dass wir uns hier mit einer einfachen Fassung begnügen wollen (ich bitte die passionierten Mathematiker unter Ihnen um Nachsicht):

Formel für weise Entscheidungen:

$$wE = P(Z) * N(Z)$$

wE = die weise oder auch gute Entscheidung
P(Z) = Wahrscheinlichkeit der Zielerreichung
N(Z) = der subjektive Nutzen (= erwarteter Ertrag), den wir mit diesem Ziel verbinden

Wir können die Formel so lesen: Eine weise Entscheidung ist eine ideale Kombination aus einem hohen Risikonutzen und einem hohen Erwartungsnutzen. Zum Beispiel: Die Wahrscheinlichkeit, im Lotto zu gewinnen, ist klein (1:13 Millionen). Das damit verbundene Risiko auch (wenn geringe Geldbeträge eingesetzt werden), aber der Nutzen (Millionengewinn) ist so groß, dass viele Menschen Lotto spielen.

Bernoulli geht es um eine Maximierung des Nutzens für den Entscheider auf Grundlage rationaler Denkprozesse. Das Problem dabei ist, dass wir es dennoch mit subjektiven Einschätzungen von Wahrscheinlichkeiten zu tun haben und auch den Nutzen des erwarteten Ertrags nur subjektiv einschätzen können. So mag die Formel in sich logisch sein – trotzdem sind viele Lottomillionäre kurze Zeit nach dem Gewinn unglücklicher als vorher.

> **»An den Scheidewegen des Lebens stehen keine Wegweiser.«**
>
> Charlie Chaplin

> **»Es ist besser, unvollkommene Entscheidungen durchzuführen, als beständig nach vollkommenen Entscheidungen zu suchen, die es niemals geben wird.«**
>
> Charles de Gaulle

Wenn der Verstand versagt

Wir glauben, Entscheidungen möglichst »rational« und »logisch« treffen zu müssen. Dabei macht uns gerade dann, wenn wir das versuchen, unsere emotionale Komponente gerne einen Strich durch die Rechnung.

· **Beispiel versenkte Kosten:** Stellen Sie sich vor, Sie haben ein innovatives Produkt entwickelt und sehr viel Geld für Forschung und Entwicklung ausgegeben. Nun stellt sich am Markt aber nicht der erwartete Erfolg ein. Was tun Sie: Stoppen Sie Produktion und Marketing? Oder treiben Sie das Projekt weiter, weil Sie schon so viel Geld investiert haben? Viele Unternehmer tun genau dies. Sie orientieren sich bei ihren Entscheidungen an der Vergangenheit, obwohl Entscheidungen immer die Zukunft betreffen. Letztendlich lassen sie sich durch ihre

Angst vor Verlusten führen oder durch ihren Ärger über die versenkten Kosten – ist das rational? Wohl kaum.

· **Beispiel endloses Maximieren:** Viele Menschen unternehmen große Anstrengungen, um die bestmögliche Wahl zu treffen. Sie analysieren Tonnen von Tests, listen Plus- und Minuspunkte auf, halten sich möglichst lange alle Türen offen – und werden doch nicht glücklich. Laut Barry Schwartz, Professor für Psychologie am Swarthmore College in Pennsylvania, sind nicht die »Maximizer« schlussendlich zufrieden mit ihren Entscheidungen, sondern eher die »Satisficer«. Diese hören einfach mit der Suche auf, wenn sie gefühlsmäßig das Richtige gefunden haben, und machen sich weiter keine Gedanken. Das mag zwar nicht besonders rational sein, dafür aber pragmatisch.

Mit Geist und Gefühl

Richtige Entscheidungen lassen sich heute gar nicht mehr treffen, ist Maja Storch überzeugt. In komplexen, dynamischen Szenarien seien immerhin kluge Entscheidungen möglich, so die promovierte Diplompsychologin und Psychoanalytikerin. Diese entstehen dann, wenn wir nicht nur auf unseren Verstand zurückgreifen (der langsam und gründlich arbeitet), sondern auch auf unser emotionales Erfahrungsgedächtnis: das Bauchgefühl, das seine Bewertung in Millisekunden abgibt, und zwar mit inneren Bildern, Körperempfindungen (Schmetterlinge im Bauch, Klotz am Bein) oder als »innere Stimme«. Storch findet, dass wir bei 80 Prozent unserer Entscheidungen auf unser emotionales Erfahrungsgedächtnis vertrauen sollten und nur bei 20 Prozent auf unseren Verstand. Da unsere Gesellschaft kognitive Entscheidungen aber höher bewertet als emotionale, machen es die meisten Menschen umgekehrt.

Auch der niederländische Wissenschaftler Ap Dijksterhuis empfiehlt, auf die unbewusste Informationsverarbeitung zu vertrauen. Der Verstand sei häufig überfordert, sehr viele und widersprüchliche Informationen zu verarbeiten. Wer aber **ohne Aufmerksamkeit** über eine Entscheidung nachdenke und Entscheidungen auch einmal spontan treffe, sei mit dieser Entscheidung später oft zufriedener als jene, die sehr viele Überlegungen anstellen. Voraussetzung für eine konstruktive Zusammenarbeit mit dem eigenen Unbewussten ist, dass wir diesem Raum und Zeit geben. Sie kennen sicherlich den Effekt, dass Ihnen ein wirklich guter

Gedanke nicht am Schreibtisch einfällt, sondern eher auf einem (eigentlich lästigen) Fußweg zum nächsten Termin, während einer kurzen Pause auf einem Sofa oder (der Klassiker) unter der Dusche. **Aber Achtung: Das viel gepriesene Bauchgefühl kann auch in die Irre führen.**

· **Beispiel frühere Erfahrungen:** Oft lassen sich die im emotionalen Erfahrungsgedächtnis gespeicherten Muster nicht auf unsere aktuelle Situation übertragen. Wer als Kind zum Beispiel häufig von seinem jüngeren Bruder übertrumpft wurde, sollte sich klarmachen, dass sein jüngerer Assistent eben nicht Teil der früheren Familie ist und keine Bedrohung darstellt. Das geht nur mit dem Verstand.

· **Beispiel jüngste Erfahrungen:** Menschen greifen bei Entscheidungen unter Risiko vor allem auf solche Erfahrungen zurück, die sie erst vor kurzem gemacht haben. Das hat Elke Weber, Direktorin des Zentrums für Entscheidungswissenschaften an der New Yorker Columbia University herausgefunden und begründet so die jüngste Finanzkrise: »Als Banker sahen, dass andere Geldhäuser ins Wanken gerieten, entschieden sie aus dieser neuesten Erfahrung heraus, kein Geld mehr zu verleihen. Sie waren also erst zu risikofreudig und dann zu risikoscheu.« (Quelle: Psychologie heute, Februar 2010, S. 27)

Die auf Intuition im Management speziali-
sierten Berater Markus Hänsel und Andreas
Zeuch warnen außerdem vor überkom-
menen Denkschablonen, Vorurteilen,
Wunschphantasien oder Projektionen.
Die eigene Intuition präsentiert nicht »die
Wahrheit« und hat auch keine prophetische
Kraft – sie ist nichts weiter als eine Per-
spektive, die bei Entscheidungen hilfreich
sein kann.

Wenn wir kluge, vielleicht sogar weise Entscheidungen treffen wollen, tun wir also gut daran, unsere Rationalität und unsere Emotionalität zu pflegen und zu nutzen. Zu noch besseren Entscheidungen
kommen wir allerdings, wenn wir darüber hinaus auf die Intelligenz
der vielen setzen: Dies hilft nicht nur dabei, komplexe Rahmenbedingungen besser zu verstehen, sondern fördert laut Psychologin Elke
Weber auch den Bezug auf ethische Grundwerte: »In der Gruppe sind
soziale Ziele, so auch nachhaltiges Umweltverhalten, eher in unseren
Gehirnen aktiv, als es im stillen Kämmerlein der Fall ist.« Unter anderen Menschen seien wir eher daran erinnert, dass wir nicht allein
auf der Welt sind – und jede unserer Entscheidungen auch Auswirkungen auf andere hat.

Praktischer Tipp: Richtig entscheiden

Die Autorin Suzy Welch hat ein sehr einfaches Modell entwickelt, mit dem wir unsere Entscheidungen im Hinblick auf ihre Zukunftsfä-
higkeit überprüfen können. Dazu brauchen wir lediglich drei Fragen:
Welche Auswirkung hat meine Entscheidung in
… 10 Minuten?
… 10 Monaten?
… 10 Jahren?

Stellen wir unsere Entscheidung auf diesen Prüfstand, so zeigt sich zum Beispiel, dass die Vergabe eines langfristigen Projektauftrags
an einen guten Freund bei mir und ihm in den nächsten zehn Minuten eine Art Partystimmung auslösen würde, dass wir nach zehn
Monaten wahrscheinlich genervt voneinander wären (er von meiner Pedanterie, ich von seiner Unzuverlässigkeit – oder umgekehrt)
und unsere Freundschaft wahrscheinlich nicht erst nach zehn, sondern schon nach ein bis zwei Jahren stark angeschlagen wäre.

Ganzheitlich entscheiden

Jede Entscheidung fällt im Spannungsfeld zwischen Seele, Herz, Geist und Körper. Wenn wir verantwortungsvoll und umsichtig entscheiden wollen, sollten wir auf diese ganzheitliche Entscheidungsfindung setzen.

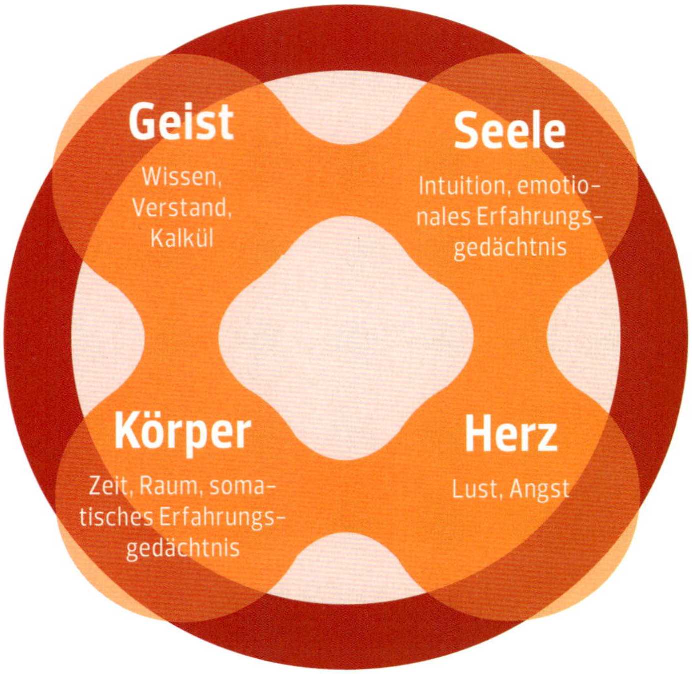

· Wenn wir an eine bevorstehende Entscheidung denken, wie fühlen wir uns körperlich?
· Wie gehen wir rational mit der bevorstehenden Entscheidung um?
· Was meldet unsere Intuition?
· Empfinden wir starke Gefühle der Lust oder Unlust?

Setzen Sie sich ganz bewusst mit den verschiedenen Aspekten auseinander, die in Ihre Entscheidung hineinspielen. Lassen Sie sich Zeit, um eine gute Balance innerhalb des Spannungsfeldes zu erreichen. Dabei spielt die Tragweite der aktuellen Entscheidung natürlich eine wesentliche Rolle. Selbstverständlich können Sie ganz spontan entscheiden, ob Sie gerade eher Lust auf Pizza oder auf Pasta haben. Wenn es um den Kauf eines Unternehmens oder um die Einstellung einer neuen Führungskraft geht, sieht die Sache schon anders aus.

Lassen Sie sich bei wichtigen Entscheidungen nicht unter Druck setzen, sonst geben Sie Ihrer Ratio (blindes Vertrauen in Zahlen) oder Ihren Emotionen (Angst, Lust) zu viel Macht und riskieren eine Fehlentscheidung!

Geist
Wissen, Verstand, Kalkül

Seele
Intuition, emotionales Erfahrungsgedächtnis

Körper
Zeit, Raum, somatisches Erfahrungsgedächtnis

Herz
Lust, Angst

»Hören Sie bei Entscheidungen immer auf Ihre wichtigsten Berater: Herz und Seele, Körper und Geist.«

Cay von Fournier

Index Entscheidungskraft

Hier finden Sie einen Selbsttest, mit dem Sie Ihre eigene Entscheidungskraft auf den Prüfstand stellen können. Geben Sie bei jeder Frage eine möglichst ehrliche Antwort – und gehen Sie den Katalog ruhig mehrmals durch: Einmal für schwer wiegende Entscheidungen und einmal für leichtere Themen. Und einmal für Entscheidungen im Beruf und für Entscheidungen in Ihrem Privatleben. Für jeden der vier Quadranten können Sie jeweils vier Fragen beantworten.

K   **Körper** = Gesundheitsfaktoren, die zu einer körperlichen Überlastung führen ...

H   **Herz** = Menschen, Konflikte, Erwartungen, übertriebene Anerkennung, Hilfsbereitschaft, Energie ...

G   **Geist** = Kontrolle (Kontrollzwang), Leistung (Leistungsdruck); Organisation (Perfektionismus), Zeit (Zeitnot), alltäglicher Stress ...

S   **Seele** = Fehlende Gelassenheit, Sinnkrise, Vision, Ziele ...

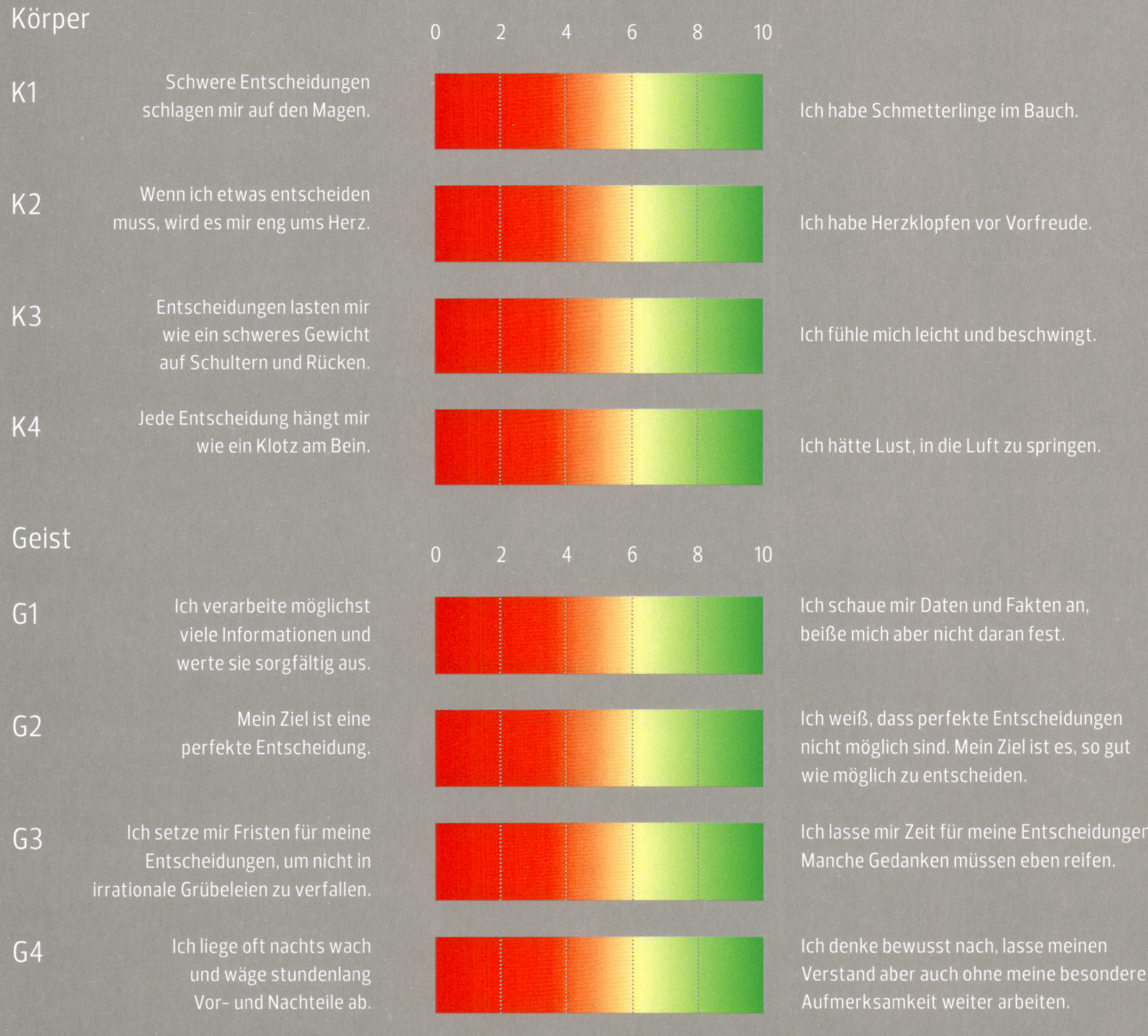

Körper

		0 2 4 6 8 10	
K1	Schwere Entscheidungen schlagen mir auf den Magen.		Ich habe Schmetterlinge im Bauch.
K2	Wenn ich etwas entscheiden muss, wird es mir eng ums Herz.		Ich habe Herzklopfen vor Vorfreude.
K3	Entscheidungen lasten mir wie ein schweres Gewicht auf Schultern und Rücken.		Ich fühle mich leicht und beschwingt.
K4	Jede Entscheidung hängt mir wie ein Klotz am Bein.		Ich hätte Lust, in die Luft zu springen.

Geist

		0 2 4 6 8 10	
G1	Ich verarbeite möglichst viele Informationen und werte sie sorgfältig aus.		Ich schaue mir Daten und Fakten an, beiße mich aber nicht daran fest.
G2	Mein Ziel ist eine perfekte Entscheidung.		Ich weiß, dass perfekte Entscheidungen nicht möglich sind. Mein Ziel ist es, so gut wie möglich zu entscheiden.
G3	Ich setze mir Fristen für meine Entscheidungen, um nicht in irrationale Grübeleien zu verfallen.		Ich lasse mir Zeit für meine Entscheidungen. Manche Gedanken müssen eben reifen.
G4	Ich liege oft nachts wach und wäge stundenlang Vor- und Nachteile ab.		Ich denke bewusst nach, lasse meinen Verstand aber auch ohne meine besondere Aufmerksamkeit weiter arbeiten.

Seele

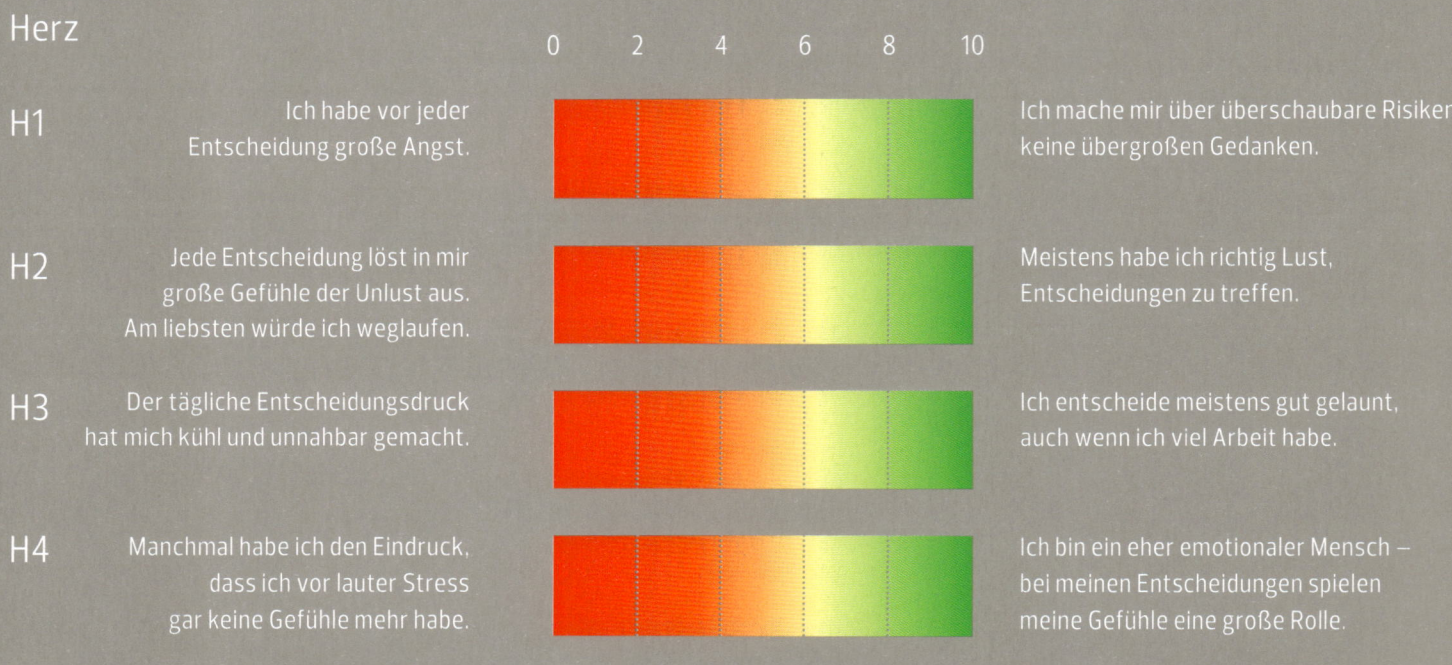

		0 2 4 6 8 10	
S1	Ich habe überhaupt keinen Zugang zu meiner Intuition. Und wenn ich ihn hätte, würde ich ihr nicht trauen.		Ich habe eine gute Intuition. Ich weiß, dass ich mich auf meine »Nase« verlassen kann.
S2	Ich distanziere mich bewusst von Gefühlen, die mich an früher erinnern.		Ich habe einen intensiven Zugang zu Erinnerungen an frühere Erfahrungen und Emotionen. Ich spüre ihnen nach und reflektiere sie.
S3	Wenn ich lange über die Entscheidung nachdenke, empfinde ich sie plötzlich als sinnlos.		Ich sehe jede Entscheidung im Lichte meiner persönlichen Vision. Das gibt mir Kraft.
S4	Ich empfinde jede Entscheidung als große Last – auch wenn es sich nur um kleine Themen handelt.		Ich entscheide gerne. Bei kleineren Themen mit geringem Risiko entscheide ich oft aus Lust und Laune, weil es mir Spaß macht.

Herz

		0 2 4 6 8 10	
H1	Ich habe vor jeder Entscheidung große Angst.		Ich mache mir über überschaubare Risiken keine übergroßen Gedanken.
H2	Jede Entscheidung löst in mir große Gefühle der Unlust aus. Am liebsten würde ich weglaufen.		Meistens habe ich richtig Lust, Entscheidungen zu treffen.
H3	Der tägliche Entscheidungsdruck hat mich kühl und unnahbar gemacht.		Ich entscheide meistens gut gelaunt, auch wenn ich viel Arbeit habe.
H4	Manchmal habe ich den Eindruck, dass ich vor lauter Stress gar keine Gefühle mehr habe.		Ich bin ein eher emotionaler Mensch – bei meinen Entscheidungen spielen meine Gefühle eine große Rolle.

Download unter:
www.UnternehmerEnergie.de

Entscheidungskraft-Radar

Tragen Sie hier nun Ihre Punktzahl ein.

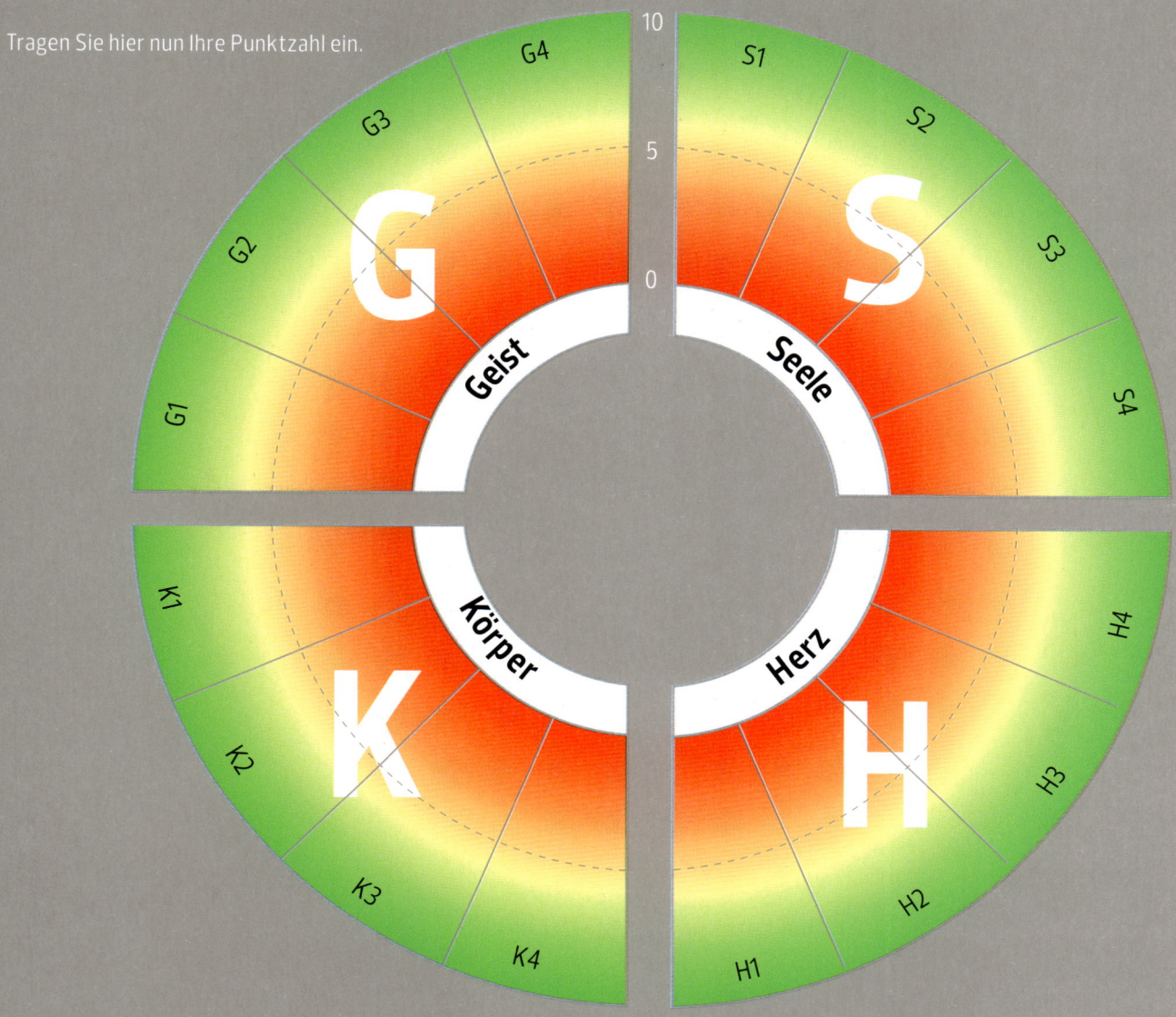

Auswertung (0-10) und das ganze Ergebnis:

8-10   Volle Entscheidungskraft!

Sie entscheiden kompetent und entschlossen und nutzen dabei ebenso Ihren Verstand wie Ihre Intuition. Exzellent!

6-7   Kompetenz

Sie treffen kompetente Entscheidungen, auch wenn Sie dabei manchmal mit sich ringen. Tauschen Sie sich bei wichtigen Fragen mit Menschen aus, denen Sie vertrauen. Ansonsten: Weiter so!

3-5   Vorsicht

Sie tun sich schwer mit Entscheidungen und Sie wissen das auch. Sie konzentrieren sich so sehr darauf, alle Rahmenbedingungen

exakt auszuwerten, dass Sie sich dabei oft verzetteln. Machen Sie sich mit Entscheidungstheorien und Entscheidungswerkzeugen vertraut (eins finden Sie in diesem Kapitel) und versuchen Sie, den Zugang zu Ihrer Intuition freizulegen, indem Sie genügend Pausen machen (und dabei vielleicht sogar ein wenig meditieren).

0-2   Multioptionsparalyse

Sie stehen vor einem solchen Berg an Möglichkeiten, dass Sie gar keinen Weg mehr finden. Treten Sie ein Stück zurück und fragen Sie sich nach den Ursachen Ihrer Entscheidungsangst (die oft in der Biographie zu finden sind) und nach den Gründen für Ihren aktuellen Stress und Ihre Dysbalance. Nehmen Sie professionelle Hilfe in Anspruch, um erstens wieder in Balance zu kommen — und um zweitens wieder gelassen entscheiden zu können.

Die Ordnung eines Unternehmens

Management

»Die Ablehnung, Unwichtiges zu tun, ist eine entscheidende Voraussetzung für den Erfolg.«

Sir Alexander MacKenzie

Nach der klaren Definition der Ziele in der ersten unternehmerischen Hauptaufgabe und deren Steuerung in der zweiten Hauptaufgabe geht es bei der dritten Hauptaufgabe »Management« nun um die konkrete Umsetzung und Organisation aller damit verbundenen Tätigkeiten, die dafür sorgen sollen, dass die definierten Unternehmensziele mit einem möglichst geringen Aufwand an Zeit und Geld erreicht werden können. Management-Aufgaben sollten nicht mit Führungs-Aufgaben verwechselt werden:

· Beim Management geht es um **Effizienz** (die Dinge richtig tun), während es bei dem Thema Strategie und Steuerung um die **Effektivität** (die richtigen Dinge tun) ging. Das Thema Führung grenzen wir in unserem letzten Kapitel noch einmal genau ab und stellen dort die Tätigkeiten in den Mittelpunkt, die dazu dienen, die in einem Unternehmen tätigen Menschen täglich für Effizienz und Effektivität zu gewinnen.

· Management sucht den besten Weg, »**die Dinge richtig zu tun**«, wohingegen Führung den wirksamsten Weg mit Menschen sucht, »**die richtigen Dinge zu tun**«.

· Management ist die **körperliche und materielle Seite** der Unternehmensführung. Sie arbeitet mit wissenschaftlichen Methoden und konzentriert sich auf Daten und Fakten. Auf der anderen Seite geht es um die **geistige und immaterielle Welt,** die Seele eines Unternehmens, die Welt der Werte, des Sinns, der Ethik und Ganzheitlichkeit – also darum, was auf Menschen (sowohl Mitarbeiter als auch Kunden) wirkt, was sie bewegt und motiviert.

· Dass die immaterielle Welt der Führung sich kaum messen lässt, heißt nicht, dass sie nicht vorhanden ist. Im Gegenteil: **Erfolgreichen Unternehmen gelingt es, den Spannungsbogen zwischen Management und Führung zu verstehen und wirksam zu nutzen.**

Gesunde Unternehmen zeichnen sich durch die richtige Balance zwischen Attraktivität (Innovationen, Marketing, Motivation und Investitionen) und System (Ordnung, Organisation, Einfachheit und Sparsamkeit) aus. Sie halten ein ausgewogenes Gleichgewicht zwischen Veränderung (Innovation und Kreativität) und Ordnung (Struktur und Umsetzung). Diese Unternehmen sind auf dem richtigen Weg – sie bieten die richtigen Dinge zu richtigen Preisen an und sind effektiv.

Aus dieser Effektivität (diesem Umsatz) aber entsteht nicht automatisch Gewinn. Hierzu bedarf es Prozesse und Strukturen, die es ermöglichen, mit geringeren Kosten einen Gewinn zu erwirtschaften. Erst dann sind Unternehmen auch effizient.

Je besser die Organisation gestaltet wird, je wirksamer das Qualitätsmanagement funktioniert und je besser Aufgaben mit einem klugen Projektmanagement umgesetzt werden, desto kostengünstiger lassen sich gute Leistungen anbieten – und desto höher ist der Gewinn.

Die Zukunft »bewirken«

Wir müssen uns immer vor Augen halten, dass wir das Industriezeitalter des 19. und frühen 20. Jahrhunderts längst hinter uns gelassen haben und (zumindest in der westlichen Welt) in der zweiten Hälfte des 20. Jahrhunderts in das Informationszeitalter eingetreten sind, in dem wir uns noch zu großen Teilen auf dieser Welt befinden. Zu Beginn des 21. Jahrhunderts passiert etwas ganz Entscheidendes, das ich an dieser Stelle den Eintritt in die Bewusstseinsgesellschaft nennen möchte. Im Mittelpunkt von Management und Führung stehen nun nicht mehr die Maschinen mit ihren Taktzeiten, sondern – endlich! – die Menschen mit ihrer Kreativität und Phantasie sowie ihrem Engagement und Verantwortungsbewusstsein.

Gerade werden einige Managementbücher neu geschrieben. Es geht heute um die wirksame Gestaltung in unsicheren Zeiten, um das »Bewirken« der Zukunft. Aus dem Amerikanischen kommt hierzu bereits ein neues Wort (inkl. Methode): »Effectuation«. In diesem Sinne geht es in diesem Buch um eine Verbindung von »altem« und bewährtem Denken mit »neuen« und innovativen Ansätzen der Unternehmensführung. Denn viele Grundsätze der Unternehmensführung bleiben im 21. Jahrhundert aktuell, auch wenn zahllose Berater und Autoren immer wieder einen radikalen Bruch erkennen oder prophezeien wollen.

So treten wir im SchmidtColleg dafür ein, den richtigen Weg zwischen »alt« und »neu« zu finden, zwischen »Kreativität« und »Struktur« und damit letztlich auch den Weg zwischen »**Management**« und »**Führung**«.

Organisation

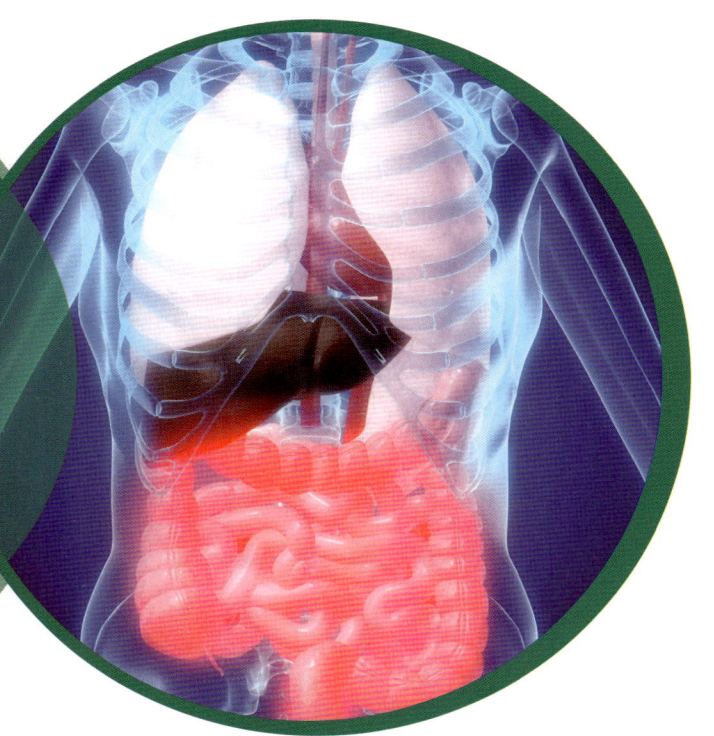

Organ-isation
=
Die sinnvolle und gut funktionierende Verbindung der einzelnen Organe zu einem ganzheitlichen Organismus

Wenn wir über die Organisation eines Unternehmens sprechen, so meinen wir die sinnvolle und gut funktionierende Verbindung der einzelnen Organe des Unternehmens zu einem ganzen Organismus. Die **Metapher des menschlichen Organismus** für ein Unternehmen liegt mir als Arzt und Unternehmer ganz besonders am Herzen.

Es gibt eine Vielzahl spannender und aufschlussreicher Parallelen: Der Organismus Unternehmen hat einen Körper (materielle Dimension) und einen Geist (immaterielle Dimension). Der Geist setzt sich aus Seele (= Vision und Ziele), aus Emotionen (= Kultur und Stimmung) und Verstand (= Strategie und Organisation) zusammen. Das ganze Unternehmen hat so wie ein Mensch Ausstrahlung und wirkt auf seine Umgebung. Der Organismus Unternehmen kann ebenso wachsen und gedeihen wie ein Mensch, er kann aber auch krank werden und sterben.

Der Körper des Menschen hatte 2,2 Millionen Jahre für die Entwicklung (seit der Spezies »homo errectus« – sonst Jahrmilliarden) Zeit, sich zu entwickeln. Das moderne Management steckte vor etwas mehr als 100 Jahren noch in den Kinderschuhen. Vielleicht ist es kein Wunder, dass es noch immer mit vielen Kinderkrankheiten zu kämpfen hat?

»In vielen Unternehmen wird zu viel gemanagt und zu wenig geführt.«

Cay von Fournier

Organisation

Das Unternehmen als Organismus verstehen

»So viel Komplexität wie nötig und so wenig wie möglich.«

Cay von Fournier

Untersuchen wir Organisationen näher, so zeigt sich sehr schnell, dass sie im Kern aus Regelungen bestehen: Regeln zur Festlegung der Arbeitsaufteilung, Koordination, Verfahrensrichtlinien, Beschwerdewege, Kompetenzabgrenzungen, Weisungsrechte, Unterschriftsbefugnisse und so weiter.

Organisatorische Regeln sind offiziell eingeführte Regeln (formale Regeln). Aber nicht alle Regeln, die in einem Unternehmen Geltung haben, sind auf offiziellem Wege gesetzt worden. Häufig entstehen Regeln spontan, aus dem Handeln heraus, und bewähren sich in der täglichen Arbeit (informelle Regeln). Gerade dies wird in jüngerer Zeit genauer beobachtet und untersucht. Und so haben sich neben klassischen Theorien der Organisation auch neuere Theorien etabliert wie zum Beispiel die der Selbstorganisation.

Das Unternehmen als Blackbox

Bernhard Krusche vergleicht in der »Revue für postheroisches Management« (Heft 3, S. 72–80; www.postheroisches-management.de) modernes Management mit der Steuerung eines Jets. Innerhalb eines solchen Jets arbeitet eine so genannte Blackbox, die den Flug des in sich instabil konstruierten Flugzeugs mehrmals pro Sekunde justiert. Es ist also nicht mehr der Pilot, der den Kurs steuert, sondern es ist das Flugzeug selbst, das durch diese »Form des sich selbst kontrollierenden Chaos« beweglicher wird. Dem Pilot bleibt nichts anderes übrig, als seiner Blackbox zu vertrauen und sie einfach »machen zu lassen«. Analog zur veränderten Rolle dieses Piloten müssen, so Krusche, wirksame Führungskräfte heute mehr und mehr dem Potential ihrer Mitarbeiter Freiraum lassen, um das Unternehmen schnell und flexibel durch den Markt zu führen.

Die Firma als Organismus

Auch im menschlichen Körper laufen viele (die meisten!) Prozesse ohne unsere bewusste Steuerung ab. Deshalb können wir uns auch an diesem Bild orientieren, um unsere Unternehmen vernünftig zu

organisieren. Sorgen Sie für eine Organisation, in der Folgendes von allein geschieht:

· **Wachstum:** Ein Organismus entwickelt sich ständig weiter, indem er wächst und lernt. Entwickeln Sie Ihr Unternehmen zu einer lernenden Organisation.

· **Integration:** Organe funktionieren perfekt zusammen, kein Organ kann für sich alleine bestehen. Vermeiden Sie, dass sich in Ihrem Unternehmen Organe (Abteilungen) isolieren.

· **Kooperation:** Organe kooperieren interdependent. Sorgen Sie dafür, dass die verschiedenen Abteilungen Ihres Unternehmens ähnlich organisch miteinander Austausch halten.

· **Kommunikation:** Organe sind gut informiert. Bauen Sie ein »Nervensystem« in den Organismus Ihres Unternehmens ein, das ist lebendige Kommunikation.

Von Burgen zu Flüssen

Die wenigsten Unternehmen haben allerdings bereits eine Organisationsform umgesetzt, in der die Kräfte der Selbstorganisation konsequent und »organisch« walten. Zumeist finden wir heute entweder eine Aufbauorganisation (ich spreche gerne von ihren internen »Burgen«) oder eine Ablauforganisation (die ich »Flüsse der Wertschöpfung« nenne):

· **Fokus »Burgen«:** Diese Unternehmen ordnen Sachaufgaben bestimmten Stellen zu und gestalten die Beziehungen zwischen diesen Stellen durch Kompetenz-, Verantwortungs- und Informationsregelungen (Aufbauorganisation).

Dies bringt gravierende Nachteile mit sich: Bei dem Siloeffekt der »Burgen« und »Abteilungen« entstehen immer Konflikte, vor allem in der Kommunikation zwischen den einzelnen Abteilungen. Diese Kommunikationskonflikte sind zum einen teuer und zum anderen gehen sie zu Lasten der Kunden. Mein Rat lautet deshalb: Gestalten Sie Ihr Unternehmen um, von Burgen der Abteilungen zu »Flüssen« der Wertschöpfung.

· **Fokus »Flüsse«:** Diese Unternehmen berücksichtigen Logik, Raum, Zeit und vor allem den Kunden bei der Regelung ihrer Arbeitsprozesse (Ablauforganisation).

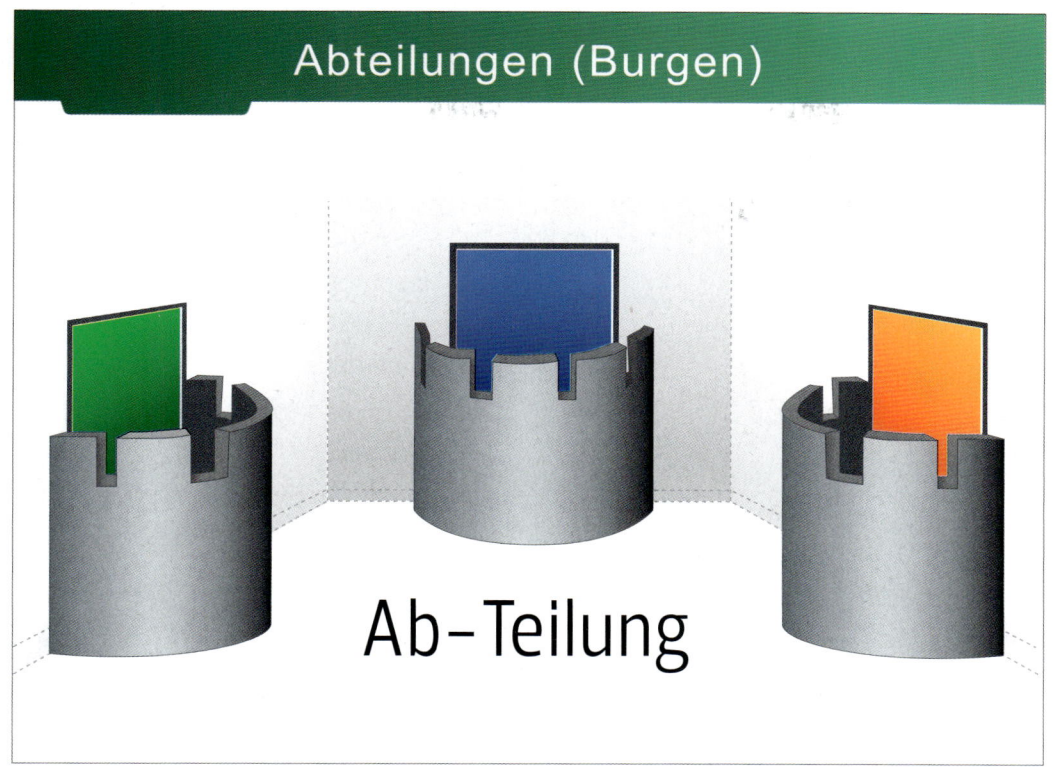

Abteilungen (Burgen)

Ab-Teilung

Betrachten wir das Thema Organisation zunächst ganz praktisch. In vielen Unternehmen gleicht das sinnvolle Miteinander als ganzer Organismus eher einer Landschaft aus lauter Burgen. Häufig haben sich im mittleren Management so genannte »Fürstentümer« ab-geteilt, und so ist es kein Wunder, dass die Mitarbeiter in ihrem Denken und Handeln strikt in den Mauern des eigenen Lagers – also in der eigenen »Ab-Teilung« verharren. Der Körper selbst kennt keine derartigen Abteilungen. Ein Organismus käme nicht auf die Idee, etwa seine eigene Leber oder sogar sein Gehirn »abzuteilen«, weil er so nicht mehr lebensfähig wäre.

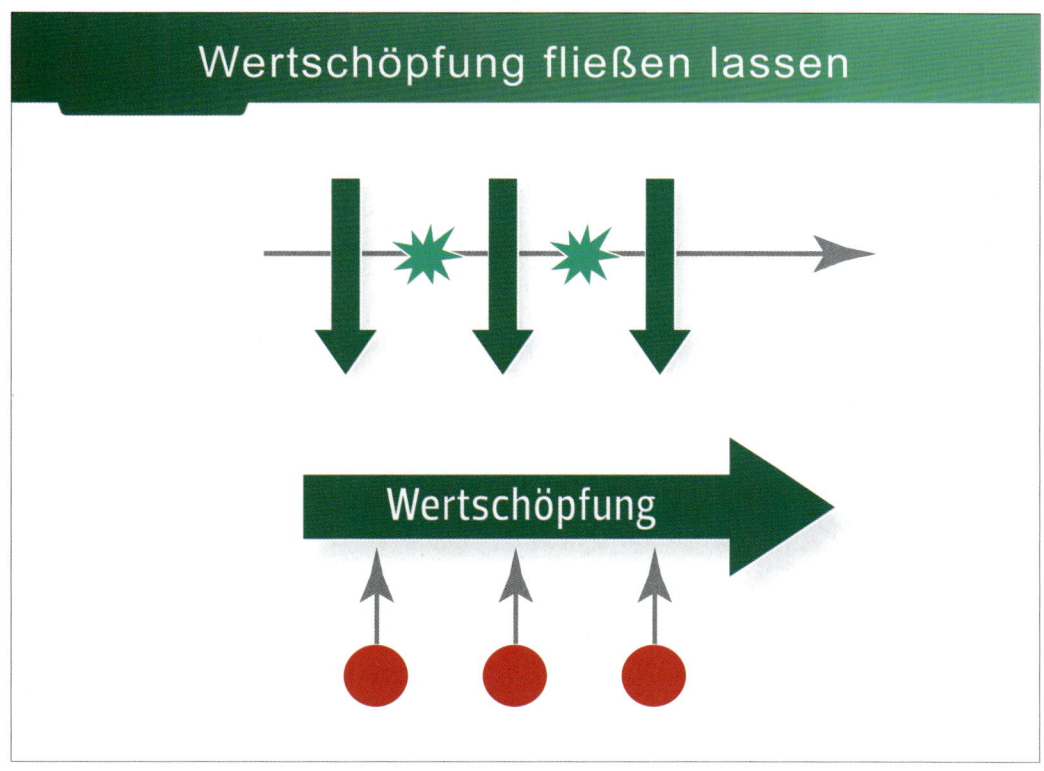

Wertschöpfung fließen lassen

Wertschöpfung

Verstehen Sie Ihr Unternehmen als einen ständigen Fluss des Nutzens für den Kunden (nichts anderes meint der viel zitierte Begriff »Wertschöpfung«). Wenn Ihnen das gelingt und Sie dieses Bild auch in den Köpfen und Herzen Ihrer Mitarbeiter verankern, können Sie nicht nur »mehr Wert« schöpfen, sondern dies auch mit weniger Mühe tun.

Das Organigramm

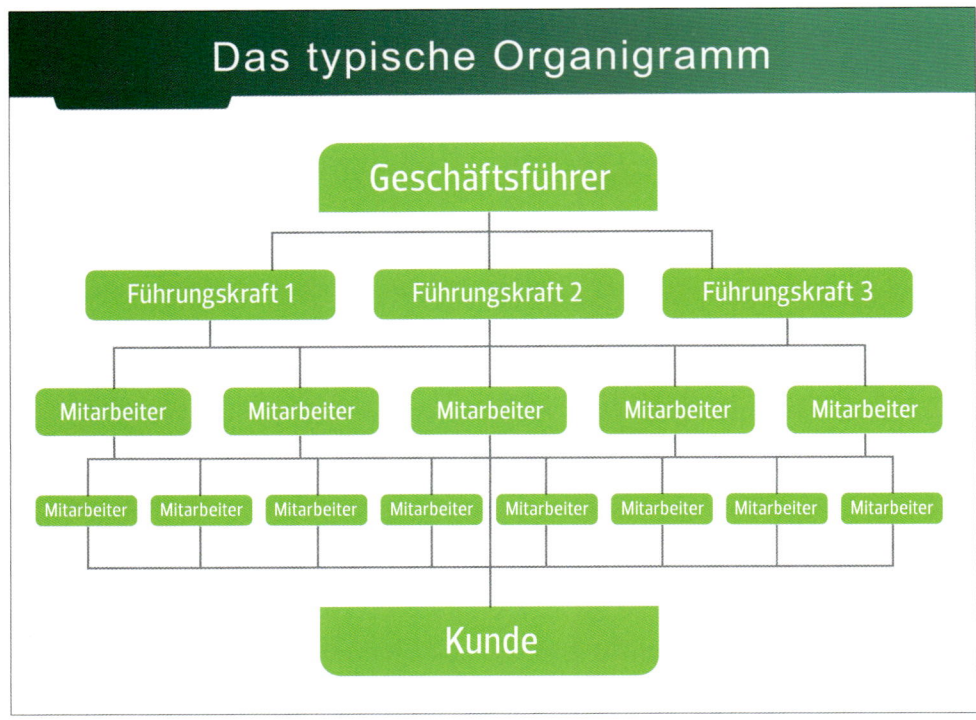

Bei einem typischen Organigramm »thront« über allem der Geschäftsführer, auf der nächsten Ebene gefolgt von Führungskräften, denen, wiederum über mehrere Ebenen sortiert, weitere Mitarbeiter »unterstehen«. Irgendwo unterhalb dieser Mitarbeiter steht der Kunde – wobei dieser in den offiziellen Organigrammen zumeist gar nicht vorkommt. Kein Wunder, dass derartig strukturierte Unternehmen eher um sich selbst kreisen als um ihre wichtigste Aufgabe: Nutzen für den Kunden zu bringen. Wollen Sie wissen, wie Sie dieses Organigramm in nur fünf Sekunden entscheidend verbessern können?

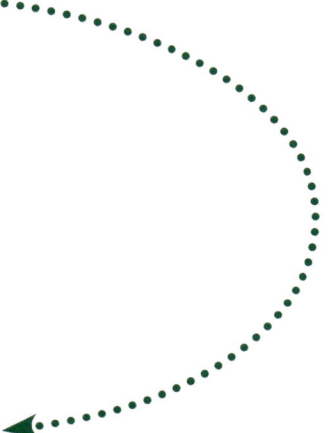

Wo ist der Kunde? – Meistens wird er am Schluss noch unten dazugeschrieben.

Wie fühlen sich die Führungskräfte? – So wird das falsche Verständnis von Führungskräften geprägt. Führung ist kein Privileg!

Wie fühlen sich die Mitarbeiter? – Wie würden Sie sich als Ihr Mitarbeiter bei diesem Organigramm fühlen?

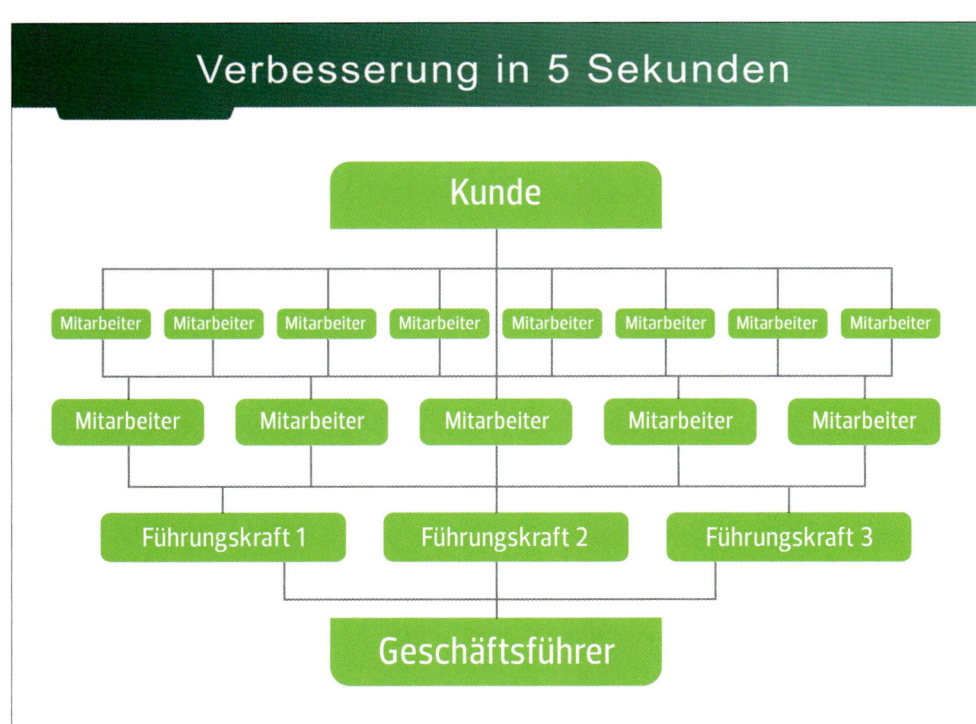

Drehen Sie genau das gleiche Organigramm einfach herum! Schon steht der Kunde oben. Die Mitarbeiter »der Basis« werden plötzlich als wichtigstes Bindeglied hin zum Markt sichtbar. Und nicht zuletzt verdeutlicht die Neupositionierung des Geschäftsführers an der »Basis« seine wichtigste Aufgabe: dem Unternehmen mit ganzer Kraft zu dienen (und nicht, wie manche »Manager« meinen: sich bedienen zu lassen).

»Verwenden Sie Ihr Organigramm als Marketinginstrument nach innen.«

Cay von Fournier

Sie sind bei der Gestaltung Ihres Organigramms völlig frei. Wenn Sie mögen, können Sie das herkömmlichen Denken in »Kästchen« über Bord werfen und auf ganz andere Bilder zurück greifen. Zum Beispiel auf das Bild eines Baumes: Das Unternehmen wurzelt in der Unternehmensphilosophie, steht stabil durch seine tragfähige Organisation (Stamm) und starke Unternehmensführung (Baumkrone), wird produktiv durch viele Menschen, die nicht nur mit-arbeiten, sondern mit-unternehmen (Blätter, Blüten), wächst der strahlenden Unternehmensvision entgegen (Sonne) und bringt letztendlich reiche Ernte für seine Kunden.

Das Organigramm ist für ein Unternehmen vergleichbar mit der Anatomie eines Organismus. Jede Führungskraft und jeder Mitarbeiter muss mit dem Aufbau vertraut sein, um effektiv und effizient arbeiten zu können. Gleichzeitig gibt ein Organigramm Orientierung und Selbstbewusstsein. Versetzen Sie sich selbst in die Lage eines Mitarbeiters. Wie arbeitet es sich mit dem Gefühl, »das letzte Glied in der Kette zu sein«? Und wie fühlt es sich an, von starken Werten, einer Organisation und ihrer Führung getragen zu werden, um fruchtbare Ergebnisse für den Kunden zu bringen?

Sie sehen also: Ein Organigramm kann auch ein starkes Werkzeug der Kommunikation und Motivation sein, das nach innen wirkt.

Strukturieren Sie neu!

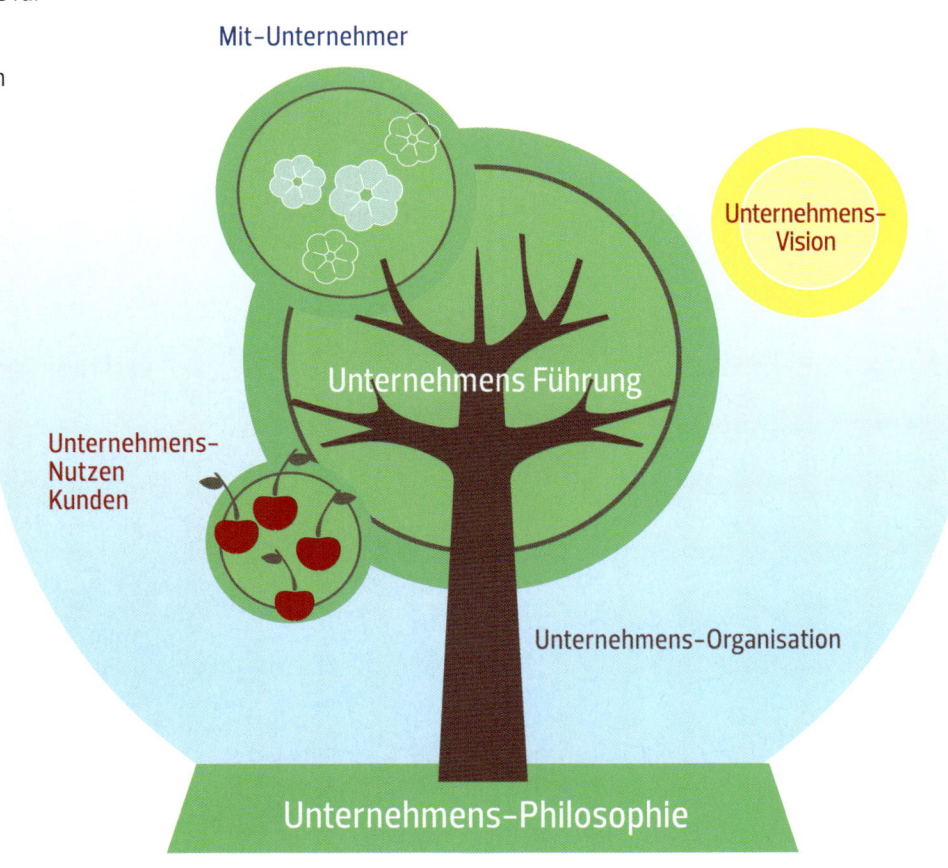

Mit-Unternehmer

Unternehmens-Vision

Unternehmens Führung

Unternehmens-Nutzen Kunden

Unternehmens-Organisation

Unternehmens-Philosophie

SchmidtColleg

Gesundheit:
SD, SS, FS, TD, JS

Verlag:
SCV

Events:
HW, SI, AB

Entwicklung:
CvF

IT:
RvF

Kunden-nutzen

Organi-sation:
SS

Finanzen:
SS

Marketing:
HW

Consulting:
SD, SS, VK, RHW,
AG, MH

Seminare:
HW, KHS, SI, AB

E-Commerce:
RvF

Organisation Kunden:
TV, HW

KUNDE / TEAM

KUNDE / TEAM

KUNDE / TEAM

KUNDE / TEAM

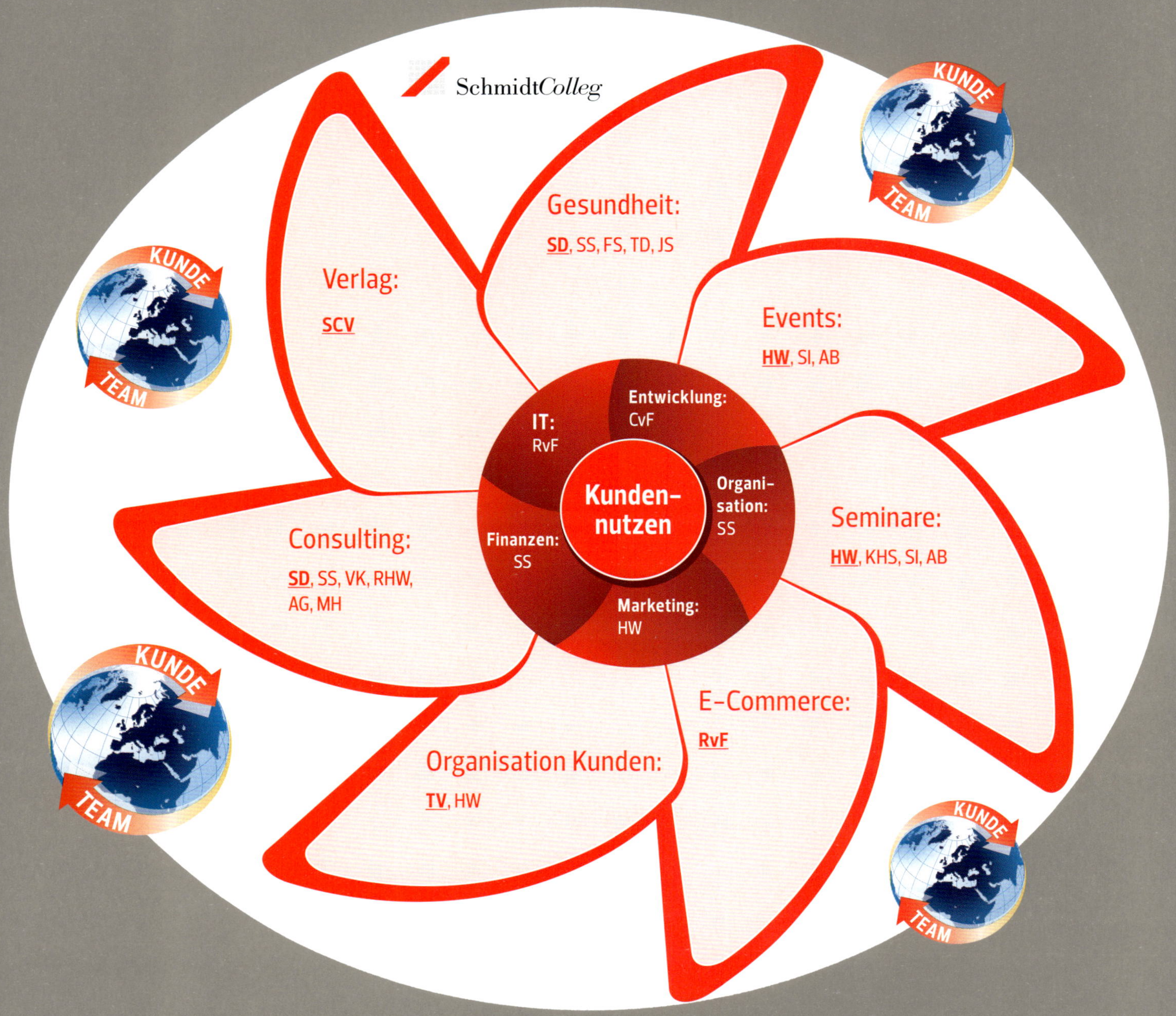

Für das SchmidtColleg haben wir das Bild einer Turbine ausgewählt. Im Zentrum steht für uns der Kundennutzen. Um diesen drehen sich die Bereiche Entwicklung, Organisation, Marketing, Finanzen und IT. Die Turbinenschaufeln stehen für das operative Geschäft, das sich bei uns aufteilt in die Geschäftseinheiten Gesundheit, Events, Seminare, Digital, ErfA, Consulting und Verlag.

Das Bild der Turbine ist hilfreich, weil es die Kräfteverhältnisse symbolisiert: Die Turbine als Strömungsmaschine wandelt kinetische Energie in Rotationsenergie um. Das zeigt uns: Es sind die Aktivitäten am Markt, die Energie und letztendlich Gewinne erzeugen. Und: Wenn wir uns nicht konsequent um den Kundennutzen drehen, sinkt unsere »Drehzahl«.

Die Schiffsschraube als Vorbild

Das kleine 1 x 1 der Organisation

Die folgenden zehn Punkte sind ganz einfache und vor allem ganz praktische Werkzeuge der Organisation im Unternehmen. Bei vielen Punkten handelt es sich um scheinbar banale Dinge, die als »selbstverständlich« angesehen werden. Das sind sie aber nicht: Viel zu oft beobachte ich Organisationslücken in mittelständischen Unternehmen, die durch ganz einfache Werkzeuge geschlossen werden könnten. Mit mehrfachem Gewinn: So wird nicht nur die Arbeit leichter, schneller und angenehmer – es wird auch sehr viel weniger Geld verschwendet.

1. Organigramm

Das Organigramm beschreibt die Anatomie und Struktur Ihres Unternehmens. Als Chirurg wäre ich verloren gewesen, wenn ich die Anatomie des Menschen nicht gekannt hätte. Als Unternehmer bin ich verloren, wenn ich die Anatomie meines Unternehmens nicht kenne. Und genauso sind Ihre Mitarbeiter verloren, wenn Sie nicht wissen, wo Kopf, Herz und Hand des Unternehmens angesiedelt sind.

2. Kürzelliste der Mitarbeiter

Um dieses Werkzeug einzurichten, brauchen Sie sehr wenig Zeit. Umgekehrt bringt es Ihnen eine Menge Zeitersparnis: Stellen Sie eine alphabetische Liste aller Mitarbeiter auf, in der Sie für jeden ein Kürzel festlegen, Abteilung, Telefonnummer und E-Mail notieren (und gegebenenfalls auch noch den Geburtstag). Bei Teilzeitkräften kann auch ein Hinweis zu den Arbeitszeiten sinnvoll sein. Ist jeder Mitarbeiter mit einer solchen Liste ausgestattet, beschleunigt sich die interne Kommunikation, zusätzlich professionalisiert sich die Kommunikation in Richtung Kunde. Bei einer telefonischen Anfrage nämlich kann jeder Mitarbeiter sofort darüber Auskunft geben, wie und wann der entsprechende Kollege erreichbar ist.

3. Posteingang und -umlauf

Was in Behörden deutlich überorganisiert ist (aus welchen Gründen auch immer), wird in mittelständischen Unternehmen oft leider gar nicht organisiert. Deshalb gehen Schriftstücke regelmäßig verloren oder lagern viel zu lange in Ablagekörben. Regeln Sie deshalb klar, auf welchem Wege und in welchem Tempo Ihre Post das Unternehmen durchläuft. Hilfreich sind Posteingangsstempel und Spielregeln für Bearbeitungszeiten und Weitergabe.

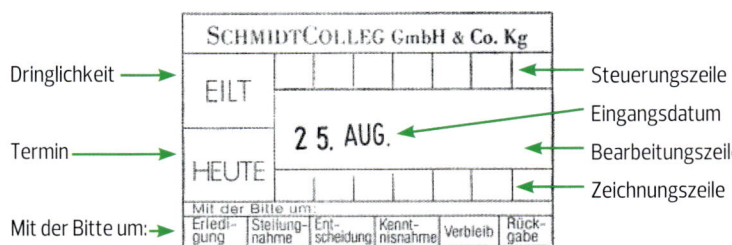

4. Wiedervorlagesysteme

Büroausstatter haben zahlreiche Varianten für Wiedervorlagemappen entwickelt, die entweder nach Datum, Tag oder Monat organisiert sind, als Ordnersystem oder Hängemappen. Welches System Sie verwenden möchten, hängt von den Vorgängen in Ihrem Unternehmen ab – vor allem aber von Ihrer persönlichen Neigung. Führen Sie doch probehalber einmal ein Wiedervorlagesystem ein: Sie werden sehen, dass sich für Dokumente in Bearbeitung sofort eine bessere Ordnung einstellt.

5. Arbeitsgutmappen

Diese Mappen eignen sich, um aktuelle Prozesse zu organisieren. In einer Werkstatt zum Beispiel können hier alle wichtigen Unterlagen für ein Projekt gesammelt werden (Auftrag, Ansprechpartner, Terminplan, Zeichnungen und Pläne, Arbeitsanweisungen, Arbeitszeitlisten, Reklamationen, Quittungen). Bewährt haben sich Kodierungen mit Farben oder Ziffern, die nach Kunden, Regionen oder Terminen geordnet werden können. Arbeitsgutmappen helfen Projektteams dabei, den Überblick zu bewahren. Sie unterstützen aber auch die schnelle Übergabe an Vertreter, wenn einzelne Mitarbeiter ausfallen.

6. Informationsordner

Wollen Sie alle Mitarbeiter schnell und gut strukturiert über Ihr Unternehmen informieren, eignen sich so genannte Informationsordner. Sie sollten in Papierform (und somit unabhängig von der Technik) und zusätzlich über das firmeneigene Netzwerk oder Intranet einsehbar sein.

Mögliche Inhalte eines solchen Ordners:

· **Wer wir sind:** Organigramm, Kürzellisten, Kurzporträt des Unternehmens.
· **Was wir wollen:** Vision, Mission, Ethik, Kultur, langfristige Zielplanungen.
· **Wie wir arbeiten:** Jahreszielplanung, Monatsberichte, Besprechungsplan.
· **Unsere Produkte und Services:** Prospekte, Preislisten, Gesprächsleitfäden.
· **Unsere Kunden:** Zielgruppen, Antworten zu den häufigen Kundenfragen.

Werden außerdem Aufgabenplanungen, Arbeitsabläufe und Prozesse hinzugefügt, so wird aus dem Informationsordner ein Qualitätshandbuch. Achten Sie darauf, dass der Ordner Ihren Mitarbeitern die Arbeit erleichtert und nicht verkompliziert. Regeln Sie so wenig wie möglich und so viel wie nötig!

7. Besprechungsplan

Dieser Plan ist ein gutes Mittel, um den in manchen Unternehmen grassierenden Meetingwahn auf ein vernünftiges Maß zu reduzieren. Listen Sie auf, welche Besprechungen es in welchen Zeiträumen im Unternehmen gibt und wann wer mit den Protokollen der Besprechungen rechnen kann.

8. Monatsberichte

Lassen Sie alle Mitarbeiter einen kurzen Monatsbericht verfassen, den Sie wiederum zu einer Monatsinformation über den Stand des Unternehmens zusammenfassen. Dieses Instrument hebt alle Beteiligten auf den gleichen Stand der Information und vermittelt allen Mitarbeitern zugleich Wertschätzung. Dabei gilt: »In der Kürze liegt die Würze.« Lassen Sie es nicht zu, dass Mitarbeiter die Monatsberichte als Medium der ausführlichen Selbstdarstellung (im Sinne einer »Selbstbeweihräucherung«) nutzen und zu viel Zeit in diese Aufgabe investieren. Das passende Werkzeug »Monatsbericht« finden Sie auf Seite 215.

9. Dokumenten- und Wissensmanagement

Regeln Sie klar, wie und wo welche Informationen, Dokumente und Wissenseinheiten im Unternehmen abgelegt werden.

10. Zeitkultur

Überlassen Sie das Zeitmanagement nicht dem Zufall. Definieren Sie Rahmenbedingungen für den täglichen Arbeitsablauf (der auch Pausen enthalten sollte!) und unterbrechungsfreie Zeiten. Vor allem: Stellen Sie Spielregeln für Besprechungen auf!

Best Practice ☞ Tenbrink Objekteinrichtungen GmbH: »Entspannt renovieren«

Die UnternehmerEnergie-Erfolgsgeschichten

Anwenderbericht
Tenbrink
Objekteinrichtungen

Stadtlohn

Die 3 Geschäftsführer von Tenbrink über FührungsEnergie und ihren internationalen Erfolg.

Tenbrink Objekteinrichtungen ist längst weitaus mehr als eine Tischlerei. Das zeigt sich spätestens beim Blick auf das Logo. Unter dem Namenszug steht: »Professionals in Renovation«.

Tenbrink ist spezialisiert auf die Einrichtung und Renovierung von Hotels und Läden. Nizza, München, Kopenhagen oder London sind die Arbeitsplätze der Monteure von Tenbrink – und neben dem Headquarter in Stadtlohn betreibt Tenbrink heute auch ein Büro in Paris. »Von uns bekommt das Hotel alle nötigen Leistungen aus einer Hand, zum Fixtermin und Festpreis«, zeigt Manfred Terliesner auf. Er ist neben Winfried Tenbrink Geschäftsführer des Unternehmens und verantwortet den Unternehmensbereich Vertrieb. Als weiterer Geschäftsführer ist Hubert Thesker für den kaufmännischen Bereich verantwortlich.

Erster Schritt: Eigenständiger Vertrieb

Der Großvater von Winfried Tenbrink hat wohl nicht geahnt, was aus seiner Tischlerei mal werden wird. 1986 hat Winfried Tenbrink die Tischlerei mit 12 Mitarbeitern übernommen. Nach dem man unter anderem einige Jahre für einen Hoteleinrichter im Bereich Innenausbau tätig war, trat Tenbrink 1989 erstmals selbst am Markt in Erscheinung und baute einen eigenständigen Vertrieb auf. Der Umsatz stieg binnen drei Jahren von 3 auf 15 Millionen DM. »Es mussten dringend neue Organisationsstrukturen her«, blickt Manfred Terliesner heute zurück. Bei einem Hoteldirektor fiel ihm immer wieder der SchmidtColleg-Zeitplaner auf. Das machte ihn neugierig. Und so fuhren die drei Geschäftsführer 1996 zu ihrem ersten Seminar – in der Hoffnung, hier die Lösungen für ihre Probleme zu bekommen – und kehrten nach vier Tagen »bis in die Haarspitzen motiviert und voller Tatendrang« zurück.

Die wohl am meisten einschneidende Veränderung war die Auflösung der Abteilungen: Tenbrink begann, in Profitcentern zu denken und zu arbeiten. Heute besteht das Unternehmen aus fünf Teams, die in drei eigenständigen Unternehmen tätig sind. In der Tenbrink Objekteinrichtung GmbH ist der Vertrieb für die Bereiche Hotel- und Ladeneinrichtungen angesiedelt. Eine weitere GmbH ist mit der Produktion beschäftigt, während eine dritte GmbH die Teams Logistik und Montage umfasst.

»Wir erschaffen Wohlbefinden«

Heute wirbt Tenbrink damit, Spezialist für entspanntes Renovieren zu sein. Dies ist in erster Linie darin begründet, dass jeweils ein Projektteam komplett einen Auftrag abwickelt. »So können wir den Kunden Sicherheit für Qualität, Kosten und Termine geben«, argumentiert Manfred Terliesner. Diese Argumente ziehen vor allem bei Investoren und Betreibern von Hotels. Darüber hinaus setzt Tenbrink ihr zukunftsweisendes »STR® Konzept« (Shortest Time Renovation) gerade bei Großprojekten in den europäischen Metropolen verstärkt ein. Durch eine perfekte Projektplanung, den erhöhten Ressourceneinsatz und das optimierte Zeit- und Personalmanagement werden so die kürzesten Projektzeiten der Branche erreicht. Bereits im Vorfeld ermittelt das Projektteam mit dem STR®-Calculator das entsprechende Einsparpotential. Dieser zusätzliche Benefit kann bis zu 20 Prozent des Investitionsvolumens betragen. Das alles in Bezug auf Kosten, Qualität und Termin funktioniert, dafür sorgen die Teams im Team. Im Hotelteam sind es rund 40 Mitarbeiter. Für die einzelnen Projekte kommen jeweils ein Berater, ein Innenarchitekt, ein Mitarbeiter aus der Kalkulation und ein Kaufmann zusammen. Kommt es zum Auftrag, gesellt sich ein Projektleiter dazu und die Produktion wird mit eingebunden. Der Projektleiter und der Kaufmann haben die Projektkostenverfolgung und -kontrolle inne. Sie sind natürlich auch für die Kosteneinhaltung verantwortlich. Die Prämie für die Mitarbeiter ist abhängig vom Deckungsbeitrag des Projektes.

Strategisches Netzwerk mit Partnerunternehmen

Längst können nicht mehr alle Leistungen mit den eigenen 170 Mitarbeitern abgedeckt werden. Möbel werden in Spitzen von anderen Betrieben zugekauft. Auf den Baustellen arbeitet man mit einem Netzwerk zahlreicher Partnerunternehmen zusammen. Die drei Geschäftsführer legen hier Wert auf das Wort Partnerunternehmer und wollen Subunternehmer gar nicht in den Mund nehmen. »Das liegt an unserem Selbstverständnis und der Form des Miteinanders«, verdeutlicht Winfried Tenbrink seine Einstellung zu diesem Thema. Bei Tenbrink weiß man genau, welche Bedeutung die Partnerunternehmen und deren Mitarbeiter haben. Sie sind auch Visitenkarte von Tenbrink, denn der Generalunternehmer, der heute jährlich rund 50 Millionen Euro umsetzt, ist für alles verantwortlich. Dies zeigt sich zum Beispiel auch dadurch, dass bis zu 700 Handwerker und Dienstleister während der Hochzeiten auf europäischen Baustellen im »Tenbrink-Outfit« arbeiten.

www.tenbrink.de

Download unter:
www.UnternehmerEnergie.de

Jeden Tag besser

> »Nicht mit Erfindungen, sondern mit Verbesserungen macht man Vermögen.«

Henry Ford

Jedes Unternehmen macht permanent Fehler, auch wenn es über ein hervorragendes Qualitätsmanagement verfügt. Fehler sind menschlich, Fehler sind ein normaler und sogar wichtiger Teil von Entwicklungsprozessen. Trotzdem ist es existenziell wichtig, das Maß der Fehler möglichst klein zu halten. Josef Schmidt hat einmal zusammengestellt, was selbst 99,9 Prozent Fehlerfreiheit konkret bedeuten: 20 verdorbene Essen pro Monat in einer mittleren Kantine, 1.600 Postsendungen, die pro Tag in Deutschland verloren gehen, oder 22.000 weltweit falsch abgebuchte Schecks pro Stunde. Qualitätsmanagement steht für ein System zur Vermeidung von Problemen und deren Lösung im Falle des Auftretens. Wir unterscheiden folgende Aspekte der Qualität:

· **Produktqualität** (also Ergebnisqualität)
· **Prozessqualität** (also die Qualität der Erstellung des Produktes)
· **Strukturqualität** (die Qualität der verwendeten Mittel und der Infrastruktur)

Bei einem lebendigen QM-System geht es darum, die Zufriedenheit der Kunden und Mitarbeiter zu steigern, das Image des Unternehmens zu heben und natürlich auch, den Geschäftserfolg des Unternehmens zu steigern. Wichtig sind der Weg und die Faktoren, die zu diesen Zielen führen. Die Konsequenz und Qualität ihrer Umsetzung entscheiden über die Erreichung dieser Ziele und somit über den Erfolg eines Unternehmens.

Qualitätsmanagement muss leben!

Beginnt man jedoch gleich mit irgendeinem QM-System von der Stange, so kann es zu einigen unerwünschten Nebenwirkungen kommen. In der Praxis stellen sich reine QM-Systeme oft als zu kompliziert heraus. Den Mitarbeitern fehlt es bald an Motivation, ein solch »technisches« System umzusetzen. Oft können sie den Sinn der Maßnahme nicht erkennen, weil viele QM-Systeme keinen ganzheitlichen Anspruch verfolgen. Aus diesem Grund haben wir unsere Vorschläge zum Thema Qualitätsmanagement mit allen

Elementen einer praktischen Organisation und eines sinnvollen Qualitätsmanagements ausgestattet. Hinzu kommen Werkzeuge, die direkt in den betrieblichen Alltag eingebaut werden können. Ich möchte an dieser Stelle einen praktischen Einstieg in das Qualitätsmanagement vorstellen und mich dabei auf folgende Themen konzentrieren:

1. Aufgabenplanung,
2. Innovationsmanagement,
3. Kontinuierlicher Verbesserungsprozess (KVP),
4. Qualitätszirkel und -workshops,
5. Beschwerdemanagement,
6. Umweltmanagement,
7. Jugend im Unternehmen und
8. Kundenorientierung.

Wenn Sie die hier beschriebenen Elemente in Ihrem Unternehmen umsetzen, so schaffen Sie zugleich eine gute Grundlage für die Einführung eines »offiziellen« QM-Systems. Die Kunden des SchmidtCollegs bestätigen immer wieder, dass nach Einführung dieser einfachen Werkzeuge sowohl eine Zertifizierung als auch die Teilnahme an Wettbewerben rund um das Qualitätsmanagement zu 80 Prozent bereits vorbereitet sind. (Das Thema »Mitarbeiterorientierung«, das zu den klassischen QM-Systemen gehört, wird im Kapitel Führung ausführlich beschrieben.)

Knackpunkt interne Kommunikation

Ein Punkt, der mir besonders am Herzen liegt, ist die erfolgreiche Vermittlung des Qualitätsgedankens an alle Führungskräfte und Mitarbeiter im Unternehmen. Dies halte ich für einen der wesentlichen Schritte – denn wirklich großes Potenzial entfaltet eine gute Organisation erst, wenn jeder im Unternehmen danach lebt. Erfolgsentscheidend sind meiner Erfahrung nach folgende Punkte:

· Leben Sie Qualitätsmanagement als tägliche Aufgabe – nicht als einmalige oder periodisch stattfindende Aktion
· Pflegen Sie einen offenen Umgang mit Fehlern – es geht schließlich nicht darum, keine Fehler zu machen, sondern aus jedem Fehler maximal zu lernen.
· Nehmen Sie die Anregungen aller Mitarbeiter und Kunden sehr ernst – diese sind Ihre Experten!
· Achten Sie darauf, dass das Qualitätsmanagement Ihnen dabei hilft, dass Sie jeden Tag besser werden – es sollte keinesfalls Ihre Kreativität oder Ihre Produktivität behindern.

Die Aufgabenplanung

Die Aufgabenplanung dient dazu, alle Aufgaben im Unternehmen zu definieren. Nicht die Mitarbeiter selbst, sondern die Führungskräfte des Unternehmens sollten die Beschreibungen festlegen, damit diese wirklich eindeutig aus der Sicht und im Sinne des Kunden, der guten Organisation oder der Unternehmensführung formuliert werden. Wichtig: Eine Aufgabe orientiert sich nicht an einer Person (oder einer so genannten »Stellenbeschreibung«), sondern nur an der gegebenen Notwendigkeit im Unternehmen.

Ein häufiges Problem in der Organisation von Unternehmen sind unklare Zuständigkeiten und Aufgaben. Mitarbeiter klagen dann zu Recht, dass ihnen niemand sagen kann, wofür sie verantwortlich sind und wofür nicht, was sie tun sollen und was unterlassen. Meistens haben die Chefs selbst keinen Überblick über die Vielzahl der Aufgaben, die eigentlich klar definiert und zugewiesen sein müssten. Daher ist der strukturierte Umgang mit Aufgaben eines der wichtigsten Elemente eines QM-Systems.

Die Aufgabenplanung ist ein Arbeitsmittel zur strukturierten Umsetzung der Ziele in Ihrem Unternehmen. Alle im Unternehmen tätigen Menschen können mit dieser Technik arbeiten. Jeder Mitarbeiter sollte mit einer eigenen Aufgabenplanung arbeiten, die seine Verantwortlichkeiten genau festlegt. Regelmäßig sollten diese Aufgabenplanungen überarbeitet werden.
Auch Führungskräfte und Unternehmer sollten eine Aufgabenplanung ihres eigenen Arbeitsumfeldes anfertigen und – ganz wichtig – diese Aufgaben mit Prioritäten versehen:

· **Priorität A:** Aufgaben, die Sie auf jeden Fall selbst durchführen sollten.
· **Priorität B:** Aufgaben, die wichtig sind, aber nicht ausschließlich von Ihnen durchgeführt werden müssen (Delegation von Verantwortung).
· **Priorität C:** Aufgaben, die Sie delegieren sollten, weil Sie sonst Ihre eigenen Aufgaben vernachlässigen.

Die Delegation von Aufgaben ist natürlich von den Möglichkeiten abhängig. Ein 1-Mann-Unternehmer muss alle Aufgaben selber erledigen. Sobald das Unternehmen aber wächst, muss der Unternehmer Aufgaben an Mitarbeiter abgeben. Dies zu lernen, fällt oft schwer.

5 Gründe, warum Spielregeln so wichtig sind

Das Wort »Aufgabenplanung« klingt im ersten Moment recht bürokratisch. Es geht aber gar nicht darum, kleinkariert jeden winzigen Vorgang im Unternehmen zu erfassen und zu regeln. Vielmehr dient dieses Werkzeug dazu, jedem Mitarbeiter sein Set an Spielregeln an die Hand zu geben. In einem Fußballspiel hat ja ein Stürmer auch völlig andere Aufgaben als der Torwart. Eine intelligente Aufgabenplanung bringt Ihnen folgende Vorteile:

1. Sie machen den Ist-Zustand jedes Arbeitsplatzes transparent. Schon bei der Bestandsaufnahme sehen Sie deutlich, wo Arbeiten doppelt, unnötig kompliziert oder unregelmäßig erledigt werden oder wo es keine klaren Zuständigkeiten gibt.
2. Dieses Arbeitsmittel führt also automatisch zu ständigen Innovationen am Arbeitsplatz und einer kontinuierlichen Verbesserung.
3. Weil so klar wird, was wann und wie zu tun ist, können alle Aufgaben nahezu reibungslos auch von Vertretern übernommen werden.
4. Eine genaue Aufgabenplanung macht Mitarbeitern die Arbeit leichter. Endlich wissen sie, was genau von ihnen erwartet wird. Sie müssen nicht mehr versuchen, die Gedanken Ihrer Vorgesetzten zu lesen (die oft genug meinen, dass sie das könnten) und sie müssen auch nicht mehr täglich mit ihren Kollegen um die Aufgabenverteilung rangeln.
5. Die Aufgabenplanung erleichtert die Führungsarbeit ganz enorm. Denn wenn der »Laden einmal läuft«, tauchen die vielen kleinen Fragen (»Soll ich das übernehmen?«, »Bis wann soll ich das machen?«, »Wissen Sie, wo die Unterlagen sind?«), die uns jeden Tag so viel Zeit und Nerven kosten, gar nicht mehr auf. Außerdem kommen wir dann nicht mehr so leicht in Versuchung, den eigentlich delegierten »Kleinkram« immer wieder an uns zu reißen.

»Qualität entsteht nicht durch Zufall, sondern durch systematische Arbeit.«

Cay von Fournier

Werkzeug ✎ »Aufgabenplanung«

Unten sehen Sie ein Beispiel für die Aufgabenplanung im SchmidtColleg. Wir haben alle Aufgaben aufgelistet, die an einem bestimmten Arbeitsplatz anfallen. Zusätzlich sehen Sie, wie häufig diese Aufgaben anfallen, wer als Vertretung geplant ist und – wir sind hier ganz offen – wie viel Budget für bestimmte Aktionen zur Verfügung steht.

Auf der nächsten Seite haben wir zwei Beispiele für konkrete Aufgaben abgebildet, zu denen wir mit den entsprechenden Mitarbeitern einen Vertrag abgeschlossen haben. So wurde zum Beispiel unterschrieben: »Mit dieser Aufgabe übernehme ich die Verantwortung dafür, dass geeignete Hotels für unsere Seminare vorhanden sind.«

Es gibt wohl kaum ein Mittel, mit dem Sie mehr Verbindlichkeit erreichen als mit einem solchen Vertrag. Gleichzeitig erleben Mitarbeiter diese offizielle Übergabe von Verantwortung auch als eine Form der Anerkennung und des Vertrauensbeweises, die ihnen Selbstbewusstsein gibt.

Aufgabenplanung — 1/2

für meine Verantwortungsbereiche

In unserem Unternehmen bin ich für folgende Bereiche und Aufgaben uneingeschränkt verantwortlich:

Bereich:	Seminarorganisation	Täglich / bei Bedarf	wöchentlich	monatlich	vierteljährlich	halbjährlich	jährlich	VERTRETUNG	KOMPETENZ
1	Anmeldebestätigung Seminare	X						ABA	
2	Rechnungslegung SchmidtColleg	X						ABA	
3	Gutschriftenerstellung SchmidtColleg	X						SS	
4	Auswertung der Beurteilungsbögen	X						ABA	
5	Serienbriefe über Navision erstellen	X						ABA	
6	E-Mail-Adressen für Newsletter erfassen	X						TP	
7	Liste „Gebuchte Seminare"		X					ABA	
8	Korrespondenz (Hotel etc.)	X						ABA	
9	Beurteilungsbögen aktualisieren	X						ABA	
10	Organisation Hotel-/Seminartermine						X	HW	
11	Kundenneuanlage	X						ABA	
12	Briefneuanlage im Navision	X						RVF	
13	Stammdatenpflege	X						ABA	
14	Telefonservice	X						ABA	
15	Kasse Kronach	X						ABA	

Aufgabenplanung — 2/2

Bereich:	Seminarorganisation	Täglich / bei Bedarf	wöchentlich	monatlich	vierteljährlich	halbjährlich	jährlich	VERTRETUNG	KOMPETENZ
16	Kleinmailings für Seminarberatung Seminarorganisation	X						KHS	
17	Eingangspost SI bearbeiten	X						ABA	
18	E-Mail-Eingang Info bearbeiten	X						ABA	
19	Provisionsabrechnungen prüfen	X						HW	
20	Formblätter aktualisieren	X						ABA	
21	Geburtstagsgeschenke				X			ABA	Budget: 500 €
22	Anwesenheitsliste führen		X					ABA	
23	Seminar- und Vortragsbestellungen bearbeiten	X						ABA	
24	AB besprechen	X						RVF	
25	Vorbereitungen CollegTage					X		ABA	
26	Ablage	X						ABA	
27	Stornoübersichtslisten pflegen		X					ABA	
28	Weihnachtsaktion						X	HW	Budget 5000 €
29	Nachfassbriefe UE, FE, sonstiges	X						ABA	

Aufgabe 8

Korrespondenz

MO	DI	MI	DO	FR	SA	SO

Täglich/bei Bedarf wiederkehrende Aufgaben

Mittel:
(Beschreibung der für die Erfüllung dieser Aufgabe notwendigen Mittel und wo diese zu finden sind)
PC

Betroffene Mitarbeiter / Personen:

Maßnahmen:
(genaue Beschreibung der Durchführung der Aufgabe)

Folgender Schriftverkehr wird durch mich erledigt:

- Buchung Zimmer und Tagungsräume in Hotels
- Veranstaltungsverträge mit den Hotels
- Änderungen Zimmerwünsche
- Sonderwünsche Kunden (Nichtraucher etc.)
- Referentenwünsche
- Anforderungen an die jeweilige technische Ausstattung
- Tagungs- und Seminarstornierungen
- Rechnungsänderungen (Kostenübernahmen)
- Tagungsablauf
- alle Änderungen, die das Hotel betreffen

Alle meine Vorlagen sind im PC zu finden unter:
- Word
- Laufwerk „S"
- Mitarbeiter/Stefanie/Datensicherung/SO/Hotels und dann unter den jeweiligen Hotelnamen (Arvena, Schindlhof etc.).

Mit dieser Aufgabe übernehme ich die Verantwortung dafür, dass alle organisatorischen Angelegenheiten mit den Hotels geklärt werden.

Vereinbart: SI   Datum: 26. September 2010

Aufgabe 10

Organisation Hotel-/Seminartermine   Monat: Juni/Juli

Mittel:
(Beschreibung der für die Erfüllung dieser Aufgabe notwendigen Mittel und wo diese zu finden sind)
PC
Hotelprospekte und -kataloge

Betroffene Mitarbeiter / Personen: HW

Maßnahmen:
(genaue Beschreibung der Durchführung der Aufgabe)

Mitte des Jahres erhalten ich von HW die Seminartermine und –orte für das Folgejahr. Nun muss für die einzelnen Termine jeweils ein Hotel gebucht werden. Für die meisten Termine haben wir bereits unsere festen Hotels. Diese sind:

Ort	Hotel	Seminar
Nürnberg	Schindlhof	UE, FE, ME, Tagesseminare
Wernberg	Burg Wernberg	UE, FE
Bayreuth	Arvena Kongress	UE, FE

Für die Seminare, die in o.g. Orten stattfinden sollen, wird eine Anfrage mit Ort, Dauer, Anzahl der benötigten Zimmer und Tagespauschale an das jeweilige Hotel geschickt. Muster sind im aktuellen Ordner „Hotels 201." im Drehregal zu finden. Wenn der Termin im Hotel möglich ist, erhalten wir von dort einen Veranstaltungsvertrag. Dieser wird auf Preise und die gewünschten Kontingente überprüft (siehe auch Ordner „Hotels 201.") und unterschrieben zurück geschickt. Wenn der Termin im gewünschten Hotel nicht mehr möglich ist, halte ich Rücksprache mit HW, ob der Termin verschoben oder ein anderes Hotel gewählt werden soll.

Sind Seminare in einer „neuen" Region bzw. „neuen" Orten geplant, wird unsere Kundenkartei und im Internet nach möglichen Veranstaltungsorten durchsucht, Angebote eingeholt, evtl. vor der Buchung besichtigt und nach Rücksprache mit HW gebucht (gleicher Prozess wie bei bestehenden Hotelbeziehungen).

Die gesammelten Veranstaltungsverträge werden zusammen mit unseren Anfragen im Ordner „Hotels + Jahreszahl" nach Datum abgeheftet.

Wenn alle Termine und Seminarorte feststehen, werden diese in unser System Navision eingetragen.

Mit dieser Aufgabe übernehme ich die Verantwortung dafür, dass für unsere Veranstaltungen und Seminare Top-Hotels zur Verfügung stehen.

Vereinbart: SI   Datum: 26. September 2010

Download unter:
www.UnternehmerEnergie.de

In 8 Schritten zum Ziel

1. Schritt: Erstellen Sie eine Liste aller wichtigen Aufgaben für jeden Mitarbeiter.

2. Schritt: Für jede Aufgabe wird auf einem gesonderten Blatt bestimmt, wie (ganz genau!) diese erledigt wird, damit eine Vertretung ohne lange Einarbeitungszeit einspringen kann.

3. Schritt: Weiter nennen Sie die Mittel (was?), die zur Erfüllung der Aufgabe nötig und wo diese zu finden sind.

4. Schritt: Außerdem wird bestimmt, wann die Aufgabe ansteht: »bei Bedarf«, »täglich«, »wöchentlich«, »monatlich«, »pro Quartal«, »halbjährlich«, »jährlich«.

5. Schritt: Wichtig ist auch, wer welche Entscheidungskompetenz erhält, wer von der Aufgabe betroffen ist und wer im Bedarfsfall die Vertretung übernehmen kann.

6. Schritt: Zuletzt nennen Sie den Zweck der Aufgabe (wozu?) bzw. die Verantwortung, die durch die Erfüllung dieser Aufgabe übernommen wird.

7. Schritt: Sorgen Sie dafür, dass die verantwortlichen Führungskräfte Kopien der Aufgabenlisten bekommen.

8. Schritt: Dokumentieren Sie Änderungen schriftlich.

Innovationsmanagement

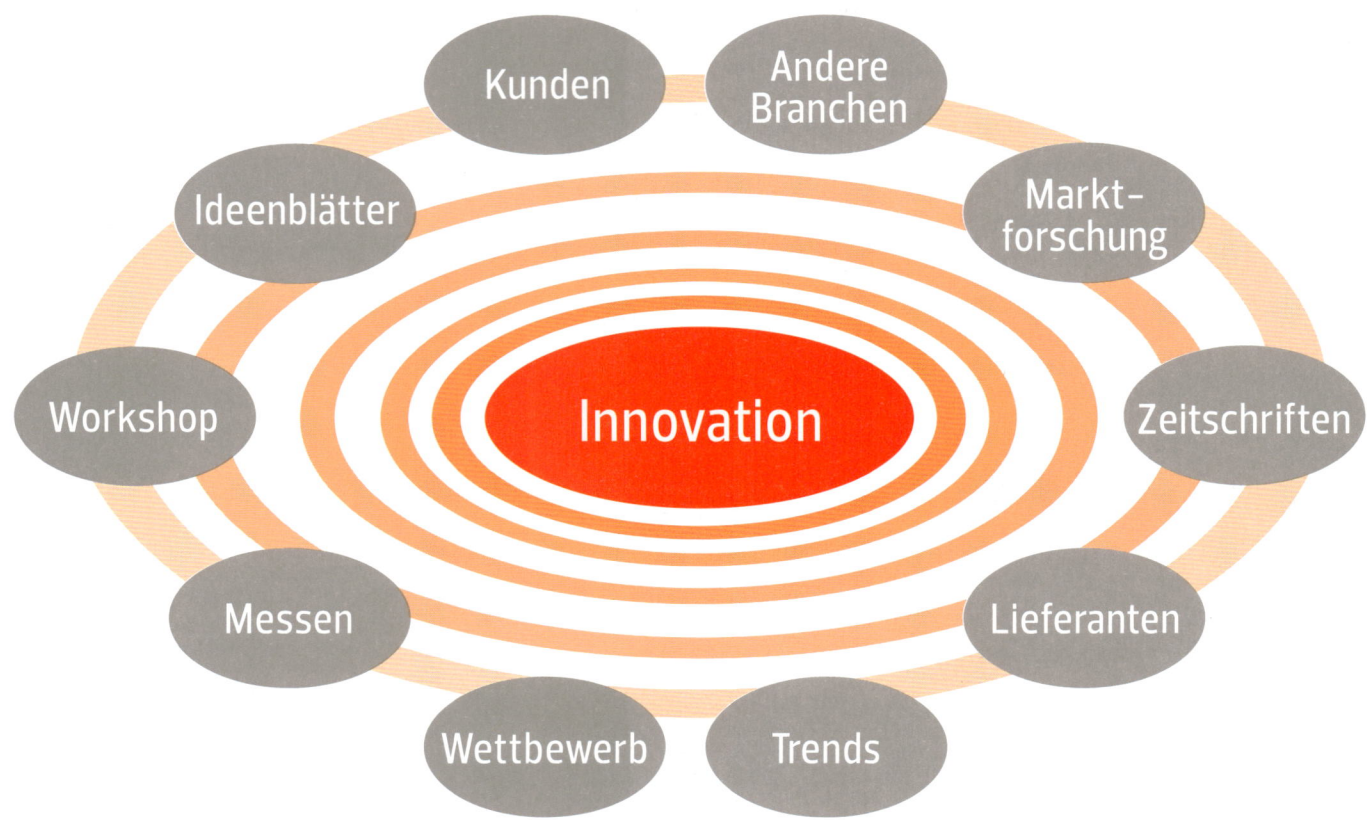

Ein Garagen-Start-up kann möglicherweise über Jahre von der sprudelnden Kreativität seiner Gründer leben, einfach, indem es hin und wieder eine der Ideen umsetzt. Größere Unternehmen können sich nicht darauf verlassen, dass irgendwo im Unternehmen irgendjemand im passenden Augenblick den richtigen Einfall haben könnte, dessen Umsetzung dann auch noch den Kunden gefällt. Es bleibt ihnen nichts anderes übrig, als ein **systematisches Innovationsmanagement** zu betreiben.

Doch vorab die Frage: Was sind eigentlich Innovationen? Das Wort »Innovation« stammt vom lateinischen »innovatio« ab und bedeutet »etwas neu Geschaffenes«. Im Kern steckt »novus« darin, das heißt »neu«.

Innovationsmanagement dient dazu,

- die Entstehung von **Neuem** im Unternehmen zu **fördern**,
- neue Ideen zu **sammeln** und **auszuwählen**,
- **Prototypen** für Produkte oder Services zu **entwickeln**,
- diese in Zusammenarbeit mit den Kunden zu **testen**
- und schließlich passende Strategien für **Marketing**
- und **Vertrieb** zu entwickeln.

Das »Neue« muss übrigens gar nicht immer revolutionär sein – es kann auch aus etwas anderem entstanden oder mit etwas Bestehendem kombiniert worden sein.

Innovationsmanagement bezieht sich nicht nur auf Produkte und Dienstleistungen (also auf die Steigerung der **Attraktivität** des Unternehmens), sondern kann sich auch mit Prozessen und Strukturen beschäftigen (also mit der **Effektivität** und **Effizienz**). Die Ergebnisse des Innovationsmanagements können entsprechend weit auseinandergehen: Sie reichen von der Erfindung von der Erfindung völlig neuartiger Tee-Eier (zum Beispiel in Form eines U-Bootes) bis hin zum Outsourcing der Vertriebsmannschaft.

Best Practice ⊖ Rewe Nüsken: »Gekonnt anders«

»Wir wollen langfristig weg vom Verkaufen über den Preis«, sagt Marcus Nüsken. Zusammen mit seinem Bruder Karsten ist er Geschäftsführer von Rewe Nüsken. Ihre Eltern Waltraud und Werner Nüsken gründeten das Einzelhandelsunternehmen im Jahr 1980. Heute gehören der Familie sieben Rewe-Märkte in und um Kamen in Westfalen. Das Unternehmen verkauft »Mittel zum Leben, liebevoll und frisch«, wie es die Unternehmensleitsätze ausdrücken. Im Wettbewerb gegen Discounter punktet Rewe Nüsken mit Innovation.

So setzte Nüsken als erster Supermarkt auf Duftmarketing – einer Erfindung des Neuromarketing, mit dem man das Unterbewusstsein der Kunden positiv beeinflussen will. Ein österreichisches Unternehmen entwickelte für den Rewe-Markt aus 300 Aromen einen eigenen Duft, der fein dosiert im Markt versprüht wird. Beim Obst gibt es weniger Duft, in anderen Bereichen mehr.

Darüber hinaus arbeiten die Nüsken-Märkte mit Licht und Farben: Ganz bewusst werden neben dem Rewe-Rot noch andere Farben eingesetzt, um den Kunden eine angenehme Atmosphäre zu bieten. Und mit Emotionen: In einem der neuen Märkte hat man den Boden vor den Frischetheken in Pflastersteinoptik gestalten lassen. »Das soll den Charakter eines Marktplatzes unterstützen«, argumentiert Marcus Nüsken. Statt schlichter Regale und »Warenpräsentation direkt aus der Schachtel« will man so ein besonderes Kauferlebnis schaffen. Das beeindruckt nicht nur Kunden, sondern auch Juroren: 2009 gewann Rewe Nüsken in Soest eine Auszeichnung als »Store of the Year« (Hauptverband des Deutschen Einzelhandels), 2010 wurde die Süßwarenabteilung des gleichen Marktes vom Süßwarenhandelsverband Sweets Global Network (SG) mit dem »Süßen Stern« in Gold ausgezeichnet. Marktleiter Andreas Ringhoff war es gelungen, »die Nostalgie eines Kiosks auf der Fläche eines Lebensmittelmarktes darzustellen und somit den Zauber und die Verführung der Süßware zu zelebrieren«.

Zum Konzert der kommunikativen Maßnahmen gehören Flachbildschirme in den Märkten, die so genanntes »Instore-TV« präsentieren: Animierte Produkt-, Preis- und Rezeptpräsentationen »erzählen« Geschichten rund um verschiedene Produkte. »Die Flachbildschirme von heute können halt mehr als das statische Plakat von früher«, so Marcus Nüsken.

Die UnternehmerEnergie-Erfolgsgeschichten

Anwenderbericht
Rewe Nüsken
Kamen

Die Nüsken-Brüder über Seminare, Ideen und ihren Weg zum Erfolg.

Es sind aber auch unscheinbare Angebote, die die Nüsken-Märkte ins Gespräch bringen. Um auch älteren Menschen das Lesen der Aufschriften auf den Produktverpackungen zu ermöglichen, sind überall in den Märkten Leselupen vorhanden. »Eine Investition von wenigen hundert Euro«, zeigt Karsten Nüsken auf. »Doch selbst die Deutsche Presse-Agentur (DPA) hat darüber berichtet.« Ganz im Sinne des offiziellen Rewe-Slogans »Jeden Tag ein bisschen besser« werden die Ideen der Mitarbeiter belohnt. Über die Marktleiter werden die Mitarbeiterideen gesammelt und in der regelmäßigen Marktleiterrunde besprochen. Die besten Ideen werden mit Warengutscheinen über 50 Euro prämiert, die »Idee des Jahres« wird mit 500 Euro ausgezeichnet.

www.rewe-nuesken.de

Download unter:
www.UnternehmerEnergie.de

Kontinuierlicher Verbesserungsprozess (KVP)

Der kontinuierliche Verbesserungsprozess (KVP) beschreibt einen aus dem japanischen Managementprinzip Kaizen entwickelten Versuch, positive Veränderungen im Unternehmen nicht in großen Sprüngen, sondern durch viele kleine Schritte herbeizuführen. Denn grundsätzlich gilt: **Die kontinuierliche Verbesserung ist allemal besser als aufgeschobene Vollkommenheit.**

Im Vordergrund steht die Verbesserung der Produkt- und Prozessqualität. Besonderes Gewicht kommt dabei den Mitarbeitern zu, die ermutigt werden sollen, Vorschläge für eine Verbesserung einzureichen. Es stehen aber nicht mitarbeiterbezogene Einzelvorschläge im Vordergrund, der Fokus liegt auf der Erarbeitung von gruppen- und teambezogenen Vorschlägen. KVP wird hierbei als standardisierte Vorgehensweise implementiert. Betraf früher die Implementierung nur direkte Bereiche (Fertigungs-/Montagebereiche) eines Unternehmens, so wird KVP mittlerweile auch in indirekten Bereichen eingesetzt (Vertrieb/Auftragsabwicklung; Einkauf/Beschaffung; Entwicklung/Konstruktion etc.).

In den folgenden Checklisten wird deutlich, wie sehr die Kultur des Kaizen mit der japanischen Kultur verbunden ist; uns sind diese Begriffe nicht fremd, sie entsprechen den typischen deutschen Tugenden aus der preußischen Zeit. Als solche werden sie heutzutage allerdings belächelt, als asiatische Schlüsselwörter der Managementphilosophie werden sie jedoch begeistert aufgenommen.

Die »3 Mu«

Die Checkliste der »3 Mu« beschreibt, was es durch Kaizen gilt zu vermeiden:
- **»Muda«** = Verschwendung
- **»Muri«** = Überlastung
- **»Mura«** = Abweichung

Die »5 S«

Die »5-S-Checkliste« beschreibt, was jeder Mitarbeiter selbst an seinem Arbeitsplatz zu berücksichtigen hat:
- **»Seiri«** = Ordnung schaffen
- **»Seiton«** = jeden Gegenstand am richtigen Ort aufbewaren
- **»Seiso«** = Sauberkeit
- **»Seiketsu«** = persönlicher Ordnungssinn
- **»Shitsuke«** = Disziplin und Selbstdisziplin

Kaizen ist kein reines Werkzeug, als das es häufig fehlinterpretiert wird, sondern eine Philosophie und somit ein Element der Kultur. Es braucht immer längere Zeit, bis eine Änderung der Unternehmenskultur gelebt werden kann.

> »In Erinnerung bleibt die Qualität, nicht der Preis.«
>
> Cay von Fournier

> »Qualität ist, wenn viele Kunden zurückkommen und wenige Waren.«

Ordnung schaffen

Best Practice ⊖ Strenger Bauen und Wohnen: »Qualität gibt ein gutes Gefühl«

Klare Ziele, eine Unternehmensphilosophie, die auf Nachhaltigkeit ausgelegt ist, und ein sehr hoher Anspruch an Qualität und Sicherheit: So lassen sich die wesentlichen Grundlagen des Erfolgs der Strenger-Gruppe charakterisieren.

Bereits mit 25 Jahren hatte Karl Strenger 1982 die Firma Strenger Immobilienmarkt als Beratungsbüro für Grundbesitz gegründet. Nach und nach wuchs das Unternehmen und es wurden weitere Unternehmen gegründet.

Angeregt durch das SchmidtColleg arbeitet Strenger im Unternehmen mit Zielplanungen und mit einem eigenen Qualitätsmanagement-System. Der Grund: »Wir müssen uns täglich neu beweisen. Wir wollen täglich besser werden.« Das QM-System umfasst alle Vorgänge innerhalb der Administration und auf den Baustellen. Es geht aber noch weiter:

»Jeder macht sein Büro selbst sauber«, erklärt Karl Strenger. Auf den ersten Blick ein ungewöhnliches Führungsinstrument, das aber voll und ganz den Kaizen-Gedanken »Seiri« (Ordnung schaffen) und »Seiso« (Sauberkeit) entspricht. »Einmal jährlich haben alle Mitarbeiter Putztag. Da wird alles entsorgt, was das ganze Jahr über angefallen ist.« Karl Strenger belohnt alle hinterher mit einem kleinen Event.

Um die Qualität auch auf Seiten der Zulieferer zu sichern, werden die Partnerunternehmen jedes Jahr zu einem »Handwerkertag« eingeladen. Über 100 Teilnehmer bilden sich hier zu Themen wie Qualität, Personal, Motivation oder auch Werte weiter. Andere Bauträger sprechen von Subunternehmern. Dieses Wort kommt Karl Strenger nicht über die Lippen. Bereits beim ersten Entwurf sitzen die Partnerunternehmen mit am Tisch und es wird um Lösungen gerungen. »Nur durch dieses Miteinander können wir auch gemeinsam beste Leistungen gegenüber dem Kunden bringen«, ist sich Strenger sicher. Auf allen Strenger-Baustellen hängen klare Regeln für die dort tätigen Mitarbeiter. Diese sind in fünf Sprachen ausgehängt und jeder Mitarbeiter muss sich verpflichten, diese zu befolgen. Am Handwerkertag schließlich wird auch der »Handwerker des Jahres« gekürt. Grundlage dieser Auszeichnung ist die Qualitätsbeurteilung durch die Kunden.

Die UnternehmerEnergie-Erfolgsgeschichten

Anwenderbericht Strenger-Gruppe
Ludwigsburg

Die Strenger-Gruppe über Seminare, Ideen und ihren Weg zum Erfolg.

Für die Qualität der »Lebensräume, in denen sich Menschen rundum wohlfühlen« wurde Strenger mehrfach ausgezeichnet. »Worüber wir uns aber am meisten freuen, sind die zufriedenen Gesichter unserer Kunden«, kommentiert Strenger. Dazu trage auch das ausgezeichnete Preis-Leistungs-Verhältnis bei.
2003: Immobilien Award, 2004: MIPIM-Award (Oscar der Baubranche. Nominierung des Projekts »Arkadien Asperg« unter die besten drei internationalen Projekte, 2005: Prix d'Excellence Sonderpreis, 2006: BestPractice-IT-Award (Positionierung unter den ersten sechs Teilnehmern), 2006: Management-Preis UnternehmerEnergie, 2010: Mittelstandspreis »Sozial engagiert 2010« für soziales Engagement in Baden-Württemberg.

www.strenger.de

Download unter:
www.UnternehmerEnergie.de

Qualitätszirkel

Qualitätszirkel (jap. »Jishu Kanri«) stammen ursprünglich aus Japan – einem Land, dessen Geschäftsleben von einem starken Gemeinschaftsgefühl und einem hohen Anspruch an Qualität geprägt ist. In den sechziger Jahren wurden Qualitätszirkel in den USA und in den achtziger Jahren schließlich auch in Deutschland eingeführt.

In Qualitätszirkeln trifft sich eine kleine Gruppe von Mitarbeitern (zumeist weniger als zehn für die bessere Handhabbarkeit) in regelmäßigen Abständen, um Herausforderungen der täglichen Arbeit zu diskutieren und Verbesserungsvorschläge zu entwickeln. Ein Moderator führt durch den Diskussionsprozess und achtet auf die Einhaltung fester Zeiten (Beginn und Ende der Diskussion). Ein Protokollführer notiert die Fragestellungen und Lösungsvorschläge und macht die Arbeit der Gruppe so transparent.

Die Zielsetzungen von Qualitätszirkeln können ganz unterschiedlich sein.

- **»Qualitätsorientierte« Zirkel** zielen auf eine Optimierung von Abläufen, Produkten und Leistungen, um den Kundennutzen zu steigern und die Fehlerzahl zu senken. Weil so die Zahl der Reklamationen sinkt, wird dadurch auch die Wettbewerbsfähigkeit gesteigert.
- **»Produktivitätsorientierte« Zirkel** zielen auf höhere Geschwindigkeit, niedrigere Kosten und bessere Koordination. Sie führen zu einer Vereinfachung des Geschäftes und damit zu einer Steigerung der Produktivität.
- **»Mitarbeiterorientierte« Zirkel** befassen sich mit Themen wie Motivation, Gesundheit, Fortbildung und Karriere.
- **»Kundenorientierte« Zirkel** diskutieren Fragen der Kundenzufriedenheit und Kundenbindung bis hin zu so praktischen Fragen wie der Umgang mit Reklamationen.

Sowohl für die Einführung als auch den Erhalt eines Qualitätsmanagement-Systems sind Qualitätszirkel von großer Bedeutung, weil sie das Potential, die Kreativität, das Engagement, aber auch die Erfahrung und Kompetenz der beteiligten Mitarbeiter aktivieren können – und damit letztendlich die Motivation steigern und das Betriebsklima verbessern. Im Rahmen von Veränderungsprozessen geben Qualitätszirkel wertvolle Impulse und bewirken insgesamt eine breitere Akzeptanz.

Kompetenz am Band

Schon in den 1980er Jahren sind Qualitätszirkel in der Automobilindustrie eingesetzt worden. An dieser Stelle möchte ich Ihnen ein Beispiel aus dieser frühen Zeit der Qualitätszirkel vorstellen, weil gerade dieses so anschaulich ist:

Bei Volkswagen in Wolfsburg gab es zum Beispiel einen Zirkel zur Verbesserung der Qualität des VW-Golf-Dachs, bei dem immer wieder Nacharbeiten anfielen. Unter Anleitung eines Werkstattmeisters, der eine Ausbildung als Moderator absolviert hatte, erarbeitete eine Gruppe von Fach- und Bandarbeitern mögliche Problemlösungen. Gemeinsam analysierten sie den Ablauf der Fertigung, ordneten mögliche Fehlerursachen zu und überlegten, wo und wie jeder Einzelne von ihnen die Qualität des Produktes verbessern könnte. Das Ergebnis: Hauptursachen der Fehler waren mangelnde Werkzeugreinigung, Mängel in der Führung von Nutzabfällen und Schrott und eine schlechte Beleuchtung zwischen zwei Pressen. Gemeinsam entschieden die Mitglieder des Qualitätszirkels darüber, welche Lösungsmöglichkeiten sie ihren Vorgesetzten präsentieren wollten. (Quelle: Gottschall, D.: Das Team lebt. In: Manager Magazin, Heft 12/1988, S. 244-258)

Ein solcher Qualitätszirkel kann in jedem Unternehmen arbeiten und hervorragende Ergebnisse bringen. Ein Detail der VW-Geschichte halte ich dabei für besonders wichtig: Zu Beginn des ersten Treffens des Qualitätszirkels stellt ein Mitglied der Unternehmensleitung persönlich den Sinn und das Ziel der Aktion vor. Damit unterstrich das Unternehmen einerseits die enorme Bedeutung, die es dem Qualitätszirkel beimaß, und andererseits sein großes Vertrauen in die Kompetenz der Mitarbeiter am Band. Ein solcher Auftrag »aus der obersten Etage« löst Energie, Kreativität und Selbstbewusstsein aus.

»Der größte Feind der Qualität ist die Eile.«

Henry Ford

Werkzeug  »Qualitätszirkel«

Qualitätszirkel sind ...

- auf eine bestimmte Dauer angelegte Kleingruppen,
- in der Mitarbeiter der gleichen hierarchischen Ebene
- mit einer gemeinsamen Erfahrungsgrundlage
- in regelmäßigen Abständen
- auf freiwilliger Basis zusammenkommen, um
- Themen des eigenen Arbeitsbereiches zu analysieren und
- unter Anleitung eines geschulten Moderators
- mit Hilfe spezieller erlernter Problemlösungs- und Kreativitätstechniken
- Lösungsvorschläge zu erarbeiten und zu präsentieren,
- diese Vorschläge selbstständig oder im Instanzenweg umzusetzen und
- eine Ergebniskontrolle vorzunehmen.

Qualitätszirkel haben die gleichen Spielregeln wie Besprechungen. Sie sollten ...

- einen Verantwortlichen festlegen (gegebenenfalls auch der Moderator),
- mit Ausnahme des Moderators keine weiteren Hierarchien definieren,
- relevante Teilnehmer aus allen betroffenen Bereichen auswählen,
- Kompetenzen und Befugnisse festlegen,
- konkrete Aufgaben der einzelnen Mitglieder bestimmen,
- sein Thema klar definieren und von anderen Themen abgrenzen,
- klare, messbare Ziele setzen,
- die Anzahl der Sitzungen und deren Dauer vereinbaren,
- die Dauer der Redebeiträge festlegen (das heißt auch: begrenzen!),
- Einladungen zu QZ-Sitzungen rechtzeitig aussprechen,
- vor jeder Sitzung eine Agenda festlegen und alle Themen vorbereiten,
- die besprochenen Themen visualisieren (Moderation, Metaplantechnik, Flipchart),
- eine konkrete und fortlaufende Maßnahmenliste erstellen,
- nach Besprechung Protokolle zur Information aller Betroffenen zur Verfügung stellen,
- Informationswege in den QZ hinein- und hinausdefinieren,
- ohne Schuldzuweisungen, Prügelknaben und Killerphrasen arbeiten, sondern nach Lösungen suchen,
- in Räumen tagen, die eine konstruktive und produktive Arbeit fördern, und
- eine offene, wertschätzende Atmosphäre der Kommunikation pflegen.

Beschwerdemanagement

Wenn man bedenkt, dass es sehr viel teurer ist, einen neuen Kunden zu gewinnen, als bestehende Kunden zu halten, ist die Beschwerde ein ganz besonderes Ereignis. Die Art und Weise, wie ein Unternehmen mit einer Beschwerde umgeht, entscheidet darüber, ob ein Kunde verloren geht, die Kundenbindung schwächer wird oder ob diese Beschwerde genutzt wird, das Verhältnis zum Kunden wesentlich zu verbessern. Denn erst in Situationen der Unzufriedenheit erlebt der Kunde, wie ein Unternehmen mit Problemen umgeht. Erst in diesen Momenten kommt die volle Wahrheit der Unternehmenskultur auf den Tisch.

Nutzen Sie das Potential von Reklamationen! Erkenntnisse zeigen, dass erfolgreich gelöste Beschwerden eine stark emotionale Wirkung haben und das Verbundenheitsgefühl des Kunden langfristig positiv beeinflussen. Beschwerdeführer, deren Anliegen zur Zufriedenheit gelöst wurde, sind auf Dauer oft loyalere Kunden als solche, die nie Anlass zu einer Beschwerde hatten. Zu den erwiesenen positiven Auswirkungen hoher Zufriedenheit gehören die Bereitschaft zu Wiederkauf, die Entscheidung für weitere Produkte des Anbieters sowie positive Erwähnung und Empfehlung des Unternehmens im Bekanntenkreis.

Nutzen Sie das Potential

»Wer einen Fehler gemacht hat und ihn nicht korrigiert, begeht einen zweiten.«

Konfuzius

Frust in Lust verwandeln

Die Düsseldorfer Unternehmensberaterin Sabine Hübner hat sich auf das Thema Service spezialisiert und zahlreiche Bücher dazu veröffentlicht. Ihre Empfehlungen (»Vom Kundenfrust zur Kundenlust: Erfolgreiches Reklamationsmanagement«, www.competence-site.de) zum Umgang mit Beschwerden haben wir hier auf die Herausforderungen des Mittelstands zugeschnitten und im Sinne eines umfassenden Qualitätsmanagements erweitert.

1. Zeit nehmen und zuhören
Lassen Sie den Kunden in Ruhe sein Problem schildern. Bleiben Sie freundlich und fragen Sie nach, bis Sie das Problem verstanden haben.

2. Verständnis zeigen und Verantwortung übernehmen
Signalisieren Sie dem Kunden, dass Sie seine Gefühle (Ärger, Wut, Enttäuschung) verstehen. Schieben Sie niemals dem Kunden die Schuld an einem Problem zu, sondern zeigen Sie sich selbst verantwortlich dafür.

3. Erwartungen erfragen und Vereinbarung treffen
Fragen Sie nach den Forderungen Ihres Kunden (oft sind diese gar nicht so hoch) und finden Sie gemeinsam eine klare, konkrete Problemlösung (mit Termin).

4. Abhilfe schaffen und den Kunden überraschen
Bearbeiten Sie die Reklamation sehr zügig, entschuldigen Sie sich offiziell noch einmal und überraschen Sie Ihren Kunden mit einem Gutschein, einer Flasche Sekt …

5. Reklamation dokumentieren und auswerten
Bauen Sie ein einfaches und wirksames Dokumentationssystem für Reklamationen auf, in das Kundenfeedback aus allen Kanälen eingeht (Telefon, Internet, persönliche Gespräche). Lassen Sie dieses in Ihren Qualitätszirkeln auswerten.

Umweltmanagement

Ebenso wie die anderen Bereiche des Qualitätsmanagements (zum Beispiel Kundenorientierung, Mitarbeiterorientierung) ist auch die Orientierung an dem Wohl der Umwelt ein wichtiger Baustein eines QM-Systems. Hinzu kommt, dass dieser Bereich, ebenso wie der Arbeitsschutz und der Verbraucherschutz, rechtlich geregelt sind und Unternehmen Umweltschutzauflagen erfüllen müssen. Für ein gutes Unternehmen ist es aber ein Zeichen von Qualität, wenn diese Bestimmungen übertroffen werden. Ökologie geht uns alle an und ist zudem ernstzunehmende Pflicht in der Verantwortung gegenüber den nachfolgenden Generationen.

Achtsam mit der Umwelt umgehen

Zu den wirksamsten Elementen des Umweltmanagements gehören:

- die **Umweltpolitik** der Organisation, zum Beispiel eine Identifizierung und Aktivierung der Schnittmengen aus ökologisch und ökonomisch vorteilhaften Maßnahmen.

- der **Umweltschutz,** zum Beispiel technische Maßnahmen zur Verringerung der Umwelteinwirkungen, Vermeidung von nicht vertretbaren Umweltschäden und verantwortungsloser Inanspruchnahme natürlicher Ressourcen sowie Beiträge zur Vorsorge und Sanierung im ökologischen Umfeld.

- die **Umweltleistung,** also die messbaren Ergebnisse bzgl. der Umweltauswirkung(en), also zum Beispiel Emissionen, Abwasser, Bodenverunreinigungen etc.

- die **Einhaltung** der behördlichen Auflagen bzw. der gesetzlichen Grenzwerte.

- die **Normierungsverantwortung,** das heißt Unterstützung einer ökologiegerechten Verhaltensnormierung aller Beteiligten.

Best Practice ☰ Schwarzwald Abbund:
»Problemlöser mit Tradition«

Herbert Riegger und sein Unternehmen zeigen, wie aus einem typischen Kleinbetrieb am Rande des Marktes ein »Problemlöser« mit hervorragenden Marktchancen wurde. Rezession am Bau, Preiskämpfe mit anderen Anbietern oder auch Probleme mit Mitarbeitern und Bank bringen Herbert Riegger nicht mehr aus der Ruhe. Gelassen zeigt er die Marksituation auf, hat aber auch gleichzeitig Lösungen parat. In landschaftlich reizvoller Kulisse vor hohen Fichtenwäldern befindet sich das Betriebsgelände von Herbert Riegger. Bereits sein Vater führte dort ein Dampfsägewerk. »Die Technik war aus dem Jahr 1949«, blickt Riegger zurück. Er selber hat den Beruf von der Pike auf gelernt und mit der Meisterprüfung zum Sägewerksmeister abgeschlossen. Schon in den achtziger Jahren überlegte Herbert Riegger, wie man neue Geschäftsfelder erschließen könne. Ihm half dabei der Zufall, denn der Hersteller seiner Sägewerksmaschinen, Hundegger, begann mit der Herstellung von Abbundmaschinen. Während Herbert Riegger bisher die Zimmereien nur mit dem Bauholz versorgte, begann er 1988 damit, den Zimmerern das Holz gleich abzubinden. Beim Abbinden werden die Balken genau nach Plan zugesägt. Verbindungszapfen und Winkel werden gleich passgenau ausgesägt bzw. passend gefräst. »Für kleinere Zimmereibetriebe ist eine solche Anlage unwirtschaftlich«, argumentiert Herbert Riegger. »Wir können hier helfen und so können auch diese Betriebe wirtschaftlich günstig anbieten.« Je komplizierter das Holzbauvorhaben sei, desto wirtschaftlicher sei der automatische maschinelle Abbund. Der Zimmerer bekommt von der Firma Schwarzwald Abbund das abgebundene Bauholz und die Holzwandelemente auf die Baustelle geliefert wo dieser dann die Holzteile zusammenbaut. Mit dem Abbund-Service wurde man zum Problemlöser und Dienstleister. Das für seine Qualität bekannte Schwarzwaldholz und die Verarbeitungsqualität war und ist ein weiteres Merkmal des Unternehmens. Nachhaltigkeit wird gelebt. Heute weist Herbert Riegger ganz bewusst darauf hin, dass Holz aus der Region verwendet wird. Damit wird schon beim Einkauf durch die kurzen Transportwege auf die Umwelt geachtet. »Der ökologische Gedanke und Bewahrung der Natur ist unseren Kunden und mir sehr wichtig.«

www.schwarzwald–abbund.de

Die UnternehmerEnergie-Erfolgsgeschichten

Anwenderbericht
Schwarzwald Abbund
Villingen-Schwenningen-Tannheim

Inhaber Herbert Riegger über Seminare, Ideen und seinen Weg zum Erfolg.

Download unter:
www.UnternehmerEnergie.de

Jugend im Unternehmen

Ein ernstes Problem der heutigen Zeit sind die Frage der Nachfolge sowie der Mangel an Facharbeitern und gut ausgebildeten Mitarbeitern. Dieser Mangel wird in den nächsten Jahren noch dramatisch zunehmen und sich zu einer echten Bedrohung unserer Wirtschaft auswachsen. Unternehmen sind gut beraten, sich schon heute um ihren eigenen Nachwuchs auf allen Ebenen zu bemühen. Daher rate ich zu der Einführung eines Qualitätszirkels »Jugend im Unternehmen«, der sich mit allen Belangen, aber auch mit Projekten der jungen Menschen im Unternehmen befasst.

Junge Menschen wollen und können viel Leistung bringen, aber sie wollen auch eingebunden und wertgeschätzt werden. Das beginnt schon beim Einstellungsverfahren, das viele junge Bewerber als ausgesprochen demotivierend erleben.

Mangelnde Transparenz, geringe Wertschätzung

Eine Datenanalyse der Arbeitgeber-Plattform www.kununu.com zeigte im Januar 2011, dass Bewerber im Laufe des Bewerbungsprozesses immer unzufriedener werden: Mit rund 3,2 Punkten auf einer Skala von 1 (mangelhaft) bis 5 (sehr gut) und damit einem knappen »Befriedigend« schneidet das Arbeitgeberverhalten in der »schriftlichen Phase« des Bewerbungsprozesses vor dem Vorstellungsgespräch besser ab als während des Vorstellungsgesprächs (2,9) und nach dem Vorstellungsgespräch (2,1). Im Hinblick auf die »schriftliche Phase« kritisieren Bewerber vor allem mangelnde Transparenz im Verfahren. Während die

Bewerber sind Multiplikatoren

Reaktionsgeschwindigkeit im Durchschnitt mit 3,4 Punkten bewertet wird, landet die Aussage »Ich wusste, was auf mich zukommt« bei nur 2,7 Punkten.

Während des Vorstellungsgesprächs wird die Vorbereitung seitens der Arbeitgeber (2,8) als wenig professionell empfunden, viele Bewerber fühlen sich nicht »wertschätzend behandelt« (2,8). Nach dem Vorstellungsgespräch bewerten sie vor allem den Punkt »Feedback über den Grund der Absage« sehr negativ (1,4). Hier hält sich das Verständnis der Bewerber für die zumindest in Deutschland durch das AGG motivierte Praxis der Unternehmen offensichtlich in Grenzen, sich nicht zu konkreten Gründen der Absage zu äußern.

Die Jugend ist vernetzt

»Das Bewerbungsgeschehen ist ein wichtiger Kontaktpunkt zwischen den Talentmärkten und Arbeitgebern. Auch hier entsteht Image. Abgelehnte Bewerber sind mögliche Multiplikatoren. Unternehmen, die ihre Arbeitgebermarke stärken möchten, sollten auch dort ansetzen«, sagt Martin Poreda, der Gründer und Geschäftsführer von kununu. Die Plattform bietet Nutzern die Möglichkeit, nicht nur Arbeitgeber, sondern auch das Bewerbungsverfahren anonym zu bewerten. Seit September 2009 haben 1.806 Bewerberinnen und Bewerber davon Gebrauch gemacht. Bewerber können auf kununu Arbeitgeber nach ihren individuellen Präferenzkriterien suchen und sich über sie informieren. Unternehmen nutzen die Plattform zur Steigerung der Bekanntheit als Arbeitgeber, für innovatives Personalmarketing und zielgerichtetes Recruiting.

»Wer Leistung fordert,
muss auch Sinn bieten.«

Walter Böckmann

Werkzeug

»Jugend im Unternehmen«

Folgender Fragebogen ist für die »Jugend im Unternehmen« gedacht, um einen Dialog über das Unternehmen, seine Ziele und seine Verbesserungsmöglichkeiten zu beginnen. Dieser Fragebogen sollte nach ausführlichem und vor allem vertrauensvollem Gespräch übergeben werden. Es bedarf einer offenen Vertrauenskultur, um das Potenzial der Jugend mit einzubinden.

Fragebogen

Name ....
Bereich ....

1. — Kennen Sie die Vision und die strategischen Ziele des Unternehmens? ☐ ja ☐ nein

2. — Wie finden Sie unsere Unternehmensziele? ☐ sehr gut ☐ gut ☐ es geht ☐ nicht so gut

3. — Würden Sie andere Ziele für wichtiger erachten und welche wären dies?

_____

4. — Was würden Sie an unseren Produkten oder Dienstleistungen ändern?

_____

5. — Wie empfinden Sie unsere Kundenorientierung? ☐ sehr gut ☐ gut ☐ es geht ☐ nicht so gut

6. — Wie schätzen Sie die Führung unseres Unternehmens ein?

_____

7. — Was würden Sie an unserem Marktauftritt ändern?

_____

8. — Was sollten wir in unserer Werbung ändern?

_____

9. — Gibt es etwas, was Sie an unserer Öffentlichkeitsarbeit verändern würden?

_____

10. — Lässt sich aus Ihrer Sicht der Vertrieb verbessern?

_____

11. — Was würden Sie bei unseren betrieblichen Abläufen oder Prozessen verbessern wollen?

_____

12. — Wie zufrieden sind Sie mit unserer Personalpolitik und was wünschen Sie sich als Verbesserungen?

_____

13. — Wie empfinden Sie das soziale Verhalten generell im Unternehmen?

_____

14. — Wie empfinden Sie das soziale Verhalten der Führungskräfte?

_____

15. — Was würden Sie generell in unserem Unternehmen anders machen wollen?

_____

16. — Wie zufrieden sind Sie persönlich mit Ihrer Ausbildung bisher? Was gefällt Ihnen gut und was weniger gut?

_____

Download unter:
www.UnternehmerEnergie.de

Best Practice  Elektro Bachner: »Energie für junge Leute«

Hans und Sabine Bachner führen einen Handwerksbetrieb in der vierten Generation, was durchaus typisch für diese Branche ist. 330 Mitarbeiter, acht Standorte und über 90 Millionen Euro Umsatz sind jedoch nicht typisch für das Handwerk. Grund genug, sich einmal näher anzuschauen, was die beiden anders machen. Hans Bachner senior richtete bereits in den 1960er Jahren den Elektrobetrieb mit Einzelhandelsgeschäft konsequent aus. Man wurde als Dienstleister für Großunternehmen, beispielsweise für die Automobilindustrie, tätig. Noch heute ist dies ein wichtiges Standbein der Unternehmensgruppe. Bachner hat ein erstklassiges Image als Elektrodienstleister für die Industrie. Das Leistungsspektrum umfasst Energie-, Automatisierungs- und IT-Kommunikationstechnik, verbunden mit entsprechenden Dienstleistungen im Bereich der Planung, Dokumentation und im Service. Darüber hinaus ist die Firma bestrebt, attraktive Geschäftsfelder zu erschließen. Das Engagement in der Photovoltaik und der Kraft-Wärme-Kopplung sind zwei Beispiele dafür. Hans und Sabine Bachner sind sich bewusst, welche Bedeutung die Mitarbeiter für das Unternehmen haben. Mit allen werden Jahresgespräche geführt, in denen beide Seiten ihre Positionen, Wünsche und Vorstellungen aufzeigen und daraus gemeinsame Ziele erarbeiten. Familien erhalten für ihren Nachwuchs zudem einen monatlichen Kindergartenzuschuss in Höhe von 50 Euro. Bereits 1999 wurde die Bachner Gruppe mit dem Ausbildungs-Oskar (heute Ausbildungs-Ass) ausgezeichnet, 2005 folgte die Auszeichnung TOPJOB und 2009 der Personalmanagement Award der IHK Regensburg.

Wettbewerb um die besten Köpfe

Hans Bachner weiß, dass er mit seinen Großkunden, den Automobilkonzernen, auch im Wettbewerb um die besten Köpfe und Hände steht. »Wir haben es aber geschafft, als attraktiver Arbeitgeber wahrgenommen zu werden.« So gibt es für die Auszubildenden einen jährlichen Ausbildungstag mit Workshops, Elternabende, Prüfungsvorbereitungskurse sowie die Azubi-Fit-Reihe, in der nicht nur fachliche sondern auch soziale Kompetenzen geschult werden. Zusätzliche Ereignisse wie Go-Kart-Fahren oder Skitage in den Bergen begeistern die Jugendlichen. Die Auszubildenden des ersten Lehrjahres fahren zusammen mit den Lehrlingen der

benachbarten Firma Wolf Heiztechnik eine ganze Woche in ein Seminarzentrum. Die Themen für die jungen Berufseinsteiger gehen von der Arbeitssicherheit bis hin zum Persönlichkeitstraining. Sabine Bachner: »Zwei bis drei Auszubildende eines Jahrgangs gehen nach ihrem Abschluss auch wieder zur Schule oder studieren. Wir versuchen aber, diese für Praktika oder Abschlussarbeiten wieder in den Betrieb zurückzuholen.« Die Unternehmer versprechen sich davon neue Impulse und Ideen. Ein ehemaliger Auszubildender ist beispielsweise nach seinem Studium der Elektrotechnik wieder zur Bachner-Gruppe zurückgekehrt und baut derzeit den Anlagenservice der Tochterfirma Volthaus auf. Auch mit Mitarbeitern, die ausscheiden, bleibt man in Kontakt. Sie erhalten weiterhin die halbjährlich erscheinende Mitarbeiterzeitung und sind so in das Unternehmensgeschehen weiter eingebunden.

www.bachner.de

Kundenorientierung

In Zeiten eines immer heftigeren Wettbewerbes wird Kundenorientierung, die zu einer nachhaltigen Begeisterung des Kunden und dessen emotionaler Bindung führt, zum größten Wettbewerbsfaktor. Die Qualität der Verbindung zwischen einem Unternehmen und dessen Mitarbeitern mit seinen Kunden stellt eine der größten Herausforderungen dar. Daher ist dieses Element auch Teil des Qualitätsmanagements.

Doch Vorsicht: Kundenorientierung ist etwas ganz anderes als Kundennutzen.

Die Fragen des Kundennutzens sind strategisch:

- Was unterscheidet uns vom Markt?
- Was ist unsere Einzigartigkeit?
- Was ist Innovation in unserem Unternehmen?
- Was macht unser Geschäft erfolgreich?

Die Fragen der Kundenorientierung sind praktisch:

- Wie unterscheiden wir uns vom Markt?
- Wie setzen wir unsere Einzigartigkeit um?
- Wie leben wir Innovation in unserem Unternehmen?
- Wie machen wir unser Geschäft erfolgreich?

Aufgrund dieser Unterscheidung habe ich mich entschieden, die Kundenorientierung in den grünen Quadranten zu stellen, da es hier um die Umsetzung, um Prozesse und somit um einen Teil des Managements geht.

Projektmanagement

Allein die Umsetzung zählt

> »Die Praxis sollte das Ergebnis des Nachdenkens sein, nicht umgekehrt.«
>
> Hermann Hesse

Ein Projekt (»projectum« (lat.) = das Vorausgeworfene) ist ein Vorhaben, das in bestimmter Zeit und mit beschränktem Aufwand ein definiertes Ziel bewirken soll, wobei der genaue Lösungsweg noch nicht bekannt ist. Um diesen Lösungsweg geht es bei dem Managen von Projekten, dem Projektmanagement.

Oftmals allerdings arbeiten wir in Projekten, die wir gar nicht als solche bezeichnen und für die wir auch keine passende Struktur definiert haben. Wir krempeln einfach die Ärmel hoch und legen los: Wir fangen selbst einfach irgendwo an, geben zusätzlich mehreren motivierten Mitarbeitern aus verschiedenen Abteilungen einen »offiziellen Startschuss«, gehen »voller Energie ran«, »starten durch«. Dieses »praktische« Vorgehen ist typisch für den Mittelstand und, für sich genommen, auch eine sehr gute Eigenschaft. Während andere nur reden, handeln wir eben schon, oder?

Leider wird auf diesem Wege viel Geld verbrannt: Wie viel konkret, zeigt die 2004 veröffentlichte Langzeitstudie »Projektmanagement: Abenteuer Wertvernichtung« von Prof. Dr. Manfred Gröger, der über einen Zeitraum von fast vier Jahren 962 Führungskräfte zu ihren Erfahrungen mit dem Projektmanagement in deutschen Unternehmen und der öffentlichen Verwaltung befragt hat. Dabei zeigte sich, dass

· 13 Prozent der Projektarbeit zur Wertsteigerung beitragen und
· 87 Prozent der Projektarbeit als Wertvernichtung angesehen werden kann.

Projektmanagement wird Gröger zufolge in vielen Unternehmen als Aufgabe für das mittlere Management oder die ausführende Ebene gesehen, während auf der Ebene des Topmanagements aber kein übergreifender, auf Projektmanagement zugeschnittener Organisations- und Führungsansatz existiert. Konkret kann das heißen, dass die Geschäftsführung temporäre Arbeitsgruppen oder Projektteams nicht als »virtuelle Unternehmen auf Zeit« betrachtet und deshalb auch keine klaren Auftraggeber-Auftragnehmer-Strukturen schafft, Verantwortungen und Kompetenzen nicht klar zuordnet, Ressourcen nicht effizient plant

und so eine zielführende Projektsteuerung letztendlich verhindert. So werden viele Arbeiten doppelt erledigt und viele gar nicht, der eine arbeitet in diese Richtung und der andere in eine völlig andere, die eine Hand weiß nicht, was die andere tut – und die Kunden des Unternehmens sind entnervt.

Dieses Problem wird immer gravierender, weil sowohl die Anzahl als auch die Größe und Bedeutung von Projekten über alle Industrien hinweg von Jahr zu Jahr zunimmt – das zeigte eine 2003 von der Gesellschaft für Projektmanagement e. V. (GPM, Nürnberg) veröffentlichte Studie. Die Entwicklung ist schon so weit fortgeschritten, dass im Schnitt nur noch rund 71 Prozent der Kosten auf das eigentliche Tagesgeschäft entfallen, während 29 Prozent der Kosten durch Projektarbeit gebunden sind.

Weil die Unternehmen das wissen und alles tun, um ihre Wettbewerbsfähigkeit zu steigern, schulen sie zwar immer öfter das mittlere Management im Thema Projektmanagement, ohne aber an ihren generellen Abläufen und Managementstrukturen zu rühren – was, so Gröger, »keinen nachhaltigen Erfolg bringen« kann.

> »Der Mittelstand braucht ein exzellentes Projektmanagement.«
>
> Cay von Fournier

Mit System zum Ziel

Projektmanagement ist der systematische Prozess zur Führung eines komplexen Vorhabens mit einer Menge von Aufgaben und oft auch einer Vielzahl von Beteiligten. Das Projektmanagement umfasst die Organisation, Planung, Steuerung und Überwachung aller Aufgaben, die notwendig sind, um die definierten Projektziele auch zu erreichen.

Schon die Definition von Projekten und die strukturierte Einteilung in Projektphasen und verbindliche Meilensteine können in einem Unternehmen viel bewirken und verändern.

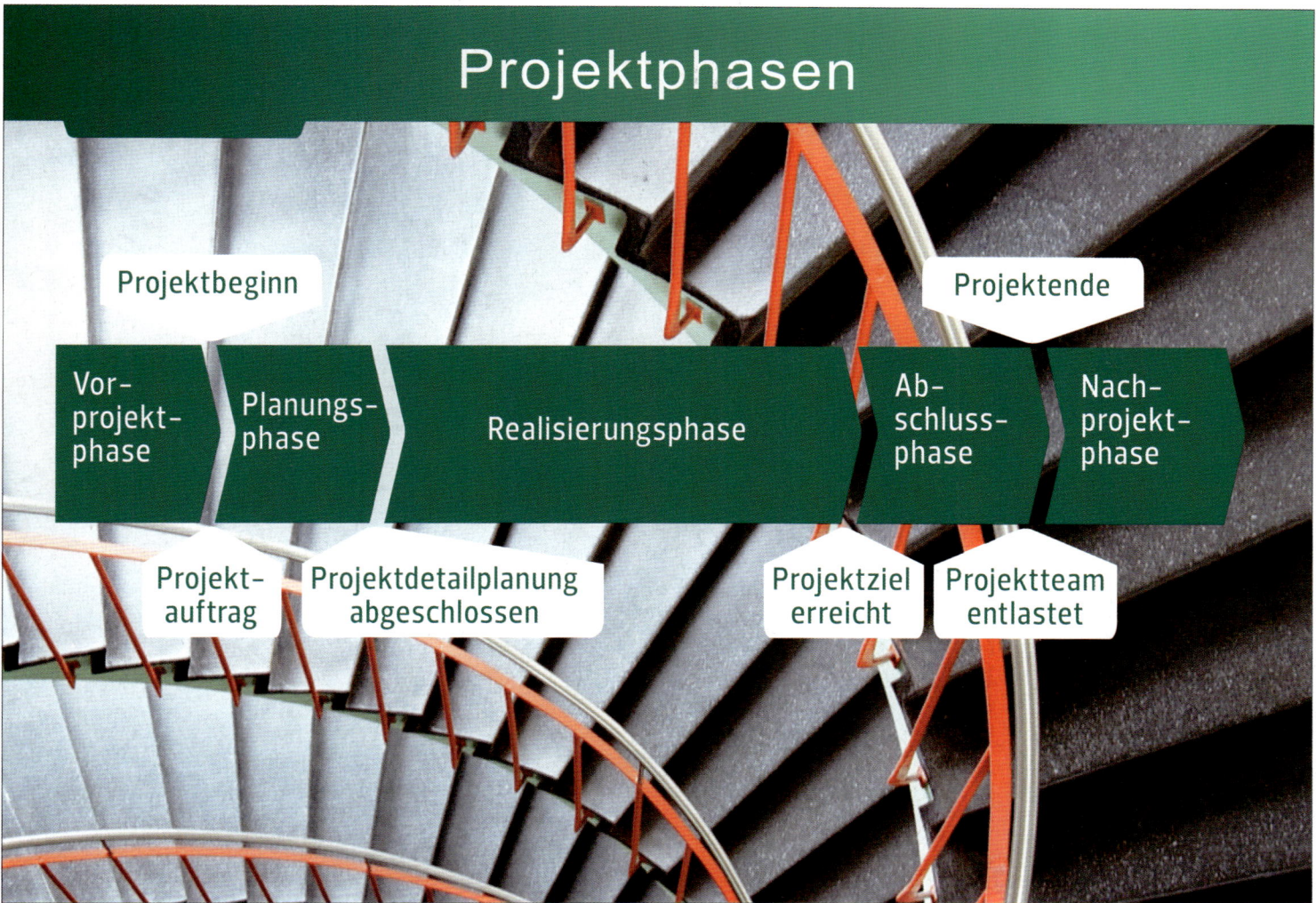

Projektphasen

Projektbeginn

Vor-projekt-phase | Planungs-phase | Realisierungsphase | Ab-schluss-phase | Nach-projekt-phase

Projektende

Projekt-auftrag | Projektdetailplanung abgeschlossen | Projektziel erreicht | Projektteam entlastet

Vorprojektphase

- Problem- und Projektbestimmung
- Entwurf eines Grobkonzepts (Zeit, Kosten, Qualität, Bedarf, Ressourcen, Analyse des Projektrahmens, Möglichkeiten der Umsetzung, Bedürfnisse der Zielgruppe und der Beteiligten)
- sachliche, zeitliche und soziale Projektabgrenzung
- Analyse der Stärken/Schwächen/ Chancen/Risiken
- klare Definition der Projektziele
- Präsentation und Diskussion der Ergebnisse
- Zielverfeinerung
- Entscheidung über die Durchführung des Projektes
- → **Projektbeginn und Projektauftrag (= Projektkurzdefinition) mit detaillierter Zieldefinition**

Planungsphase

- Erarbeitung einer detaillierten Vorgehensweise
- Zerlegung des Projektes in abgrenzbare Teilprojekte
- Meilensteine
- Festlegung der Kosten, Termine, Qualität
- Entwicklung einer Vorgehensmethodik
- Dokumentation der Vorgehensmethodik
- → **Projektdetailplanung abgeschlossen und Genehmigung des Projektplans**

Realisierungsphase

- Umsetzung der geplanten Maßnahmen
- Problemlösungen und gegebenenfalls rollierende Detailplanung
- → **Projektziel erreicht**

Abschlussphase

- Dokumentation der Implementierung
- Analyse des Projektes
- Abschlussveranstaltung
- → **Projektende, Projektteam ist entlastet**

Nachprojektphase

- Routinearbeit infolge des Projektes
- Nachkalkulation (falls nicht in der Abschlussphase)
- Verwendung des Projektes für andere Vorhaben

Prozess- und Projektmanagement

Als Team gewinnen

Das Unternehmen kann als Staffellauf gesehen werden, wobei es immer darum geht, als ganzes Team zu gewinnen. Das Unternehmen wird nur erfolgreich sein, wenn alle Prozesse im Unternehmen so aufeinander abgestimmt sind, dass dem Kunden attraktive Produkte oder Services zu günstigen Konditionen angeboten werden können. Dabei gilt: **»Die Struktur folgt dem Prozess …«** in dieser Reihenfolge statt in der umgekehrten. Und damit sind wir beim Thema Prozessmanagement.

Aus dessen Perspektive sind Unternehmen keine »Burgen« (= herkömmliche Gliederung nach Funktionen) sondern bestehen aus »Flüssen« (= neue Gliederung nach Prozessen), deren Verläufe übergreifend gesehen und verstanden werden sollten. Prozessmanagement will nun durch grundlegende Neugestaltung von Geschäftsprozessen als Kernprozesse markante Verbesserungen der unternehmerischen Leistung erzielen. Dabei geht es nicht in erster Linie darum, einfach alles besser, schneller oder billiger zu erledigen. Vielmehr sollte – immer aus der Sicht des Kunden! – für jeden Punkt grundsätzlich entschieden werden: »Warum machen wir das überhaupt?« Im zweiten Schritt geht es dann um die Optimierung der Ablauforganisation und die Beantwortung der Fragen: »Wer macht was, wann und womit?«

Dass sich diese Mühe lohnt, zeigte die Studie »Was macht Innovationen erfolgreich?« aus dem Jahr 2004, die die Unternehmensberatung Accenture gemeinsam mit der Wissenschaftlichen Gesellschaft für Management und Beratung (WGMB) unter Leitung von Professor

Dr. Dietmar Fink durchgeführt hat. Das Ergebnis: **Prozessinnovationen spielen in der Unternehmenspraxis eine weit größere Rolle, als dies in der aktuellen Diskussion zum Ausdruck kommt.**
Konkret: Seit 1999 konnten die an der Studie beteiligten Unternehmen ihren Umsatz durch innovative Prozesse um durchschnittlich 15 Prozent steigern und die Gesamtkosten (Cost of Goods Sold) im Mittel um 13 Prozent senken. Wie sie das schaffen, bleibt für Kunden zumeist unsichtbar (und für die Mitbewerber ein Rätsel), weil die entsprechenden Maßnahmen nicht wie Produktinnovationen offen am Markt kommuniziert werden.

Die meisten Prozessinnovationen finden laut Accenture-Studie in der IT-Abteilung statt, an zweiter Stelle stehen Innovationen in den Produktionsprozessen und in den kundenbezogenen Serviceprozessen. Aktuelle Projekte fanden sich aber auch im Marketing, Vertrieb und Außendienst, im Bereich des Einkaufs, der Beschaffung und der Materialwirtschaft.

Diagramm für Arbeitsabläufe – Beispiel Seminarbuchung im SchmidtColleg

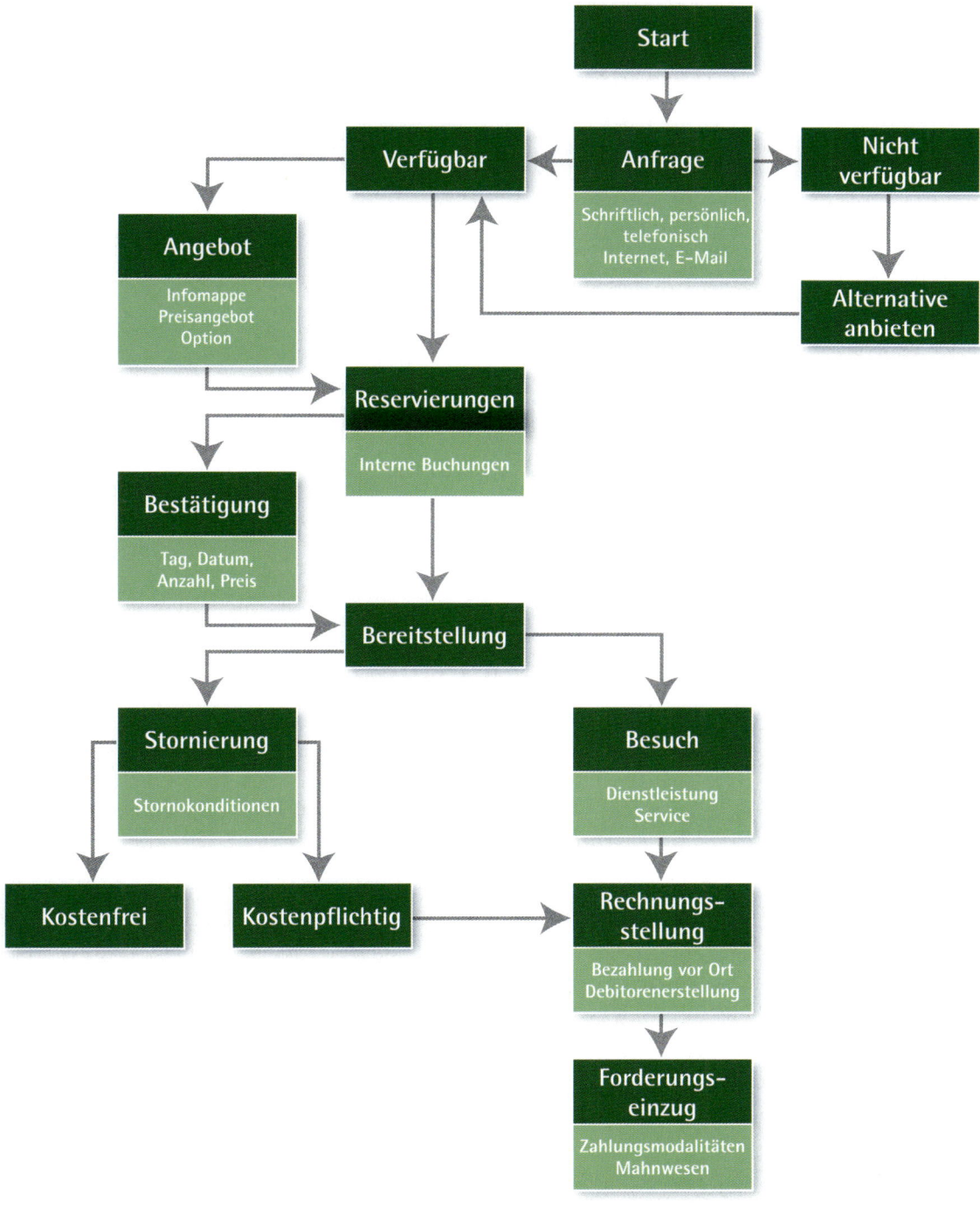

Hier haben wir Ihnen als Beispiel einmal vorgestellt, wie das SchmidtColleg den Bereich Seminarbuchungen organisiert hat – von der Anfrage des Kunden über die Buchung bis hin zur Abrechnung. Dabei wurden auch alle möglichen Hindernisse eingeplant (die gewünschten Termine sind nicht mehr verfügbar bis hin zu einer Stornierung durch den Kunden). In Hotels könnten die Arbeitsabläufe ähnlich aussehen. Wie sehen sie bei Ihnen aus?

Am besten setzen Sie sich mit Ihren Mitarbeitern zusammen, um ein solches Diagramm aufzustellen. Ihr Vorteil: Regelmäßig auftretende »Zwischenfälle« regelt nun nicht mehr jeder Mitarbeiter so, wie er es spontan für richtig hält, sondern jeder gleich. Außerdem können Sie für sehr dienstleistungs- oder beratungsintensive Abläufe hier die wichtigsten Etappen einer professionellen Gesprächsführung festlegen. So gewährleisten Sie auch ein einheitliches und erfolgsorientiertes Vorgehen aller Mitarbeiter, weniger Fehler und eine höhere Zufriedenheit Ihrer Kunden.

Werkzeug ⟳ »Projektplan«

Projektplan

Mit **5** Schritten können Sie wirkungsvoll planen und so vom »Ist« zum »Soll« kommen.

Es ist eine Planung, aus der

Übersicht,

Klarheit,

Verantwortlichkeit

und somit Energie

gewonnen wird.

Energieplan = Projektplanung

Der Projektplan besteht aus 5 Schritten

1. Schritt: Geben Sie Ihrem Projekt eine Überschrift und beschreiben Sie Ihr Planungsvorhaben

2. Schritt: Beschreiben Sie exakt den Problemzustand = derzeitiger nicht zufriedenstellender Ist-Zustand (Grund des Projektes)

3. Schritt: Beschreiben Sie Ihr Zielszenario = Idealzustand, als ob das Ziel bereits erreicht sei

4. Schritt: Beschreibung der Mittel = welche Mittel brauche ich?

5. Schritt: Beschreibung der Maßnahmen = welche Maßnahmen leite ich ein?

Es geht hier um die verbindliche Formulierung eines Projektes und die konsequente Umsetzung der einzelnen Aufgaben. Rechts sehen Sie ein Beispiel für einen unserer Projektpläne.

An dieser Stelle möchte ich darauf hinweisen, dass Projektmanagement (wie auch die anderen Themen dieses Buches) natürlich viel tiefer behandelt werden könnte und fachlich eine eigene Disziplin darstellt. Es ist nicht das Ziel dieses Buches, diese Themen theoretisch in umfangreicher Tiefe darzustellen, sondern praktische und wirksame Werkzeuge anzubieten, die sofort umgesetzt werden können.

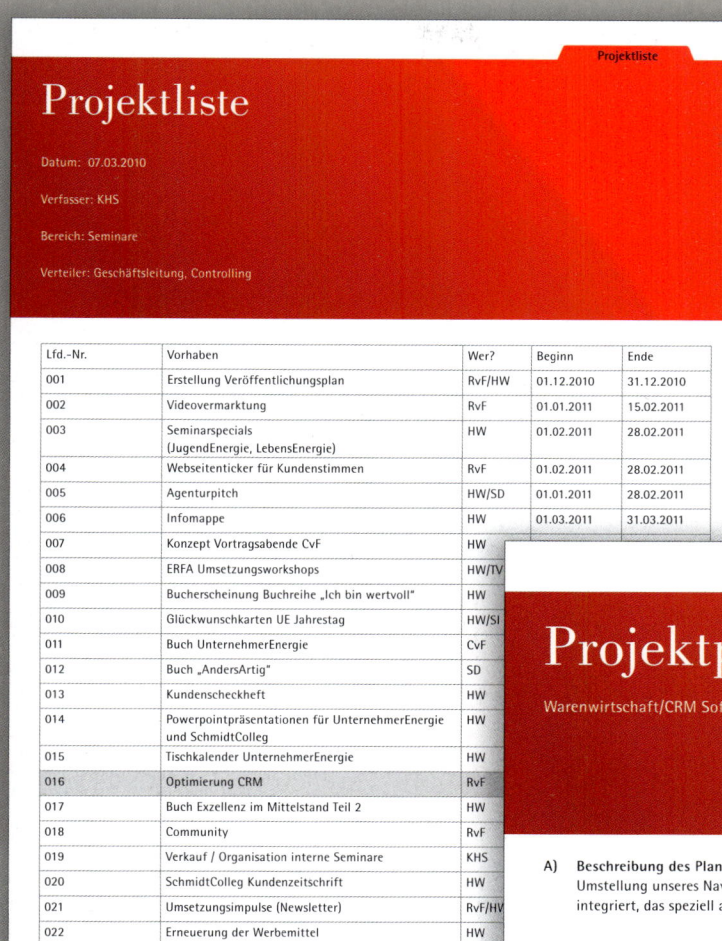

Projektliste

Datum: 07.03.2010

Verfasser: KHS

Bereich: Seminare

Verteiler: Geschäftsleitung, Controlling

Lfd.-Nr.	Vorhaben	Wer?	Beginn	Ende
001	Erstellung Veröffentlichungsplan	RvF/HW	01.12.2010	31.12.2010
002	Videovermarktung	RvF	01.01.2011	15.02.2011
003	Seminarspecials (JugendEnergie, LebensEnergie)	HW	01.02.2011	28.02.2011
004	Webseitenticker für Kundenstimmen	RvF	01.02.2011	28.02.2011
005	Agenturpitch	HW/SD	01.01.2011	28.02.2011
006	Infomappe	HW	01.03.2011	31.03.2011
007	Konzept Vortragsabende CvF	HW		
008	ERFA Umsetzungsworkshops	HW/TV		
009	Bucherscheinung Buchreihe „Ich bin wertvoll"	HW		
010	Glückwunschkarten UE Jahrestag	HW/SI		
011	Buch UnternehmerEnergie	CvF		
012	Buch „AndersArtig"	SD		
013	Kundenscheckheft	HW		
014	Powerpointpräsentationen für UnternehmerEnergie und SchmidtColleg	HW		
015	Tischkalender UnternehmerEnergie	HW		
016	Optimierung CRM	RvF		
017	Buch Exzellenz im Mittelstand Teil 2	HW		
018	Community	RvF		
019	Verkauf / Organisation interne Seminare	KHS		
020	SchmidtColleg Kundenzeitschrift	HW		
021	Umsetzungsimpulse (Newsletter)	RvF/HW		
022	Erneuerung der Werbemittel	HW		
023	Branchenspezifische Mailings (Anwenderberichte)	HW		
024	Interne Kommunikationsseminare	HW		
025	Webseite UnternehmerEnergie	RvF		
026	Kundenumfrage	HW		

Projektplan

Warenwirtschaft/CRM Software

016

A) Beschreibung des Planvorhabens:
Umstellung unseres Navison-Systems auf ein aktuelles Warenwirtschaftssystem. In diesem Schritt wird ein CRM System integriert, das speziell auf unsere Anforderungen zugeschnitten ist.

B) Beschreibung des Problemzustandes:
Es besteht bisher keine Problematik bei der Verwendung von Navision, wie es momentan verwendet wird. Unpraktisch gestaltet sich Navision in der Analyse und Nachbetreuung von Kunden, was vor allem die Akquise und das Marketing erschwert.

C) Beschreibung des Zielszenarios:
- Bindung der Bestandskunden durch maßgeschneiderte Aktionen
- Verbessertes Up- und Crosselling besonders Profitcenter-übergreifend (Seminare, Consulting, Verlag, BHC)
- Verbesserung der Datenerfassung und der Kommunikation innerhalb und zwischen den Profitcenters
- Zentrale Datenspeicherung
- Minimierung der Mailing-Kosten durch One-to-One-Marketing anstatt breit gestreuter Massenmailings. Ziel des Systems ist, Kunden individualisierte und seinen Bedürfnissen entsprechende Leistungen anzubieten.

D) Beschreibung der Mittel (welche Mittel werden für dieses Planungsvorhaben und zur Zielerreichung benötigt?):

Finanziell:
- ca. 30000   für das Warenwirtschaftssystem
- ca. 10000   für das CRM-System
- bei der Gesamtsumme von 40.000 EUR ist die Anschaffung eines neuen Servers für die Softwarelösung inbegriffen.

Personell:
- Armin Grimm als externer Berater, der das Legacy-System speziell für SchmidtColleg entworfen und angepasst hat. Er wird insbesondere für die Datenübernahme vom Legacy-System benötigt.
- Externer Dienstleister des neuen Systems
- Rene von Fournier (Projektkoordination), Lastenheft, Prüfung der Angebote, Software-Evaluierung
- SchmidtColleg-Team für die Erstellung des Lastenheftes

E) Beschreibung der Maßnahmen
1. Workshop zur Erstellung des Lastenheftes
2. Auf der Grundlage des Lastenheftes erstellen ausgewählte Dienstleister das Pflichtenheft
3. Software Evaluierung
4. Auswahl des umzusetzenden Dienstleister
5. WaWi-(Navision)-Datenübernahme
6. Einführung des neuen WaWi-Systems
7. Einführung des CRM-Systems

Projektdauer: ca. 6 Monate

Download unter:
www.UnternehmerEnergie.de

Die Seele eines Unternehmens

Führung

> »Führung ist das sinnvolle und nützliche Gestalten der Zukunft, gemeinsam mit anderen Menschen unter Berücksichtigung des Umfeldes, basierend auf ganzheitlichen, ethischen Grundsätzen.«
>
> Cay von Fournier

Was ist Führung? Mit dieser einfachen Frage begeben wir uns auf ein schwieriges Gebiet. Führung an sich ist eine eigenständige Disziplin, die ebenso wie das Management erlernt werden kann. Auch sie folgt Grundsätzen, besteht aus Aufgaben und verwendet Werkzeuge. Nur ist die Grundlage hier nicht Kompetenz, sondern Charakter. Führung ist ein lebenslanger Lernprozess, der eine lebenslange Schulung des eigenen Charakters mit sich bringt. Vielleicht fällt Führung oft so schwer, weil man sich immer auch mit der eigenen Person und Persönlichkeit beschäftigen muss?

Ich bin der festen Überzeugung, dass gute Führung ohne Geheimnisse und ohne jede Mystik funktioniert – auch wenn diese gerne beschworen werden. Sie ist das einfache Ergebnis eines integeren, ehrlichen, verantwortungsvollen und ethisch handelnden Menschen.

Wobei dieses »einfache« Ergebnis gar nicht so leicht zu erreichen ist. Das erfahren vor allem junge Führungskräfte, die gestern noch ein gewöhnlicher Mitarbeiter waren und heute als »Chef« plötzlich im Rampenlicht stehen. Sie erfahren, dass ehemalige Kollegen plötzlich einen Sicherheitsabstand einnehmen und sie aus dem täglichen »Flurfunk« ausschließen. Gleichzeitig sind sie plötzlich ein zentrales Thema dieses »Flurfunks«: Alles, was sie tun (oder nicht tun), was sie sagen (oder verschweigen), steht unter Beobachtung und wird gnadenlos kommentiert.
Vielen fällt es schwer, in dieser Situation gelassen und wertschätzend zu bleiben. Sie ziehen sich zurück in ihren Chefsessel und sind zunächst einmal enttäuscht. Doch das führt zu nichts. Zielführender ist es, sich auf sich selbst zurückzubesinnen: Wie könnte die neue Rolle aussehen, die es nun zu spielen gilt? Vor allem aber: Welchen Sinn hat die eigene Arbeit?

Führung als Arbeit und Kunst

Grundvoraussetzungen für gute Führung sind Glaubwürdigkeit, Authentizität und der Wille, ein gutes Vorbild zu sein. Jeder, der sich in verantwortungsvollen Positionen befindet, weiß, wie schwer die Erfüllung dieser Voraussetzungen ist.
Führung ist daher nicht nur eine Kompetenz, sondern eine Kunst. Wie jede Kunst kann auch diese erlernt werden, aber wie jede Kunst muss sie täglich neu geübt und damit errungen werden. Daher gehört zu jeder guten Führungskraft auch ein Tagebuch als Medium der täglichen Selbstreflexion. Führungskräfte müssen sich nicht öffentlich in Frage stellen, aber vor sich selber sollten sie es tun. Da Führerschaft von der individuellen Persönlichkeit abhängt, ist es nicht verwunderlich, dass die einzelnen Führerpersönlichkeiten jeweils ihre individuelle Note haben. Sie sind verschieden, sie wirken verschieden auf andere Menschen. Was sie trotz aller Individualität aber einen sollte, ist ihre Verpflichtung gegenüber den Werten, für die sie einstehen, und gegenüber den Menschen, für die sie verantwortlich sind.

Die drei Dimensionen der Führung beginnen beim »Ich« und gehen nach außen, zu den Menschen, zum Unternehmen.

- **Lebensführung** (im Gegensatz zu Zeitmanagement)
- **Menschenführung** (im Gegensatz zum Management)
- **Unternehmensführung** (im Gegensatz zur reinen Verwaltung)

Führung hat immer mit Verantwortung zu tun und mit dem damit verbundenen Willen, die Zukunft sinnvoll zu gestalten.

Unternehmen
(Unternehmensführung)

Menschen
(Menschenführung)

»Ich«
Persönlichkeit
(Lebensführung)

Wenn Führung versagt

Menschen, die sich selbst nicht führen können, können auch andere Menschen nicht führen. Wenn sie ihrer Gier erliegen, der »dunklen Seite der Macht« nicht widerstehen können und sich zu Arroganz verleiten lassen, dann ist es kein Wunder, wenn Mitarbeiter nur wenig engagiert und motiviert arbeiten. Dies ist ein Versagen der Führung, nicht des Managements.

Im Deutschen ist das Wort »Führer« mit einem Tabu belegt – wir wissen alle, warum. Dennoch ist es interessant, sich die Worte »Führer« und »Verführer« einmal genauer anzuschauen: Das Gegenteil von Führung ist Verführung, schlimmstenfalls die Verführung von Massen (das ist Demagogie). Ein guter Führer verführt nicht. Ein Ver-Führer ist destruktiv, weil er schlechte Werte verfolgt. Die Vorsilbe »ver-« bei Verben und Substantiven verleiht im Deutschen vielen Verben eine negative Bedeutung: Sie zeigt »die falsche Richtung« an (sich verfahren), einen Verlust (verderben, verlernen, vergessen) oder Zerstörung (verfallen, vernichten, verdursten).

»Führer« im positiven Sinne führen in die richtige Richtung. Ihr Ziel ist immer, einen positiven Beitrag zu leisten. Sie leben eine tiefe Wertschätzung gegenüber allen Menschen und dem Leben im Allgemeinen. Sie sind konstruktiv und schaffen aus guten Werten Wert. Ich bin der festen Überzeugung: Alle Menschen sind fähig, zu führen, sofern sie Verantwortung übernehmen wollen. Und zu jeder Führungsdiskussion gehört eine Wertediskussion – denn Führung ohne Werte ist sehr gefährlich.

Sie wissen selbst, wie schnell die eigene Macht verführen kann. In einer höheren Position sind plötzlich Entscheidungen möglich, die vorher undenkbar waren. Plötzlich haben Sie Zugriff auf Ressourcen, die Ihnen verschlossen waren. Sie kommen mit Menschen in Kontakt, die noch viel mehr Macht haben als Sie selbst und die Ihnen möglicherweise Dinge versprechen, an die Sie noch nie gedacht haben. Und Sie lernen Gepflogenheiten kennen, die Ihnen bedenklich erscheinen, die aber weit verbreitet sind.

Ökonomie braucht Ethik

So wie Freiheit in der Gesellschaft nicht ohne Verantwortung sein darf, so darf Ökonomie nicht ohne Ethik sein. Dies wird das entscheidende Betätigungsfeld der nächsten Jahrzehnte sein, und ein sehr schwieriges noch dazu. Denn ethisches Verhalten ist nicht immer ökonomisch und ökonomisches nicht immer ethisch. Ökonomie ist die Domäne des Managements und Ethik die der Führung.

Beide sind wichtig in Hinsicht auf ihre Wirksamkeit. Beide müssen in Einklang stehen. Dies ist die große Herausforderung der Unternehmensführung im 21. Jahrhundert.

In den Seminaren des SchmidtCollegs unterscheiden wir beim Thema Führung von Menschen drei große Bereiche:

1. **Wertschätzung** (Mitarbeiterorientierung)
2. **Führungskompetenz**
3. **Gesundheitsmanagement**

Der erste Teil, **»Wertschätzung«** oder **»Mitarbeiterorientierung«,** beschäftigt sich mit den Voraussetzungen, die jedes Unternehmen schaffen muss, um ein Fundament für gute Führung zu legen. Das strukturierte und kluge Vorgehen bei der Mitarbeitersuche und Auswahl sowie Einarbeitung sind Grundlagen. Ebenso helfen die WOW-Effekte dabei, Mitarbeiter immer wieder neu zu begeistern, und eine regelmäßig durchgeführte Mitarbeiterbefragung zeigt die Entwicklung der Stimmungslage in einem Unternehmen. Schließlich ist ein durchgängiges Schulungskonzept das »A« und »O« für eine durchgängige Kompetenz im Unternehmen. Dieser Teil ist die Grundlage guter Führung in einem Unternehmen. Diese Grundlage kann in jedem Unternehmen sehr leicht eingeführt, beobachtet und überprüft werden: Es handelt sich gewissermaßen um die »Hardware« der Führung.

Der zweite Teil, **»Führungskompetenz«,** ist demgegenüber die »Software«. Diese Kompetenz ist nicht direkt sichtbar, kann aber im Rahmen bestimmter Führungstechniken (Beispiel Mitarbeitergespräche) beobachtet und bewertet werden. Wurden solche Gespräche geführt, wann und von wem? Aber diese Fakten machen noch keine Aussage darüber, wie diese Gespräche geführt wurden. In diesem zweiten Teil wird die eigentliche Kompetenz der Führung beschrieben und die dazugehörenden Werte.

Der dritte Teil, **»Gesundheitsmanagement«,** ist ein neuer und sehr junger Teil im Zusammenhang mit Führung, aber ein zunehmend wichtiger Teil. Denn es wird immer schwerer, gute Mitarbeiter zu finden. So sollten die guten Mitarbeiter, die ein Unternehmen hat, gepflegt werden. Auch geht es in diesem dritten Teil ganz konkret um Leistungsfähigkeit, denn jedes exzellente Unternehmen ist zugleich auch ein Hochleistungsunternehmen und dies braucht nun einmal die volle Leistungsfähigkeit all seiner Mitarbeiter. Unternehmen sind daher gut beraten, nicht nur in die Kompetenz, sondern auch in die Gesundheit der Mitarbeiter zu investieren.

Wertschätzung

Motivation und Verantwortung

»Wir können Menschen nicht motivieren, wir können nur aufhören, sie zu demotivieren.«

Cay von Fournier

Mitarbeiter sind heute der wichtigste Erfolgsfaktor für Unternehmen. Je mehr sie sich für das Unternehmen einsetzen, desto attraktiver und innovativer gestalten sie Produkte und Dienstleistungen, desto effektiver, effizienter und (das wird zunehmend wichtig!) emotionaler gehen sie dabei vor und desto engagierter und herzlicher pflegen Sie den Kontakt zu ihren Kunden. Es lohnt sich also für jedes Unternehmen, intensiv in seine Mitarbeiter zu investieren – möglichst so, dass ihre Motivation steigt und es zu einer Begeisterung für das Unternehmen kommt. Doch wie geht das?

Energien fließen lassen

Mitarbeiter ernst nehmen: Nichts demotiviert Mitarbeiter mehr als das Gefühl, als Mensch und als Profi nicht gesehen zu werden. Wer sich wie ein namenloses Rad im Getriebe fühlt, das jederzeit ausgetauscht werden kann, der bewirbt sich so schnell wie möglich um einen neuen Job. Investieren Sie also sehr viel Energie, Ihre Mitarbeiter wirklich persönlich kennenzulernen und Ihnen echtes (nicht geheucheltes!) Interesse entgegenzubringen. Bei allem Stress, den Sie mit Sicherheit haben: So viel Zeit muss unbedingt sein.

Delegieren heißt Verantwortung abgeben: Häufig wird dadurch demotiviert, dass Aufgaben delegiert werden, ohne dass auch die entsprechende Verantwortung übertragen wird. Menschen wird zwar gesagt, was sie tun sollen, aber zugleich wird ihnen auch gesagt, wie sie es tun sollen; sie bekommen keine Freiheit über die Entscheidungen, die mit dieser Aufgabe zusammenhängen, und damit erleben sie auch kein Vertrauen.

Unklare Kommunikation demotiviert: Je besser es Unternehmen und Führungskräften gelingt, klar und deutlich zu sagen, was sie wollen und was sie nicht wollen, umso besser wird auch die Grundlage der Motivation sein.

Wertschätzende Anerkennung motiviert: Häufig fehlen Lob und Anerkennung für gut geleistete Arbeit. Auch das ist demotivierend.

Sobald wir Mitarbeitern und Kollegen mit großer Wertschätzung begegnen, werden wir bei ihnen eine gesteigerte Motivation feststellen.

Vertrauen als Basis der Motivation: Vertrauen entsteht durch gelebte Glaubwürdigkeit, und Glaubwürdigkeit ist ein Zeichen eines guten Charakters. Für Menschen mit einem guten Charakter arbeiten Menschen motivierter als für ein »Schlitzohr«.

Sinn statt Hierarchie: Sinnvolles und zielorientiertes Verhalten ist besser als Hierarchieverhalten. Häufig finden sich in Unternehmen noch Relikte der Vergangenheit in Form von verkrusteten Hierarchiestrukturen und unsinnigen und ziellosen Verhaltensmustern. Hier üben Menschen Macht aus, weil sie eine bestimmte Position innehaben – und nicht, weil sie gemeinsam mit ihren Mitarbeitern ein Ziel erreichen wollen. Willkürliches Hierarchieverhalten ist demotivierend.

Freiheit statt Zwang: Sobald Menschen ihre Arbeit beeinflussen können, sind sie motivierter bei der Arbeit. Menschen werden aber häufig vor Tatsachen gestellt und in starre Systeme hineingepresst, so dass sie keine Möglichkeit der Gestaltung haben, was in der Regel zu einer Demotivation führt. Motivierend ist, was wir beeinflussen können.

Umsetzung motiviert: Häufig entsteht Demotivation dadurch, dass Ziele festgelegt, aber nicht konsequent umgesetzt werden. Wenn Mitarbeiter Leistungen erbringen, die dann keine Rolle spielen, oder wenn sie Leistungen nicht erbringen, ohne dass dies Folgen nach sich zieht, verstehen sie den Sinn der Arbeit nicht mehr. Beides ist hochgradig demotivierend und sollte in Unternehmen vermieden werden. Insofern ein Unternehmen bestrebt ist, sich permanent zu verbessern, sollten Mitarbeiter Verbesserungsvorschläge einbringen können, die dann auch wirklich umgesetzt werden. Enttäuscht und in Zukunft demotiviert werden Mitarbeiter sein, wenn ihre Vorschläge gering geschätzt und nicht beachtet werden.

Wachstum ist ein starkes Motiv: Da in vielen Unternehmen die Aus- und Weiterbildung fast vollständig fehlt, ist es nicht verwunderlich, dass das Motivationsniveau auch auf einem niedrigen Stand verharrt. Ich bin fest davon überzeugt, dass Möglichkeiten der persönlichen Weiterentwicklung eine der größten Motivationsquellen für Menschen ist. Je besser es Unternehmen gelingt, ihre Mitarbeiter zu entwickeln, auszubilden und über sich selbst hinaus wachsen zu lassen, desto höher wird auch das Motivationsniveau sein.

Motivation erkennen

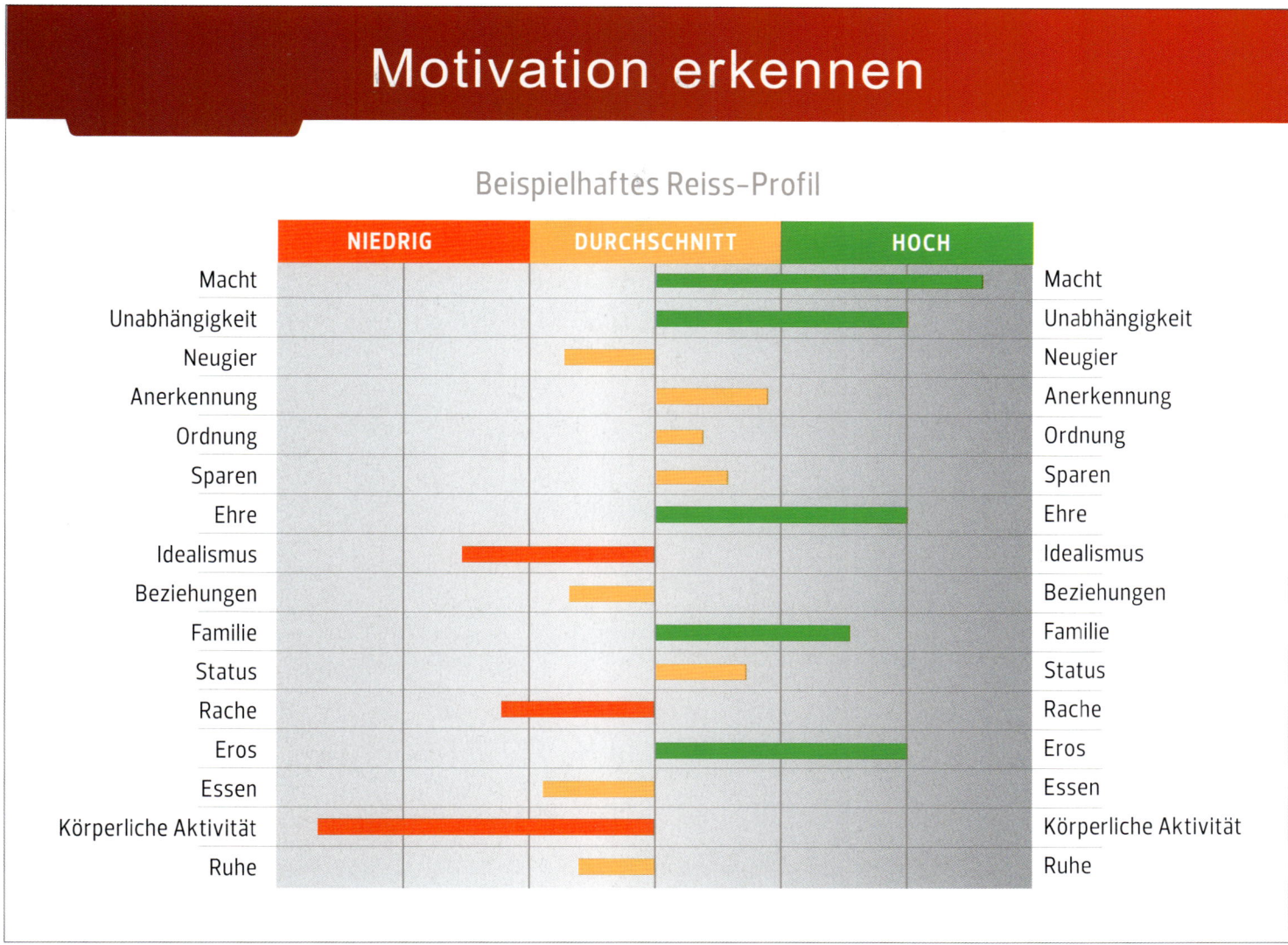

Beispielhaftes Reiss-Profil

	NIEDRIG	DURCHSCHNITT	HOCH	
Macht			██████	Macht
Unabhängigkeit			████	Unabhängigkeit
Neugier		██		Neugier
Anerkennung		███		Anerkennung
Ordnung		█		Ordnung
Sparen		██		Sparen
Ehre			████	Ehre
Idealismus	████			Idealismus
Beziehungen		██		Beziehungen
Familie			████	Familie
Status		███		Status
Rache	██			Rache
Eros			█████	Eros
Essen		███		Essen
Körperliche Aktivität	█████			Körperliche Aktivität
Ruhe		██		Ruhe

Motivation lässt sich nicht künstlich in Mitarbeiter einpflanzen, weil sie immer schon vorhanden ist (zumindest, solange sie nicht durch demotivierende Führung zerstört wird). Allerdings haben verschiedene Menschen unterschiedliche Motive. Der US-amerikanische Verhaltensforscher Steven Reiss wird (basierend auf den Erkenntnissen von Maslow und Frankl) gegenwärtig mit den von ihm beschriebenen 16 Lebensmotiven (Reiss-Profil) zunehmend bekannt. Um Ihre Mitarbeiter richtig zu fördern, müssen Sie also erkennen, was sie antreibt. Wer zum Beispiel nach Anerkennung strebt, fühlt sich durch ein großes Maß an Verantwortung und Business-Statussymbolen ausgezeichnet. Wer vor allem Beziehungen schätzt, findet eine förderliche Arbeitsumgebung in Teams. Steht die Familie im Vordergrund, fühlen sich Mitarbeiter durch flexible Arbeitszeiten gefördert. Und wer gerne unabhängig arbeitet, sollte weitgehend selbst entscheiden können, welchen Job er wann, wo und wie erledigt. Die Lebensmotive sind nach Reiss folgendermaßen definiert:

- **Macht:** Bedürfnis danach, andere dem eigenen Willen zu unterwerfen
- **Unabhängigkeit:** Bedürfnis nach Autarkie
- **Neugier:** Bedürfnis nach Kognition
- **Anerkennung:** Bedürfnis danach, Kritik und Ablehnung zu vermeiden
- **Ordnung:** Bedürfnis nach Struktur
- **Sparen:** Bedürfnis danach, materielle Güter zu sammeln und anzuhäufen
- **Ehre:** Bedürfnis danach, sich moralisch integer zu verhalten
- **Idealismus:** Bedürfnis nach sozialer Gerechtigkeit
- **Beziehungen:** Bedürfnis nach Freundschaft
- **Familie:** Bedürfnis danach, seine eigenen Kinder großzuziehen
- **Status:** Bedürfnis nach Prestige
- **Rache:** Bedürfnis danach, mit jemandem abzurechnen
- **Eros:** Bedürfnis nach Sexualität
- **Essen:** Bedürfnis nach Nahrung
- **Körperliche Aktivität:** Bedürfnis danach, seine eigenen Muskeln zu bewegen
- **Ruhe:** Bedürfnis nach innerem Frieden

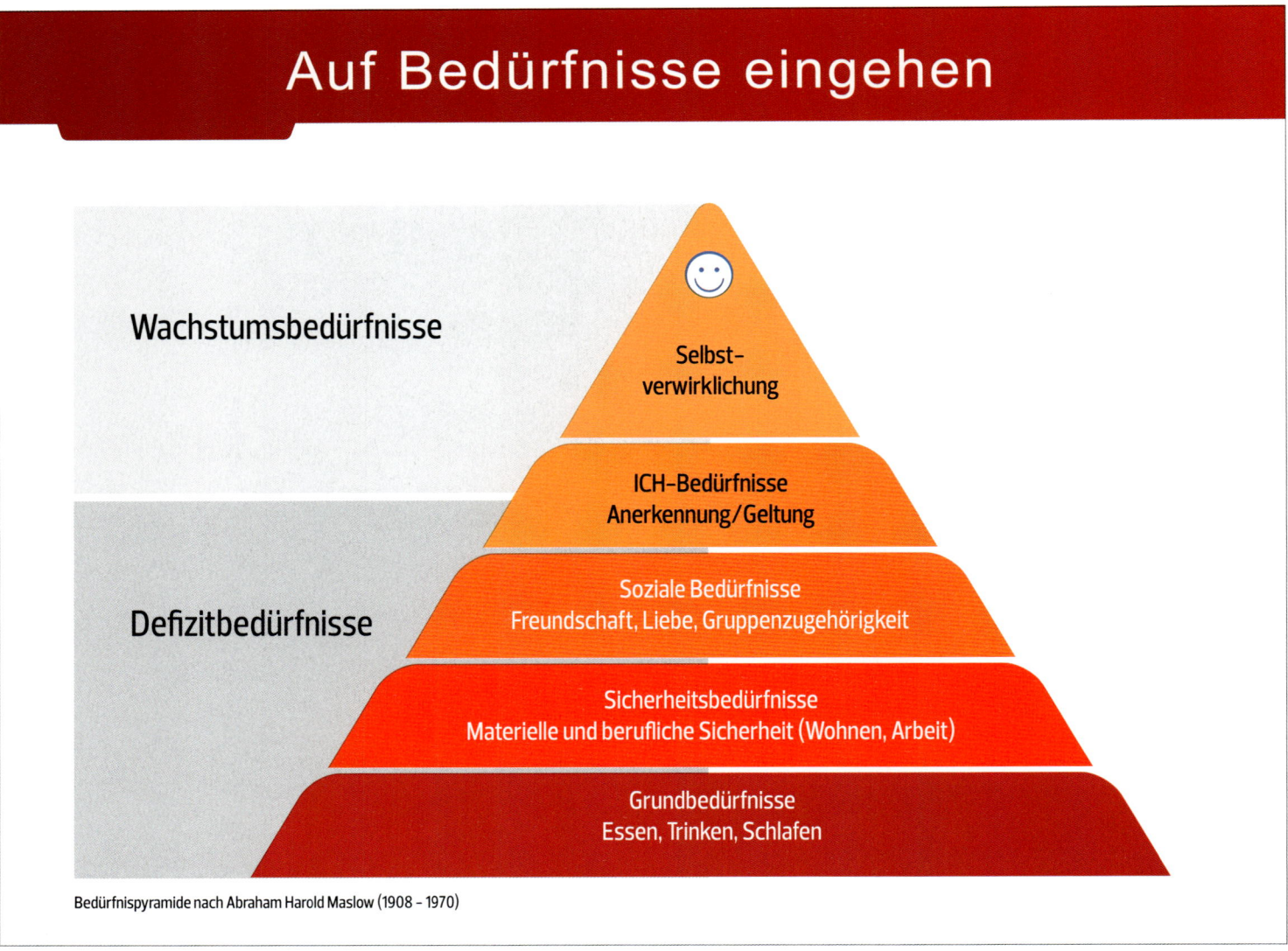

Bedürfnispyramide nach Abraham Harold Maslow (1908 – 1970)

Der amerikanische Psychologe Abraham Harold Maslow ist durch die Entwicklung einer Bedürfnispyramide bekannt geworden, die menschliche Bedürfnisse als hierarchisch gestaffelt beschreibt. Ganz unten stehen die **körperlichen Bedürfnisse.** Dann folgt das Bedürfnis nach **Sicherheit.** Wenn diese Bedürfnisse gestillt sind, entstehen **soziale Bedürfnisse** (Liebe, Zuneigung und Zugehörigkeit), anschließend ein Bedürfnis nach Anerkennung und dann nach Selbstverwirklichung. Nach Maslow müssen die »Defizitbedürfnisse« (das sind die Bedürfnisse der unteren Stufen) erfüllt sein, damit Zufriedenheit entstehen kann, die Erfüllung der »Wachstumsbedürfnisse« hingegen bedeutet Glück.

Anders als Reiss geht Abraham Maslow davon aus, dass alle Menschen von den gleichen Bedürfnissen motiviert werden. Er stellt dies in einer »Bedürfnispyramide« dar. Das höchste Motiv ist bei Maslow die **Selbstverwirklichung** (siehe Grafik). Allerdings muss man dies mit Einschränkungen sehen: Maslow selbst gestand in einem Brief an Victor Emil Frankl zu, dass Sinn ein noch stärkeres Motiv sei. Dies ist leicht nachzuvollziehen, wenn Sie zum Beispiel an Menschen denken, die lebensbedrohliche Situationen (Flucht, Hungerstreik) in Kauf nehmen, um Freiheit zu erlangen, oder die unter Einsatz von Leib und Leben für eine bestimmte religiöse oder politische Idee kämpfen.

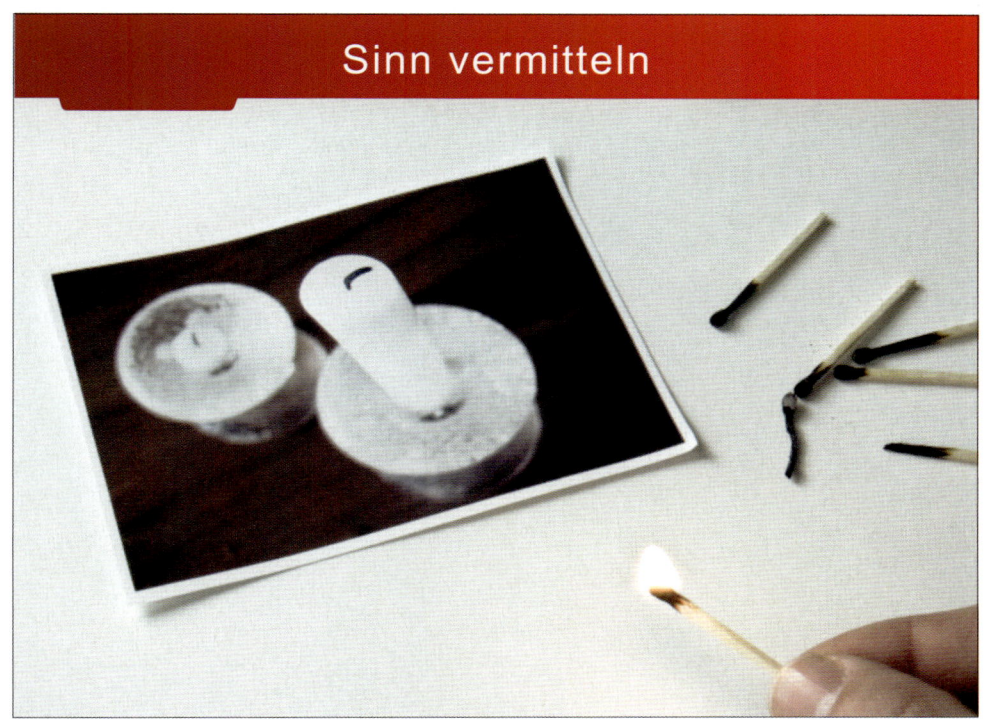

Sinn vermitteln

Sinn ist die Antwort auf die Frage nach dem Warum. Häufig demotivieren wir Menschen dadurch, dass wir ihnen den Sinn ihrer Arbeit nicht deutlich genug vermitteln. Warum der Umsatz um 10 Prozent steigen soll, wird den Mitarbeitern nicht einleuchten, wenn wir die Ziele einer solchen Umsatzsteigerung nicht deutlich machen. (Das Argument der Arbeitsplatzsicherung zieht in diesem Zusammenhang zu wenig.) Häufig fehlt den Mitarbeitern eine gelebte Vision, die sich unmittelbar auf den Sinn bezieht. Wenn überhaupt, hängt die Vision des Unternehmens als Spruch an der Wand, aber kein Mensch richtet sich danach. Erst die konsequente Ableitung von Strategie, Periodenzielplanung und Jahreszielplanung von einer formulierten Unternehmensvision bewirkt, dass diese auch tatsächlich gelebt werden und eine starke Motivation auslösen kann.

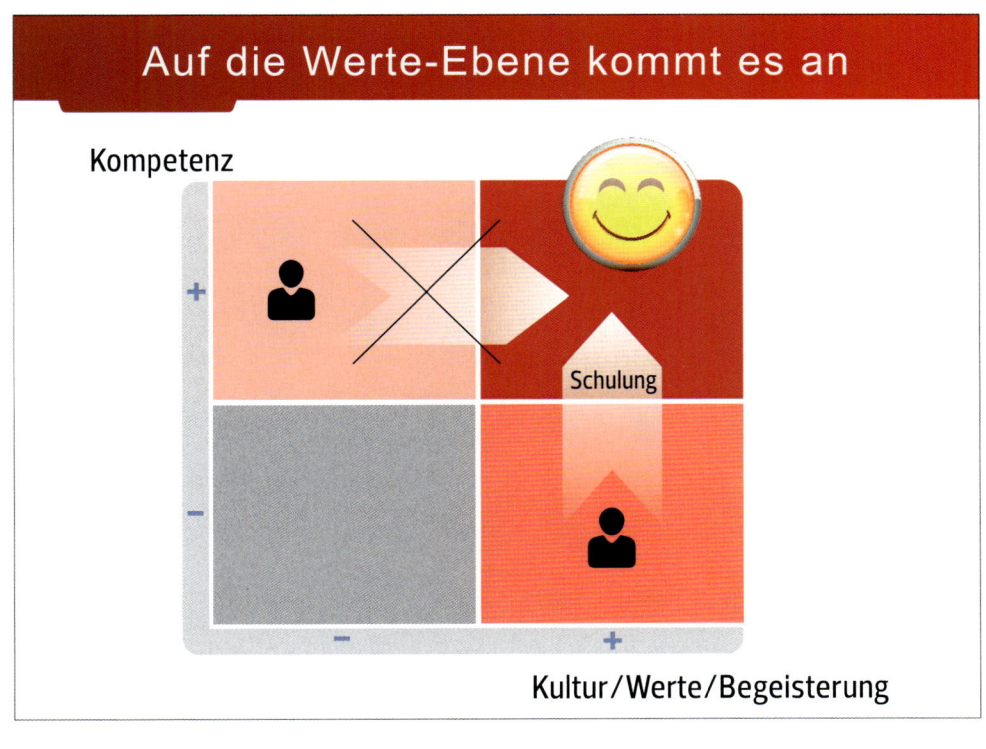

Auf die Werte-Ebene kommt es an

Ob ein Mitarbeiter zu Ihnen passt, entscheidet sich nicht auf der Ebene seiner Kompetenzen, sondern auf der Werte-Ebene, auf der Ebene der gelebten Kultur und gefühlten Begeisterung. Sie können jeden Mitarbeiter (vorausgesetzt, er verfügt über den entsprechenden Verstand) in jeder Kompetenz schulen. Bringt er Begeisterung mit, ist er engagiert und passt zu Ihrer Unternehmenskultur, dann lohnt sich eine Weiterbildung auf jeden Fall. Sie können aber niemanden »umpolen«: Ist ein Mitarbeiter nicht motiviert, nicht leidenschaftlich dabei und teilt er nicht Ihre Vorstellungen einer konstruktiven Zusammenarbeit, dann können Sie ihn weiterbilden, wie Sie wollen – er wird niemals wirklich zu Ihnen passen. Schauen Sie bei einer Einstellung also niemals allein auf die Zeugnisse, sondern immer auch auf die Werteorientierung Ihrer Kandidaten.

Motivation entsteht auch, wenn die persönlichen Werte der Mitarbeiter mit denen des Unternehmens übereinstimmen. Die Organisation der Zukunft stellt eine Synergie her, bei der persönliche Werte mit Unternehmenswerten kombiniert werden können. Synergie und Kombination heißt in diesem Zusammenhang eine Gleichwertigkeit beider Lebensbereiche, so dass auf der einen Seite die Mitarbeiter und Führungskräfte flexibler auf die Bedürfnisse des Unternehmens eingehen, andererseits aber auch das Unternehmen flexibler auf die Bedürfnisse der Mitarbeiter reagiert.

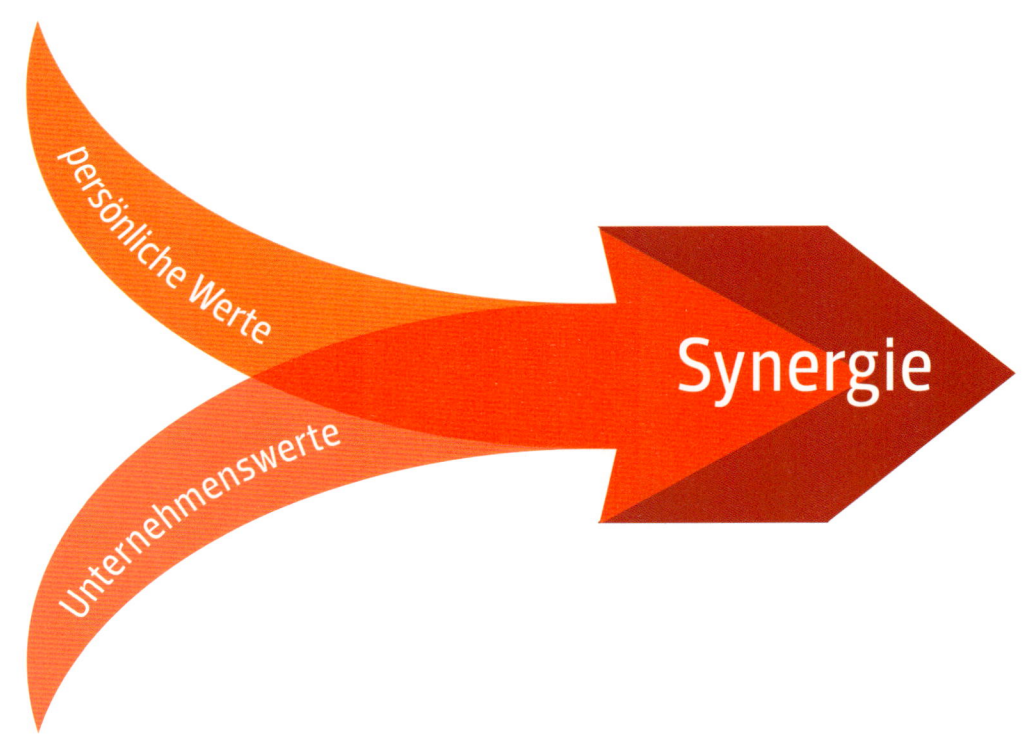

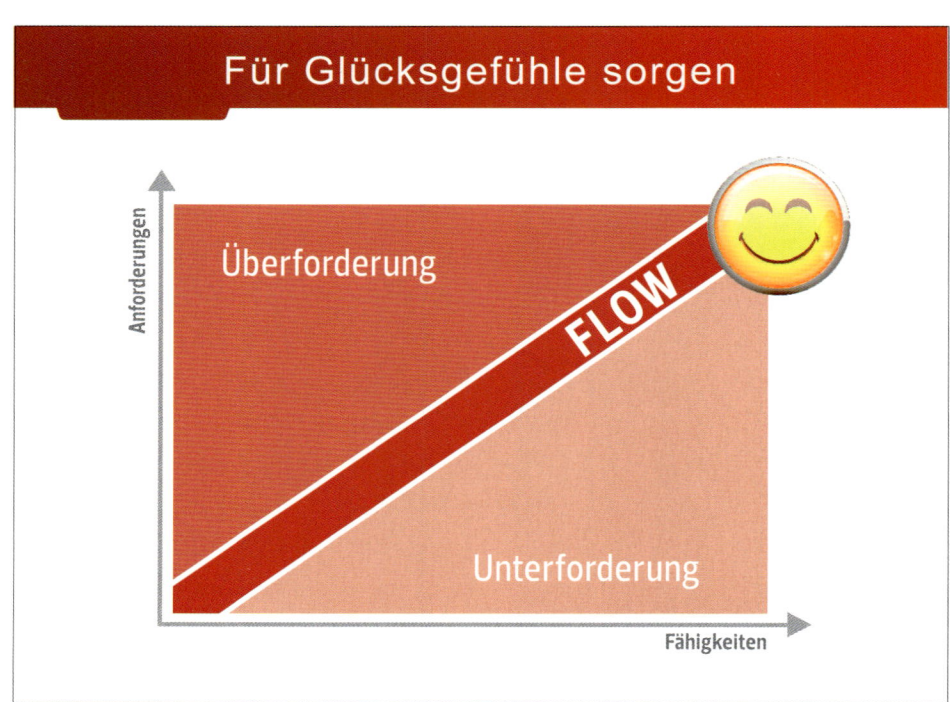

Unmotivierte Mitarbeiter klagen häufig über einen zu engen Handlungsspielraum, langweilige Routinetätigkeiten und zu wenige Herausforderungen. Ihnen fehlt das, was Mihály Csíkszentmihályi, emeritierter Professor für Psychologie an der University of Chicago, schon 1975 als Flow-Erleben beschrieben hat. Ihm zufolge erleben Menschen ein Gefühl von höchster Konzentration, Mühelosigkeit, Selbstvergessenheit und Glück, wenn das, was sie tun, ihre Fähigkeiten in genau dem richtigen Maße herausfordert. Anders gesagt: **Sowohl Unterforderung als auch Überforderung macht Menschen unglücklich.**

Was Mitarbeiter brauchen, ist neben der Förderung also auch eine sinnvolle Forderung. Dazu gehören immer wieder neue Aufgaben, die Übernahme von Verantwortung und die Gelegenheit, neue Erfahrungen zu sammeln. Sobald wir es uns zur Aufgabe machen, die Stärken und Talente jedes Einzelnen zu erkennen und einzusetzen, wird Motivation automatisch entstehen, denn plötzlich können die Menschen das tun, was sie gerne und gut leisten können.

Gute Mitarbeiter finden

Wer exzellente Mitarbeiter finden möchte, muss wissen, wie und wo er suchen muss. Je bedeutsamer die Position im Unternehmen ist, die es zu besetzen gilt, desto mehr Zeit sollte in den Auswahlprozess investiert werden. Überstürzte Einstellungen sind hochproblematisch: einerseits, weil sie im Unternehmen große operative Probleme auslösen, und andererseits, weil mit Fehlbesetzungen sehr viel Geld verbrannt wird.

Aus der Vielzahl möglicher Formen der Mitarbeitersuche hier ein kleiner Überblick:

· Formelle Suche über Print- oder Online-Annoncen

· Informelle Suche über das persönliche Netzwerk

· Interne Suche über das »Schwarze Brett«/Ausschreibungen

· Interne Suche über Assessments oder Personalentwicklungsprogramme

· Interne Suche über gezielte Ansprache von Führungskräften oder Mitarbeitern

· Externe Suche über Arbeitsagenturen, Personalvermittler, Zeitarbeitsunternehmen

· Externe Suche auf Personalmessen oder Fachmessen

· Externe Suche mit Hilfe von Personalberatern (»Headhuntern«)

> »Machen Sie Ihre Mitarbeiter-Werbung so gut wie Ihre Kundenwerbung! Denn die nächsten 10 Jahre Ihres Unternehmens entscheiden sich nicht auf dem Kunden-, sondern auf dem Mitarbeitermarkt.«
>
> Cay von Fournier

Wahrscheinlich wird es schwer sein, wirklich interessante Mitarbeiter über langweilige, hausbackene oder rein sachliche Stellenanzeigen zu gewinnen. Auch hier gilt es, kreativ, modern, ansprechend, vielleicht sogar erfinderisch zu sein, um Aufmerksamkeit für Ihr Unternehmen zu erreichen (dabei muss nicht die zu besetzende Stelle im Vordergrund stehen). Witzige Sprüche (»Stellen Sie sich vor, Arbeit macht Freude und Sie bekommen auch noch Geld dafür ...«), handschriftliche oder farbige Gestaltungen, gewinnende Beschreibungen des Unternehmens oder der Gründe für die Mitarbeitersuche (»Wenn die Liebe nicht wäre, müssten wir keine neue Buchhalterin suchen ...«), des Umfeldes oder des Kollegenteams können mehr begeistern als Umsatzzahlen und Marktanteile (»Wir sind das weltweit größte Unternehmen unserer Branche ...« – na und?). Aber versprechen Sie nicht mehr, als Sie halten können, sonst wird der neue Mitarbeiter recht schnell ernüchtert und demotiviert sein!

Das persönliche Netzwerk (Kontakte zu anderen Unternehmen, Unternehmerstammtische, Golfplatzgespräche, die eigene Familie, der eigene Bekanntenkreis) ist eine hervorragende und häufig unterschätzte Quelle für gezielte Ansprachen. Sehr häufig wird dabei unbewusst ein erster Einstellungsfilter gelegt, denn Mitarbeiter über Referenzen zu gewinnen, ist meist deutlich erfolgreicher als auf anderen Wegen. Und welcher gute Freund oder Bekannte würde einem einen »schlechten« Mitarbeiter empfehlen wollen? (Wettbewerber einmal ausgenommen ...) Ein Aushang am »Schwarzen Brett« im Unternehmen erweitert den Kreis der Informierten, so dass Sie über diesen Weg auch auf die persönlichen Netzwerke Ihrer Führungskräfte und Mitarbeiter zurückgreifen können. Zu den Formen der internen Informationsweitergabe gehört natürlich auch die gezielte Bitte einzelner Führungskräfte oder Mitarbeiter, Sie bei der Suche nach Mitarbeitern im Rahmen ihrer »Vernetzung« zu unterstützen.

Informelle Netzwerke

»Jede dritte Stelle wird über Mitarbeiter und persönliche Kontakte besetzt.«

Institut für Arbeitsmarkt- und Berufsforschung (IAB)

Die Neubesetzung einer Funktion oder Position im Unternehmen kann immer auch eine Entwicklungschance für einen internen Mitarbeiter darstellen. Eine solche Lösung ist oft effektiver als die Einstellung einer externen Fach- oder Führungskraft: Die Einarbeitungszeit verkürzt sich immens, weil die internen Strukturen bereits bekannt sind. Und ganz nebenbei entsteht ein zusätzlicher Motivationsschub. Aus diesem Grund kann eine interne Ausschreibung (in vielen Fällen seitens der Betriebsräte formal ohnehin vorher gefordert) und Besetzung von Stellen ein sinnvolles Instrument sein, notwendige Veränderungen im Unternehmen umzusetzen.

Interne Besetzung

Das SchmidtColleg hat sehr positive Erfahrungen mit dem begleitenden Einsatz von seriösen und qualifizierten Personalvermittlern und Zeitarbeitsfirmen gesammelt. Die genaue Definition des Anforderungsprofils verlagert einen ersten Schritt des Einstellungsfilters (hierzu später mehr) an das externe Dienstleistungsunternehmen. In der Regel ist dies völlig kostenlos, denn die Personalvermittlung arbeitet erfolgsabhängig. Professionelle und seriöse, an längerfristigen Partnerschaften orientierte Unternehmen erstatten sogar einen Großteil der Vermittlungsprovision, die ohnehin – in Abhängigkeit von dem Anforderungsprofil der zu besetzenden Stelle und dem Umfang des Einsatzes des Vermittlers – mittlerweile

Unterstützung durch Peronalberater

selten mehr als ein Monatsgehalt beträgt. Der Vorteil besteht darin, dass nur einige wenige Kandidaten vorgestellt werden, die bereits in ersten Gesprächen vom Vermittler im Vorfeld ausgefiltert wurden. Der Nachteil kann darin bestehen, dass der Vermittler eventuell nicht die erforderliche Marktbreite oder Marktdurchdringung hat.

Die Ansprache von Zeitarbeitsfirmen bietet die Chance, Mitarbeiter einzusetzen, mit denen der Anbieter seinerseits bereits Erfahrungen gesammelt hat. Das Risiko lässt sich jederzeit zeitlich und finanziell begrenzen; aber es besteht die große Chance, einen Menschen über einen gewissen Zeitraum in der praktischen Arbeit kennenzulernen und ihn dann – einen vorherigen Abstimmungsprozess mit der Zeitarbeitsfirma vorausgesetzt – im eigenen Unternehmen dauerhaft einzustellen.

Sichtbar werden

Mitarbeitermarketing

Ihr Unternehmen als Marke auch für Mitarbeiter

Im Rahmen längerfristiger und gezielter Personalmaßnahmen sind Informationsveranstaltungen wichtig, um das eigene Unternehmen dem Markt als Arbeitgeber zu präsentieren. Dies kann in Form einer offiziellen Personalmesse, eines »Tages der offenen Tür« oder auch begleitend zu Kundenveranstaltungen (z. B. Sommerfesten, Familientagen) geschehen. Auch das gezielte Verteilen von Informationsbroschüren an Schulen oder anderen »Kommunikationsknotenpunkten« der Zielgruppe kann ein effizienter Weg sein, insbesondere bei der Gewinnung von Auszubildenden.

Zusammenfassen können wir hier zwei wichtige Thesen:

· Betreiben Sie intensives Mitarbeitermarketing. Unternehmen haben viel Kompetenz im Kundenmarketing, das Sie für das Mitarbeitermarketing gut nutzen könnten.

· Werden Sie als Unternehmen zu einer Marke, auch für Mitarbeiter.

Best Practice  MDS Raumsysteme:
»Kopfgeld für Techniker«

»Die eigene Firma habe ich gegründet, weil ich die Schnauze voll hatte von inkompetenten Chefs«, sagt Dirk Solbach deutlich auf seine rheinländische Art. Der studierte Diplom-Kaufmann ist Gründer und Chef von MDS Raumsysteme. 1998 begann er als 2-Mann-Betrieb im badischen Engen-Welschingen mit der Produktion und der Vermarktung von Raumsystemen. Der Leitsatz des Unternehmens zeigt deutlich, was das Unternehmen macht: »Räume schaffen – intelligent und flexibel«. Produziert werden Hallen- und Meisterbüros, Trennwandsysteme bis hin zu Bürocontainern und Stahlbaubühnen. Heute, zehn Jahre nach der Unternehmensgründung, hat Solbach Kunden in Deutschland, in der nahen Schweiz, in Österreich und den Niederlanden. Selbst nach China wurden bereits Raumsysteme von MDS exportiert.

Entscheidend sind die Mitarbeiter

»Unser Vorteil ist, dass wir alles aus einer Hand liefern«, zeigt Solbach auf. Als Alleinstellungsmerkmal nennt er die umfassende Beratung und Betreuung der Kunden: »Schweißapparate, Lackieranlagen oder Scheibenputzmaschinen haben andere Betriebe auch in gleicher Qualität. Entscheidend sind die Mitarbeiter, die daran stehen, sie bedienen oder Kontakt zum Kunden haben«, argumentiert Solbach. Gute Mitarbeiter sind enorm wichtig und schwer zu bekommen: gute Fachkräfte zieht es in die nahe gelegene Schweiz oder zu den Großkonzernen in der Region. Für den Mittelstand bleibt nichts übrig, wenn er nichts tut.

Dirk Solbach ist so weit gegangen, dass er »Kopfgeld« für Techniker bezahlt hat. »Einer unserer Mitarbeiter hat drei Klassenkameraden von der Technikerschule zu uns geholt. Aber auch wenn man die Leute hat, sie bleiben nur, wenn es im Unternehmen stimmt.« Damit es im Unternehmen stimmt, hat Solbach einen Einstellungsfilter für Bewerber skizziert, er führt Entwicklungsgespräche mit seinen Mitarbeitern und bildet seine Führungskräfte am Schmidt-Colleg weiter.

Außerdem setzt er auf Gesundheit: Jeden Montag findet in eigenen Gesundheitscontainern neben dem Firmengebäude eine Rücken-

schulung mit einem professionellen Trainer statt. Außerdem haben alle Mitarbeiter die Möglichkeit, sich alle zwei Wochen während der Arbeitszeit für 15 Minuten massieren zu lassen. Das MDS-Team möchte mit guten Beispiel voran gehen. In naher Zukunft soll ein ganzheitliches Konzept zum Thema Betriebliches Gesundheitsmanagement auch anderen Firmen zur Verfügung gestellt werden. Hierfür vermietet MDS Gesundheitscontainer und koordiniert gemeinsam mit professionellen Partnern alle Gesundheitsthemen wie Ergonomie, Entspannung, Ernährung, Bewegung, Physiotherapie, Stress und Arbeitssicherheit.

www.mds-raumsysteme.com

Download unter:
www.UnternehmerEnergie.de

Best Practice  Advanced UniByte: »Lust auf Verantwortung«

Geschäftsführer Sandro Walker über Seminare, Ideen und seinen Weg zum Erfolg.

Die UnternehmerEnergie-Erfolgsgeschichten

Anwenderbericht
Advanced UniByte
Reutlingen

Fachkräftemangel ist ein Problem in vielen Branchen. Künftig wird er immer mehr Unternehmen betreffen. »Das ist für uns schon lange eine große Herausforderung«, sagt Sandro Walker. Sein IT-Unternehmen Advanced UniByte bietet Speicherlösungen und Dienstleistungen für unternehmenskritische Daten. War man anfänglich eher nur Lieferant von Hardware, so ist man inzwischen vor allem ganzheitlicher Dienstleister. Dazu ist vor allem eines wichtig: gute Leute.

Um an überdurchschnittlich gute Mitarbeiterinnen und Mitarbeiter zu kommen, hat Advanced UniByte extra die Homepage http://www.lust-auf-verantwortung.de/ ins Leben gerufen. Unabhängig von der Firmen-Website will man so um gute Kräfte werben und sie auf den Geschmack bringen. Wer dann mal im Reutlinger EDV-Unternehmen ist, dem schmeckt es, nicht nur die Arbeit. Für die 40 Mitarbeiterinnen und Mitarbeiter bereitet täglich eine Köchin ein Mittagsgericht vor. »Auch das fördert das Betriebsklima«, sagt Sandro Walker und zeigt auf den Menüplan für die laufende Woche.

Obwohl Advanced UniByte ein sehr von der Technik geprägtes Unternehmen ist, sieht Sandro Walker die Mitarbeiter als wichtigstes Kapital an. Benötigt werden hauptsächlich IT-Systemkaufleute und -Techniker, Diplom-Informatiker oder auch Quereinsteiger mit analytischem Denkvermögen.

Wachsen, um Perspektiven zu bieten

Bereits bei der Bewerberauswahl werden Werkzeuge aus UnternehmerEnergie genutzt. Zur Verfügung steht ein Einstellungsfilter, den neue Mitarbeiter durchlaufen. Anschließend kommen die favorisierten Bewerber zu einem Probe-Arbeitstag in das Reutlinger Unternehmen. Sie lernen das Unternehmen und die anderen Mitarbeiter kennen. »Ob jemand eingestellt wird, das entscheiden in aller Regel dann die Mitarbeiter, die mit dem Bewerber künftig zusammenarbeiten müssen«, verdeutlicht Walker.

Wachstum ist für Advanced UniByte aus zwei Gründen nötig. Zum einen kann man nur so mit dem technologischen Fortschritt der Branche mithalten und sich einen Namen in der Branche machen. Zum anderen können durch Wachstum den Mitarbeitern auch Perspektiven geboten werden. Sandro Walker: »Das wollen wir. Wir wollen die Mitarbeiter langfristig im Unternehmen halten.« Dass ein Vertriebsmitarbeiter schon zwölf Jahre im Unternehmen tätig ist, sei in der EDV-Branche eine absolute Ausnahme. »Aber es gut für die Kundenbeziehungen«, stellt der erfolgreiche Unternehmer fest.

www.advanced-unibyte.de

Geeignete Mitarbeiter auswählen

Viele Unternehmen haben keine konsequente und durchgängig praktizierte Vorgehensweise bei der Auswahl der Mitarbeiter. Die Folge: Es gibt keine klaren Kriterien für die Vorauswahl, Vorstellungsgespräche werden unstrukturiert geführt, die Auswahl letztendlich nach »Nasenfaktor« oder »aus dem Bauch heraus« getroffen – und hinterher wundern sich alle, warum sich im Unternehmen keine »Hochleistungsteams« entwickeln.

Mit dem seit vielen Jahren erprobten »Einstellungsfilter« möchten wir nachstehend eine Vorgehensweise vorstellen, die sich beim SchmidtColleg und einer Vielzahl unserer Kunden als sehr effektiv erwiesen hat. Der Einstellungsfilter setzt zu einem Zeitpunkt an, bei dem Sie nach der qualitativen Analyse der Bewerbungsunterlagen (Inhalt und Attraktivität des Bewerbungsschreibens, Lebenslauf und Zeugnisse; Art und Weise der Zusammenstellung der Unterlagen) bereits eine erste Vorauswahl getroffen haben und den Bewerber als einen Kandidaten für eine Einstellung ansehen:

Einstellungsfilter

Herausfordernde Terminierung des Vorstellungsgesprächs

Diskussion über das Unternehmen

Ausführliche Hausführung oder Betriebsbesichtigung

Partner-Analyse

Persönlichkeitswerkzeuge

Persönliches Gespräch

Arbeitsprobe

Zusätzlich empfiehlt sich natürlich ein Gespräch mit ehemaligen Arbeitgebern, Kollegen oder betreuten Kunden. Dies setzt, sofern es nicht auf rein persönlichen Wegen der »Informationssammlung« geschieht, jedoch das Einverständnis des potentiellen Mitarbeiters voraus. Insgesamt ist der Prozess der Personalgewinnung und -auswahl ein aufwändiger und somit auch teurer Weg. Eine Fehlentscheidung wird jedoch ungleich teurer werden, so dass jede Information über den Bewerber und jedes »Erleben« des potentiellen Mitarbeiters im Vorfeld für eine richtige Entscheidung wichtig sein kann.

Im Nachfolgenden einige kleine Impulse für die einzelnen Elemente eines Einstellungsfilters:

1. Herausfordernde Terminierung des Vorstellungsgesprächs

Wenn Sie ungewöhnliche Arbeitszeiten haben, dann nutzen Sie einen unbequemen Zeitpunkt für ein Vorstellungsgespräch. So wird bereits früh die Einstellung eines Bewerbers überprüft. Warum in einem Hotelbetrieb nicht den Samstag oder Sonntag für das Gespräch wählen oder in einer Bäckerei frühmorgens um vier Uhr? In beiden Fällen lernt der Bewerber das reale Arbeitsumfeld und die Arbeitsverhältnisse kennen. Wenn der Bewerber unter diesen Bedingungen nicht zum Vorstellungsgespräch erscheint, brauchen Sie sich auch nicht weiter mit ihm zu beschäftigen.

2. Diskussion über das Unternehmen

Die Selbstdarstellung des zukünftigen Arbeitgebers ist wichtig, denn auch der Bewerber muss möglichst viel über das Unternehmen erfahren, um die eigene Entscheidung besser und fundierter treffen zu können.

Unternehmensbeschreibungen, Imagebroschüren, Internetauftritt, Geschäftsberichte, Produktbeschreibungen, Zeitungsartikel über das Unternehmen, Leitbilder, Darstellungen der Unternehmensvision und -kultur, Mitarbeiterzeitschriften und Kundeninformationen (News) können geeignet sein, dem potentiellen Bewerber eine gute Übersicht über das Unternehmen zu geben, bei dem er arbeiten möchte.

Für diese Zwecke extra zusammengestellte Informationsmappen mit den wichtigsten Daten und Fakten, mit Stellenbeschreibungen und möglichen Karrierewegen machen einen sehr professionellen Eindruck und sind – auch in kleineren Unternehmen – schnell zusammengestellt.

Der eigentliche Zweck dieses Filters ist aber die Diskussion mit dem Bewerber über das Unternehmen. Hier zeigt sich, wie intensiv der Bewerber sich mit den Informationen auseinandergesetzt hat,

die wir ihm vorab zugesendet haben oder die er sich selbstständig im Internet zusammengestellt hat – und wie er sein Wissen und seine Einschätzungen im Gespräch präsentiert.

3. Ausführliche Hausführung oder Betriebsbesichtigung

Dem potentiellen Mitarbeiter sollte (meist im Anschluss an das Vorstellungsgespräch) Gelegenheit gegeben werden, das Unternehmen auch zu erleben. Im Rahmen einer Betriebsbesichtigung oder Hausführung kann ein Gesamtüberblick gegeben werden über das Unternehmen, die verschiedenen Bereiche und die Abläufe. Der Bewerber bekommt einen ersten Eindruck von der Unternehmenskultur.

· Wie gehen die Mitarbeiter miteinander um?
· Werden die durchlaufenden Besucher begrüßt?
· Wie herzlich und wie interessiert werden Sie begrüßt oder nehmen die Mitarbeiter keine Notiz von den Besuchern?
· Wie begrüßt derjenige, der mit dem Mitarbeiter durch das Haus geht, die Mitarbeiter?
· Sehen die Menschen an ihren Arbeitsplätzen glücklich aus oder eher nicht?

Auch hier ist der erste Eindruck oftmals ein ganz entscheidender. Mit ein wenig Sensibilität nimmt jeder Mensch die Kultur und die Atmosphäre in einem Unternehmen war.

4. Partner-Analyse

Nachdem der Mitarbeiter nun das Unternehmen, das Anforderungsprofil seiner zukünftigen Tätigkeit, seine spätere Führungskraft (entweder den Unternehmer, Geschäftsführer, Bereichsleiter oder Teamleiter) und bereits auch erste mögliche Kollegen kennengelernt hat, empfiehlt es sich, den nächsten Intensivierungsschritt des Einstellungsfilters anzuwenden. Hier empfehlen wir einen einfachen Fragebogen. Die schriftliche, am besten handschriftliche, Ausformulierung ist ein sehr verbindlicher Prozess. Die Fragen entsprechen sicherlich zum Teil bereits den Fragen, die im Vorstellungsgespräch gestellt wurden, dennoch können auch aus der schriftlichen Beantwortung teilweise bereits gestellter Fragen zusätzliche wertvolle Entscheidungshilfen generiert werden. Gibt es beispielsweise bei der Beantwortung Abweichungen zu den Antworten in vorausgegangenen Gesprächen? Werden bestimmte Fragen gar nicht oder sehr ungenau und ausweichend beantwortet?

5. Persönlichkeitstests

Je nach Stelle, die es zu besetzten gilt, empfiehlt sich zusätzlich der Einsatz eines Persönlichkeitstests wie zum Beispiel das

HBDI der Herrmann International Deutschland, welches wir im SchmidtColleg empfehlen. Es gibt eine ganze Reihe dieser Tests (zum Beispiel unter www.insights.de, www.reissprofile.eu, www.assess-online.de). Setzen Sie sich kritisch damit auseinander – nicht jeder Test liefert die Ergebnisse, die Sie für Ihre Zwecke brauchen, und nicht jeder Test ist gleich gut.

6. Persönliches Gespräch

Am Vorstellungsgespräch können neben der für das Personal zuständigen Führungskraft und dem späteren unmittelbaren Vorgesetzten (Bereichsleiter, Teamleiter) auch der eine oder andere zukünftige Kollege teilnehmen. Dies kann gemeinsam oder in mehreren Gesprächsschritten geschehen.

Im weiteren Verlauf können dem potentiellen Mitarbeiter nun auch die grundsätzlich nächsten Schritte des Einstellungsfilters (Arbeitsprobe und Einstellungsgespräch) erläutert werden. Da normalerweise nicht sofort eine Entscheidung nach dem Gespräch getroffen wird, sollte dem Bewerber zumindest ein fester Termin für eine Entscheidung über die weitere Fortsetzung der Gespräche genannt werden.

Warum ist der erste Eindruck so wichtig?

Der erste Eindruck ist hier ein wichtiges Kriterium. Auch wenn wir bei einem positiven Eindruck nicht immer wissen, ob wir Recht haben, bei einem ersten negativen Eindruck steigt die Wahrscheinlichkeit jedoch sehr. Sicherlich spielt Erfahrung im Umgang mit Menschen hierbei eine große Rolle, aber auch unsere Seele signalisiert uns »Eindrücke«, die wir ernst nehmen müssen.

· **Die negative Einstellung** eines Menschen wird nicht immer sofort sichtbar. Wenn sie jedoch sichtbar wird, dann sollte dies ein absolutes Ausschlusskriterium sein.

· **Eine persönliche Antipathie** gegenüber einem Bewerber kann niemandem vorgeworfen werden. Natürlich werden wir uns für einen Menschen entscheiden, der auf uns (für andere kann anderes gelten!) sympathisch wirkt.

· **Will ich den Bewerber morgen in meinem Team haben?** Diese Frage sollte sich jeder der an der Auswahl Beteiligten stellen.

7. Arbeitsprobe

Alle Gespräche und Analysen von Partnerprofilen und Bewerbungsunterlagen geben immer noch keinen Eindruck davon, wie sich der Mitarbeiter in einem konkreten Umfeld am Arbeitsplatz verhalten könnte. Wir empfehlen deshalb (soweit dies im Rahmen eines noch bestehenden Arbeitsverhältnisses überhaupt durchführbar ist) die Vereinbarung einer Arbeitswoche zur Probe. Selbstverständlich wird die geleistete Arbeitszeit angemessen bezahlt. Sie soll beiden Parteien die Chance geben, erkennen zu können, ob eine Partnerschaft tatsächlich möglich ist oder ob die eine oder andere Seite nicht doch von fehlinterpretierten Voraussetzungen oder Erwartungen ausgegangen ist.

Das SchmidtColleg hat mit dieser Vorgehensweise sehr gute Erfahrungen gesammelt, zumal diese auch von den Interessenten als eine willkommene Gelegenheit genutzt wurde, das Unternehmen richtig kennenzulernen. Eine Woche kann hier durchaus bereits einen sehr guten Eindruck vermitteln.

»Es ist sicher sehr schwer gute Mitarbeiter zu finden. Noch schwerer ist es aber, mit schlechten zusammenarbeiten zu müssen.«

Cay von Fournier

Werkzeug ◌ »Einarbeitung von Mitarbeitern«

Die Einarbeitung eines Mitarbeiters wird je nach Funktion, Anforderungsprofil der zu besetzenden Stelle und Unternehmenssituation unterschiedlich sein. Dabei können grundsätzlich zum Beispiel die nachstehenden Einführungsinstrumente zum Einsatz kommen:

· Einführungs- und Orientierungsgespräch
· Einführungsbroschüre/-mappe
· Mitarbeiterinformationsordner
· Einführungsseminar
· Einarbeitungsplan
· Aufgabenplanung
· Arbeitsabläufe
· Feedbackgespräche
· Patensystem
· Mentorsystem
· Checklisten
· Zielvereinbarung

Der neue Mitarbeiter sollte an seinem ersten Arbeitstag herzlich (idealerweise nicht nur von den Kollegen und der verantwortlichen Führungskraft, sondern auch von der Unternehmensführung selbst) begrüßt werden. Dazu muss (!) der zukünftige Arbeitsplatz vorbereitet sein.

Bereit liegen sollten die notwendigen Arbeitsmaterialien für den Schreibtisch und das eigene Büro, vor allem aber persönliche Unterlagen wie Visitenkarten, Betriebsausweis, Schlüssel, Namensschilder. Ein Begrüßungsgeschenk und/oder Blumen runden den ersten Tag ab. Bei der Vorbereitung eines eigenen Büros könnte im Vorfeld der persönliche Stil (wenn es zum Beispiel um Wandbilder geht) abgefragt werden.

Nach der Begrüßung sollte man konkret und in einer dann für den Arbeitsbeginn zu definierenden Einführungsphase dem Mitarbeiter die Arbeitsabläufe, die Unternehmenskultur, d. h. die »Spielregeln« im Unternehmen, die Produkte oder Dienstleistungen, die Kunden, die Lieferanten im Detail erläutern. In vielen Fällen haben sich dabei ein Mentoren- oder Patensystem sowie ein Einarbeitungsplan (auch Checklisten) als sinnvoll erwiesen. Im Einarbeitungsplan können inhaltlich und zeitlich die einzelnen »Einarbeitungsschritte« in Form von Einarbeitungszielen festgehalten werden. Das gilt im besonderen Maße für Auszubildende oder sehr junge Berufsanfänger (nach Beendigung der Ausbildung).

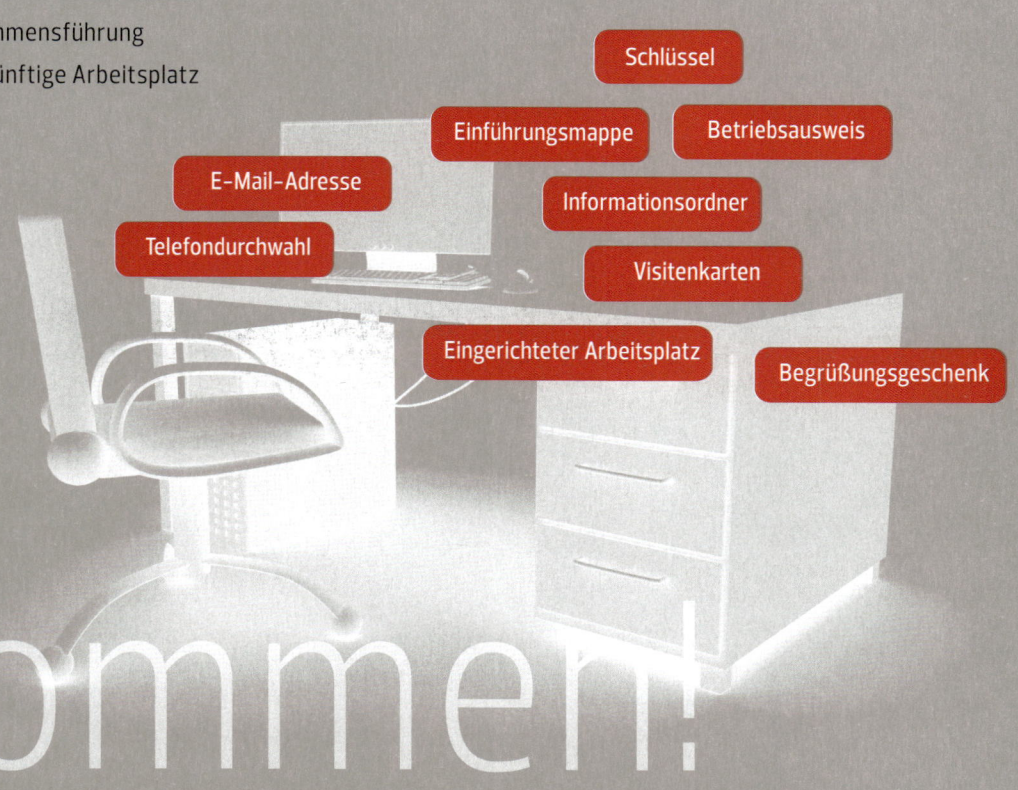

Schlüssel
Einführungsmappe
Betriebsausweis
E-Mail-Adresse
Informationsordner
Telefondurchwahl
Visitenkarten
Eingerichteter Arbeitsplatz
Begrüßungsgeschenk

Willkommen!

Best Practice ⊖ Resch Rechts-anwälte: »Delegieren und Vertrauen«

Zusammen mit seinem Bruder Manfred und 22 angestellten Rechts-anwältinnen und Rechtsanwälten betreut Jochen Resch seit 25 Jahren Mandanten bei Rechtsstreitigkeiten im »grauen Kapitalmarkt«. Seine juristische Laufbahn hat er bei einem Bauträger begonnen, also auf der Seite, wo heute seine Gegner sitzen. Bauträger würde er nicht mehr vertreten, sagt Resch: »Ich sehe mich ein Stück weit als Robin Hood.« Für beide Seiten zu arbeiten wäre für ihn ethisch und moralisch nicht vereinbar. Durch die Spezialisierung hat die Kanzlei einen sehr hohen Bekanntheitsgrad bekommen. Nur so sei es möglich, die Mindestzahl von 30 bis 40 Mandanten pro Fallkomplex zu bekommen.

Mitarbeiter wählen neue Kollegen selbst aus: Als Geschäftsführer setzt Resch auf Delegieren und Vertrauen – und zwar auch bei der Einstellung neuer Mitarbeiter. Nach einer Vorauswahl werden einige der Bewerber zu einem Schnuppertag eingeladen, wo sie sich den Mitarbeitern vorstellen. Demokratisch wird dann über die Einstellung der Bewerber abgestimmt. Die Mitarbeiter wählen sich die neuen Kollegen selbst aus. »Ich kann also überstimmt werden«, ist sich Jochen Resch bewusst. Jedoch gibt er zu bedenken, dass die Kanzlei als Team arbeitet. »Wenn dann einer mit einem Bewerber überhaupt nicht zurechtkommt, wird er auch nicht eingestellt, weil man sein Veto einlegen kann.« Eine Praxis, die ganz gut funktioniert.

Start mit Pate: Neuen Mitarbeitern wird ein Pate zur Seite gestellt, der für alle Fragen des neuen Teammitgliedes ein offenes Ohr hat. Mitarbeiter zu finden, sieht Jochen Resch nicht als problematisch an. Die Spezialisierung der Kanzlei fördere auch den guten Ruf. Allerdings weiß Jochen Resch auch, dass sich sowohl Rechtsanwälte als auch Mitarbeiter in der Verwaltung erst an das Klima in der Kanzlei gewöhnen müssen. Manche neuen Rechtsanwälte hätten oft noch »Studentengewohnheiten« und wüssten nicht um die Verantwortung als Weisungsberechtigte. Vielen neuen Mitarbeiterinnen und Mitarbeitern sei das offene Klima zunächst ungewohnt. Jochen Resch: »Bei uns werden konstruktive Kritik und Selbstverantwortung belohnt. Das kennen viele aus ihren bisherigen Unternehmen nicht.« Die logische Konsequenz daraus ist, dass gerade die Weiterbildung der Mitarbeiter eine hohe Bedeutung für den Rechtsanwalt und Unternehmer hat. So wird ein jährliches Budget festgelegt, das sowohl für fachliche wie auch persönliche Weiterbildung genutzt werden kann.

Die UnternehmerEnergie-Erfolgsgeschichten

**Anwenderbericht
Resch Rechtsanwälte**
Berlin

Rechtsanwalt Jochen Resch über Seminare, Ideen und seinen Weg zum Erfolg.

www.resch-rechtsanwaelte.de

Download unter:
www.UnternehmerEnergie.de

Das kleine 1 x 1 der Wertschätzung: »WOW«–Effekte für Mitarbeiter

Eines der wichtigsten praktischen Werkzeuge der Führung nennen wir »Aufmerksamkeit und Motivation«. Hier geht es um eine Vielzahl von Kleinigkeiten, die jedoch konsequent und ehrlich angewendet eine große Wirkung haben. Neben dem Lächeln bei der Begegnung im Flur oder der morgendlichen Begrüßung bei Rundgang des Geschäftsführers (dies sollte selbstverständlich sein, fehlt aber häufig) ist dies eine Vielzahl von Ritualen, die eine wertschätzende Haltung gegenüber allen Mitarbeitern ausdrücken. Denn wenn schon der einfache menschliche Umgang nicht aufmerksam und wertschätzend ist, so helfen auch ritualisierte Werkzeuge wenig. Sie werden nicht als ehrlich, sondern als Manipulation empfunden.

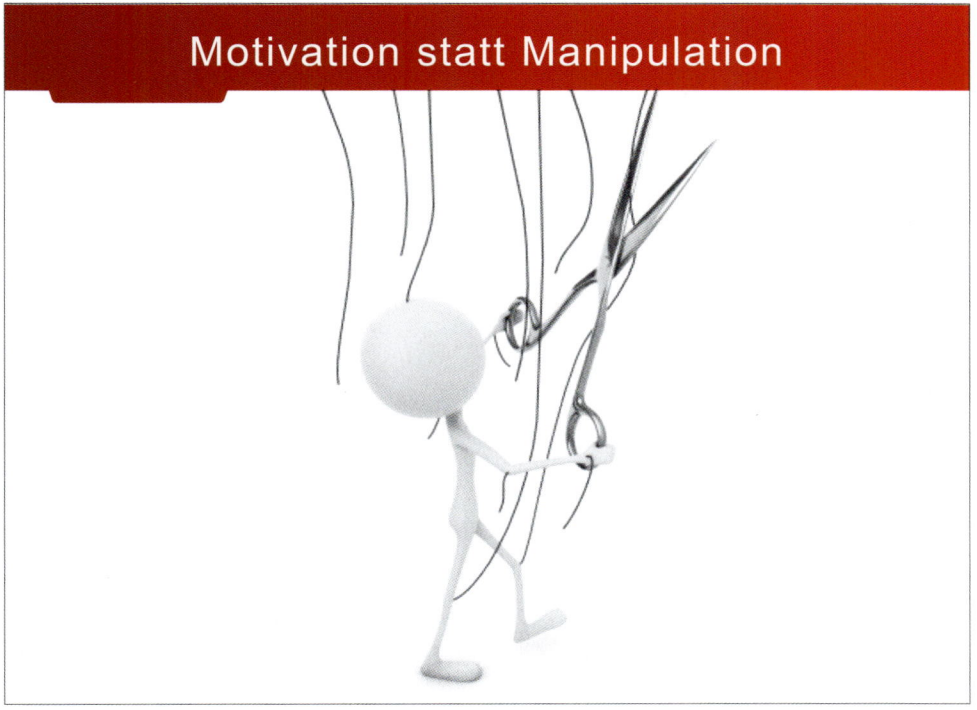

Motivation statt Manipulation

Wahre Motivation kommt von innen und kann gefördert, jedoch nicht erzeugt werden. Manipulation ist immer schlecht und wird auf Ablehnung stoßen. Jedoch ist zu bedenken, dass wir alle durch Erziehung und Medien sehr der Manipulation ausgesetzt sind und waren. Menschen sind es also gewöhnt, manipuliert zu werden, was sie verleitet, diese Methode auch selbst im Umgang mit Menschen anwenden zu wollen. In Bezug auf die Wirksamkeit ist dies immer eine schlechte Wahl, denn Manipulation ist nur kurzfristig wirksam, nie langfristig. Sie ist auch hochgradig unethisch und es bedarf der menschlichen Reife, von manipulativem Verhalten Abstand zu nehmen.

Eine Unternehmenskultur, die geprägt ist von Offenheit und Ehrlichkeit, ist das fruchtbarste Feld für ein hoch motiviertes Arbeiten im Team. Zu den Faktoren, die einen positiven Einfluss auf die Unternehmenskultur ausüben, zählen auch eine flexible Arbeitszeitregelung, ein fairer Umgang mit dem Thema Krankheit, vernünftige Ordnungsregeln im Unternehmen, eine faire Parkplatzregelung, eine klare Haltung zum Thema Rauchen, transparente Urlaubsregelungen, ein wertschätzender Umgang mit Zeit (Pünktlichkeit!) und klare Kommunikationswege (Postfächer!).

Einklang bringt Erfolg

materielle Welt

gute Bezahlung +

materielle Motivation

BEGEISTERUNG

schlechte Bezahlung −

Demotivation

ideelle Motivation

− schlechte Unternehmenskultur

+ gute Unternehmenskultur

seelische Welt

Zur Motivation der Mitarbeiter gehören neben den notwendigen und extrem wichtigen emotionalen »Zuwendungen« auch die vielen kleinen »materiellen« Zuwendungen, die als Teil eines persönlichen Dankeschöns, einer persönlichen Aufmerksamkeit oder einer wertschätzenden Anerkennung eingesetzt werden können. Diese sollten jedoch als wertschätzende Gesten, nicht als Manipulation verwendet und verstanden werden.

Wir möchten nachfolgend einen kleinen Überblick über diese zum Großteil als Betriebsausgaben anerkannten Zuwendungen geben, weisen jedoch darauf hin, dass der jeweils aktuelle Stand der steuerrechtlichen Handhabung individuell abzuklären oder im Zweifelsfall im Vorfeld mit den Oberfinanzdirektionen oder Steuerberatungsgesellschaften abzustimmen ist.

- Sachbezüge, die steuerlich begünstigt sind (z. B. Benzingutscheine)
- Betriebsveranstaltungen
- Aufmerksamkeiten (z. B. Geburtstag, Jubiläen etc.)
- Heirats- u. Geburtsbeihilfen
- Berufsbekleidung (unentgeltliche oder verbilligte Überlassung)
- Zuschüsse zur Kinderbetreuung (Kindergärten, Krippen)
- Zuschüsse für Fahrten zwischen Wohnung und Arbeitsstätte
- Zuschuss zu Mahlzeiten
- Arbeitnehmerdarlehen

- Umzugskosten
- Altersversorgung/Berufsunfähigkeit
- Dienstwagen
- Eintrittskarten
- Fortbildung
- Fitness
- Mobiltelefon
- Kreditkartenbeiträge
- Getränke
- Kreislauftrainingskurse
- Parkgebühren/Parkplätze
- Sportanlagen
- Theaterkarten
- Vereinsbeiträge

Diese Liste ist als Ideenliste zu verstehen. Entscheiden Sie, welche materiellen Zuwendungen für Ihre Mitarbeiter möglich sind, um Ihre persönliche Wertschätzung unterstreichen zu können. Die einzelnen Zuwendungen müssen vorher mit Ihrem Steuerberater besprochen werden, da sich hier die Gesetzeslage sehr schnell ändert.

»Es ist mehr wert, jederzeit die Achtung der Menschen zu haben, als gelegentlich ihre Bewunderung.«

Jean-Jacques Rousseau

»Viel Kälte ist unter den Menschen, weil wir nicht wagen, uns so herzlich zu geben, wie wir sind.«

Albert Schweitzer

»Solange uns die Menschlichkeit miteinander verbindet, ist egal, was uns trennt.«

Ernst Ferstl

»Das ganze Glück des Menschen besteht darin, bei anderen Achtung zu genießen.«

Blaise Pascal

»Ihr müsst die Menschen lieben, wenn ihr sie ändern wollt.«

Johann Heinrich Pestalozzi

Werkzeug ✎ »Mitarbeiterbefragung«

Die Mitarbeiterbefragung ist ein weiteres praktisches Führungswerkzeug. Grundsätzlich lassen sich zwei verschiedene Formen der Mitarbeiterbefragung unterscheiden, zum einen die **Befragung am Ende der Probezeit,** zum anderen die eigentliche Mitarbeiterbefragung, eine breit angelegte Aktion, bei der zeitgleich alle Mitarbeiter mit Hilfe von Fragebögen darum gebeten werden, ihre Meinung abzugeben. Letzteres Instrument lässt sich übrigens im Rahmen des strategischen Controllings zur »Messung« von weichen Faktoren in dem Werttreiberbereich »Mitarbeiter« einsetzen.

Befragung am Ende der Probezeit

Eine Befragung am Ende der Probezeit könnte wie folgt aussehen:

Da nach jeder Probezeit ein Mitarbeitergespräch geführt werden sollte, könnte die Beantwortung des Fragebogens wichtige Informationen über mögliche Gesprächsinhalte liefern.

Eine Mitarbeiterbefragung kann natürlich auch während der Probezeit durchgeführt werden. Dies hängt auch etwas an der Unternehmenskultur. Wie viel Offenheit und Vertrauen herrscht wirklich? Aber da neue Mitarbeiter noch keine Scheuklappen haben, kann das Unternehmen wertvolle Informationen gewinnen, gerade auch mit Fragen wie: »Was hat Ihnen bei Ihrem ehemaligen Arbeitgeber sehr gut gefallen und was daraus schlagen Sie uns zur Verbesserung vor?«

		sehr gut	gut	es geht	nicht so gut
1.	Mir gefällt es im Unternehmen:	☐	☐	☐	☐
2.	Das Betriebsklima bewerte ich wie folgt:	☐	☐	☐	☐

3. Folgendes hat mich positiv überrascht bzw. finde ich gut:
_____
_____

4. Folgendes hat mich negativ überrascht bzw. fand ich nicht so gut:
_____
_____

5. Folgende Punkte haben mir bei meiner früheren Arbeitsstelle besonders gut gefallen. Ich schlage deshalb folgende Verbesserungen vor:
_____
_____

6. Dieses Thema liegt mir besonders am Herzen:
_____
_____

7. Das sind meine Wünsche für die weitere Zusammenarbeit:
_____
_____

Befragung aller Mitarbeiter

Die Mitarbeiterbefragung ist ein Instrument, um möglichst viele Mitarbeiter eines Unternehmens, eines Unternehmensbereiches, einer Tochtergesellschaft, einer Filiale oder eines Teams gleichzeitig und gleichartig anzusprechen. Diese Befragungen sollen dem Unternehmen einen Eindruck darüber vermitteln, wie die Mitarbeiter insgesamt die Situation im Unternehmen einschätzen. Mitarbeiterbefragungen können anonym oder nicht anonym durchgeführt werden. Darüber sollte im Vorfeld gut nachgedacht werden. Fehlende Anonymität könnte dazu führen, dass Fragen nicht in ausreichender »Ehrlichkeit« oder »Offenheit« beantwortet werden. Letztlich ist dies aber auch wieder sehr stark von der Kultur im Unternehmen und dem Umgang miteinander abhängig, so dass wir hier keine Empfehlung aussprechen möchten.

Natürlich können und müssen die einzelnen Inhalte und Fragen einer Mitarbeiterbefragung sehr individuell zusammengestellt werden.

Um eine Mitarbeiterbefragung messbar zu machen, sollten die Antworten sinnvoll eingeschränkt werden und durch ein Notensystem von 1 bis 6 oder Antwortmöglichkeiten wie »ja, sehr« – »ja« – »eher ja« – »eher nein« – »oft nein« – »nein« bestimmbar gemacht werden, das heißt, bei jeder Frage darf nur eine bestimmt Anzahl von Antworten vorgegeben werden. Die Mitarbeiter kreuzen dann jeweils eine Antwort an. Daneben können im Einzelfall auch qualitative Zusatzantworten oder Ergänzungen zugelassen werden.

Nachstehend zwei Formulierungsbeispiele aus der Mitarbeiterbefragung:

	ja, sehr	ja	eher ja	eher nein	oft nein	nein
Macht Ihnen Ihre Tätigkeit Spaß?	☐	☐	☐	☐	☐	☐
Ist Ihre Tätigkeit abwechslungsreich?	☐	☐	☐	☐	☐	☐
Können Sie Ihre Fähigkeiten bei Ihrer Tätigkeit voll entfalten?	☐	☐	☐	☐	☐	☐
Sind Sie auf die Ergebnisse Ihrer Tätigkeit stolz?	☐	☐	☐	☐	☐	☐
Fühlen Sie sich den Anforderungen voll gewachsen?	☐	☐	☐	☐	☐	☐
Wie zufrieden sind Sie insgesamt mit Ihrer Tätigkeit?	☐	☐	☐	☐	☐	☐
Würden Sie lieber eine andere Tätigkeit bei uns ausüben?	☐	☐	☐	☐	☐	☐

Wie zufrieden sind Sie mit der Anerkennung Ihrer Leistungen durch Ihren Vorgesetzten?

☐ sehr zufrieden

☐ gut

☐ meistens

☐ gerade noch ausreichend

☐ viel zu wenig

☐ überhaupt keine Anerkennung

Die **Auswertung** einer Mitarbeiterbefragung muss sehr sorgfältig und sensibel durchgeführt werden, denn es geht nicht nur darum, mehrheitliche Aussagen und Stellungnahmen zu bekommen, sondern auch ganz individuelle Defizite in der Unternehmenskultur, in der Information und vor allem in der Führung der befragten Mitarbeiter zu identifizieren und zu beseitigen. Die Antworten zu den Fragen lassen sich in aller Regel dann auch sehr schön grafisch darstellen (Balken- oder Tortendiagramme).

Die **Ergebnisse** einer Mitarbeiterbefragung sollten im Unternehmen kommuniziert werden, z. B. im Rahmen größerer **Mitarbeiterversammlungen** oder **Mitarbeiterbesprechungen.** Es sollten seitens der Unternehmensführung zu erkannten Defiziten konkrete inhaltliche Vorschläge mit zeitlichen Realisierungsterminen erstellt werden. Die Unternehmensführung kann Mitarbeiterbefragungen auch nutzen, um das Führungsverhalten ihrer Führungskräfte von den Mitarbeitern beurteilen zu lassen. Auf jeden Fall müssen die Befragten merken, dass die Ergebnisse ernst genommen werden und die Unternehmensleitung Handlungen aus diesen Ergebnissen einleitet.

Mitarbeiterentwicklung

Wenn wir die Erkenntnis vertiefen, dass die Mitarbeiter das eigentliche Kapital moderner Unternehmen sind und auch das Feld der Investitionen darstellen, so ist ein Konzept für eine gute und qualifizierte Mitarbeiterentwicklung dringend notwendig. Für diese zentrale Aufgabe sollte mindestens eine Führungskraft im Unternehmen verantwortlich sein. Die Schulung der Mitarbeiter und Führungskräfte als praktisches Führungswerkzeug besteht aus unterschiedlichen Maßnahmen. Eine weitere entscheidende Differenzierung sollte zwischen den rein fachlichen Schulungen und den Persönlichkeitsschulungen erfolgen. Ferner kann zwischen internen Maßnahmen (durch die Führungskräfte oder andere Mitarbeiter selbst) oder externen Seminaren und Workshops unterschieden werden.

Konzept für Mitarbeiterentwicklung

Analyse der Fähigkeiten, Stärken, des Wissens und der Potentiale aller Mitarbeiter

Definition des benötigten Wissens und der benötigten Fähigkeiten und Methoden

Anforderungen an die Persönlichkeitsentwicklung (wird meistens vorausgesetzt)

Erstellung eines Aus- und Fortbildungskonzeptes für die permanente Weiterentwicklung der Mitarbeiter

Schulungsmaßnahmen, Workshops und ggf. Coachingmaßnahmen

Messung der Schulungsqualität

Messung der Weiterentwicklung

Zu warten, bis die Mitarbeiter und Führungskräfte professionelle Fähigkeiten aus der Erfahrung heraus erwerben, ist ein langer und oft sehr kostspieliger Prozess. Leider sind in vielen Fällen den Menschen, die Entscheidungen über die Aus- und Weiterbildung treffen, nur die Kosten bewusst, nicht aber der Nutzen und vor allem nicht die Opportunitätskosten, die entstehen, weil Mitarbeiter eben nicht gut ausgebildet sind. Es sollte in jedem Unternehmen eine eigene Firmen-Akademie geben, die bei kleinen Unternehmen an einen Dienstleister (wie zum Beispiel dem SchmidtColleg) vergeben werden kann oder bei größeren Unternehmen zusammen mit einem solchen Dienstleister aufgebaut werden kann.

Interne Akademie

Externe Trainer   Externe Anbieter

Schulungsprogramm

Auf dem Schulungsprogramm sollten Themen stehen wie

- Personale Kompetenz
- Handlungskompetenz
- Sozialkompetenz
- Methodenkompetenz
- Fachkompetenz
- Führungskompetenz
- Unternehmerische Kompetenz
- Interkulturelle Kompetenz

»Ich bin davon überzeugt, dass die persönliche Weiterentwicklung und Ausbildung der Menschen gemäß ihrer Stärken zu dem wichtigsten Erfolgsfaktor für die Unternehmen, aber auch für die Menschen selbst werden wird.«

Cay von Fournier

Nicht jede Schulung macht für jeden Mitarbeiter Sinn. Nehmen Sie zum Beispiel mich selbst: Meine Stärke liegt darin, motivierende Reden und Seminare zu halten. Dafür rangieren meine Fähigkeiten in und auch meine Leidenschaft für Buchhaltung tief im negativen Bereich. Wäre es nun sinnvoll, mich mühsam in Buchhaltung zu schulen? Natürlich nicht. Besser ist es, ich konzentriere mich auf meine Stärken und arbeite mit exzellenten Profis für Buchhaltung zusammen.

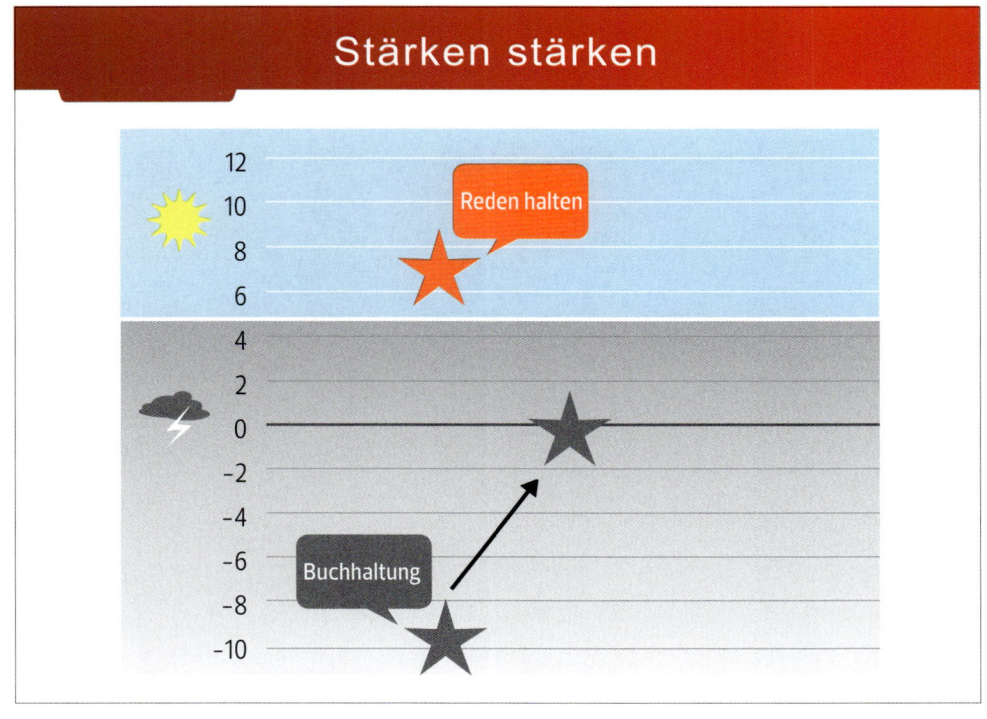

Unternehmer-Porträt ☺
Georg Schneider

Weisses Bräuhaus G. Schneider & Sohn GmbH

Emil-Ott-Straße 1-5

D-93309 Kelheim

www.schneider-weisse.de

»Tradition mit Innovation verknüpfen«

Georg VI. Schneider führt die bayerische Schneider Weisse-Dynastie in der sechsten Generation. Nach einem betriebswirtschaftlichen Studium und dem Abschluss als Braumeister übernahm er im Jahr 2000 die Leitung des Weissen Bräuhauses G. Schneider & Sohn. Damit führt er eine Tradition fort, die vor über 130 Jahren begann. Bis heute hat die Weißbierbrauerfamilie Schneider ihr Erbe immer an den nachfolgenden Georg Schneider weitergegeben – vom Brauereigründer bis hin zum Ur-Ur-Urenkel. Einen Georg VII. gibt es übrigens auch, der geht aber noch zur Schule.

Georg VI. steht für ein gezieltes Verknüpfen von Tradition mit Innovation. Was für ihn traditionelle Verpflichtung ist im Hinblick auf das Brauverfahren und das Gewähren eines gleich bleibend hohen Qualitätsstandards, ist andererseits die Verpflichtung zur innovativen Unternehmensführung. Ein respektvoller, fairer und partnerschaftlicher Umgang miteinander ist einer der Grundsätze, die nicht nur in der Unternehmensphilosophie festgeschrieben sind, sondern auch täglich gelebt werden.

»Die größte Herausforderung für den deutschen Mittelstand ist es, ein Arbeitsklima und -umfeld zu schaffen, das für High Potentials attraktiv ist.«

Georg Schneider

Zertifikate und Auszeichnungen

Zahlreiche Auszeichnungen. Anbei ein Auszug:

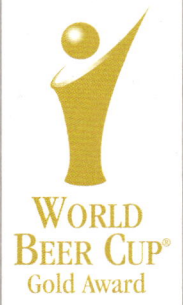

Georg Schneider:
»Wir legen Wert auf Weiterbildung«

Unsere urbayerische Weißbierbrauerei hat sich »Freiheit, Fantasie, Fröhlichkeit« auf die Fahnen geschrieben. Sie interpretiert Weißbier auf ganz unterschiedliche Weise und wird dafür regelmäßig mit internationalen Auszeichnungen prämiert.

Der Vertrieb konzentriert sich auf Deutschland, es werden aber mittlerweile auch Kunden in 31 Exportländern beliefert: in Europa, Amerika, Fernost, Australien und sogar in Neuseeland.

Das Weisse Bräuhaus G. Schneider & Sohn ist übrigens die einzige Brauerei, die ausschließlich ausgebildete Biersommeliers im Außendienst beschäftigt. Weiterbildung ist ohnehin ein Thema, auf das wir großen Wert legen. Dies mag ein Grund dafür gewesen sein, dass wir zu den Top Arbeitgebern im deutschen Mittelstand zählen und zum »Arbeitgeber des Jahres 2007« gekürt wurden

Neu verstandene Unternehmensführung

Noch mein Vater, Georg V. Schneider, pflegte einen überwiegend patriarchalischen Führungsstil, was in seiner Zeit als üblich und angemessen galt. Heute haben es derartig geführte Unternehmen schwer, hochqualifizierte Mitarbeiter für sich zu gewinnen und höchste Qualität zu produzieren.

Unser wichtigster Erfolgsfaktor sind unsere Mitarbeiter, denn unseren kompromisslosen Qualitätsgedanken können wir nur mit motivierten, kompetenten und qualitätsbewussten Mitarbeitern umsetzen.

Trotz aller Umwälzungen der Wirtschaft und unserer eigenen Branche bleiben für den Unternehmer immer einige Konstanten bestehen. Zum Beispiel die prinzipiellen Bedürfnisse der Mitarbeiter. Gerade in turbulenten Zeiten ist es notwendig, diese Anliegen bewusst wahr- und ernst zu nehmen. Dieser Spannungsbogen zwischen Wandel und Konstanz beschert lustvolles Arbeiten.

Mit dem Thema »Führung« habe ich mich schon beschäftigt, als ich 18 Jahre alt war. Damals schenkte mir mein Onkel die Teilnahme am SchmidtColleg-Seminar UnternehmerEnergie. Seitdem sind für mich die Werkzeuge des SchmidtCollegs eine wertvolle Hilfe in meinem Arbeitsalltag. Aus dem Colleg-Werkzeugkasten kann sich jeder Unternehmer die passenden Bausteine nehmen. Wichtig dabei: Nicht alles auf einmal angehen, aber das Wenige in aller Konsequenz umsetzen.

Georg I. Schneider: Weissbierpionier und Gründer (1817–1890)

Georg II. Schneider: Kaufmann und Brauer (1846–1890)

Georg III. Schneider: Bauherr und Brauer (1870–1905)

Georg IV. Schneider: Ingenieur und Brauer (1900–1991)

Georg V. Schneider: promovierter Brauerei-Ingenieur (geb. 1928)

Georg VI. Schneider: Unternehmer und Braukünstler (geboren 1965) siehe Bild links.

Nirgendwo sonst ist die Identifikation der Mitarbeiter mit dem Unternehmen größer als im Mittelstand.

Gemeinsam das Beste geben

Hinter Schneider Weisse stehen rund 100 Mitarbeiter, die im Unternehmen freundschaftlich-familiär miteinander verbunden sind. Das ist mir wichtig. Denn gute Unternehmensführung bedeutet für mich Vertrauen, Offenheit und Wertschätzung. Dazu gehören auch regelmäßige Mitarbeitergespräche, in denen Zielvereinbarungen besprochen werden. Innerhalb der vorgegebenen Grenzen entscheiden die Mitarbeiter dann selbstständig. So haben sie mehr Freiheiten, aber natürlich auch mehr Verantwortung.

In allen Dingen sind das rechte Maß, Ausgewogenheit und Balance der Schlüssel zum Erfolg. Patentrezepte gibt es nicht, denn neue Situationen erfordern neue Lösungsansätze und Herangehensweisen. Mit der richtigen Einstellung ist dies allerdings mehr Lust statt Last. Transparente Prozesse, ergebnisorientiertes Arbeiten und die fast familiäre Geborgenheit in einem mittelständischen Unternehmen machen Lust auf Leistung.

»Nach meinem Verständnis sind alle Mitarbeiter der Brauerei das Unternehmen. Jeder Einzelne ist Repräsentant des Unternehmens und trägt soziale Verantwortung in allen Bereichen.«

Georg Schneider

Detail der Abfüllanlage

Die Schneider Weisse-Braumeister bei ihrer täglichen Arbeit: Die Produktqualität erlaubt keine Kompromisse.

Das Bierbrauen ist für uns eine ganzheitliche Aufgabe. Unsere Fertigungstiefe ist überdurchschnittlich hoch. Wir kümmern uns um alle Schritte, vom Rohstoffanbau bis hin zum Bierausschank. Die Qualität unserer Arbeit stellen wir immer wieder auf den Prüfstand. Daher sind wir freiwillig zertifiziert und nehmen regelmäßig sehr erfolgreich an Brau- und Managementwettbewerben teil.

Exzellenz bedeutet für uns, kritisch zu bleiben und es jeden Tag ein bisschen besser zu machen. Regelmäßige Innovationsgespräche, ein aktives Vorschlagswesen und eine ernst genommene Reklamationsbearbeitung sind die drei wesentlichen Säulen dafür.

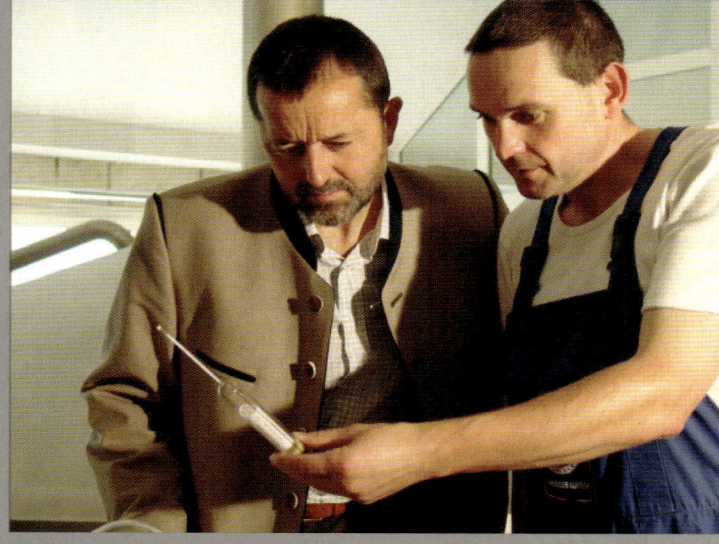

Qualitätsprobe

Sichtprüfung der Laborproben

Führungskompetenz

Fordern und Fördern

> »Fordere viel von dir selbst und erwarte wenig von den anderen. So wird dir Ärger erspart bleiben.«
>
> Konfuzius

Wenn Unternehmen zu überaus erfolgreichen Unternehmen der Zukunft werden sollen, bedarf es der Begeisterung und der Motivation möglichst vieler Mitarbeiter. Warum das so ist, hat Sam Walton, der Begründer von Wal-Mart, einmal sehr schön auf den Punkt gebracht: »Es dauert keine 14 Tage, dann behandeln Mitarbeiter ihre Kunden genau so, wie sie selbst von ihren Chefs behandelt werden.« Das heißt: Verhält sich eine Führungskraft ignorant und arrogant, so braucht sie sich nicht zu wundern, wenn sich die Kunden kurz darauf über die herablassende Art ihrer Mitarbeiter beschweren – falls sie das überhaupt tun und nicht wortlos zur Konkurrenz wechseln. Und mehr noch: In Zeiten des wirtschaftlichen Aufschwungs (oder zumindest einer gewissen Stabilität) haben es nicht nur die Kunden nicht nötig, sich schlecht behandeln zu lassen, auch die eigenen Mitarbeiter können dem Unternehmen jederzeit den Rücken kehren.

Unternehmen sind also existenziell auf die Begeisterung ihrer Mitarbeiter angewiesen, weil

· Kundenbindung über Mitarbeiter läuft. Gerade im Mittelstand fühlen sich Kunden häufig ihrem direkten Ansprechpartner mehr verbunden als dem gesamten Unternehmen (das heißt: Kündigt ein Mitarbeiter, verliert das Unternehmen auch die von ihm betreuten Kunden).

· Kunden jeden einzelnen Mitarbeiter als »die Firma« erleben. Verhält sich ein einzelner Mitarbeiter unaufmerksam oder unhöflich, wirft das ein schlechtes Licht auf das gesamte Unternehmen.

Nur begeisterte Mitarbeiter schaffen Innovationen

Dass nur begeisterte Mitarbeiter es fertigbringen, wirklich große Innovationen zu schaffen, zeigt ein anderes Beispiel, das mich als

Unternehmer und Arzt immer besonders fasziniert hat: An einem ganz normalen Tag des Jahres 1929 betrat ein Fünfundzwanzigjähriger in Berlin das Allerheiligste seines Chefs, einer weltberühmten medizinischen Koryphäe. Mit Begeisterung trug der junge Mann eine Idee vor, von der er glaubte, sie könne ein bestehendes Problem unkonventionell und schnell lösen. Ja, er bot sogar an, den Versuch an sich selbst auszuprobieren. Entsetzt und mit den Worten: »Mit dieser Nummer können Sie sich beim Zirkus vorstellen«, beendete der Chef das Gespräch.

Wir hätten niemals erfahren, welche Innovation der große Sauerbruch, so hieß der Vorgesetzte, da mit dem Bannstrahl versah, wenn sein junger Mitarbeiter nicht trotzdem gehandelt hätte. Er unternahm einen Selbstversuch und schob sich eine Sonde durch die Blutbahn zum eigenen Herzen, um erkennen zu können, wie es darin aussieht. 1956 erhielt Werner Forßmann, so war sein Name, für diese »Zirkusnummer« den Nobelpreis für Medizin.

Was Mitarbeiter brauchen, ist neben der Förderung also auch eine sinnvolle Forderung. Als hilfreich haben sich hier folgende Maßnahmen erwiesen:

· Mehr Aufgaben: Der Mitarbeiter übernimmt temporär zusätzliche Aufgaben oder Projekte (zum Beispiel Mitarbeiterbefragungen, Kundenbefragungen, Qualitätssicherung, Prozessoptimierung, Mentoring).

· Größere Aufgaben: Der Mitarbeiter übernimmt dauerhaft zusätzliche Aufgaben und mehr Verantwortung.

· Andere Aufgaben: Der Mitarbeiter erhält die Gelegenheit, phasenweise an einer anderen Stelle innerhalb des eigenen Unternehmens oder in einem anderen Unternehmen/einer anderen Organisation mitzuarbeiten, um zusätzliche Erfahrungen zu sammeln und sich neue Kenntnisse anzueignen.

Für Sie als Führungskraft zahlt es sich in jedem Fall aus, wenn Sie die Bedürfnisse Ihrer Mitarbeiter nach Förderung und nach Herausforderung richtig erkennen und darauf eingehen. Das Gleiche gilt natürlich für Sie selbst: Auch Ihre Persönlichkeit möchte (und sollte!) gefördert und gefordert werden.

Der Unterschied zwischen Management und Führung

Bezeichnen Sie sich selbst als Führungskraft? Oder eher als Manager? Führen oder managen Sie lieber? Im Mittelstand scheint mir das Selbstverständnis eher auf »Führung« bezogen zu sein, wohingegen man in der Welt der Konzerne häufiger von »Management« spricht. Gehen wir der Sache auf den Grund: Was ist Management? Management beruht auf Wissenschaft, auf Zahlen und Fakten. Der Taylorismus begründete die wissenschaftliche Betriebsführung und Peter F. Drucker das moderne Management, wie wir es heute kennen. Eine gute Definition für Management findet sich bei Fredmund Malik: »Grundlagen guten Managements sind handwerkliche – und damit lehr- und lernbare Kompetenzen: erstens, die Einhaltung einiger weniger Grundsätze; zweitens, die gewissenhafte und sorgfältige Erfüllung einiger

Schlüsselaufgaben und drittens die Beherrschung einiger Werkzeuge.«

Damit ist alles gesagt. Führung ist etwas ganz anderes, aber ebenso bedeutsam. Management und Führung ergänzen einander und sind beide für den langfristigen Erfolg eines Unternehmens dringend nötig. Es geht jedoch um die Balance beider Fähigkeiten. Deutlich werden die Begriffe von Management und Führung anhand zweier Grafiken. In der ersten Grafik, der Management- und Führungspyramide, wird deutlich, was Management ausmacht. Management ist keine Verwaltung, sondern eine Systematik der klaren Ziele, Wege und Methoden. Zum Management gehören Branchenwissen, Organisationsfähigkeit und Ökonomie, also fachliche Kompetenz. (Die zweite Grafik finden Sie auf Seite 301.)

Führung ist nicht Management

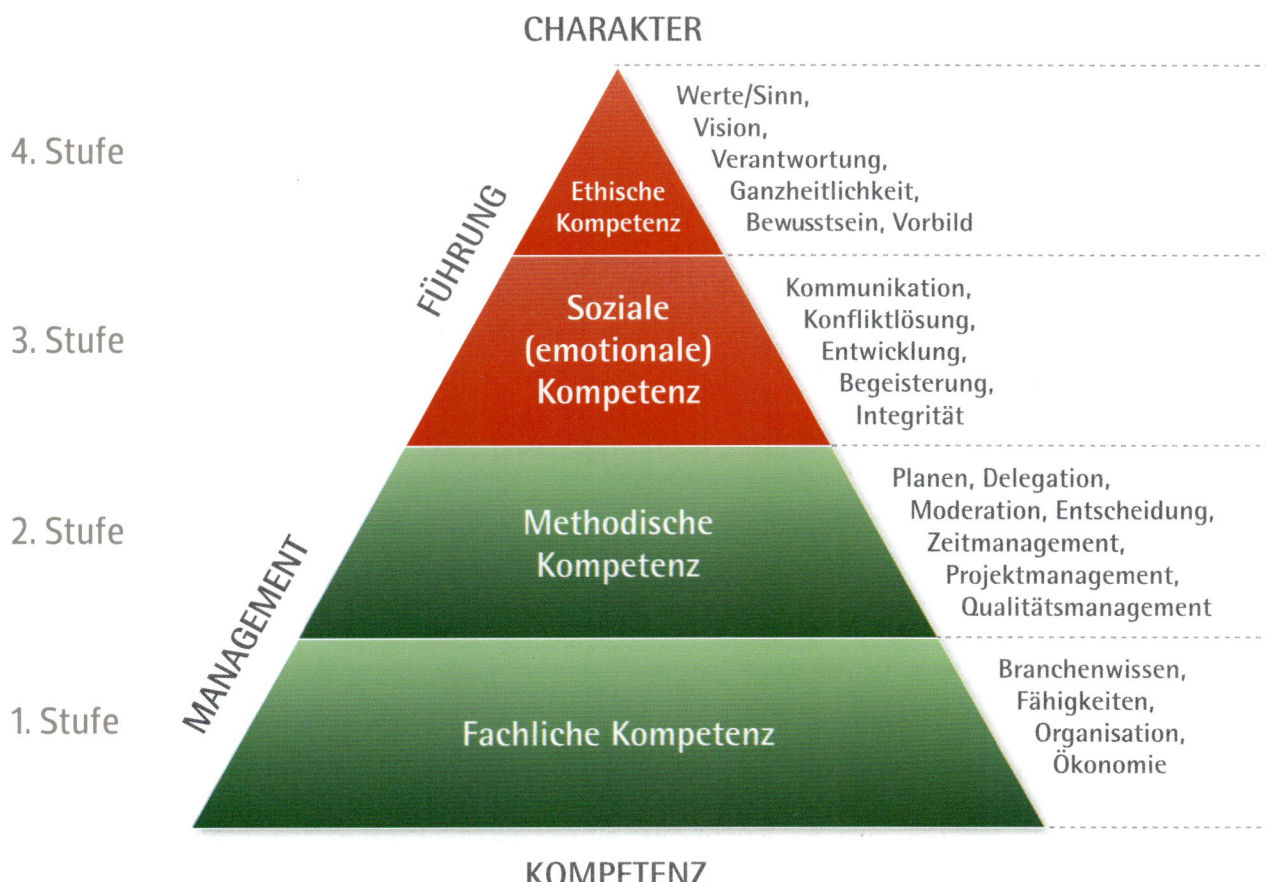

CHARAKTER

FÜHRUNG

4. Stufe — Ethische Kompetenz — Werte/Sinn, Vision, Verantwortung, Ganzheitlichkeit, Bewusstsein, Vorbild

3. Stufe — Soziale (emotionale) Kompetenz — Kommunikation, Konfliktlösung, Entwicklung, Begeisterung, Integrität

MANAGEMENT

2. Stufe — Methodische Kompetenz — Planen, Delegation, Moderation, Entscheidung, Zeitmanagement, Projektmanagement, Qualitätsmanagement

1. Stufe — Fachliche Kompetenz — Branchenwissen, Fähigkeiten, Organisation, Ökonomie

KOMPETENZ

1. Stufe: Fachkompetenz: Häufig finden sich Menschen in verant-wortlichen Positionen, die zwar sehr viel Fachwissen haben, denen es aber an der Befähigung einer gesunden Form der Organisation mangelt, oder es fehlt das Zahlenverständnis oder auch die Fähig-keit, andere Menschen zu führen, obwohl man das jetzt intensiv praktizieren muss, da man Verantwortung für andere Menschen übernommen hat. Es gibt hier viele Beispiele: Handwerker, Juristen, Steuerberater, aber eben auch Ärzte, die in sechs Jahren Studium und vielen Jahren Facharztausbildung fachlich bestens auf ihren Beruf vorbereitet sind. Auch setzten sie sich leidenschaftlich für ihre Patienten ein. Viele haben aber sehr wenig Ahnung von Orga-nisation, Ökonomie, Marketing oder Führung. Man kann jetzt die Position beziehen, sie bräuchten es ja auch nicht, was allerdings viel zu kurz gegriffen wäre, denn im Gesundheitssystem des 21. Jahrhunderts geht es genau um diese Themen. Manche Arztpraxen oder auch ganze Krankenhausabteilungen leiden – auch aus der Sicht der Patienten – unter einer schwierigen organisatorischen und häufig auch schwierigen finanziellen Situation. Es mangelt sehr oft an den Basisfähigkeiten bei Management und Führung.

2. Stufe: Methodenkompetenz: Detaillierte Fähigkeiten des Managements finden wir auf der zweiten Ebene, der methodischen Kompetenz. Hier geht es um ein rein praktisches Methodenwissen und die dazu notwendigen Techniken. Hier befinden wir uns bei der jeweils aktuellen Managementlehre. Zwar führen immer mehr

Unternehmen ein Qualitätsmanagement in ihrem Hause ein, wun-dern sich aber, warum die reine Methode des Qualitätsmanage-ments, auch wenn sie genauestens angewendet wird, nicht zu den gewünschten Ergebnissen führt. Dies rührt daher, dass der bis-herigen Managementlehre die Dimension der Führung fehlt, auch wenn diese häufig als solche angesprochen wird.

Es gehört zu dieser Ebene des Managements die ganze Methoden-kompetenz, wie Planung, Delegation, Moderation und Entschei-dungsfähigkeit, dazu sowie alle Fähigkeiten, die bereits den Begriff »-management« im Namen tragen: Projektmanagement, Zeitma-nagement, Prozessmanagement und Qualitätsmanagement.

Nicht alles, was den Umsatz und Gewinn des Unternehmens stei-gert, dient den Interessen des Kunden. Managementkonform ist es schon, wenn der Unternehmer den Gewinn steigert. Ist es aber dem Kunden gegenüber fair, ihn aufgrund unsinniger, nicht in Auftrag gegebener Leistungen zur Kasse zu bitten? Wird der Kunde nicht zum Spielball der kurzsichtigen Unternehmerinteressen?

Eine faire Handlungsweise, also ein ethisch begründeter Umgang mit Kunden, ist letztendlich auch wirtschaftlicher, denn der zufrie-dene und gut beratene Kunde bleibt dem Unternehmer treu. Über der sozialen Kompetenz steht die ethische Kompetenz, also die Fähigkeit, Werte klar zu definieren und diesen auch treu zu sein.

Begeistern will gelernt sein

3. Stufe: Sozialkompetenz: Der obere Teil der Pyramide ist der Teil der Führung. Die erste Ebene, also die dritte Ebene dieser Pyramide, beschreibt die soziale (emotionale) Kompetenz. Hier geht es konkret um Kommunikation, Konfliktlösung, Entwicklung von Menschen, das Übertragen von Begeisterung und die Integrität, also auch die Ganzheitlichkeit im Sinne des operativen Alltags. Hierzu zählt auch die Fähigkeit, andere Menschen zu begeistern und in ein Team zu integrieren. Die Qualität der Führung ist abhängig davon, wie wir mit Menschen umgehen können. Dabei gibt es weder einen bestimmten Führungsstil noch eine bestimmte Persönlichkeit, die besser oder schlechter führen kann. Führung ist abhängig von dem Menschen, der führt, genauso wie von dem Menschen, der geführt werden soll. Hinzu kommt noch die Situation, in der geführt wird. Wer unterschiedliche Menschen in unterschiedlichen Situationen gleich führt, macht einen Fehler.

Die zukünftig erfolgreichen Unternehmen verstehen es, mit ihren Mitarbeitern, aber auch mit ihren Kunden, richtig zu kommunizieren. Sie verstehen sich als gute Partner und lösen Konflikte in einer frühen Phase, statt sie eskalieren zu lassen. Und sie wissen, dass über die wahre Zufriedenheit und Motivation am Arbeitsplatz immer die Qualität der Interaktion entscheidet.

4. Stufe: Ethische Kompetenz: Das Schwierige an Ausbildungsinvestitionen in diesem Bereich ist, dass die beiden Ebenen der Führung auf den Charakter des Menschen abzielen, und bedauerlicherweise entwickelt sich ein Charakter (insofern man hier überhaupt von Veränderung sprechen kann) wesentlich langsamer als eine Kompetenz. Fachliches Know-how und auch Methodenkompetenz kann man den Menschen beibringen. Die soziale Kompetenz oder die vierte Ebene der Führung, die ethische Kompetenz, bedürfen einer wesentlich intensiveren Ausbildung. Hier sind es vor allem die interaktiven Workshops bis hin zu Coaching-Situationen über einen längeren Zeitraum, die Menschen dabei helfen, die beiden Kompetenzformen der Führung mehr und mehr in ihr tägliches Denken

Führen heißt den Weg wissen

und Handeln zu integrieren. Unsere Neigung nach schnellen Lösungen und rascher Ausbildung stößt hier an natürliche Grenzen, denn ebenso wie unser Körper nur langsam an Ausdauer gewinnt, entwickelt sich unser Charakter nur durch ausdauernde Übung.

Die Spitze der Pyramide (und die Königsdisziplin der Führung) heißt ethische Kompetenz. Bei dieser handelt es sich um die deutlich hervortretende zweite Dimension neben der Materie: die Ethik. Wird im Management gefragt »Was ist ökonomisch sinnvoll?«, so fragt die ethische Kompetenz »Was ist sinnvoll für die Menschen?«. Die ethische und ökonomische Dimension sind zwei nebeneinander existierende Dimensionen, die es gilt, in Einklang und Balance zu bringen. Die ethische Kompetenz spricht Werte und Ziele des Unternehmens an, aus ihr heraus wird eine wirklich lebendige Vision entwickelt. Die Verantwortung des Einzelnen und des Unternehmens rückt in den Vordergrund.

Aus der Managementlehre heraus betrachtet ist ein Unternehmensleitbild notwendig, damit sich die Menschen an etwas orientieren können und somit ihre Konzentration und Energie auf dieses eine Ziel hin ausrichten. Damit ist noch lange nicht der Sinn dieses Ziels geklärt. Wenn ein Autohaus zum Beispiel die Vision verfolgt »Wir möchten das größte Autohaus der Region sein« oder »Wir verkaufen mehr Autos als unsere Wettbewerber« oder andere Unternehmen, die vielleicht an die Börse streben, formulieren »Wir wachsen schneller als der Mitbewerber«, dann bleibt eine wichtige Frage immer offen: wofür? Warum wollen wir mehr Autos verkaufen als unsere Mitbewerber? Und warum sollten die Kunden zu uns kommen und welchen Nutzen haben sie davon?

Ich bin der festen Überzeugung, dass sowohl im Leben eines jeden Menschen als auch eines jeden Unternehmens ein tiefer zugrunde liegender Sinn und eine Bedeutung für andere Menschen gefunden werden kann. Ein Autohaus kann sich langfristig in eine solche Dimension hinein entwickeln, indem es sich konsequent fragt:

· Welchen Service erwarten unsere Kundenvon uns?

· Welche Dienstleistung erleichtert ihnen den Alltag (z. B. Abholung und Fahrdienst zwischen Wohnung und Werkstatt)?

· Welche Leistungen sind unumgänglich, welche überflüssig und im Sinne des Kunden überteuert und unfair (z. B. ungefragte Kontrolle des Bordcomputers).

Matrix der Führungskompetenz

Werte können in Form einer Vision vermittelt werden (was wollen wir?) und zusätzlich in Form einer Kultur (wie wollen wir zusammen auf das Ziel hinarbeiten?). Ethische Kompetenz beinhaltet auch Verantwortung, Ganzheitlichkeit und das Bewusstsein, in dem wir etwas bewirken wollen. In der folgenden Grafik werden Führung und Management in ihrer Bedeutung einander gegenübergestellt und ihre Wirkung positiv wie negativ (bei Versagen der einen oder der anderen) beschrieben. Wir haben so die Möglichkeit, uns vier konkrete Situationen vorzustellen und diese zu beschreiben.

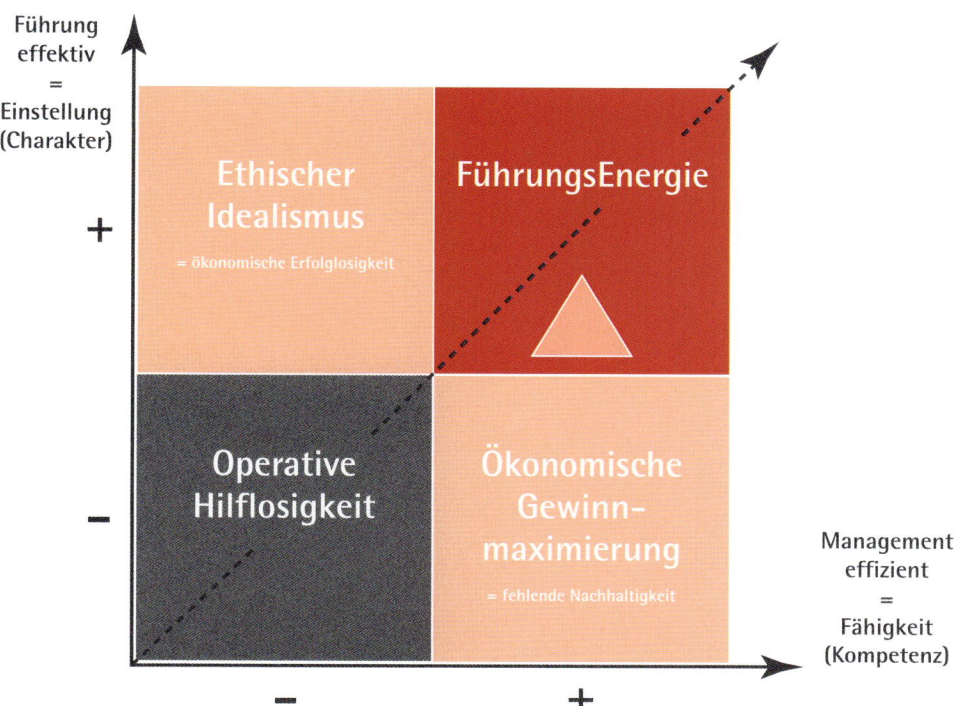

Operative Hilflosigkeit: In der Situation, in der sowohl Führung als auch Management versagen, kann man von operativer Hilflosigkeit sprechen. Weder das Management, also die Effizienz, die Umsetzung der Aufgaben, noch die Führung, die Effektivität, sind gewährleistet. In guten Marktsituationen mögen Unternehmen einige Zeit überleben, jedoch bei schwierigerem Marktumfeld werden diese Unternehmen sicherlich scheitern. An dieser Stelle möchte ich einfügen, dass ich Führung nicht pauschal mit Effektivität und Management ausschließlich mit Effizienz gleichsetze, wie das in manch anderen Veröffentlichungen geschieht. Denn auch Management hat eine deutliche effektive Ausprägung im Sinne der Zielerreichung, Management ist somit effektiv und effizient. Führung ist effektiv im Sinne der Vision und des Ziels des Unternehmens (effektiv und effizient sind hier also übergeordnet zu verstehen).

Ökonomische Gewinnmaximierung: Die zweite Situation wäre charakteristisch durch eine ausgeprägte Managementkompetenz bei fehlender Führungskompetenz, wie dies in vielen Unternehmen anzutreffen ist. Diese Situation entspricht der klassischen Managementmethodik und der gesamten Betriebswirtschaft, aus diesem Grund habe ich diese Situation ökonomische Gewinnmaximierung genannt. Firmen können in einer solchen Situation finanziell gut dastehen und über längere Zeiträume ein respektables Wachstum aufweisen. Die Zukunft zeigt dann aber oft, dass Nachhaltigkeit fehlt. Und fehlende Nachhaltigkeit führt zu dem mittel- bis langfristigen Scheitern des Unternehmens, auch wenn es derzeit noch finanziell gut dasteht. Zukünftig wird eine Grundsatzdebatte geführt werden müssen, ob die

Gewinn ohne Nachhaltigkeit

in der Betriebswirtschaft formulierte Zielfunktion der Gewinnmaximierung tatsächlich zu langfristigem Erfolg führt. Wie in solchen Unternehmen wie auch in vielen großen Konzernen unseres Landes festzustellen ist, verfügen diese zwar über gute Managementkompetenz und ökonomische Stabilität, es fehlt jedoch an der Motivation und Begeisterung der Mitarbeiter. In der Optimierung der Kosten, Prozesse und Organisation können sich Unternehmen nur noch um wenige Prozentpunkte verbessern. Die wesentlichen Wachstumssprünge in der Zukunft sind meines Erachtens nur über das Erfolgspotential möglich, welches in jedem einzelnen Menschen liegt. Hierzu braucht es eindeutig die zweite Dimension der Führung, die allerdings viel schwieriger zu entwickeln ist als die reine Managementkompetenz.

Nachhaltigkeit?

Ethischer Idealismus: Bei der Führung geht es um die Veränderung von Einstellungen, also auch die Veränderung eines Charakters, sowohl des Menschen als auch des Unternehmens. Bei der Managementkompetenz geht es um die Entwicklung von Fähigkeiten. Wenn ein Unternehmen über eine große Führungskompetenz verfügt, jedoch keine Managementkompetenz hat, so entsteht die Situation, die ich **ethischen Idealismus** nenne. Ein solches Unternehmen spricht die Menschen an, sowohl Kunden als auch Mitarbeiter sind von dieser Organisationsform wahrhaft begeistert und entfalten auch all ihre Kreativität und ihr Potential. Wenn es dem Unternehmen allerdings nicht gelingt, diese Energie in klare Geschäftsmodelle und Konzepte zu organisieren und auf dem Markt zu platzieren, so führt diese Situation meistens zu ökonomischer Erfolglosigkeit, zumindest zu ökonomischer Mittelmäßigkeit.

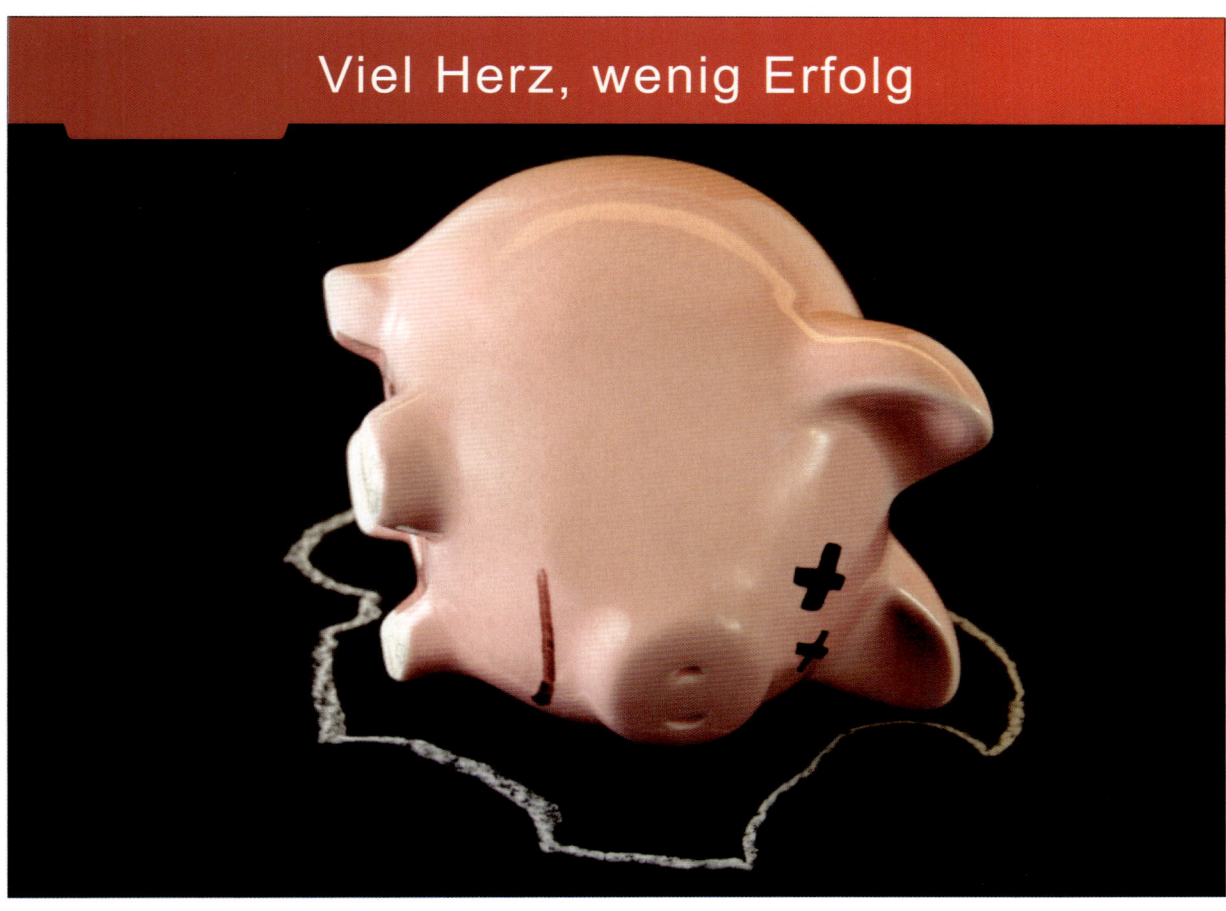

Viel Herz, wenig Erfolg

Balance

FührungsEnergie: Erstrebenswert ist die Situation von gleich starker Managementkompetenz und Führungskompetenz. Ein solches Unternehmen verfügt über Führungssouveränität. Ein solches Unternehmen ist stets bestrebt, die Managementfähigkeiten auszubauen sowie den Charakter des Unternehmens zu prägen und weiterzuentwickeln. Dies führt zum einen zur Entfaltung der menschlichen Potentiale, aber auch zu deren Umsetzung auf dem Markt in langfristig gewinnbringenden Geschäften. In der Führungssouveränität werden Ökonomie und Nachhaltigkeit sinnvoll miteinander verbunden.

Menschen führen – Projekte managen

Die folgende Übersicht zeigt, wie Führung und Management aufeinander bezogen sind. So wie Körper und Seele, Geist und Materie wirken sie ineinander.

Ich bin mir bewusst, dass dieser Ansatz viele Kritiker hat. Viele Menschen wollen sich ausschließlich auf der materiellen Ebene bewegen, da dies die Ebene der Zahlen und der Messbarkeit ist. Für diese Menschen gibt es die Dimension der Führung nicht – sie setzen Management und Führung gleich. Die Begriffe Ganzheitlichkeit und Verantwortung, Freiheit und Motivation haben auf dieser rein materiellen Ebene keine zentrale Bedeutung.

Ich bin überzeugt davon, dass erfolgreiche Unternehmen ihre Kraft aus der Dualität von Sinn und Zielen schöpfen, aus Ethik und Ökonomie, aus Tugend und Methode, aus Charakter und Kompetenz, aus Ganzheitlichkeit und Spezialisierung, aus Verantwortung und Auftrag, aus Freiheit und Kontrolle sowie aus dem Spannungsfeld zwischen Kunst und Handwerk.

Führung wirkt auf Menschen, Management wirkt auf Projekte und Dinge. Führung wirkt auf die Motivation der Menschen, Management wirkt auf die Aktionen der Menschen. Führung beeinflusst die Stimmung, Management die Ergebnisse, ebenso wie Führung die Kultur aufbaut und das Management für Produktion sorgt. Ich glaube, an dieser Gegenüberstellung wird am besten deutlich, wie sehr beide Kompetenzen zusammengehören und wie wichtig die Interaktion beider in Unternehmen ist.

Hier wird der Unterschied beider Kompetenzen deutlich. Management ist wirksam durch Ziele, Projekte, Aktionen und misst sich in Ergebnissen. Die häufig gestellte Forderung, dass nur Ergebnisse zählen, ist Ausdruck von Managementdenken. Führung dagegen wirkt auf Menschen, die ihre eigene Motivation entfalten.

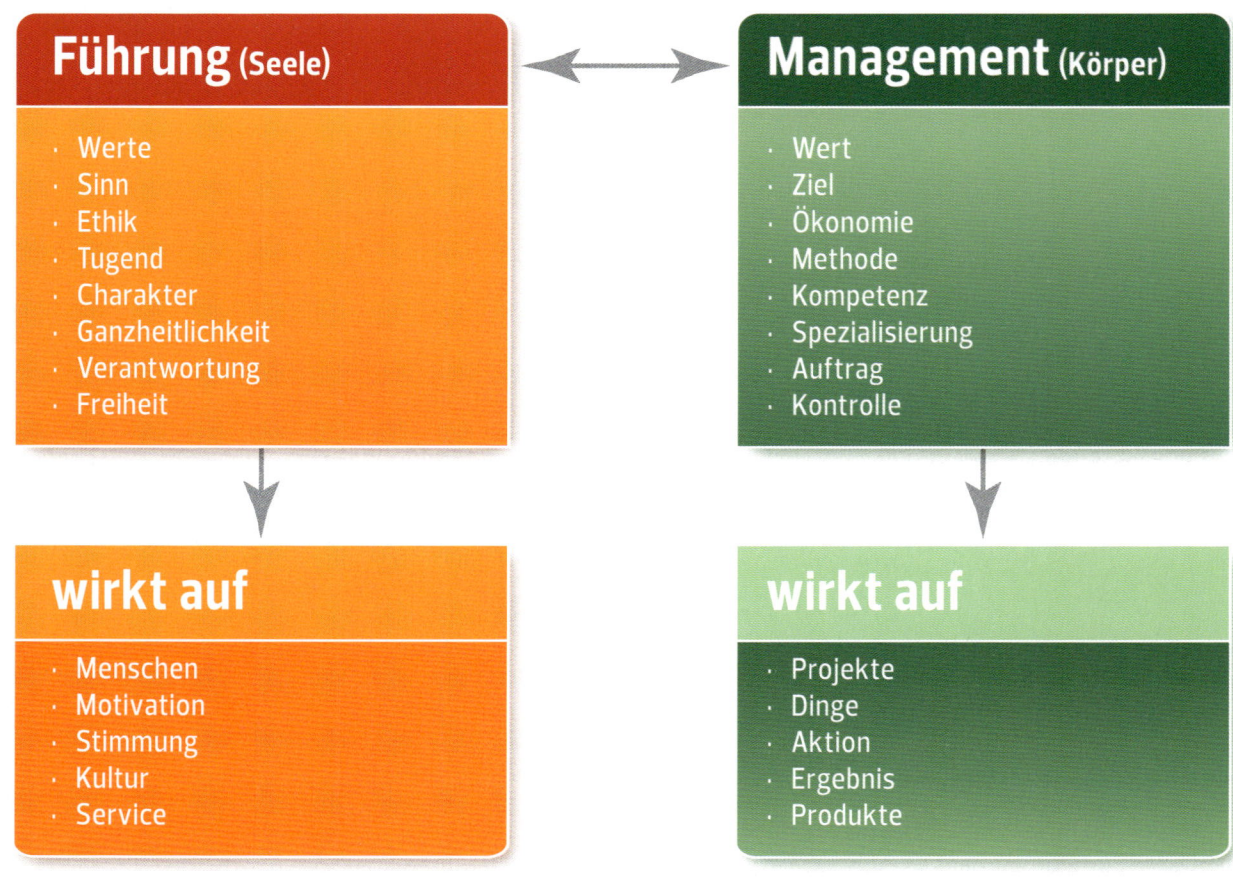

Führung (Seele)

- Werte
- Sinn
- Ethik
- Tugend
- Charakter
- Ganzheitlichkeit
- Verantwortung
- Freiheit

wirkt auf

- Menschen
- Motivation
- Stimmung
- Kultur
- Service

Management (Körper)

- Wert
- Ziel
- Ökonomie
- Methode
- Kompetenz
- Spezialisierung
- Auftrag
- Kontrolle

wirkt auf

- Projekte
- Dinge
- Aktion
- Ergebnis
- Produkte

Unter Führung verstehen wir den wirksamsten Weg, die richtigen Dinge zu tun. Management dagegen gilt als die Kunst, die Dinge richtig zu tun. Was heißt das nun konkret für Sie?

1. Erfolg ist individuell: Als Unternehmer und Führungskraft müssen Sie jeden Tag entscheiden, welches für Sie der wirksamste Weg zu Ihrem Ziel ist und was genau Sie tun wollen, um dieses Ziel zu erreichen. Dafür gibt es keine Patentrezepte. Das »wie« und das »was« sind sehr stark abhängig davon, wie Sie selbst »ticken«. Außerdem von den Kompetenzen und Persönlichkeiten Ihrer Mitarbeiter und Ihrer Kunden. Es macht eben einen riesigen Unterschied, ob Sie eine mittelständische Kreativagentur führen oder ein mittelständisches Maschinenbau-Unternehmen. Es gibt nicht die Führung an sich, und es gibt auch nicht das Management an sich – und das ist gut so. Sicher gibt es Prinzipien, die immer gelten, eine gute Ausbildung und Kompetenz in den Management-disziplinen (z. B. Zeitmanagement, Projektmanagement ...). Aber wirksamer als jedes Patentrezept ist es, wenn Sie jeden Tag mit wachen Augen Ihr Unternehmen und den Markt beobachten und sich kontinuierlich fragen, was Sie noch besser – oder einmal ganz anders! – machen könnten. Es ist die Kombination von guter Kompetenz und gesundem Menschenverstand, der gute Unternehmen besser werden lässt.

2. Viel Gutes kommt von unten: Die guten alten Modelle der Führung waren sehr schön übersichtlich. Oben ist die Führungskraft, unten ist »die Basis«. Der Unternehmer sah (und sieht) sich gerne als Kapitän auf der Brücke, als Bergführer, je nach Naturell auch als Dirigent. Vereinzelt – vor allem in arbeitsteilig organisierten Produktionsbetrieben – mag das auch heute noch so sein. Vielerorts sieht die Realität der Führung aber heute ganz anders aus: Die Mitarbeiter organisieren ihre Arbeit selbst, Kontakte zwischen verschiedenen Unternehmen (zum Beispiel zwischen einem Automobilhersteller und seinen Zulieferbetrieben) finden an der Basis statt, selbst komplizierte Wandlungsprozesse können und müssen heute zum großen Teil von den Mitarbeitern selbst organisiert und gesteuert werden – und sind dann oft viel erfolgreicher, als wenn sie von oben verordnet werden.

Damit kümmert sich die Führung endlich nicht mehr um jede Schraube, sondern richtet den Blick auf die größeren Zusammenhänge:

- Wie sorge ich dafür, dass sich in meinem Unternehmen Talente entfalten können?
- Wie kann ich meine Mitarbeiter weiterentwickeln, damit wir auch in Zukunft an der Spitze stehen?
- Und wie möchte ich mich selbst weiterentwickeln, damit ich diese Herausforderung bewältigen kann?

Werkzeug ◑ »Unternehmenskultur«

Es ist immer wieder verblüffend, wie unterschiedlich Unternehmenskulturen sein können: Da gibt es Firmen, die wirken auf den ersten Blick offen und sympathisch, da wird viel gelacht und zugleich hart gearbeitet. Andere Firmen geben sich kalt und abweisend, haben ihren Empfang nicht einmal besetzt und ihre Mitarbeiter verriegeln sich regelmäßig in ihren Büros. Hier wird mit harten Bandagen gekämpft, zu lachen gibt es nichts.

Jede Organisation entwickelt eine spezifische Kultur, die auf einem ganz besonderen Zusammenspiel von geteilten Werten, Ritualen und Erfahrungen beruht. Sie ist außerdem abhängig von den regionalen, sozialen und wirtschaftlichen Rahmenbedingungen des Unternehmens, von seiner Struktur, Strategie und Vision.

Dazu noch einmal die zentralen Begriffe:

Leitbild (Überschrift der »Was-Werte«)
· Vision (zentrale Werte und Zukunftsbilder, die den Unternehmensnutzen beschreiben)
· Mission (Beschreibung der Bedeutung dieser Werte für Kunden, Mitarbeiter ...)

Unternehmenswerte (Überschrift der »Wie-Werte«)
· Ethik (-Kodex) (öffentlich formulierte Werte, die für Unternehmen bindend sind)
· Kultur (intern beschriebene Spielregeln des Zusammenlebens der Mitarbeiter)

Für die Kultur eines Unternehmens ist die Ethik (oder der Ethik-Kodex, vgl. Seite 18) die bindende Grundlage. Da sich ein Unternehmen über diesen Ethik-Kodex auch strategisch festlegt, wurde dieser bereits in dem ersten Teil beschrieben. Der Ethik-Kodex ist ein Dokument, das die übergeordneten »Wie-Werte« eines Unternehmens beschreibt.

Nehmen Sie sich Ihren Ethik-Kodex zur Hand. Falls Sie noch keinen geschrieben haben, formulieren Sie bitte jetzt Ihre zentralen Werte, für die Ihr Unternehmen steht. Beachten Sie dabei, dass es hier nicht um den Nutzen, die Vision und Mission geht, also um die Frage »Was will Ihr Unternehmen?«, sondern um die Frage »Wie wollen wir unsere Geschäfte machen?«.

Werte wie »Ehrlichkeit«, »Anstand«, »Offenheit« und »Nachhaltigkeit« sind nur einige Beispiele aus der Werteliste (Teil 1 – Strategie), die sich für eine Unternehmensethik gut eignen. Wichtig bei einem Ethik-Kodex sind jedoch auch die Fragen »Was meinen wir damit?« und »Was tun wir dafür?«. Formulieren oder überprüfen Sie an dieser Stelle Ihre Unternehmensethik. Sie ist die Grundlage der Unternehmenskultur als eigenes Dokument. Daher sollte auch in der Unternehmenskultur auf die Unternehmensethik verwiesen werden.

Der Inhalte einer Unternehmenskultur regeln das Arbeitsleben und das Verhalten untereinander. Diese Werte und Regeln sollten durch den Führungskreis in einer Rohfassung erarbeitet werden und vor allem zusammen mit den Mitarbeitern ausformuliert und gestaltet werden. Nur wenn die Erstellung einer Unternehmenskultur ein umfangreicher Prozess ist, der alle Mitarbeiter mitnimmt, kann eine allgemeine Akzeptanz bewirkt werden. Folgende Phasen haben sich als praktisch erwiesen:

Phase I: Erstellung der Unternehmenskultur
Phase II: Einführung der Unternehmenskultur
Phase III: Erfahrungen und lebende Unternehmenskultur

Phase I: Kultur skizzieren

Zunächst erfolgt die Erstellung der Unternehmenskultur als Rohfassung im Rahmen eines Workshops des Führungskreises. Anschließend eine Ausarbeitung und endgültige Erstellung zusammen mit den Mitarbeitern. Bei großen Firmen im Rahmen von mehreren Workshops unterschiedlicher Unternehmensbereiche. Hier werden auch ganz einfache Situationen und Probleme beschrieben:

Verwendung der hier beschriebenen Werkzeuge der Mitarbeiterorientierung und andere praktische Inhalte, wie zum Beispiel:

· Verweis auf den Ethik-Kodex des Unternehmens (eigenes verbindliches Dokument)
· Führungsstil/-instrumente und Grundsätze als Teil der Kultur (eigenes Dokument)

- Kriterien der Bewerberauswahl
- Kriterien der Beförderung
- Verhinderung von Mobbing, Belästigung und anderem Machtmissbrauch
- Aus- und Fortbildungsangebote
- Lohnpolitik und Sozialleistungen
- Urlaubsregelungen
- Parken (oft ein Problem mittelständischer Unternehmen)
- Rauchen (ein noch größeres Problem)
- Pünktlichkeit und Zeitkultur
- Ordnung im Unternehmen (Ordnungsbereiche, Schreibtischpolitik, Dokumente ...)
- Kommunikation im Unternehmen (Postfächer, Spielregeln, Besprechungen, Feiern ...)
- Verkaufspraktiken (= Umgang mit den Kunden, z. B. Herzlichkeit)
- Qualitätsgrundsätze
- Garantie- und Serviceleistungen
- Reaktion auf Reklamationen und Beschwerden
- Einhaltung von Lieferterminen
- Verhalten gegenüber Anrufern und Besuchern (= Telefonleitlinien)
- Umgang mit Geschäftspartnern (z. B. Zahlungsmoral und Regionalität)
- Konsequenzen bei Verletzung dieser Unternehmenskultur

Führen Sie auf der Basis dieser Anregungen einen Workshop zum Thema »Unternehmenskultur« durch und erstellen Sie einen ersten Entwurf.

Halten Sie diese Regeln so einfach und praktisch wie möglich. Zu komplizierte und realitätsferne Regeln werden keine Aussicht auf Erfolg haben, sondern vielmehr zu einer Art Spaltung führen: Auf der einen Seite steht dann die Scheinwelt der geschriebenen Kultur, auf der anderen Seite die Tatsache einer ganz anderen gelebten Kultur.

Phase II: Kultur aufbauen

Nun wird es spannend, denn die Erstellung alleine sind nur 10 Prozent des Erfolges. Die Einführung und Umsetzung sind das Entscheidende. Bei der Einführungsphase geht es nun darum mit mehreren Werkzeugen diese Unternehmenskultur bekannt und verbindlich zu machen. Es ist sehr wichtig für die Unternehmenskultur zu werben.

- Gedruckte und ansprechende Fassung der Kultur in Form von Prospekt, Büchlein, Plakaten, Präsentationen, Netzwerk oder anderen Medien. Die Inhalte müssen jedem jederzeit verfügbar und gegenwärtig sein.
- Vorträge der Firmenleitung (ggf. ergänzt durch externe Redner bei Firmenveranstaltungen)
- Gesprächszirkel (so wie die Qualitätszirkel, aber eben »Kulturzirkel«, was auch falsch verstanden werden kann, aber auch die Förderung der Kultur im klassischen Sinne [Musik, Malerei, Theater und andere Kunst] kann ein Element der Unternehmenskultur sein.)
- Workshops
- Einzelgespräche (vor allem bei Fragen und Widerständen bei der Einführung)

Nun sind 20 Prozent des Erfolges einer Unternehmenskultur geschafft. Die restlichen 80 Prozent ergeben sich aus dem Umsetzen im Alltag, der Phase III.

Phase III: Kultur leben

Das Aufschreiben und aktive Einführung eines Konzeptes der Unternehmenskultur ist der erste Schritt, bei dem es nicht bleiben darf. Nun kommt es darauf an, die formulierten Werte und Regeln nachhaltig mit Leben zu füllen. Hier handelt es sich um eines der spannendsten Themen der Unternehmensführung: Es handelt sich um einen lebenslangen Prozess (und eine lebenslange Herausforderung!) der Führung, die vergleichbar ist mit der lebenslangen Herausforderung des Qualitätsmanagements auf der Seite des Managements.

Grundsätze guter Führung

Es sind dies die Grundsätze, die das Handeln prägen auf den drei Ebenen der Lebensführung, der Menschenführung und der Unternehmensführung. Die philosophische Frage nach dem rechten, angemessenen Sein des Menschen in dieser Welt – zwischen Himmel (Gott) und Erde (Natur) – wurde von den Philosophen der Antike dahingehend beantwortet, dass der Mensch erkennen soll, »was ist«, und nach dieser Erkenntnis der Wahrheit (Weisheit) sein Handeln ausrichten solle. Daher ist Weisheit die höchste Tugend, aus der sich alle anderen Tugenden ableiten. Für die Philosophen der Antike waren dies noch Tapferkeit, Besonnenheit und Gerechtigkeit als Kardinaltugend. Die christliche Ethik ergänzt diese Kardinaltugenden durch drei weitere: Glaube, Liebe und Hoffnung.

Diese sieben Kardinaltugenden (Weisheit, Tapferkeit, Besonnenheit, Gerechtigkeit, Glaube, Hoffnung und Liebe) habe ich zur Grundlage unserer Führungsgrundsätze gemacht:

- **Gemeinschaft** (Weisheit = Einsicht in die Gemeinschaft)
- **Willenskraft** (Mut, schwierige Entscheidungen zu treffen)

- **Ruhe** (die Fähigkeit, sich mit Ruhe auf das Wesentliche zu konzentrieren)
- **Gerechtigkeit** (alle Menschen gemäß den geltenden Spielregeln zu behandeln)
- **Vertrauen** (die Fähigkeit, Menschen glaubwürdig auf einen Weg mitzunehmen)
- **Optimismus** (in allen Situationen Chancen und Möglichkeiten zu sehen)
- **Wertschätzung** (Menschen in ihrer Würde und ihren Bedürfnissen sehen)

Diese Grundsätze können mit den nachfolgenden Ausführungen als Grundlage einer geschriebenen Führungskultur dienen, die durch spezielle Werte für das Unternehmen ergänzt werden muss. Neben der Ehrlichkeit (Teil der Gerechtigkeit) und Offenheit (Willenskraft) sollten auch die Spielregeln der Kommunikation und Bewertung von Leistungen definiert werden (siehe »Kommunikation« und »Mitarbeitergespräche«). Die zentrale Frage ist: **Welche Werte und Spielregeln gelten für die Führung in unserem Unternehmen?**

Unsere Grundsätze der Zusammenarbeit

1. **Gemeinschaft** (Weisheit)

2. **Willenskraft** (Tapferkeit)

3. **Ruhe** (Besonnenheit)

4. **Fairness** (Gerechtigkeit)

5. **Vertrauen** (Glaube)

6. **Optimismus** (Hoffnung)

7. **Wertschätzung** (Liebe)

SchmidtColleg

1. Grundsatz: Gemeinschaft

Bei der Führung von Menschen sind mindestens zwei Personen beteiligt. Die Person, die führ,t und diejenige, die geführt wird. Abgesehen davon, dass es sich bei dieser Rollenverteilung um eine intensive Interaktion handelt, ist es eine Gemeinschaft, die entstanden ist. Meistens sind mehr Menschen beteiligt. Wichtig ist daher das Bewusstsein eines »Wir«, das durch diesen ersten Grundsatz gemeint ist. Wichtig ist auch, dass es um etwas Größeres geht als den Einzelnen. Es geht darum, gemeinsam Ziele zu erreichen. Hierbei ist die Weisheit, also das Nachdenken über die Gemeinschaft, eine der wichtigsten Disziplinen für Führungskräfte und Unternehmer. Der Unternehmer muss sich die Zeit nehmen, über die Zukunft von Märkten und seines Unternehmens nachzudenken. Führung heißt, die Menschen als Gemeinschaft mitzunehmen. In Zeiten, in denen Menschen immer noch als reine Arbeitskraft gesehen werden, ist es nicht verwunderlich, dass wir deren Potential nur zu einem geringen Bruchteil für das Unternehmen nutzen. Gerade hier liegt das größte Wachstumspotential eines Unternehmens brach. Bezogen auf Menschen heißt Gemeinschaft das Nachdenken über die Stärken der Menschen und ihre Möglichkeiten, diese zu nutzen.

Dabei sind folgende Fragen wichtig:

· Wie ist die aktuelle Situation der Gemeinschaft (Team)?
· Was kann diese Gemeinschaft?
· Was kann der Einzelne zum Ganzen beitragen?
· Wie löst diese Gemeinschaft Probleme?

Gemeinschaft heißt dabei nicht, die Probleme für andere zu lösen, sondern wesentlich effektiver zu führen, so dass sich jeder anstrengt, den besten Weg zu finden. Zukünftig werden die großen Probleme eines Unternehmens nur so gelöst werden. Gemeinschaft steht für gemeinsamen Sinn und klare Ziele, für die gemeinsame Suche und Umsetzung des besten Weges. Im Umgang mit anderen Menschen heißt Gemeinschaft, sich Zeit zu nehmen. Zeit, um über die eigene Wirksamkeit, aber auch über die Wirksamkeit des Teams nachzudenken. Dies bedeutet auch über die eigenen Worte nachzudenken, am besten, bevor man spricht oder bevor man eine E-Mail oder einen Brief schreibt. Häufig sind spontane Aktionen die Ursache für Fehler und emotionale Probleme in einer Gemeinschaft. Gerade sehr kreative und impulsive Menschen müssen sich dieser Tatsache bewusst sein.

Die Führungskraft der Zukunft ist ein Wissensarbeiter, so hat es bereits Peter Drucker in den 60er Jahren formuliert und dabei schon früh die Bedeutung des Wissens und des Wissensarbeiters in Unternehmen herausgestellt. Ich glaube, darüber hinaus ist die Führungskraft der Zukunft auch Denker und neben der Wissensgesellschaft wird die Denkkultur stehen. Vor allem werden neben den Wissensarbeitern und Denkern die Kooperationsarbeiter, denen es gelingt, Menschen für gemeinsame Projekte zu bewegen, wichtig werden. Der Führungskraft der Zukunft wird aber vor allem die Gemeinschaft wichtig sein, sie wird sich als Dienstleister, Vordenker und Lenker dieser Gemeinschaft verstehen. **Führung ist kein Privileg mehr; Führung ist Dienstleistung!**

2. Grundsatz: Willenskraft

Wenn die Führungskraft Lenker ist, so muss sie wissen, wo sie hin will, und dies betrifft den Willen. »Wohin wollen wir Menschen führen?« ist die Grundfrage für Führung überhaupt. Der Wille zur Führung unterscheidet eine Führungskraft von einer Nicht-Führungskraft. Ich denke, jeder Mensch kann führen, wenn er es will und wenn er weiß, wofür er es will – wohin er will. Dabei ist jedoch der Wille zur Führung kein Selbstzweck, ebenso wenig, wie der Wille zur Macht kein Selbstzweck sein kann, jedenfalls nicht auf der Basis einer ethischen Gesinnung. Macht und Führung bedeuten, dass wir etwas bewegen und etwas aufbauen wollen. Noch nie ist etwas geschaffen worden, ohne dass ein Wille dahinterstand. Die

Willenskraft ist die Triebfeder der Schaffenskraft, sie leitet sich von der Kardinaltugend Tapferkeit (Mut) ab. Wer erkannt hat, was zu tun ist (Weisheit), und die Willenskraft besitzt, auch schwierige Wege zu beschreiten und unangenehme Entscheidungen – selbst gegen den Widerstand des Umfeldes – zu treffen, zeichnet sich als Führungspersönlichkeit aus. Er wird nicht aus Harmoniebedürfnis zurückschrecken, sondern vorhandene Denkmuster und bislang eingeschlagene Wege immer wieder in Frage stellen. Auf diese Weise sucht er stets nach neuen, richtigen Wegen im Streit um das Beste für sein Unternehmen.

»Jeder Mensch kann führen, wenn er es wirklich will, wenn er weiß, wofür er es will – und wohin er will.«

Cay von Fournier

Der dritte Grundsatz »Ruhe« bezieht sich auf das Sprichwort »In der Ruhe liegt die Kraft«. Dieser Grundsatz leitet sich aus der dritten Kardinaltugend »Besonnenheit« ab. Eine wesentliche Stärke von wirklich effektiven Führungskräften ist Ruhe. Dies habe ich in zahlreichen Notfallsituationen, sei es am Unfallort oder in der Rettungsstelle eines großen Krankenhauses, als Arzt selbst erlebt. Es bestand in diesen Situationen Lebensgefahr für den Patienten, keine Zeit darf verloren gehen, und Sie sind verantwortlich! In solchen Situationen haben Sie zwei Möglichkeiten zu reagieren – hektisch oder ruhig. Die Erfahrung zeigt, dass sich beides sofort auf Ihr Team und die Menschen, die Sie führen, überträgt. Es ist einleuchtend, dass die Ausstrahlung von Ruhe

3. Grundsatz: Ruhe

ein Team zu ruhiger, konzentrierter und damit effektiverer Leistung führt. Aber Ruhe benötigt auch sehr viel eigene Stärke. Damit wir in schwierigen Situationen ruhig bleiben, müssen wir vorher sehr viel Zeit und Energie in die Entwicklung unserer Kompetenzen und unseres Charakters investieren. Eine entwickelte Persönlichkeit ist somit Voraussetzung für eine besonnene, ruhige Führung. Zusätzlich heißt Besonnenheit auch Maß halten und bescheiden sein. Dies sind gerade in der Führung und bei Führungskräften selten geworden.

dene Tugenden und das Fehlen dieser Tugend bewirkt, dass der Führungskraft in brenzligen Situationen kein Vertrauen entgegengebracht wird. Wer sonst nur an sich selbst denkt und sich selbst bereichert oder eitel hervortut, dem folgt man auch nicht in schwierigen Situationen. In schwierigen Situationen wirksam zu führen bedarf daher der Besonnenheit und Ruhe, die dadurch entsteht, dass wir uns auf das Wesentliche konzentrieren. Bescheidenheit ist dann eine sich von selbst ergebende Haltung.

4. Grundsatz: Fairness

Kommen wir zu einem der wichtigsten und zugleich schwierigsten Grundsätze in der Führung von Menschen: der Gerechtigkeit. Im Umgang mit Menschen ist dies eine Vorbedingung für gute Führung. Gerecht sein heißt, fair mit Menschen umzugehen, sie unter den gleichen Voraussetzungen zu behandeln und ihnen allen die gleichen Chancen zu geben. Voraussetzung sind Unabhängigkeit und auch emotionale Unbestechlichkeit, Letzteres ist besonders schwierig zu verwirklichen. Nicht alle Menschen sind gleich und Menschen wirken auf andere Menschen unterschiedlich. Dies geht Führungskräften ganz genauso wie allen anderen Menschen. Wahre Führungspersönlichkeiten zeichnet jedoch aus, dass sie für alle Menschen die gleichen Spielregeln gelten lassen. Wahre Führungskräfte halten sich an diese wichtige und sehr schwer einzuhaltende Regel, die leider im Alltag oft nicht beachtet wird. Bevorzugung, Mobbing und unfaires Verhalten sind an der Tagesordnung in den Führungsetagen der Unternehmen dieses Landes. Hier berührt die Frage der Gerechtigkeit bzw. Ungerechtigkeit das Thema Verführung, insofern ungerechtfertigte Bevorzugung zu Vorurteilen führt, die ethisch nicht vertretbar sind. Gerecht sein heißt auch, loyal zu sein und einen wirklichen Beitrag für das ganze Unternehmen zu leisten, für das man einsteht, und sowohl respektvoll als auch verschwiegen mit Informationen und Schwächen des Unternehmens umzugehen.

Jederzeit den vollen Einsatz zu bringen für die Aufgabe, die Verantwortung, die man übernommen hat, das zeichnet wahre Führungskräfte aus. Viele sind häufig schon in Gedanken bei der nächsten Stelle oder betreiben Job-Hopping als Karrierepolitik. Dabei bleiben häufig Loyalität und letztlich Gerechtigkeit auf der Strecke, und anfänglich viel versprechende Führungspersönlichkeiten fallen im Laufe der Zeit zurück.

Gerechtigkeit heißt aber auch Konsequenz, denn wenn Menschen sich nicht an Spielregeln halten, müssen Konsequenzen folgen, ansonsten wird das als Ungerechtigkeit empfunden. Eine ausgeprägte Unternehmenskultur ist somit die Voraussetzung für ein gerechtes und loyales Verhalten innerhalb eines Unternehmens. Gerechtigkeit heißt auch, keine Vorurteile wirken zu lassen. Die Forderung, keine Vorurteile zu haben, wäre vermessen, da wir uns in unserem eigenen Denken täglich mit Vorurteilen konfrontiert sehen. Vorurteile verfälschen jedoch die Situation. Die wahre Führungspersönlichkeit versucht, ein möglichst objektives und sachliches Bild der Wirklichkeit zu bekommen und darauf zu reagieren. Gerechtigkeit ist also ein Eckpfeiler guter Führung.

5. Grundsatz: Vertrauen

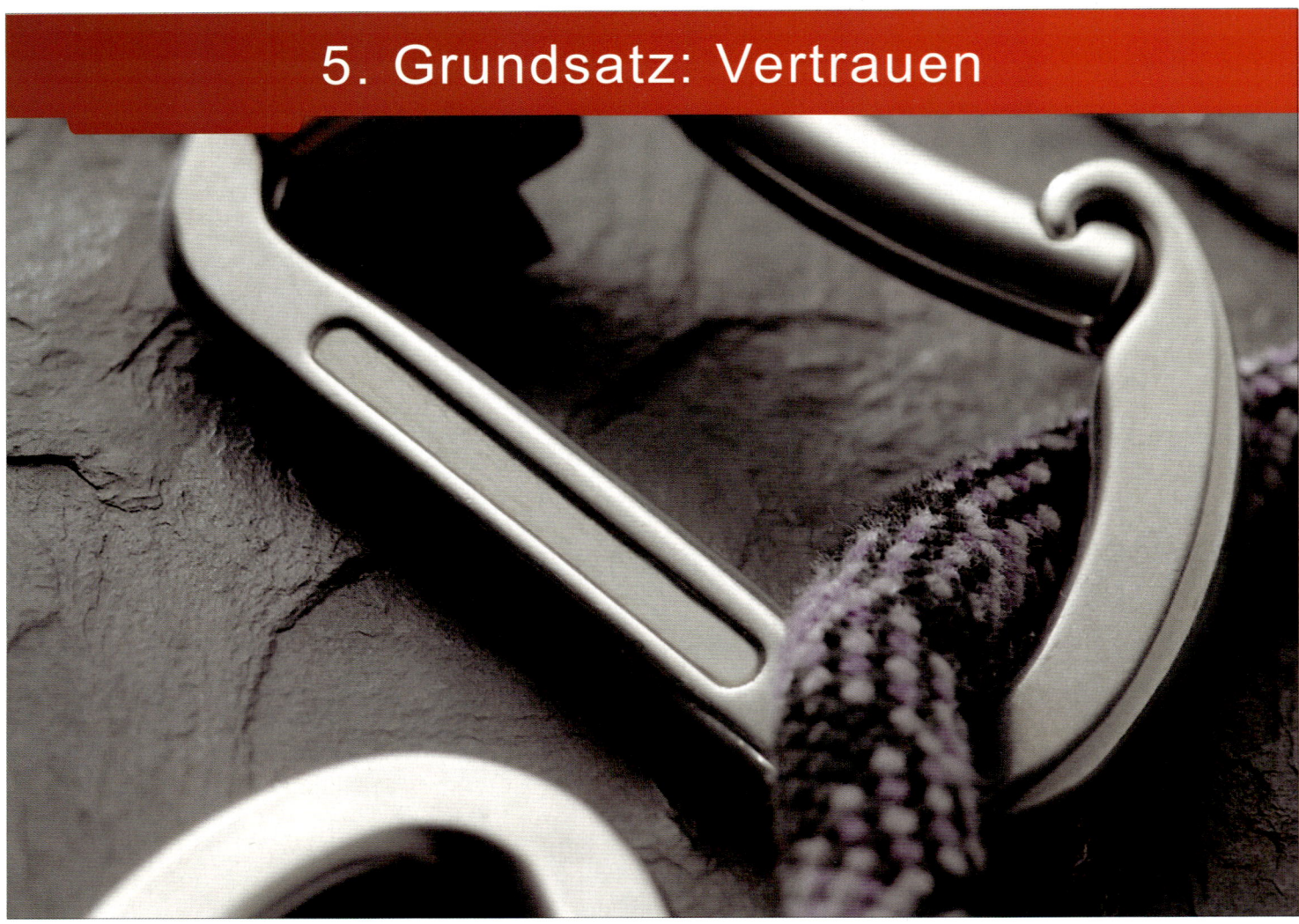

»Wo Vertrauen waltet, bedarf es keiner Regeln, wo kein Vertrauen herrscht, ist jede Regel wirkungslos.«

Cay von Fournier

Als fünfter Grundsatz ist Vertrauen für die effektive Führung ein unverzichtbarer Bestandteil. Rupert Lay formulierte es einmal so: »Manager, die kein Vertrauen aufbauen können, haben auch keinen ökonomischen Erfolg.« Damit ist Vertrauen ein Eckpfeiler der Fähigkeit, andere Menschen zu führen.

Wenn wir anderen Menschen vertrauen, so führt dies immer auch zu einem gewissen Risiko. Wir machen uns verwundbar. Es ist aber nicht die Verwundbarkeit an sich, die Vertrauen schafft, sondern es ist die Wertschätzung, die wir anderen Menschen entgegenbringen. Umgekehrt: Wenn ich mich nicht verwundbar machen möchte, heißt das nicht automatisch, dass ich kein Vertrauen habe (das wäre zu einfach gedacht). Ich habe Vertrauen, weil ich den anderen wertschätze und ihm etwas zutraue. Das Wort Ver-Trauen kann auch als die Fähigkeit zur Bindung (zur Trauung) beschrieben werden. Wirkungsvolle Führung funktioniert nur auf der Basis des Vertrauens, und dieses Vertrauen macht die Arbeit leichter und einfacher. Vertrauen reduziert Komplexität. Sehr viel Geld könnte gespart werden durch vertrauensvolle und wirksame Zusammenarbeit.

Vertrauen setzt aber auch Verantwortlichkeit bei den Mitarbeitern voraus. Wenn Menschen dem Vertrauen nicht gerecht werden, hat die Führungskraft schlecht gewählt und die Mitarbeiter schlecht geführt.

Stephen R. Covey hat seine Definition von Vertrauen als langfristig unter Beweis gestellte Glaubwürdigkeit definiert. Vertrauen beruht daher auf der Kardinaltugend Glauben. Ich bin glaubwürdig, also vertrauenswürdig. Ich glaube jemandem, also vertraue ich ihm. Vertrauen ist somit ein sehr gutes Beispiel, dass das rein ökonomische Denken schnell an Grenzen stößt. Nur die ganzheitliche Betrachtung also von Ökonomie und Ethik wird langfristig zu Erfolg führen.

Mit Führung gestalten wir immer auch die Zukunft und sehen uns in immer neuen Situationen in der Verantwortung. Zukunft als solche ist immer etwas Ungewisses, und Ungewissheit führt zu Bedenken und zu Unsicherheit. Führung muss häufig in unbekanntes Gelände vorstoßen und die Innovation von Produkten, von Prozessen oder Geschäftsmodellen wagen.

Wenn wir uns in einem solchen unbekannten Gelände wiederfinden und in die Zukunft blicken, egal wie nah oder fern diese auch sein mag, so gibt es immer nur zwei Grundhaltungen: Optimismus oder Pessimismus, das alte Beispiel von dem Wasserglas, welches entweder halb voll oder halb leer ist. Beide Aussagen sind ja objektiv richtig, aber auch hier geht es

6. Grundsatz: Optimismus

nicht nur um die Welt des Objektiven und Sachlichen, sondern auch um die Welt des Subjektiven und Emotionalen. Gerade in dieser Zeit steht unsere Gesellschaft vor einem Umbruch, und sehr viel Unbekanntes steht uns in der Zukunft bevor. Pessimismus heißt, in solchen Situationen sich nur mit Bedenken und Gefahren, mit Risiken und Nebenwirkungen, mit Anklage und Verweigerung zu beschäftigen. Aber auch die Wege des Aussitzens oder die der »ruhigen Hand« (so wichtig Ruhe auch ist) helfen hier nicht weiter. Der einzig richtige Grundsatz in dieser Situation: »Packen wir´s mit Optimismus an.« Der Optimist sucht ganz bewusst nach Lösungen trotz aller Probleme. Er sieht die Chancen im Vordergrund und nicht die Risiken (wobei er auch diese wahrnimmt). Mit der Einstellung »Warum nicht?« beschreitet der Optimist neue Wege. Die Einstellung des »Ja, aber« des Pessimisten führt nur zu Einschränkungen, die uns im wahrsten Sinne des Wortes auch wirklich hemmen. Optimisten durchbrechen Schranken und wenden eine Situation zum Guten. Optimismus ist Pflicht für gute Führungskräfte.

7. Grundsatz: Wertschätzung

Mit Wertschätzung wird die siebte und zugleich wichtigste Kardinaltugend für die Führung beschrieben, die Liebe. Dieses Wort im Bereich der Führung zu verwenden würde sicher zu sehr viel Missverständnis führen. Dennoch ist es eine unbedingte Voraussetzung der Führung, dass derjenige, der führt, Menschen auch mag und diese um ihren Wert schätzt. Viele Führungskräfte mögen aber nicht mal sich selbst (daher ist die Lebensführung auch so wichtig), geschweige denn andere Menschen. So kann Führung nicht funktionieren.

Viel zu häufig versuchen Manager, Menschen mit Zahlen zu bewegen und zu motivieren. Diese merken aber sehr schnell, dass ihr wahrer Wert nicht geschätzt wird und sie nur als Mittel zum Zweck gesehen werden, und reagieren mit Demotivation.
Dabei ist wertschätzende Führung genauso möglich wie wertschätzendes Management. Führung wirkt auf Leistung und Management auf Ergebnisse. Führung sieht das Wertvolle des Menschen und Management den Menschen als Faktor (»Humankapital«).

Doch der Umgang mit Menschen und mit Ergebnissen kann eben wertschätzend oder verächtlich geschehen. Er kann auf Grundlage von Fairness, klarer Kommunikation und der Achtung der Würde des Menschen geschehen – oder auch nicht.

BUCHEMPFEHLUNG:
André Comte-Sponville: Ermutigung zum unzeitgemäßen Leben. Ein kleines Brevier der Tugenden und Werte. Reinbek, Rowohlt 2010

Werkzeug ✑ »Mitarbeitergespräch«

Orientierung statt Bewertung

Führungskräfte und Unternehmer führen im Laufe eines Jahres viele Gespräche mit Mitarbeitern und geben ihnen somit tagtäglich Orientierung. Trotzdem ist es wichtig, zumindest einmal im Jahr (in bestimmten Situationen empfiehlt sich auch ein halbjährliches Vorgehen) zusätzlich ein formalisiertes Mitarbeitergespräch zu führen. Ich nenne dieses Gespräch bewusst **Orientierungs- und Entwicklungsgespräch** und nicht »Beurteilungsgespräch« oder »Mitarbeiterbewertung«, um dem Gespräch eine andere, sehr viel stärker in die Zukunft ausgerichtete Bedeutung zu geben. Wir schlagen deshalb vor, an dieser Stelle auf Bezeichnungen wie Beurteilungskriterien oder Bewertungskriterien zu verzichten, denn bei diesen Gesprächen soll eindeutig **die Entwicklung des Mitarbeiters im Vordergrund** stehen. »Beurteilungen« und »Bewertungen« haben eher ein negatives Image, welches dem Charakter der Gespräche für die Mitarbeiterführung und -entwicklung nicht ausreichend

gerecht wird, zumindest jedoch eine falsche Betonung vornimmt. Sicherlich geht es inhaltlich auch darum, beiderseitig die Leistungen des Mitarbeiters des letzten Jahres einzuschätzen, um für den kommenden Orientierungszeitraum Entwicklungsmaßnahmen unterschiedlichster Art (fachliche Fortbildung, Persönlichkeitsseminare, Coaching durch die zuständige Führungskraft etc.) festzulegen und individuelle Zielvereinbarungen zu diskutieren und gemeinsam zu verabschieden, dennoch legen wir auf die unterschiedliche Betonung des Gespräches wert.

Dabei ist es wichtig, dass sich beide Seiten ausreichend Zeit für eine Vorbereitung des Gesprächs nehmen, um einen sehr qualitativen und effizienten Gesprächsverlauf zu ermöglichen.

Das Gespräch wird seitens des Unternehmens von der Führungskraft geführt, die die Personalverantwortung für den Mitarbeiter trägt. Sollte im Einzelfall die Personalverantwortung von der fachlichen Verantwortung getrennt sein, wie es ja beispielsweise in Matrixorganisationen der Fall sein kann, ist hierzu im Vorfeld eine Abstimmung mit dem fachlich Verantwortlichen vorzunehmen, um die fachlichen Entwicklungskriterien einschätzen zu können. Das Orientierungs- und Entwicklungsgespräch kann z. B. aus drei Teilen bestehen: einer Standortanalyse, der Besprechung der Entwicklungskriterien und der Zusammenfassung.

Teil 1: Standortanalyse

Im Rahmen der Standortanalyse gibt (nur) der Mitarbeiter zu Beginn des Gesprächs eine persönliche Analyse seiner Situation wieder und erläutert diese.

Dabei könnten zum Beispiel die nachfolgenden Fragen beantwortet und besprochen werden:

1) Persönliche Standortanalyse:
· Wie haben sich meine Stärken & Schwächen entwickelt?
· Wobei wünsche ich mir Unterstützung (z. B. persönlicher Weiterbildungsbedarf)?

2) Jährliche Analyse meiner Leistungen:
· Welche Leistungen biete ich meinen Kunden an?
· Welcher besondere Beitrag von mir macht diese Leistung einzigartig?
· Welche Leistungen biete ich meinen Kollegen an?
· Mit welchem persönlichen Beitrag bin ich für meine Kollegen wertvoll?
· Welche Leistungen biete ich meinem Unternehmen?

3) Betrachtung des persönlichen Jahreszielplans:
· Was will ich in diesem Jahr erreichen?
· Was erwarte ich dafür von der Unternehmensleitung?
· Was erwarte ich von meinen Kollegen?

Teil 2: Besprechung der Entwicklungskriterien

Nach der persönlichen Standortanalyse wird das Gespräch anhand der von beiden Seiten bereits in der Vorbereitung auf das Gespräch erstellten Entwicklungsspinne (siehe nachfolgende Seiten) fortgesetzt. In jedem Unternehmen können für jeden Bereich, für jede Funktion oder sogar für jeden Mitarbeiter sehr indivi-

duell und sehr flexibel die Kriterien für die Entwicklungsspinne zusammengestellt werden, d. h., es können auch unterschiedlich starke Gewichtungen zwischen den Kriterienbereichen 1 bis 4 vorgenommen werden (siehe nachfolgende Seiten). So kann es in einem Fall wichtiger sein, die Persönlichkeit und die persönliche Leistungsfähigkeit stärker zu differenzieren, in einem anderen Fall müssen vielleicht eher fachliches Wissen oder Können eingeschätzt werden. Mit der Entwicklungsspinne bieten wir ein sehr flexibel zu modifizierendes Instrument.

Zur Vorgehensweise im Einzelnen:

· Der Mitarbeiter füllt nach seiner eigenen Einschätzung die Entwicklungsspinne aus (möglichst bereits in der Vorbereitung auf das Gespräch).

· Die Bewertung erfolgt nach dem Schulnotensystem, d. h. 1 = sehr gut, 2 = gut, 3 = befriedigend, 4 = ausreichend, 5 = mangelhaft, 6 = ungenügend.

· Von der Unternehmensführung oder der zuständigen Führungskraft wird diese Einschätzung ebenfalls parallel ausgefüllt, ohne die Selbstbeurteilung des Mitarbeiters zu kennen.

· Gemeinsam werden die beiden Einschätzungen im Gespräch in einer Grafik zusammengefasst und die Abweichungen besprochen.

· Es kann auch eine Gesamtnote für das Jahr gemeinsam ermittelt werden, wobei die einzelnen Kriterien auch unterschiedlich gewichtet werden könnten.

· Daraus ergeben sich Entwicklungsmöglichkeiten und Unterstützungsmaßnahmen für das kommende Jahr. Es können gemeinsam qualitative und quantitative Jahresziele für den Mitarbeiter festgelegt werden, die gegebenenfalls auch für die Bemessung von variablen Gehaltsbestandteilen oder Bonifikationen etc. herangezogen werden können.

Die auf den nächsten Seiten aufgeführten Entwicklungskriterien stellen Beispiele dar. Jedes Unternehmen kann nach seinen Vorstellungen die Entwicklungsspinne mit mehr oder weniger Kriterien erstellen. Kriterien zur Einschätzung des unternehmerischen Denkens müssen zum Beispiel nicht für jeden Mitarbeiter verwendet werden.

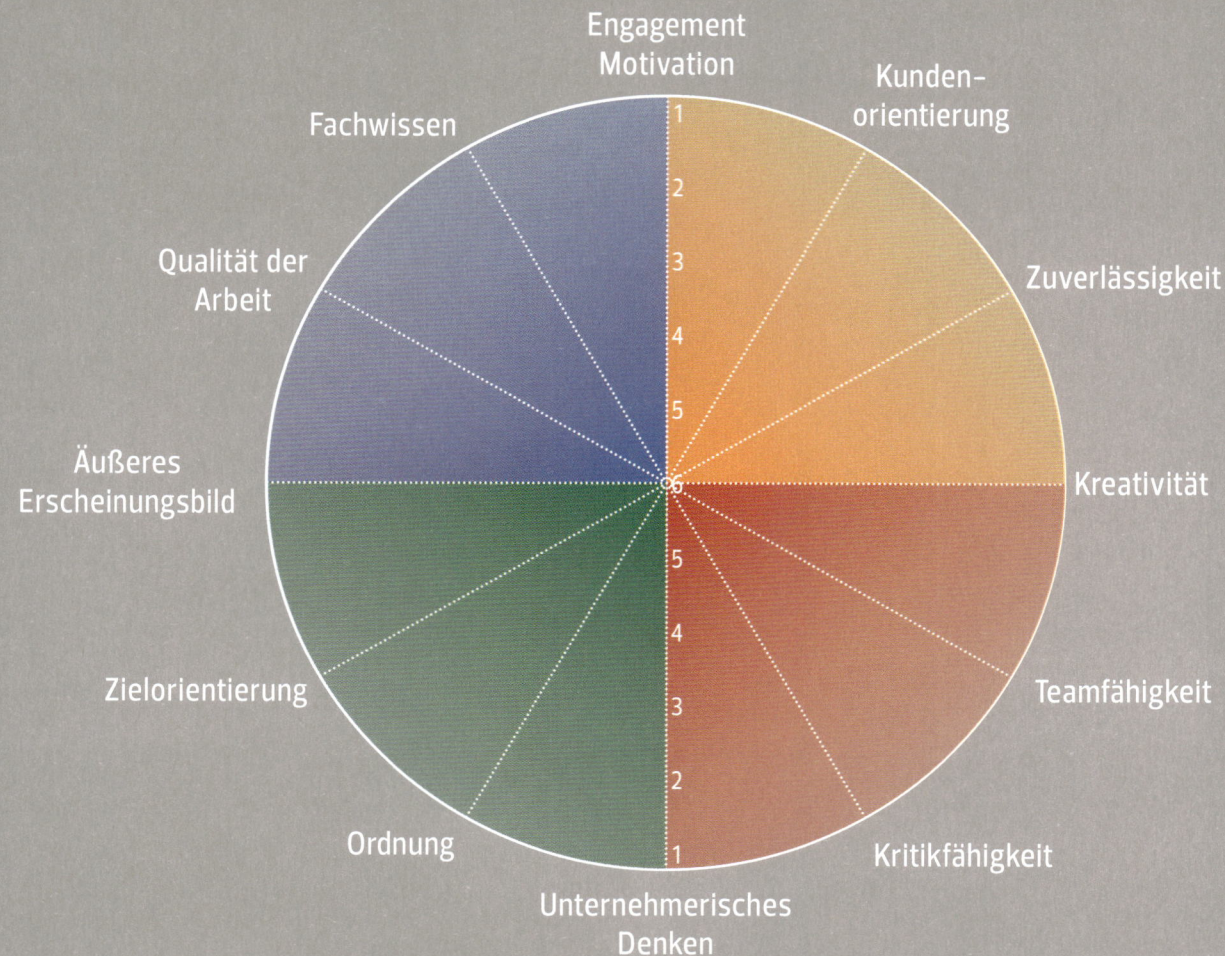

Teil 3: Zusammenfassung

Das Gespräch wird abgeschlossen, indem die Zielvereinbarungen (qualitativ wie quantitativ), Schulungs- und Entwicklungsmaßnahmen sowie wichtige Anmerkungen oder Bemerkungen (auch gegebenenfalls Gegendarstellungen des Mitarbeiters) aus dem Gespräch festgehalten werden.

Das Gesprächsprotokoll sollte – nach getrennter Durchsicht – von beiden Gesprächsteilnehmern unterzeichnet werden.

Eine besondere Stellung nimmt in diesem Kontext die so genannte Erstorientierung ein. Neue Mitarbeiter sollten möglichst noch während oder spätestens am Ende der Einarbeitungs- oder Einführungsphase mit der zuständigen Führungskraft ein (Erst-)Orientierungsgespräch führen.

Im Rahmen dieses Gesprächs wird unter anderem das Orientierungs- und Entwicklungsgespräch als Instrument vorgestellt. Die verschiedenen Entwicklungskriterien werden dabei inhaltlich erläutert, um ein gemeinsames Verständnis zu erreichen und um dem Mitarbeiter die mit jedem Kriterium verbundene Erwartung aus Sicht des Unternehmens aufzuzeigen.

Nonverbale Kommunikation

Das berühmte Zitat von Samy Molcho: »Ich kann dich nicht verstehen, dein Körper spricht so laut!« geht bereits auf den römischen Philosophen Seneca zurück: »Deine Miene spricht aus, was auch immer du verheimlichst.« (»Vultus loquitur quodcumque tegis.«)

Die Tatsache, dass Menschen eben nicht nur mit der Sprache kommunizieren, sondern diese nur einen sehr kleinen Teil der Wirkung ausmacht, ist nicht neu, wird jedoch so häufig vernachlässigt. Kommunikation erfolgt also nicht nur durch Schrift und Sprache (verbal), sondern auch durch das ganze Verhalten, also den ganzen Körper:

· Körpersprache
· Signale
· Stimme
· Betonung
· Mimik
· Gestik

Der Inhalt der Kommunikation, also die Sachebene, kann sehr gut durch einfache und klare Sprache oder Schrift vermittelt werden. Neben dem Inhalt ist da jedoch noch sehr viel mehr.

Unsere Art zu kommunizieren kann getragen sein von positiven Werten und somit sehr konstruktiv. Wir können Menschen durch positive Kommunikation Hoffnung, Zuversicht, Anerkennung und Liebe vermitteln, auf allen Kommunikationskanälen. So setzen wir Kraft und Energie in den Menschen frei. Kommunikation kann aber auch ebenso missbraucht werden und durch negative Werte destruktiv werden. Arroganz, Angst, Unsicherheit, Mobbing und Missachtung sind nur einige Beispiele einer negativen Kommunikation.

Nach Samy Molcho bewirkt der nonverbale Anteil an unserer Kommunikation über 80 Prozent der Reaktionen bei unseren Empfängern. Für den Anteil des gesprochenen Wortes bleiben demnach nur 10 bis 20 Prozent.

Was kommt an?

Nonverbale Anteil
an unserer Kommunikation:

80 %*

* Nach Samy Molcho

Aber nicht die Quantität allein ist entscheidend, sondern deren Wirkung auf unsere Stimmung und unser Verhalten. Obwohl Geruch und Geschmack eine »langsame Übertragungsrate« besitzen, können die Informationen durch den direkten biologischen Bezug zu unserem Bewusstsein schlecht weggefiltert werden. Wenn wir »jemanden nicht riechen« können oder uns etwas »nicht schmeckt«, dann können auch keine psychischen Filter daran etwas ändern. Bezogen auf die nonverbale Kommunikation bedeutet dies Folgendes:

· Das **Auge** liefert Informationen über Mimik, Gestik und Körperhaltung, aber auch über Bewegungsmuster, Nähe und Distanz, die Pupillengröße des Gegenübers, vegetative Symptome und anderes.

· Das **Hautorgan** liefert über entsprechende Rezeptoren Empfindungen, die dem Tast-, Temperatur- und Schmerzsinn zugeord-

net werden. Dabei liegen dem Tastsinn (der Kinästhetik) Sensationen wie »Kitzel«, »Berührung«, »Vibration«, »Druck« und »Spannung« zugrunde. Der Geruchssinn (Olfaktorik) bestimmt z. B., ob wir »jemanden riechen können«.

· Daneben übermitteln die **averbalen Elemente der sprachlichen (auditiven) Kommunikation** – wie Stimmfärbung, Tonhöhe usw. – über das Hören »mitschwingende« Informationen, die eine bestimmte emotionale Einstellung bewirken sollen.

Der größte Teil von Informationen wird vom Menschen unbewusst aufgenommen und selektiert.
Unser Unterbewusstsein wird auf der Ebene der nonverbalen Kommunikation deutlich. Wir filtern also auch hier sehr stark die eingehenden Informationen.

Miteinander reden – statt aneinander vorbei

Kennen Sie das Spiel »Stille Post«? Hier läuft eine geflüsterte Botschaft über eine Kette mehrerer Sender und Empfänger, bis sie schließlich unter großem Hallo in völlig veränderter Form wiederholt wird. Genauso ist es jeden Tag in unseren Unternehmen: Wir haben es mit Missverständnissen und Unverständnissen zu tun, mit irreführenden Vorannahmen und falschen Interpretationen, mit Fehlinformationen und fehlenden Informationen, mit diplomatisch gemeinten Verdrehungen und Alltagslügen. Kein Wunder, dass wir oft gar nicht hören können, was der andere eigentlich sagen wollte. Hier sechs Tipps, wie wir einander trotzdem besser verstehen können:

1. Fokus: Für Ruhe und Konzentration sorgen

Oftmals scheitert unsere Kommunikation schon an den Rahmenbedingungen.

- **Zu viel Lärm:** Ob wir am Flughafen warten oder zu Fuß eine Straße überqueren, im Restaurant sitzen oder im Meeting, in der Werkshalle stehen oder im Lager – wir telefonieren und besprechen uns ständig, auch wenn wir im dicksten Lärm stehen. Wenn wir unser eigenes Wort nicht mehr verstehen, ist es kein Wunder, dass andere uns auch nicht verstehen.
- **Keine Pausen:** Wenn Gespräche sich über Stunden hinziehen, leidet die Konzentration. Die Gesprächspartner hören nicht mehr genau hin, überhören wichtige Informationen und verstehen andere falsch. Eine ähnliche Wirkung hat die Übermüdung von Gesprächspartnern. Wer in der Nacht nur zwei Stunden geschlafen hat, verliert häufiger den Faden als ein ausgeschlafener Gesprächspartner.
  Sorgen Sie für eine ruhige Gesprächsatmosphäre, um konzentriert miteinander sprechen zu können. Dazu zählt auch die Absprache, dass alle Beteiligten ihre zahllosen elektronischen Kommunikationsgeräte für eine festgelegte Dauer ausschalten.

2. Klarheit: Konkret sprechen, genau hören

Wir sprechen zwar sehr viel, senden dabei oft aber nur wenig konkrete Informationen. So ist es möglich, dass selbst nach einem mehrstündigen Meeting oder nach einer langen Rede im Grunde niemand weiß, worum es eigentlich geht. Dafür gibt es zwei Gründe:

- **»Fluff« statt Fakten:** Viele Führungskräfte (und noch mehr Politiker) verwenden positive und allgemeine Platzhalter, unter denen sich ihre Zuhörer oft ganz unterschiedliche Dinge vorstellen. Nehmen Sie nur das Beispiel »soziale Gerechtigkeit«. Finden wir doch alle gut, oder? Aber was meinen wir genau damit?

- **Verschiedene Schlüssel:** Etliche Missverständnisse passieren ganz einfach deshalb, weil Sender und Empfänger verschiedene Verschlüsselungsmethoden verwenden. In Deutschland heißt Kopfschütteln zum Beispiel »nein«, in Indien heißt es »ja«. Achten Sie also darauf, möglichst klar und konkret zu sprechen. Fragen Sie während des Gesprächs ruhig häufiger nach, wie Ihre Nachricht bei Ihrem Gesprächspartner angekommen ist.

3. Wiederholung: Immer wieder senden, immer wieder fragen

Wenn es um sehr wichtige Themen geht, müssen Sie sich Ihre Rolle als Führungskraft ein wenig so vorstellen wie die eines Missionars: Es bleibt Ihnen nichts anderes übrig, als zu predigen und immer wieder zu predigen, bis Ihre Botschaft angekommen ist. Damit vermeiden Sie zwei Kommunikationsfallen:

- **Zu wenig Zeichen:** Ja, es gibt so etwas wie »nützliche Redundanz«. Das schöne Wort meint nichts weiter, als dass wir wichtige Informationen lieber ein paarmal zu häufig wiederholen (sei es verbal oder auf Hinweisschildern) als ein Mal zu wenig (denken Sie nur an das Hotelzimmer mit der Nummer 100, bei dem die erste Ziffer fehlt …).
- **Zu wenig Fragen:** Missverständnisse können oft mit einer ganz einfachen Technik vermieden werden: Der Empfänger einer Botschaft wiederholt das, was er verstanden hat (Fachleute sprechen von »Paraphrasierung«). So kann der Sender gleich einhaken, wenn seine Botschaft falsch angekommen ist.

4. Wahrheit: So viel wie möglich und nötig

Natürlich können wir uns nicht gegenseitig die »ungeschminkte Wahrheit« ins Gesicht schleudern. Erstens gibt es ja die Wahrheit als solche gar nicht, und zweitens gebieten es Höflichkeit und Respekt, subjektive Ansichten gegebenenfalls für sich zu behalten. Trotzdem liegen auch hier Gründe für Kommunikationspannen:

- **Zu wenig Offenheit:** In vielen Unternehmen haben die Mitarbeiter nicht den Mut, ihrem Chef zu sagen, was sie nicht verstanden haben – oder ihm zu widersprechen. Viele gravierende Pannen passieren einfach deshalb, weil niemand den Mund aufgemacht hat.
- **Zu wenig Aufrichtigkeit:** Nicht wenige Missverständnisse werden auch gezielt in die Welt gesetzt, weil sich jemand einen Vorteil dadurch verschaffen will. Diese Probleme der Kommunikation sind direkt verknüpft mit problematischen Wertesystemen einzelner Personen oder auch ganzer Unternehmenskulturen.Für Sie heißt das: Arbeiten Sie an einer positiven Unternehmenskultur! Dadurch sparen Sie jede Menge Geld und die Arbeit macht allen mehr Spaß.

5. Ganzheit: Nicht nur mit den Ohren hören

Um sehr gut zu kommunizieren, brauchen wir nicht nur sehr gute Ohren, sondern auch einen guten Draht zu unserem eigenen Herzen (zu unseren Emotionen), zu unserem eigenen Körper (wir haben schließlich auch eine Körpersprache), einen wachen Verstand (Hirn) und eine gute Seele (hier sind wir schon wieder beim Thema Werte). Je ganzheitlicher die Kommunikation, desto besser das gegenseitige Verständnis.

- **Verschüttete Emotionen:** Wenn die Beziehungsebene sehr belastet ist, kann schon die simple Absprache eines Treffpunktes zu einer Zerreißprobe werden. Missverständnisse entstehen dann unbewusst, weil der eine Gesprächspartner dem anderen zum Beispiel »zeigen« will, wie kompliziert oder unzuverlässig er »immer« ist.

- **Unklarer Kontext:** Ob der Satz »Das hast du wieder mal gut hingekriegt« wortwörtlich verstanden werden kann (»Hey, gut gemacht!«), oder ob es sich um bitterböse Ironie handelt (»Du hast schon wieder versagt!«) – das lässt sich nur aus dem Kontext einer Botschaft ableiten. Oft jedoch (zum Beispiel in knappen E-Mails) hat der Empfänger einer solchen Nachricht keinen Hinweis auf den passenden Kontext, er kann sich dann nur auf seine Vermutungen verlassen. Missverständnisse sind also vorprogrammiert. Sprechen Sie also mehr und schreiben Sie weniger. Und schalten Sie alle Antennen auf Empfang!

6. Empathie: Sich auf den anderen Stuhl setzen

Haben Sie schon einmal das Gefühl gehabt, »gegen eine Wand« zu sprechen? Das gibt es.

- **Betonierte Positionen:** Das passiert immer dann, wenn der eine Gesprächspartner sich nicht in die Lage des anderen versetzen kann und es ihm nicht gelingt, »durch seine Brille« zu schauen.

- **Mauern:** Manchmal mauert der Gesprächspartner auch absichtlich, weil er das für einen rhetorischen Trick hält oder weil er emotional blockiert ist. Hier hilft nur ein gezieltes Training, damit die Gesprächspartner sich selbst und ihre unterschiedlichen Wirklichkeiten besser wahrnehmen können.

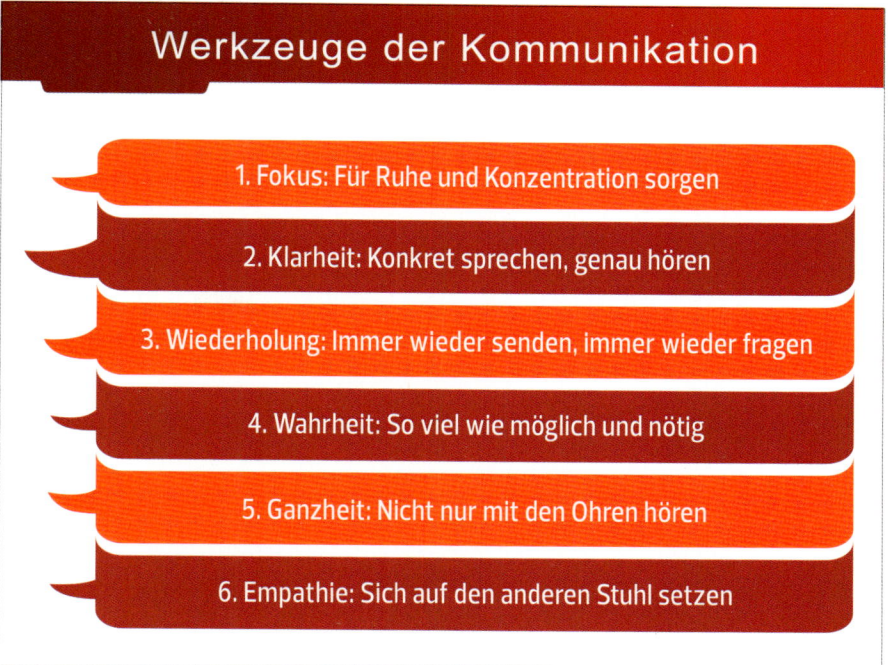

Werkzeuge der Kommunikation

1. Fokus: Für Ruhe und Konzentration sorgen

2. Klarheit: Konkret sprechen, genau hören

3. Wiederholung: Immer wieder senden, immer wieder fragen

4. Wahrheit: So viel wie möglich und nötig

5. Ganzheit: Nicht nur mit den Ohren hören

6. Empathie: Sich auf den anderen Stuhl setzen

»Gesagt ist nicht verstanden, verstanden ist nicht einverstanden, einverstanden ist nicht angewendet und angewendet ist nicht beibehalten.«

Konrad Lorenz

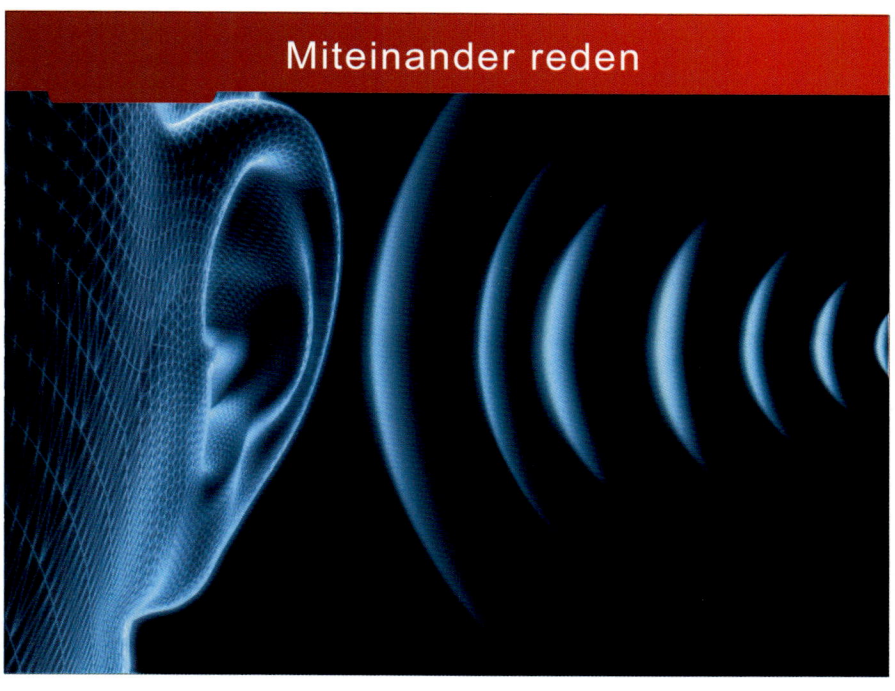

Miteinander reden

Werkzeug ⟳ »Feedback«

Als praktisches Werkzeug zum Thema Kommunikation soll an dieser Stelle sogar ein englisches Wort die Überschrift bilden. Ich habe mich sehr bemüht, in diesem Buch auf englische Ausdrücke zu verzichten und bitte an dieser Stelle um das Verständnis für ein neudeutsches Wort, dass sich so wie das Wort Management im Sprachgebrauch der Unternehmensführung etabliert hat oder etablieren wird, das Wort Feedback, das so viel heißt wie »Rückmeldung«. Wenn wir jedoch dieses Wort verwenden würden, so würde die Erinnerung an eine militärische Kommandosprache immer mitschwingen. Daher ist der englische Ausdruck Feedback besser geeignet.

Feedback: Wenn im Bereich Führung über Feedback gesprochen wird, so ist jede Art von Rückmeldung gemeint, wie die Kommunikation (verbal und nonverbal) und das Verhalten einer anderen Person verstanden wurde. In der Arbeits- und Organisationspsychologie gibt es eine Menge Bereiche, in denen Feedback wichtig ist: Abgleich von Ist- und Sollzustand bei der Zielsetzung und -erreichung, Rückmeldung z. B. nach Bewerbungsgesprächen oder auch nach erledigten Aufgaben im Betrieb.
Wenn Offenheit eine besondere Rolle in der Unternehmenskultur spielt, sollte besonders großer Wert auf die Einführung einer Feedbackkultur gelegt werden.

- Feedback braucht: Verantwortlichkeit, Offenheit, Ehrlichkeit und Aufrichtigkeit

- Geben Sie Feedback konkret in einem freundlichen Umgangston

- Geben Sie Feedback, um jemandem zu helfen, sich und seine Wirkung auf andere zu verstehen

- Geben Sie Feedback nur dann, wenn der Andere es annehmen kann und will

- Seien Sie genau und vermeiden Sie pauschale Aussagen und Bewertungen

- Sprechen Sie in der Ich-Form (Lob, Anerkennung, Kritik)

- Geben Sie Ihr Feedback in beschreibender Form. Teilen Sie Wahrnehmungen als Wahrnehmungen, Gefühle als Gefühle und Interpretationen als Interpretationen mit und trennen Sie Fakten von Meinungen, Bewertungen und Gefühlen

- Teilen Sie auch positive Gefühle, Wahrnehmungen und Interpretationen mit

- Beziehen Sie sich in Ihrem Feedback auf ein bestimmtes, konkretes Verhalten (realistisch, angemessen)

- Geben Sie Ihr Feedback möglichst sofort

- Machen Sie bei einem negativen Feedback Verbesserungsvorschläge

- Übernehmen Sie Verantwortung für Ihre Eindrücke, Gefühle und Interpretationen. Was Sie mitteilen ist Ihre Reaktion auf ein konkretes Verhalten Ihres Gegenübers

- Vermeiden Sie die Suche nach dem Schuldigen

- Es ist nicht entscheidend, wie Sie die Kritik meinen, sondern wie sie ankommt

- Feedback gibt keine Rat-Schläge! (Auch Ratschläge sind oft Schläge)

- Feedback macht keine Vor-Schläge!

- Feedback kennt keine Be- und Ab-wertungen!

- Feedback macht keine Zuweisungen und Interpretationen!

- Feedback ist Beschreibung und nicht Bewertung!

- Feedback sorgt für Klarheit — nicht für Verwirrung!

- Feedback hat Veränderung nur insofern zum Ziel, als der Feedbacknehmer selbst sich dafür entscheiden kann!

Daraus ergeben sich 6 einfache Feedbackregeln

1.
Sachlich,
nicht persönlich

2.
Ich–Botschaften!
Keine Du– oder
Sie–Botschaften

3.
Beschreibend,
nicht bewertend

4.
Zeitnah!
Keine Rabattmarken kleben
(nicht erst einige Beispiele und somit
auch emotionalen Frust sammeln)

5.
Konkret,
nicht allgemein

6.
Direkt!
Vorsicht mit
Informationen aus
2. Hand

Nutzen Sie am besten ein Seminar oder einen
Workshop zum Thema Kommunikation, um eine
konkrete Feedback-Kultur einzuführen.

Wie gute Führung wirkt

»Hervorbringen und nähren, haben, ohne zu besitzen, handeln ohne Erwartungen, führen, ohne zu herrschen: Das ist die höchste Tugend.«

Laotse

Das Marketing hat etwas verstanden, was Führung noch nicht überall verstanden hat: Heute geht es nicht mehr darum, Produkte an Kunden zu verkaufen, auf dass diese damit zufrieden sind. In den 1950ern und auch in den 1970er Jahren hat das vielleicht noch funktioniert. Doch in einer Zeit, in der jedes Produkt von zahllosen Herstellern in noch zahlloseren Varianten hergestellt wird, reicht das nicht mehr aus. Das Marketing hat deshalb in den letzten 30 Jahren des vergangenen Jahrhunderts den Kunden entdeckt und sich auf diesen fokussiert. Doch auch das lockt heute niemanden mehr hinter dem Ofen hervor. Seit der Jahrhundertwende stellt Marketing deshalb die Kommunikation innerhalb von Netzwerken in den Mittelpunkt, vor allem aber: Werte.

Ich denke, dass in der Führung eine ähnliche Entwicklung stattfinden muss: Statt das eigene (den Mitarbeiter versorgende) Unternehmen in den Mittelpunkt zu stellen oder – was immerhin schon ein Fortschritt ist – den (hoffentlich motivierten!) Mitarbeiter als

Menschen, geht es heute um gemeinsame Visionen, Emotionen und Werte. Nur auf dieser Ebene wird Energie frei, und hier entsteht Begeisterung. Nennen wir es einfach Führung 3.0, in Anlehnung an das Marketing 3.0 – wenn früher (Führung 1.0) der Fortschritt darin lag, dass Mitarbeiter klare Ziele hatten (Führen mit Zielen), so bedeutete dies, dass die Ziele des Unternehmens im Vordergrund standen (ähnlich wie die Produkte beim Marketing 1.0); danach kamen die partizipativen (beteiligenden) oder demokratischen Führungssysteme in Mode (Führung 2.0 – Führung durch Beteiligung), der Fokus wurde (wie beim Marketing 2.0 auf den Kunden) auf den Mitarbeiter gelegt. Der Mensch im Mittelpunkt. Dies umfasste in der Regel durch gutes Qualitätsmanagement jedoch meist nur die Beteiligung an Themen des Unternehmens. So motivierend dieser Weg auch gewesen ist, er führte oft zur Überlastung des Einzelnen oder auch zu vielen Scheinlösungen. In der Führung 3.0 geht es nun um den Menschen in seiner Ganzheit, es geht um »Führen mit Werten«, wie dies hier dargestellt wird.

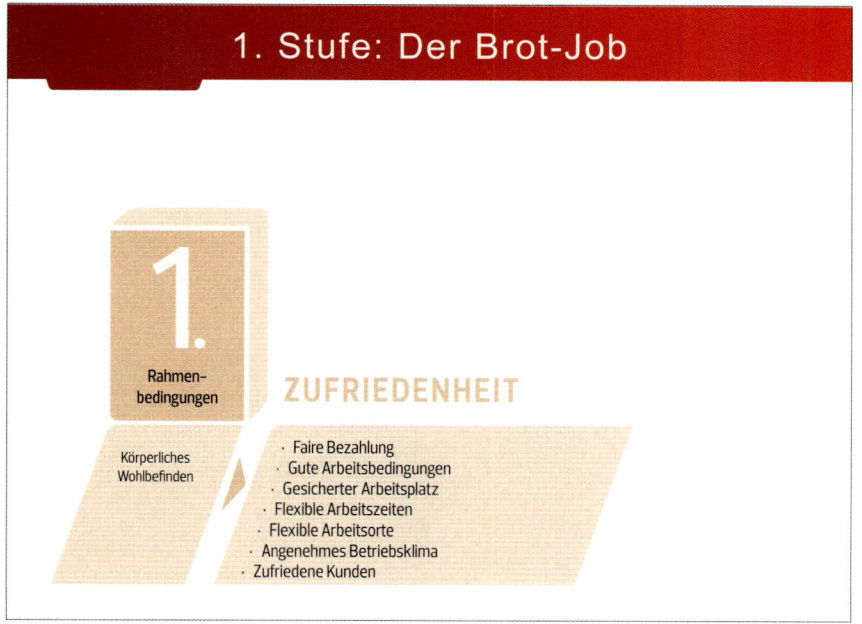

1. Stufe: Der Brot-Job

1.

Rahmen-
bedingungen

ZUFRIEDENHEIT

Körperliches
Wohlbefinden

· Faire Bezahlung
· Gute Arbeitsbedingungen
· Gesicherter Arbeitsplatz
· Flexible Arbeitszeiten
· Flexible Arbeitsorte
· Angenehmes Betriebsklima
· Zufriedene Kunden

Zufriedenheit ist schnell erreicht: Wenn die Rahmenbedingungen so gesetzt sind, dass es den Mitarbeitern körperlich und materiell gut geht, dann sind sie zufrieden. Mehr aber auch nicht. Bei der ersten Gelegenheit wechseln diese Mitarbeiter dann zu einem Arbeitgeber, der mehr zu bieten hat als klare Spielregeln im Betrieb, regelmäßige Gehaltszahlungen und einigermaßen zufriedene Kunden. So kommt es zu hoher Fluktuation und zu Schwierigkeiten bei der Personalsuche. Angehende Hotelfachleute lernen eben lieber im »Ritz« als in irgendeinem nichtssagenden Hotel.

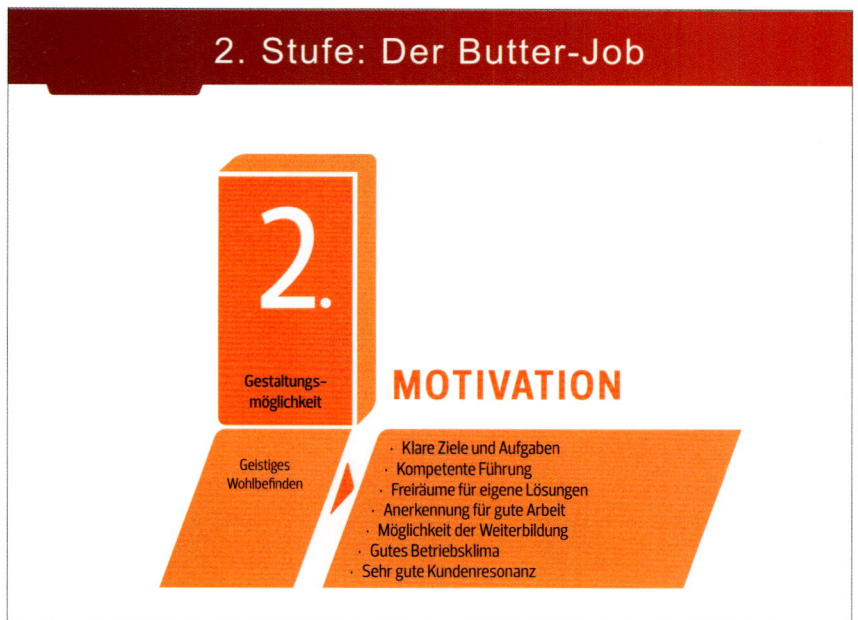

2. Stufe: Der Butter-Job

2.

Gestaltungs-
möglichkeit

MOTIVATION

Geistiges
Wohlbefinden

· Klare Ziele und Aufgaben
· Kompetente Führung
· Freiräume für eigene Lösungen
· Anerkennung für gute Arbeit
· Möglichkeit der Weiterbildung
· Gutes Betriebsklima
· Sehr gute Kundenresonanz

Wer seine Arbeit und seine Beziehungen innerhalb eines klar gesteckten Rahmens selbst bestimmen kann, fühlt sich nicht nur auf der materiellen Ebene zufrieden, sondern auch auf der geistigen Ebene wohl. Er fühlt sich als Mensch gesehen, in seiner Kompetenz und für seine Leistungen anerkannt, mag seine Arbeit und ist motiviert bei der Sache. Er hat das Gefühl, nicht nur »für seine Miete zu schaffen«, sondern auch Spaß an seiner Arbeit zu haben.

3. Stufe: Der Aufstrich – die sinnvolle Arbeit

3.

Identifikation

BEGEISTERUNG

Seelisches
Wohlbefinden

· Sinnvolle Arbeit
· Freiheit und Verantwortung
· Entfaltung der eigenen Talente
· Förderung aller Lebensbereiche
· Persönliche und fachliche Entwicklung
· Kultur des Vertrauens und der Offenheit
· Kunden werden zu Freunden

Hinter begeisterten Mitarbeitern stehen immer begeisterte Führungskräfte. Sie teilen eine gemeinsame Vision, sehen großen Sinn in ihrer Aufgabe und stecken sehr viel Energie in ihre Arbeit – weil sie es wollen, nicht, weil sie es müssen. Unter Professionalität verstehen sie nicht das ängstliche Ausklammern jeglicher Individualität und jeder Emotion. Im Gegenteil: sie leben ihre Arbeit ganzheitlich, sie entwickeln sich in allen Facetten ihres Lebens weiter, sie kommunizieren offen und herzlich – und so ist es kein Wunder, dass sich ihre freundlichen Kundenkontakte manchmal in freundschaftliche Verbindungen verwandeln.

Unternehmer-Porträt
Albert Bachmann

»Qualität, die begeistert«

Albert Bachmann ist Frisörmeister aus Leidenschaft und »Boss« eines Teams von 14 Mitarbeitern. Er ist verheiratet und hat zwei Töchter. Im Jahr 1974 startete er seine Ausbildung, 1982 absolvierte er die Meisterprüfung und 1983 übernahm er den elterlichen Betrieb. Sein Unternehmen realisiert heute doppelt so viel Gewinn, wie seine Eltern 1982 an Jahresumsatz erwirtschafteten.

Im Januar 1998 besuchte er bei Josef Schmidt das erste Mal das Seminar Unternehmer-Energie. Er hat beim SchmidtColleg neben einem Seminaranbieter einen Ansprechpartner, Ideengeber und ein Vorbild für die Unternehmensführung gefunden.

FRISÖR | BACHMANN
INTERCOIFFURE

Frisör Bachmann Intercoiffure

Rathausgasse 1

90574 Roßtal

www.frisoer-bachmann.com

Zertifikate und Auszeichnungen

2009 Gewinner der »Intercoiffure Diamond Ideas 2009 – New Clients«

2008 »Salon des Jahres 2008« Kategorie bis 10 Mitarbeiter »Top Hair International«

2008 Gewinner des Global Salon Business Award 2008 »Entrepreneurial Excellence Award for Salon Leadership«

2005 Gewinner des »Selbständigen Merkur 2005« BDS/DGV

2004 Gewinner des Global Salon Business Award »Entrepreneurial Excellence Award for Team Philosophy«

2004 »REDKEN Stylist of the Year 2004«

2001, 2002 & 2003 sowie 2005, 2006, 2007 & 2010 ausgezeichneter TOP Salon – die besten 30 Salons bis 10 Mitarbeiter durch »Top Hair International«

»Das Team ist der Star!«

Die strategische Auswahl der richtigen Mitarbeiter ist eines der wichtigsten Dinge im Unternehmen. Wir bilden nach einem detaillierten Ausbildungsplan aus, zeigen den Mitarbeitern ständig ihren Standpunkt und auch das angestrebte Ziel und vor allem den Weg dorthin auf. Die Ausbildung sichert dem Betrieb den entsprechenden Nachwuchs an guten Arbeitskräften. Seit dem Jahr 1995 haben wir keine fremde Qualität mehr eingestellt, die besten und umsatzstärksten Mitarbeiter sind diejenigen, welche wir selber ausgebildet haben.

Die Arbeitsfreude und der Spaß stehen dem gesamten Team buchstäblich ins Gesicht geschrieben. Nur wenn ich selbst begeistert bin, dann kann ich auch andere Menschen begeistern und glücklich machen. Unsere Firmenphilosophie lautet »Qualität, die begeistert«, diese Begeisterung müssen unsere Kunden vom ersten Moment an spüren, wenn sie den Frisörsalon betreten. Während der gesamten Behandlung, bei der Erstellung Ihrer Frisur bis zum Verlassen des Frisörsalons. Das gute Gefühl, mit dem ein Kunde den Betrieb verlässt, soll ihn bis zu seinem nächsten Frisörbesuch begleiten.

Unser kleiner Frisörbetrieb ist im Prinzip so aufgebaut wie eine große Firma. Wir haben verschiedene Aufgabenbereiche, die von einzelnen Mitarbeitern außerhalb ihres regulären Tätigkeitsfeldes übernommen werden. Von der Ausbildung über Eventgestaltung bis hin zur Salondekoration reichen hier die Aufgaben. Jeder Mitarbeiter, der engagiert und karriereorientiert ist, hat hier die Chance, sich schon sehr frühzeitig zu beweisen und ins Unternehmen einzubringen. Wir haben zwei Leistungsstärken an Mitarbeiter. Die jungen Kräfte, unsere »Stylisten«, haben frisch ausgelernt und sind dabei, sich einen Kundenstamm aufzubauen. Die »Top-Stylisten« sind Frisöre/Frisörinnen mit viel Erfahrung. Sie haben eine Auslastung von mindestens 8 Kunden pro Tag und generieren den entsprechenden Umsatz. Unsere »Junior Stylisten« sind die Auszubildenden, welche die Chemieausbildung abgeschlossen haben und am Kunden sämtliche Farbtechniken ausführen.

Belinda, Junior-Stylist

Jasmin, Junior-Stylist

Tina, Stylist

Cristel, Junior-Stylist

Heidi, Top-Stylist & Events

Thomas, Top-Stylist & Ausbildung

Vanessa, Junior-Stylist

Manuela, Top-Stylist & Dekoration

Jutta, Rezeption & Service Management

Christina, Top-Stylist & Wareneinkauf

Anne, Stylist & Ausbildung

Marion, Top-Stylist & Ausbildung

Angelika, Junior-Stylist

Alina, Junior-Stylist

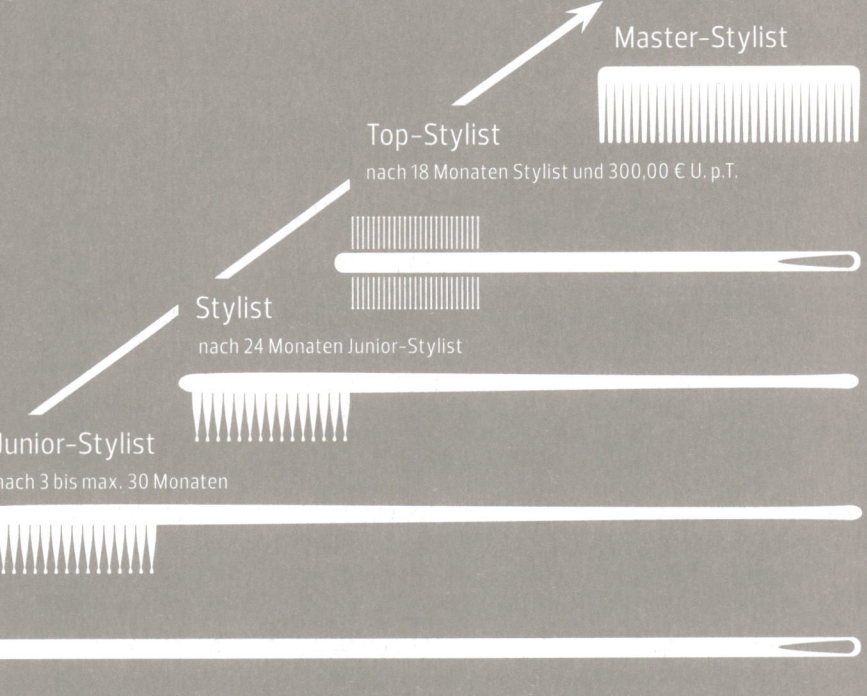

Einstellungsfilter für Azubis

Nach Eingang der Bewerbung: Dankesbrief mit Salonbroschüre

Einladung zum Casting

Referat, 10 Fragen, Verkaufsgespräch

3 Tage Probearbeit

Team entscheidet

Lehrvertrag

Ab sofort jeden Samstag im Salon arbeiten

Lehre ab 08. September

»Wenn ich gute Mitarbeiter will, muss ich die richtigen einstellen!
Wenn ich eine gute Frisörin finden will, muss ich eine gute Frisörin ausbilden!!!«

Albert Bachmann

Für die Auswahl unserer Azubis nehmen wir uns viel Zeit. Nach dem Vorbild großer TV-Shows veranstalten wir jährlich unser Azubi-Casting. Ca. Rund ein Drittel der Bewerber kommen in die zweite Runde und haben somit die Chance zum Probearbeiten. Das gesamte Team entscheidet sich dann für den Besten und den am bestgeeignetsten Bewerber. Knapp 10 Prozent der Bewerber können wir durch dieses Auswahlverfahren für einen Ausbildungsplatz berücksichtigen und somit erfolgreich ausbilden. Auch wenn das Ganze auf den ersten Blick sehr hart erscheint, so geben uns die Ergebnisse doch recht. Die Quote der Ausbildungsabbrecher liegt unter fünf Prozent. Rund 15 Prozent der der Azubis verlassen nach der Lehrzeit den Frisörberuf. Etwa 80 Prozent der von uns ausgebildeten Azubis arbeiten im Frisörberuf, wobei wir ungefähr ein Drittel der Azubis selbst im Unternehmen behalten und als Frisöre/Frisörinnen beschäftigen.

Unser Spruch des Lebens:

»Ein Diamant ist im Grunde genommen nur ein Stück Kohle, das unter Druck die nötige Ausdauer hatte.«

Die Karriereleiter zeigt jedem Mitarbeiter vom ersten Tag an, welche Stufe er wann erreichen kann. Transparenz und Offenheit sind ein großer Bestandteil der Führung im Unternehmen. Jeder Mitarbeiter entscheidet für sich, wann er auf welchem Platz steht. In dem jährlich stattfindenden Karrieregespräch werden die Ziele des Mitarbeiters fürs nächste Jahr definiert.

Master-Stylist

Top-Stylist
nach 18 Monaten Stylist und 300,00 € U. p.T.

Stylist
nach 24 Monaten Junior-Stylist

Junior-Stylist
nach 3 bis max. 30 Monaten

Assistent
bis max. 12 Monate

Das gesamte Unternehmen auf einem DIN-A4-Blatt darzustellen, diese Aufgabe hat Albert Bachmann sich schon im ersten Seminar UnternehmerEnergie im Februar 1998 gestellt. Es hat lange gedauert, doch was lange währt, wird endlich gut. Wir sehen hier: von der Aufgabenplanung über die Firmenphilosophie, die Firmenwerte bis hin zum Firmenziel ist alles gut strukturiert und für jeden Mitarbeiter gut nachvollziehbar.

Unternehmensziel Wachstum

Wachstum ist ein Wert im Unternehmensziel! Die Natur macht es uns vor. Es gibt keinen Baum, keinen Strauch, der in der Natur von Jahr zu Jahr kleiner wird. So prächtig, wie sich die Natur entwickelt, so prächtig soll sich auch jedes Unternehmen entwickeln.

Die Mitarbeiter sind hier wiederum ein ganz wichtiger Punkt. Die besten Mitarbeiter auswählen und an den richtigen Platz stellen ist eine anspruchsvolle Chefaufgabe. Durch kontinuierliche und gute Ausbildung lässt sich ein gesundes Wachstum nicht verhindern.

»Wir orientieren uns an der Natur. Jeder Baum, jeder Strauch wird automatisch größer. Durch kontinuierliche Aus- und Weiterbildung lässt sich gesundes Wachstum nicht verhindern!«

Unternehmensziel Innovation

Jeder Mitarbeiter hat die Chance, sein Unternehmen aktiv mitzugestalten und seine Ideen, seine Vorschläge mit einzubringen. Pro Quartal füllt jeder Mitarbeiter sein Ideenblatt aus und teilt somit dem Unternehmen seine Idee, seine Innovation mit. Mit einer knapp 80prozentigen Umsetzungsquote bewegen wir uns hier in einem sehr effektiven Bereich.

Firmenphilosophie

Unsere Firmenphilosophie lautet »Qualität, die begeistert«. Das soll nicht nur ein Slogan sein, sondern ein Versprechen, das allgegenwärtig ist. Aus diesem Grunde hängt dieses Banner an mehreren Stellen im Betrieb, so dass der Kunde es immer sieht und aber auch, dass die Mitarbeiter immer daran erinnert werden, dass wir auf hohe Qualität Wert legen. Dass unser Kunde begeistert den Salon verlassen soll und dass er diese Begeisterung aber auch am Mitarbeiter sehen möchte bzw. von seiner Arbeit begeistert werden will, das soll **für** uns selbstverständlich sein.

Firmenwerte

Meine persönlichen Werte sind zugleich unsere Firmenwerte. **Spaß – Erfolg – Harmonie,** in dieser Reihenfolge sind sie auch zu sehen. Der Spaß im Unternehmen, mit den Kunden und den Mitarbeitern steht an erster Stelle. Der Erfolg bei der Arbeit muss sein, nur Mitarbeiter, die diesen Erfolg auch gerne haben wollen, sind leistungsfähige Mitarbeiter. Die Harmonie im Team und mit den Kunden ist ein für uns wichtiger Faktor. Ohne Harmonie kein Spaß und somit ist auch kein Erfolg möglich. Aus diesem Grunde sind diese drei Werte für mich und für uns so wichtig.

Ich habe Spaß an dem, was ich tue, darum gelingt es mir gut!

Der Erfolg der Firma
sowie mein eigener Erfolg sind mir wichtig!

In Harmonie arbeiten
genieße ich genauso sehr wie unsere Kunden und meine Kollegen!

Aufgabenbereiche

Jeder Mitarbeiter hat bestimmte Aufgaben im Unternehmen zu erfüllen. Je besser er diese Aufgaben kennt, desto leichter fällt es ihm, diese Aufgaben zu erfüllen. Die wichtigste Aufgabe des Azubis ist, dass er lernt und sich jeden Tag verbessert. Die Frisöre/Frisörinnen haben die Aufgabe, ihrer Umsatzverantwortung gerecht zu werden und diese zu übertreffen, so dass sie in den Provisionsbereich kommen. Die Aufgaben der Rezeptionskraft sind am vielseitigsten und daher ganz klar definiert.

Azubi	→ Erfüllt seine Trainingseinheiten
Frisörin	→ Erfüllt ihre Sollvorgabe gemäß ihrer Umsatzverantwortung
Rezeption	→ Erfüllt ihren Aufgabenbereich entsprechend der Vorgaben

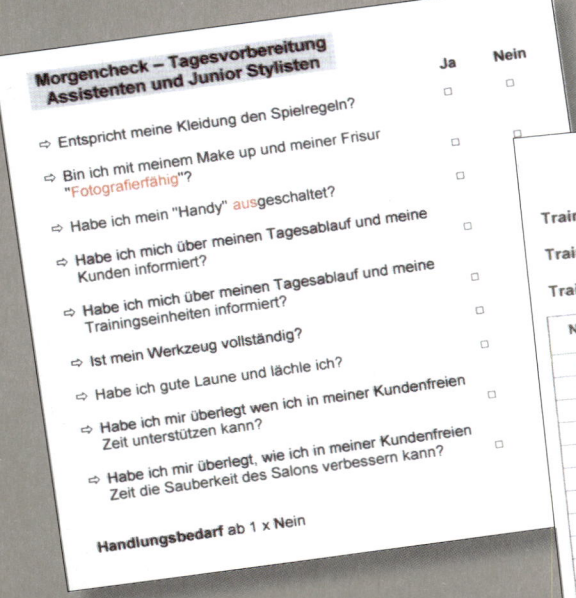

Checklisten

Eines unserer Erfolgsgeheimnisse sind unsere Checklisten!

Der Morgencheck, um den Tag so harmonisch wie möglich zu beginnen. Wenn jeder Mitarbeiter am Morgen alle Punkte seiner Liste mit ja beantworten kann, dann ist er optimal für den kommenden Arbeitstag vorbereitet und zaubert somit dem Chef ein Lächeln ins Gesicht.

Um den Ausbildungsfortschritt bzw. die Entwicklung jeder einzelnen Arbeit zu sehen und kontrollieren zu können, sind die Trainingsbögen ein wichtiger Bestandteil unserer Arbeit. Die Vergangenheit hat gezeigt, je intensiver eine Aufgabe trainiert wird, desto schneller und besser wird sie von dem Mitarbeiter beherrscht. Somit kann der Mitarbeiter dann am Kunden eingesetzt werden.

Um den Arbeitstag zu beenden, ist die Abend-Checkliste auszufüllen. Wenn auch wiederum hier alle Punkte der Checkliste mit ja beantwortet sind, dann ist der Betrieb mit Sicherheit sauber und alle Arbeitsgeräte stehen wieder an ihrem Platz. So fällt es dem Team sehr leicht am nächsten Tag an die Arbeit zu gehen.

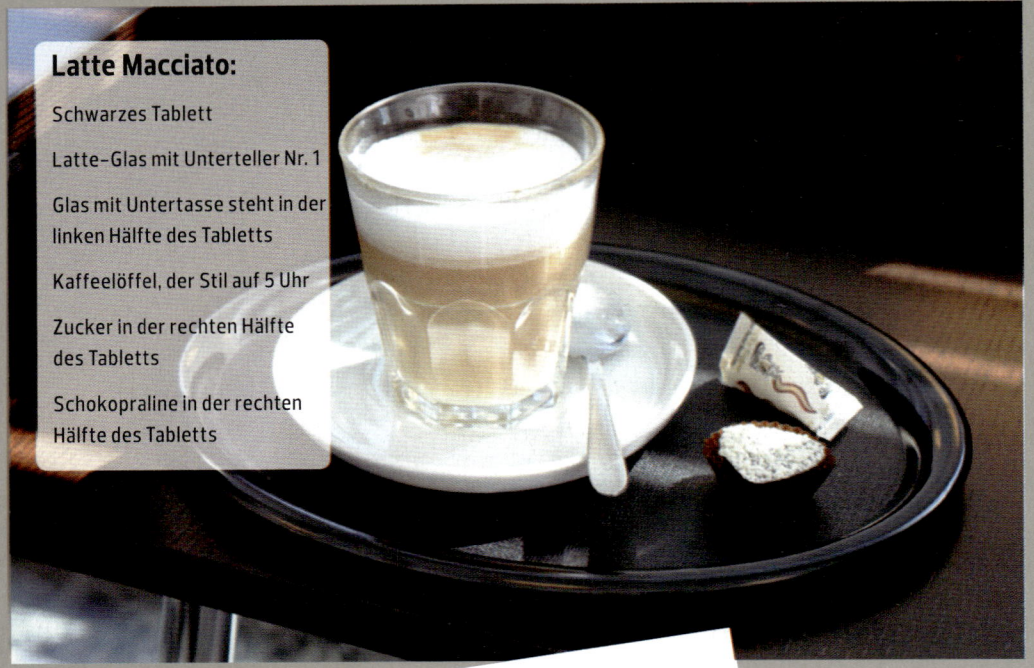

Latte Macciato:

Schwarzes Tablett

Latte-Glas mit Unterteller Nr. 1

Glas mit Untertasse steht in der linken Hälfte des Tabletts

Kaffeelöffel, der Stil auf 5 Uhr

Zucker in der rechten Hälfte des Tabletts

Schokopraline in der rechten Hälfte des Tabletts

Unser Qualitätsmanagement umfasst viele Punkte. Angefangen bei der telefonischen Terminvergabe über die Begrüsssung des Kunden bis hin zu den fachlichen Arbeiten. Aber auch unsere Serviceleistungen sollen perfekt sein. Die Auswahl der Getränke, die wir unseren Kunden servieren und deren Zubereitung, darf nicht dem Zufall überlassen werden.
Ein Bild sagt mehr als tausend Worte, aus diesem Grunde haben wir die angebotenen Getränke fotografiert und beschrieben.

Klare Strukturen

Ein Event der ganz besonderen Art bieten wir unseren Kunden an. »Company Cut`n'Colour«, ein Firmenevent für kleine Unternehmen bis zu 15 Personen oder Abteilungen oder auch für Kaffeekränzchen, Gymnastikgruppen und einen Kreis von Freundinnen. Gemeinsam zum Frisör gehen, in der Gruppe die Beratung erleben, ein Glas Sekt dabei trinken und sich mit einem Häppchen stärken und das alles zum Festpreis. Eine tolle Aktion für Firmen wie auch fürs Team.

Der genaue Ablaufplan hilft uns diese Events zu strukturieren und einen reibungslosen Ablauf zu garantieren. Die klare Struktur hilft dem Unternehmen an alles zu denken und jedes Event zu einem Erlebnis für die Kunden wie auch fürs Team und das Unternehmen werden zu lassen.

Ablaufplan

➢ **Ziel des Events?**
➢ **Aquisition der Firmen**
➢ **1 Woche vor dem Event**
➢ **Veranstaltungstag**
➢ **Abrechnung**
➢ **Fazit** ☺

»Messlatte für die Arbeitszufriedenheit eines Mitarbeiters ist zum einen seine Betriebszugehörigkeit. Zum anderen die Krankheitstage der Mitarbeiter.«

Albert Bachmann

Zufriedenheit entscheidet

Die Betriebszugehörigkeit ist eine Messlatte für die Arbeitszufriedenheit Ihrer Mitarbeiter. Je länger sie im Unternehmen sind, desto wohler fühlen sie sich. Die zweite Messlatte sind die Krankheitstage Ihrer Mitarbeiter. Viele einzelne Krankheitstage und diese auch noch am Montag bzw. zum Wochenende hin zeigen ganz klar die Unzufreidenheit der Mitarbeiter auf.

In der Frisörbranche ist die Verweildauer eines Mitarbeiters im Beruf typischerweise sechs Jahre. Das bedeutet drei Jahre Ausbildung und dann noch drei Jahre als produktive Kraft. Seit dem Jahr 1995 haben wir keine fremde Qualität mehr eingestellt, sondern arbeiten mit selbst ausgebildeten Kräften. Es freut mich ganz besonders, dass unsere Mitarbeiter sehr lange bei uns sind und die besten Umsatzträger selbst ausgebildete Mitarbeiter sind.

Ihr Albert Bachmann

Marion
seit 1981

Heidi
seit 1992

Manuela
seit 1995

Christina
seit 2000

Jutta
seit 2000

Thomas
seit 2005

Gesundheit

Leistung und Arbeitsfreude

> »Die Gesundheit wird in Unternehmen zukünftig eine wichtigere Rolle spielen, weil nur leistungsfähige Mitarbeiter nachhaltig Werte schaffen.«
>
> Cay von Fournier

Die Arbeitsbedingungen in Deutschland sind in einem tiefgreifenden sozialen und wirtschaftlichen Umbruch. Der Wettbewerb verschärft sich; verstärkte Dienstleistungsorientierung und Personalabbau setzen sich ebenso durch wie neue Informationstechnologien und neue Beschäftigungsverhältnisse (z. B. Teilzeit- und Telearbeit). Der Anteil älterer Arbeitnehmer steigt. Tiefgreifende Konsequenzen für Betriebe, noch mehr aber für deren Beschäftigte sind damit eine Notwendigkeit. Von ihnen werden mehr Tempo, mehr Flexibilität, mehr Qualität und permanente Lernbereitschaft erwartet. Nur mit motivierten, qualifizierten und vor allem gesunden Arbeitnehmern werden Unternehmen die wirtschaftlichen Herausforderungen von heute erfolgreich bewältigen und ihre Chancen von morgen nutzen.

Gesundheit ist keine Privatsache

Gesunde Mitarbeiter sind ein Wettbewerbsfaktor, der direkten Einfluss auf die Produktivität eines Unternehmens nimmt. Die ersten Auswertungen bezüglich der Effektivität der eingesetzten Mittel sprechen dabei eine eindeutige Sprache: Studien zeigen, dass mit jedem in betriebliche Gesundheitsförderung investierten Euro Krankheitskosten zwischen 2,50 Euro und 4,80 Euro eingespart werden können.

Wir im SchmidtColleg verstehen Gesundheit ganzheitlich: Sie umfasst Körper (unsere körperliche Gesundheit und Fitness), Seele (unsere seelische Gelassenheit, unsere Einstellungen und unser Glauben), Herz (unsere Emotionen) und Gehirn (unser Denken). Gesundheit ist damit eine wichtige Ressource des täglichen Lebens. Je gesünder Führungskräfte und Mitarbeiter sind, desto besser können sie ihre Ressourcen voll nutzen, sind mit Freude bei der Arbeit, kooperieren gerne und professionell mit Kunden und Kollegen und sind in der Lage, auch mit hohen Arbeitsbelastungen sou-

verän umzugehen. Daher wird es auch in Zukunft wesentlich sein, dass sich sowohl Menschen um ihre Gesundheit als auch Unternehmen um die Gesundheit ihrer Mitarbeiter intensiv bemühen.

Unternehmen können viel für die Stärkung der Gesundheitsressourcen und -potentiale der Mitarbeiter tun. Die Ansatzpunkte können dabei ganz unterschiedlich sein:

- **Analyse des Verhaltens:** Wie sehen die Ernährungsgewohnheiten der Mitarbeiter aus? Wie viel und oft bewegen sie sich? Leben sie in einem gesunden Rhythmus oder ignorieren sie das Bedürfnis ihres Körpers und ihrer Psyche nach regelmäßigen Pausen?

- **Analyse der sozialen und ökonomischen Umweltbedingungen:** Welche persönlichen Hintergründe begünstigen die Gesundheit der Mitarbeiter? Welche schränken sie ein?

- **Aufklärung:** Wie viel Energie braucht der Körper eigentlich? Warum sollte man sich bewegen? Fragen wie diese müssen mit den Mitarbeitern besprochen werden, weil Erkenntnis bekanntermaßen der erste Schritt zur Veränderung ist.

Wichtig ist eine sensible Grundhaltung, weil Mitarbeiter ihre Gesundheit als sehr persönliches Thema verstehen und diesbezügliche Ratschläge schnell als »übergriffig« erleben können – und sich dann verschließen. Achten Sie deshalb auf

- **aktive Partizipation:** Stülpen Sie Ihren Mitarbeitern keine Konzepte über, sondern unterstützen Sie sie dabei, bessere Rahmenbedingungen für ein gesünderes Leben selbst zu schaffen.

- **positive Perspektive:** Ihre Perspektive sollte nicht sein, Krankheit zu vermeiden (im Fachjargon: Pathogenese), sondern Gesundheit und Wohlbefinden zu fördern (Salutogenese). So erreichen Sie, dass nicht nur an Symptomen »herumgedoktert« wird, sondern integrieren Präventionsthemen nachhaltig im Unternehmen.

Kosten und Demotivation entstehen bei dem Einzelnen durch Krankheit. Stellen wir uns nur eine wichtige Führungskraft in einem Unternehmen vor, welche große Verantwortung trägt und die durch Krankheit ausfällt. Der Schaden für das Unternehmen ist immens. So auch der Schaden durch Krankheit für jeden einzelnen Menschen persönlich. Nicht zuletzt deshalb ist betriebliche Gesundheitsförderung heute ein wichtiges Instrument der Führung.

Gute Führung lebt Gesundheit

»Wir stellen Autos her und sind keine Kurklinik«, lautet ein viel zitierter Satz eines Managers aus der Automobilindustrie. Doch heute weiß man, dass insbesondere Autohersteller gesunde Mitarbeiter brauchen, um funktionstüchtige Autos zu bauen. Eingebunden in das Führungskonzept entfalten Maßnahmen der Gesundheitspolitik in Unternehmen ihre größte Wirksamkeit. Denn Maßnahmen zur betrieblichen Gesundheitsförderung (BGF) können nur dann erfolgreich installiert werden, wenn die Förderung an sich als Führungsaufgabe wahrgenommen wird.

Dabei sollten keine Insellösungen entwickelt, sondern alle Maßnahmen möglichst in eine ganzheitliche und langfristige Strategie eingebunden werden. Mitarbeitern den Eintritt ins Fitnessstudio zu zahlen ist zwar besser als nichts, ein nachhaltiges Gesundheitskonzept sollte jedoch unbedingt die drei wichtigen Bausteine Vorbereitung, Check-up sowie Analyse/Maßnahmen beinhalten – so wird das Ganze für alle beteiligten Seiten transparent und für das Unternehmen vor allem auch wirtschaftlich messbar.

Gesundheit ist Kopfsache

»Wer nicht jeden Tag etwas Zeit für seine Gesundheit aufbringt, muss eines Tages sehr viel Zeit für die Krankheit opfern.«

Sebastian Kneipp

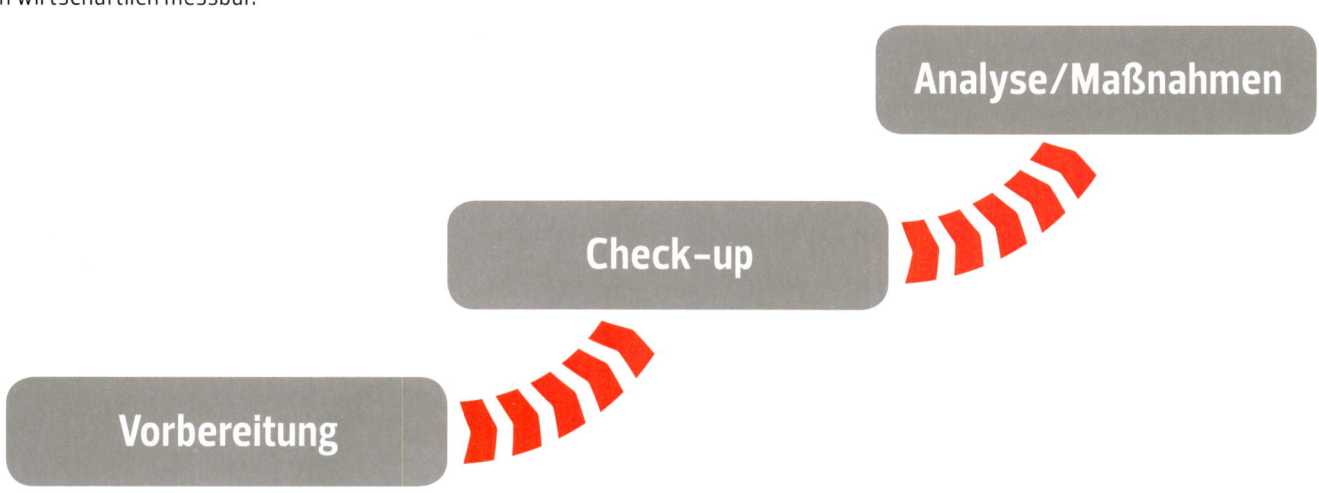

Vorbereitung → Check-up → Analyse/Maßnahmen

Fünf Hauptgründe sprechen für ein strukturiertes und maßgeschneidertes Gesundheitsmanagement für mittelständische Unternehmen:

1. Eine zunehmende Überalterung der Belegschaften bei gleichzeitig wachsendem Leistungsdruck.
2. Steigende Kosten bei Ausfallzeiten (Anwesenheit heißt nicht gesund und fit zu sein).
3. Motivationsverlust in deutschen Unternehmen.
4. Drastische Einschnitte im Leistungskatalog der Krankenkassen, durch die auch Unternehmen finanziell betroffen sind.
5. Trotz ausreichendem medizinischem Wissen nehmen die Zivilisationskrankheiten rasant zu (Adipositas, Wirbelsäulenbeschwerden, Herz-Kreislauf-Erkrankungen).

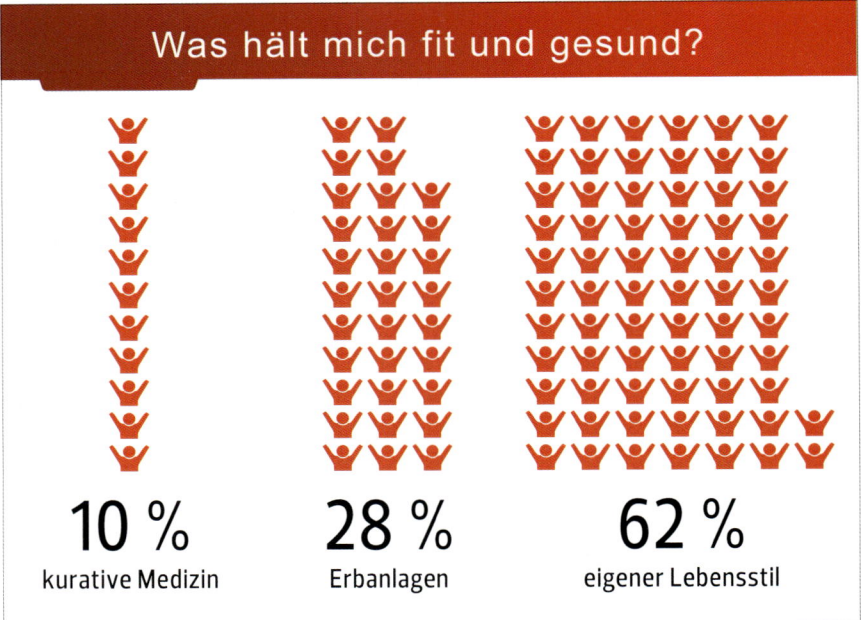

Was hält mich fit und gesund?

10 % kurative Medizin **28 %** Erbanlagen **62 %** eigener Lebensstil

Eine Integration in bestehende Managementkonzepte ist eine zwingende Notwendigkeit. Konkret heißt das:

· Es gibt eine schriftliche Unternehmensleitlinie zur Gesundheitsförderung.
· Führungskräfte tragen diese Leitlinien und füllen diese mit konkreten Maßnahmen.
· Maßnahmen werden in bestehende Organisationsstrukturen und Prozesse integriert.
· Dafür anfallende Ressourcen (Personal, Budget, Räume …) werden bereitgestellt.
· Regelmäßige Überprüfung der Fortschritte (durch Management und Unternehmensleitung).
· Themen der betrieblichen Gesundheitsförderung sind im Aus- und Weiterbildungsprogramm angeboten.
· Die Angebote sind für jedermann zugänglich (z. B. Betriebssportangebote).

Zentrale Aufgabe ist es, die Mitarbeiter als Experten ihres Arbeitsplatzes in Planungen und Entscheidungen zur betrieblichen Gesundheitsförderung zu integrieren.

· Mitarbeiter verfügen über Kompetenzen, um ihre Arbeitsaufgabe zu bewältigen bzw. erhalten über einen Aus- und Weiterbildungskanon die Möglichkeit, diese zu erwerben.
· Eine systematische Über- und Unterforderung wird vermieden.
· Den Mitarbeitern stehen Weiterbildungsmaßnahmen offen.
· Es gibt eine Möglichkeit für alle Mitarbeiter, sich bei Gesundheitsfragen am Arbeitsplatz einzubringen.
· Vorgesetzte unterstützen ihre Mitarbeiter und fördern ein gutes Betriebsklima.
· Es gibt Wiedereingliederungsmaßnahmen nach längerer Arbeitsunfähigkeit.
· Es gibt Maßnahmen zur Verbesserung der Vereinbarkeit von Familie und Beruf.
· Neben gesundheitsbezogenen Aktivitäten werden auch soziale, kulturelle und fürsorgliche Initiativen unterstützt.

Werkzeug ✒ »Gesundheits-management«

In den letzten Jahrzehnten hat sich das Gesundheitsverständnis kräftig gewandelt. Gesundheit wird nicht als Zustand oder das Ergebnis einer (oder mehrerer) Faktoren verstanden, sondern ist vielmehr ein Prozess, der sich in verschiedenen Bereichen abspielt. Der Mensch wird als Ganzes wahrgenommen, mit diversen Potentialen, die es zu entfalten gibt. Gesundheitsmanagement zielt auf eine Optimierung der Arbeitsorganisation und Arbeitsumgebung ab und fördert die aktive Teilnahme aller Beteiligten. Alle Gesundheitspotentiale in Unternehmen und Organisationen werden so gestärkt. Wichtig sind folgende Schritte:

1. Planung

Es gibt ein klares, schriftlich fixiertes Konzept als Basis für alle Maßnahmen zur betrieblichen Gesundheitsförderung, welches regelmäßig überprüft und verbessert wird. Alle Mitarbeiter werden darüber in Kenntnis gesetzt und haben im Planungsprozess Gestaltungsmöglichkeiten.

· Maßnahmen werden unternehmensweit kommuniziert. Alle Bereiche haben die Möglichkeit, daran zu partizipieren.

· Basis für alle Maßnahmen ist eine IST-Analyse, die gesundheitsrelevante Informationen berücksichtigt:
  · Erwartungen der beteiligten Parteien (insbesondere der Mitarbeiter)
  · Berufskrankheiten
  · Unfallgeschehen
  · Arbeitsbelastungen
  · Krankheitsbedingte Fehlzeiten

2. Umsetzung

Ein verantwortlicher Kreis, der regelmäßig Informationen zusammenträgt und bewertet, ist der Garant für eine erfolgreiche Durchführung und dauerhafte Implementierung der Maßnahmen.
· Es existiert ein verantwortlicher Kreis (Gesundheitszirkel, Projektgruppe), der die Maßnahmen plant, überwacht und durchführt.

· Alle Informationen für die Planung und Umsetzung der Maßnahmen werden zielgerichtet und regelmäßig zusammengetragen.

· Für bestimmte Maßnahmen werden Zielgruppen und messbare Ziele festgelegt.

· Es werden verhältnisorientierte (z. B. Arbeitsplatzgestaltung) und verhaltensorientierte Maßnahmen durchgeführt. Diese werden miteinander verknüpft und systematisch angeboten.

· Alle durchgeführten Maßnahmen werden systematisch ausgewertet und gemäß aktuellen Erkenntnissen verbessert.

3. Evaluation

Für eine Bewertung der Maßnahmen gibt es eine Reihe von Indikatoren, welche in regelmäßigen Abständen ermittelt und bewertet werden. Entsprechende Konsequenzen werden daraus gezogen.

Zufriedenheit der Mitarbeiter bezüglich
· Arbeitsbedingungen
· Arbeitsorganisation
· Führungsstil
· Beurteilung der Beteiligungsmöglichkeiten

Gesundheitsindikatoren wie z. B.
· Krankenstand
· Unfallhäufigkeit
· Verbesserungsvorschläge
· Ausprägung relevanter Risikofaktoren

Wirtschaftlich relevante Faktoren wie z. B.
· Personalfluktuation
· Produktivität
· Kosten-Nutzen-Analysen

Best Practice ⊖ Bäckerei Mareis:
»Gesundes Brot —
gesunde Menschen«

Die UnternehmerEnergie-Erfolgsgeschichten

Anwenderbericht
Bäckerei Mareis
Vilsbiburg

Inhaber
Anton Mareis
über Seminare,
Ideen und
seinen Weg zum
Erfolg.

Genuss und Gesundheit in der modernen Esskultur zu vereinen ist das Anliegen der Bäckerei Mareis in Vilsbiburg. Damit Brot und Brötchen gesunde Energie liefern können, werden nur beste Zutaten aus der Region verarbeitet, Natursauerteig wird selbst gemacht und auf fertige Backmischungen wird gänzlich verzichtet. Zahlreiche Auszeichnungen für Produkte und Unternehmen belegen dies.

Aber nicht nur die Gesundheit seiner Kunden ist Firmenchef Anton Mareis eine Verpflichtung. Genauso liegt ihm die Gesundheit seiner Mitarbeiter am Herzen. Dabei ist seine Crew in der Bäckerei und den zehn Verkaufsfilialen in Vilsbiburg und Landshut schon überdurchschnittlich fit. Seit Jahren dokumentiert sich das in einem ungewöhnlich niedrigen Krankenstand. Quasi als Dank dafür und als kleine Belohnung für den verantwortungsvollen Umgang mit der eigenen Gesundheit bot er allen Mitarbeitern die kostenfreie Teilnahme am Gesundheits-Check an. Im Januar 2008 startete die Aktion.

Gesunde Unternehmen brauchen gesunde Mitarbeiter

In Zeiten, wo Krankenkassen immer mehr Leistungen streichen, ist eine umfassende Bestandsaufnahme der persönlichen Fitness und Gesundheit umso höher einzuschätzen. Diese Möglichkeit bietet Anton Mareis seinen Mitarbeitern mit dem SchmidtColleg Business Health Concept.

Das mobile Gesundheitsmanagement kommt direkt in die Unternehmen. Abgestimmt auf die Voraussetzungen vor Ort wird zunächst eine Analyse erstellt. Zielplanung und individueller Projektplan bauen darauf auf. Für jeden der 40 Teilnehmer der Bäckerei Mareis stand am Anfang des Programms ein professioneller 120-Minuten-Check-up zur Feststellung der persönlichen Fitness und Gesundheit:

- umfangreiche Blutuntersuchung zur frühzeitigen Erkennung schwerwiegender Krankheiten,
- Herz-Kreislauf-Test (IPN) zur Bestimmung der individuellen Leistungsfähigkeit,
- bioelektrische Impedanzanalyse zur Feststellung der Körper-zusammensetzung,
- 3D-Wirbelsäulenanalyse, ein Lungenfunktionstest, eine Herzinfarkt-Risikoanalyse (PROCAM SCORE),
- 3D-Herzstressmessung,
- intensive Nachbesprechung der persönlichen Ergebnisse.

Für den reibungslosen Ablauf wurde ein Büro zur ärztlichen Diagnose-Praxis umfunktioniert – schließlich rollte das Business-Health-Team mit dem kompletten Equipment in Vilsbiburg an. Diese Integration in den Betrieb sowie das anschließend gebotene Frühstück – Blutabnahme erfordert bekanntlich Nüchternheit – kennzeichnete von Anfang an die positive Atmosphäre. Besondere Aufmerksamkeit wurde den betriebsspezifisch sowohl in der Backstube als auch in den Verkaufsfilialen häufig auftretenden Rückenbeschwerden gewidmet. Neben den persönlichen Empfehlungen, die jeder Teilnehmer individuell umsetzt, entstand schon bald aus den Reihen der Belegschaft die Mareis-Sportgruppe. Isabelle Kelm, Bäckerei-Fachverkäuferin mit Ausbildung als Fitnesstrainerin, rief den Kurs in Eigeninitiative ins Leben. Seitdem treffen sich jeden Mittwoch um 19.00 Uhr zehn bis fünfzehn Frauen unter Anleitung der engagierten Mitarbeiterin zur sportlichen Aktivität, je nach Wunsch und Laune: Bauch-Beine-Po-Training, Step-Aerobic oder Walking.

Das gemeinsame Trainieren ist nicht nur aus sportlicher Sicht eine Super-Angelegenheit. Ganz nebenbei verbessert die Gesundheitsaktion die Betriebskommunikation: Mitarbeiter aus allen Bereichen – Verwaltung, Backstube, Verkauf – lernten sich so (besser) kennen oder trafen sich überhaupt zum ersten Mal. »Wir sind dadurch noch mehr zur Mareis-Familie geworden«, resümiert der Bäckermeister. »Wir reden mehr miteinander, erfahren Neues und erhalten dadurch Anregungen, aber auch Kritik, die uns dabei hilft, noch besser auf die Wünsche unserer Kunden und Mitarbeiter einzugehen.«

Eine Besonderheit der Bäckerei-Mareis-Belegschaft ist sicher der hohe Frauenanteil – von 120 Mitarbeitern sind nur 15 männlich. »Noch dominanter sind die Frauen im unserem Gesundheitsprojekt vertreten. Hier liegt das Verhältnis 38:2. Außer einem Fahrer bin ich der einzige männliche Teilnehmer«, lacht der Chef, der sich auch seiner Vorbildfunktion bewusst ist und nicht nur das Gesundheitsengagement »seiner« Frauen schätzt.

Zeit für Gesundheit

Erfreulich ist, was der verantwortliche Leiter des SchmidtColleg Business Health Concepts, Tom Aigner, in seinem Zwischenbericht anlässlich der Zweituntersuchungen nach einem Jahr dokumentieren kann, wie z. B. die Reduzierung der Raucherquote ohne spezielles Entwöhnungsangebot. Verbessert haben sich vor allem die Werte bei Herzzustand und Herzstress. Positiv entwickelten sich auch die Ergebnisse bei Rumpfmuskulatur und der Ausdauertrainingszustand der Probanden. Diese pauschalen Angaben beziehen sich auf die gesamte Gruppe. Die Einzelergebnisse dagegen werden mit jedem Teilnehmer persönlich besprochen und sind auch nur diesem zugänglich.

Um in der Backstube Mareis zu bleiben, die sich dem SlowBaking verschrieben hat: Der Teig muss ruhen und reifen. Ähnlich verhält es sich beim Business Health Concept: Ernährungsumstellung, Verzicht auf Genussmittel und sportliche Betätigung sind längerfristig angelegt, um ihre Wirkung zu entfalten.

Der lateinische Spruch »Mens sana in corpore sano«, also dass in einem »gesunden Körper auch der Geist gesund ist«, ist den meisten Menschen bekannt. Im Orient sagt man umgekehrt, dass ein gesunder Geist einen gesunden Körper erzeugt. In welcher Reihenfolge auch immer – was für das Individuum gilt, gilt mindestens ebenso für Unternehmen. Nur gesunde Mitarbeiter können auf Dauer Leistung und Qualität bringen und somit eine Grundlage für die Weiterentwicklung des Unternehmens bilden. Das Ziel ist für alle klar definiert: Durch Maßnahmen im Gesundheitsbereich steigt nicht nur die Leistungsfähigkeit, sondern auch das Engagement der Mitarbeiter als Basis zur Erreichung der Unternehmensziele.

Wichtig bei der betrieblichen Gesundheitsprävention ist die Einbindung in eine möglichst ganzheitliche und langfristige Strategie. Bäcker Mareis hat allen Grund zur Zuversicht, wenn er sagt: »Wir backen's.«

www.mareis.com

Best Practice ⊖ SBS Feintechnik:
»Risikofaktoren vermindern«

Bereits seit 2007 sammelt die im Schwarzwald ansässige BUR-GERGRUPPE Erfahrungen mit dem Präventiv-System – durchweg positive. Kompromisslose Genauigkeit – nach dieser Devise kümmert sich das Schwarzwälder Unternehmen SBS-Feintechnik bereits seit über 150 Jahren um alles, was antreibt. Vom einfachen Getriebe über mechatronische Systeme bis zu Fertiggeräten reicht das Spektrum der BURGERGRUPPE mit Sitz in Schonach. Genauso viel Energie wie in ihre Produkte legt die Geschäftsleitung in den Antrieb ihrer Mitarbeiter. Fairer Führungsstil und offene Kommunikation kennzeichnen die Unternehmenskultur.

Das Gesundheitsmanagementprogramm TopFit ist ein Teil davon. Im Oktober 2007 startete dieses All-inclusive-Gesundheitskonzept, zu dessen Umsetzung eigens eine Diplomandin der Deutschen Sporthochschule Köln eingestellt wurde.

Den Trend umkehren

Neu ist, dass mit dem Projekt TopFit ein ganzheitlicher Ansatz gefunden wurde, der frischen Wind in das Angebot brachte. Das SchmidtColleg Business Health Concept ist als mobiles Gesundheitsmanagement ausgelegt, welches direkt ins Unternehmen kommt. Abgestimmt auf die Voraussetzungen vor Ort wird zunächst eine Analyse erstellt. Zielplanung und individueller Projektplan bauen darauf auf. Anschließend wird das so erarbeitete betriebsspezifische Gesundheitsprogramm den Mitarbeitern vorgestellt. Die zu erwartenden persönlichen Vorteile der Teilnehmer führen zu einer hohen Akzeptanz. So konnte das auf die BURGER-GRUPPE zugeschnittene Projekt TopFit vom Start weg 140 Teilnehmer unter den Mitarbeitern aktivieren. Als ganzheitliches Projekt vereint es unterschiedlichste Gesundheitsaspekte – vom Ernährungsvortrag und Kochkurs bis zur Stressbewältigungsstrategie. Am Anfang stand für jeden Teilnehmer ein professioneller 120-Minuten-Check-up zur Feststellung der persönlichen Fitness und Gesundheit:

· umfangreiche Blutuntersuchung zur frühzeitigen Erkennung schwerwiegender Krankheiten,

Die UnternehmerEnergie-Erfolgsgeschichten

Anwenderbericht
SBS Feintechnik
Schonach

Inhaber Thomas Burger über Seminare, Ideen und seinen Weg zum Erfolg.

· Herz-Kreislauf-Test (IPN) zur Bestimmung der individuellen Leistungsfähigkeit,
· bioelektrische Impedanzanalyse zur Feststellung der Körperzusammensetzung,
· 3D-Wirbelsäulenanalyse, ein Lungenfunktionstest, ein Herzinfarkt-Risikoanalyse (PROCAM SCORE),
· 3D-Herzstressmessung,
· intensive Nachbesprechung der persönlichen Ergebnisse.

Das auf den Ergebnissen dieser Untersuchungen fußende Programmangebot orientiert sich eng an den Wünschen der einzelnen Mitarbeiter. So z. B. in der Berücksichtigung unterschiedlicher Arbeitszeiten (Schicht) und der Mitgestaltung des Kursprogramms. Zur nachhaltigen Umsetzung der Empfehlungen und zur aktiven Betreuung und individuellen Beratung wurde die angehende Sportwissenschaftlerin Stephanie Kern von der Deutschen Sporthochschule Köln im Unternehmen eingestellt. Im Rahmen ihrer

Diplomarbeit evaluiert sie die Ergebnisse des Gesundheitsmanagements und koordiniert die Einzelmaßnahmen sowie den Aufbau eines regionalen Netzwerks. Das Aktivprogramm reicht von organisierten Jogging- und Nordic-Walking-Gruppen über Fitness-, Schwimm-, Pilates- oder Spinning-Kurse bis hin zum Aquabiking. »Das Programm kommt sehr gut an«, freut sich Silke Burger. »Unsere Mitarbeiter haben Spaß daran und beteiligen sich großartig.« Die Aktiven kommen aus allen Schichtmodellen und Abteilungen, vom Azubi bis zum Rentner ist fast die Hälfte aller Mitarbeiter seit Anfang an dabei. Als Leiterin Human Resources und Initiatorin von TopFit liegt Silke Burger die Thematik »Gesunde Menschen – gesundes Unternehmen« besonders am Herzen. »Natürlich muss man Gesundheitsbewusstsein auch selbst vorleben. Als Kettenraucher beispielsweise wäre ich nicht glaubwürdig.«

Umso erfreulicher ist, was der verantwortliche Leiter des SchmidtColleg Business Health Concepts, Tom Aigner, in seinem Zwischenbericht nach einem Jahr dokumentieren kann: Die Raucherquote von 28,7 Prozent 2007 (das entspricht dem Bundesdurchschnitt) hat sich auf 25 Prozent reduziert. Dabei gab es kein spezielles Entwöhnungsangebot, es reichte die ständige Thematisierung. Auch der Körperfettanteil der Teilnehmer konnte signifikant verringert werden, von 25,7 auf 21,6 Prozent, was insgesamt 410 kg entspricht. Diese Beispiele untermauern eindrucksvoll die Tatsache, dass die aktiven Teilnehmer im Beobachtungszeitraum weniger häufig krank waren.

Eigenverantwortung stärken

Aber auch die Stärkung des Verantwortungsbewusstseins für die eigene Gesundheit wird in diesem Ergebnis sichtbar. Dazu Silke Burger: »Wir wollen unsere Mitarbeiter mit der Aktion TopFit motivieren. Jeder Teilnehmer erhält regelmäßig Feedback zu seiner persönlichen körperlichen Verfassung. Für uns als Unternehmer bleiben diese Ergebnisse anonym.« Wie sollte es auch anders sein, denn zu den Führungsgrundsätzen der BURGERGRUPPE zählen partnerschaftliche Umgangsformen.

Dynamik am Arbeitsplatz

Wichtig bei der betrieblichen Gesundheitsprävention ist, dass es nicht bei einer Insellösung bleibt, sondern alle Maßnahmen möglichst in eine ganzheitliche und langfristige Strategie eingebunden werden. Bei SBS-Feintechnik wurde durch die allgemeine Sensibilisierung bereits ein weiterer Schritt unternommen. In Zusammenarbeit mit der Physiotherapeutin, die einmal die Woche für die Mitarbeiter von SBS-Feintechnik im Haus ist, werden die Arbeitsplätze individuell angepasst, getreu dem Motto des Unternehmens »Ihre Gesundheit ist uns wichtig«.

Das SchmidtColleg Business Health Concept betrachtet die Situation im Unternehmen ganzheitlich.

· Abstimmung auf die Rahmenbedingungen des Unternehmens
· Beratung und Betreuung vor Ort
· Integration der Projektabläufe in den Arbeitsalltag
· Business-Health-Mobil mit komplettem medizinischen Equipment für Gesundheits-Check-up
· individuelle Beratung aller Teilnehmer
· Vergleichsmessungen nach 12 und 24 Monaten
· Begleitung durch erfahrene Sportwissenschaftler direkt vor Ort
· Integration der Mitarbeiter

Es wird unternehmensbezogen und differenziert dort angesetzt, wo der größte Handlungsbedarf besteht – den Facharbeiter in der Produktion belastet stundenlanges Stehen anders als den Manager in der Führungsetage sitzlastige Zwölf-Stunden-Tage. Die Integration jedes einzelnen Mitarbeiters baut anfängliche Barrieren schnell ab, denn die Mitarbeiter sind es, die neben dem Unternehmen am meisten vom Business Health Concept profitieren. Eine kostenlose Broschüre über das Business Health Concept von SchmidtColleg können Sie per E-Mail abrufen unter info@schmidtcolleg.de. Weitere Infos erhalten Sie ebenfalls unter www.schmidtcolleg.de.

www.sbs-feintechnik.com

Download unter:
www.UnternehmerEnergie.de

Besser essen, mehr leisten

In der Hektik des Arbeitsalltags kommt gesunde Ernährung oft zu kurz: Es wird zu hastig gegessen, zu unausgewogen, zu viel oder zu wenig. Das vordergründige Ziel besteht darin, Zeit zu sparen. Doch hat diese Sparsamkeit fatale Folgen: Bei zu reichhaltigem Essen sinkt die Konzentration am Nachmittag rapide ab. Bei zu süßen Nahrungsmitteln schnellt der Blutzuckerspiegel in die Höhe und stürzt unmittelbar danach ab – was eine erneute »Lust auf Süßes« auslösen kann.

Zu schnell, zu viel, zu süß, zu fett: Es sind ausgerechnet die Leistungsträger in den Unternehmen, die sich oft keine Zeit für ausgewogene Mahlzeiten nehmen und vieles achtlos »nebenher« essen. Oft gilt: je mehr Druck, desto mieser das Essen. Die Folge: Die Laune leidet, die Leistung sinkt.

Leistungsbremse Nulldiät

Doch was tun, wenn sich der Rettungsring an den Hüften immer mehr aufbläst? Einfach gar nichts mehr essen?
Das funktioniert nicht. Ein unterzuckertes Gehirn tickt nicht mehr richtig, weil Gehirnzellen keine Energie speichern können. Gerade morgens ist es wichtig, den Körper mit einem guten Frühstück aus Vollgetreideprodukten, Milchprodukten und Obst auf Touren zu bringen, weil unsere Energiespeicher über Nacht leerlaufen.

Wer keine Zeit hat, kann sich immerhin Fruchtsaft mit Joghurt und Instant-Haferflocken mischen – das geht schnell und ist auf jeden Fall besser als gar kein Frühstück.

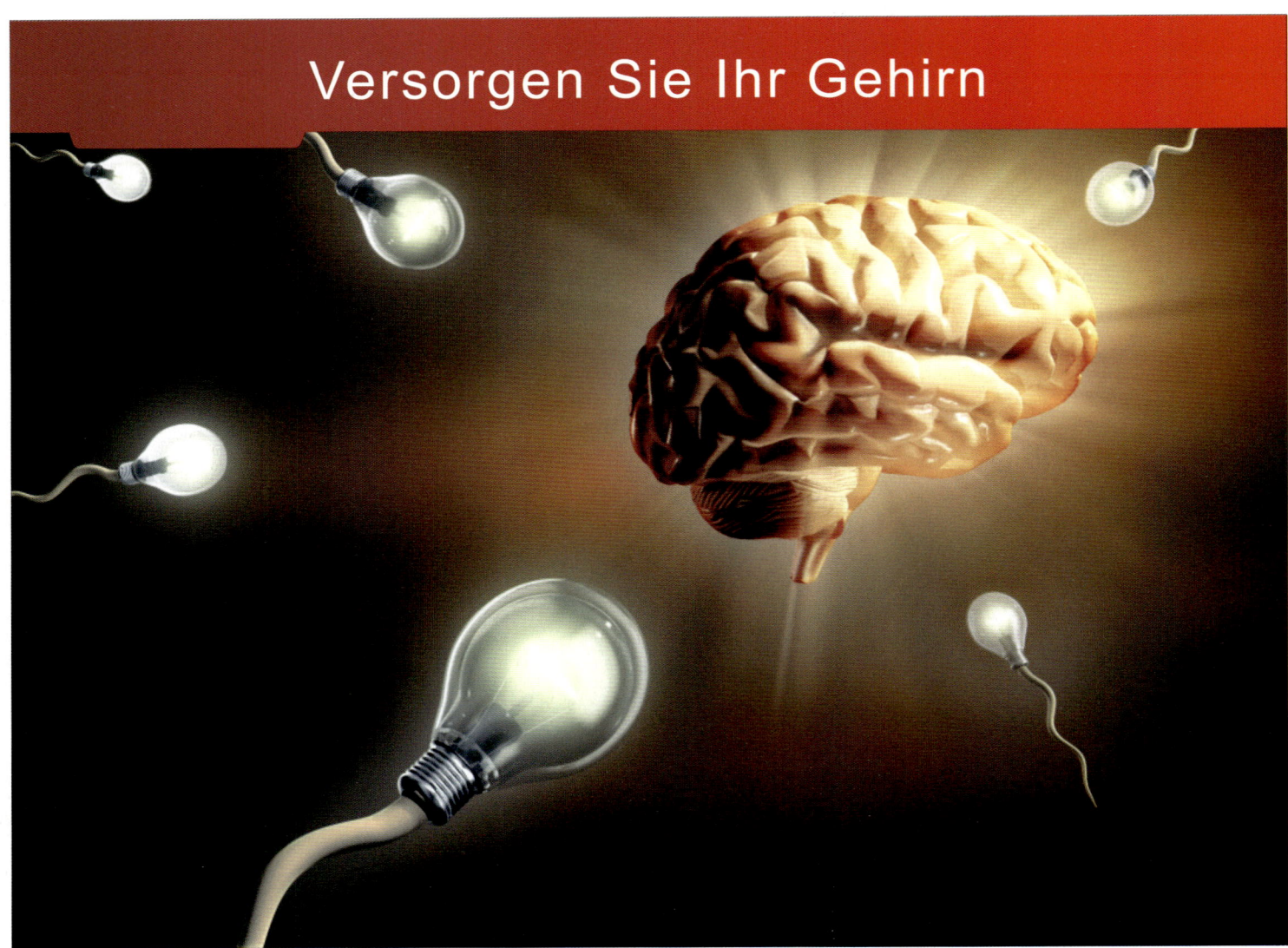

Versorgen Sie Ihr Gehirn

Leistungsbremse Zucker

Tagsüber ist es wichtig, regelmäßig zu essen – und zwar, bevor sich der »kleine Hunger« in einen »Heißhunger« verwandelt hat. Ein zweites Frühstück und ein Nachmittagssnack halten die Leistungskurve konstant. Dabei sind Joghurt- und Quarkprodukte, Obst oder ein Sandwich auf jeden Fall besser als Kekse und Schokoriegel. Zucker gibt nämlich nur einen kurzen Kick und kippt dann in einen Kater um: Der Blutzuckerspiegel sinkt in den Keller – und mit ihm die Leistung. Süßes macht weder satt noch fit.

Leistungsbremse Fett

Wer mittags auf eine mittelmäßige Kantine, den Bäcker oder den Imbiss um die Ecke angewiesen ist, sollte zumindest Fett sparen. Denn sobald das Essen zu mehr als einem Drittel aus Fett besteht, können wir unsere Kohlenhydratreserven nicht mehr effektiv auffrischen – und werden schlapp. Also: keine fettigen Suppen, lieber gedünstetes als gebratenes Fleisch, lieber Schinken statt Salami, lieber Frischkäse statt Camembert, lieber Joghurt- als Remouladensauce, lieber Brötchen statt Pommes.

Leistungsbremse Wassermangel

Schon ein Flüssigkeitsverlust von nur 2 Prozent des Körpergewichts schränkt die mentale und körperliche Leistungsfähigkeit stark ein. Der schnelle Griff zu Kaffee, Limo oder Eistee geht aber daneben: Denn Koffein und Zucker verwandeln unsere Leistungskurve in eine Achterbahn. Besser sind Mineralwasser mit Calcium und Magnesium oder Saftschorlen.

Leistungsbremse Seelennahrung

Wenn uns Freude, Frust und Stress, aber auch Langeweile unter Strom setzen, greifen wir (je nach Naturell) zu Schokolade oder zu einer Riesenportion Pommes. Nicht aus Hunger, sondern allein, um mit unseren Emotionen fertig zu werden. Das ist an sich nicht schlimm, problematisch wird es aber dann, wenn Essen (oder Hungern) zum einzigen Mittel wird, um mit Gefühlen umzugehen. In diesem Fall ist es ratsam, nicht mehr nur Kalorientabellen unter die Lupe zu nehmen, sondern die eigenen Emotionen – am besten mit professioneller Unterstützung.

Nur ein kurzer Kick

»Man soll dem Leib etwas Gutes bieten, damit die Seele Lust hat, darin zu wohnen.«

Winston Churchill

Hunger! Aber nach was?

Die Ernährungspyramide stellt Ernährungsempfehlungen besonders eingängig dar: Auf der untersten, größten Stufe befinden sich die Lebensmittel, die wir am häufigsten essen sollten – während ganz oben die Produkte stehen, die nur in geringer Dosierung empfohlen werden. Bei der unten abgebildeten Pyramide handelt es sich um eine Variante der Ernährungspyramide nach den Empfehlungen der Deutschen Gesellschaft für Ernährung, DGE, wobei in dieser Darstellung die Getränke ausgeblendet wurden, die laut DGE an erster Stelle stehen sollten.

· An der **Basis** der Pyramide stehen Grundnahrungsmittel wie Brot, Reis, Nudeln und Kartoffeln. Sie alle enthalten langkettige Kohlenhydrate (Stärken).
· Auf der **zweiten Ebene** befinden sich Gemüse und Obst.
· Die **dritte Ebene** beinhaltet eiweißhaltige Nahrungsmittel wie Milchprodukte, Fleisch, Fisch, Geflügel, Eier und Nüsse.
· An der **Spitze** der Pyramide stehen Zucker und Fette wie Pflanzenöle, die möglichst zurückhaltend konsumiert werden sollten.

Die Ernährungspyramide stellt allerdings kein Naturgesetz dar. Sie wird immer wieder verändert und angepasst, außerdem sieht die Empfehlung in den USA völlig anders aus als zum Beispiel die in Japan. Hierzulande ist seit den 2000er Jahren die Bevorzugung der Kohlenhydrate in die Kritik geraten. 2005 veröffentlichte die DGE deshalb eine Empfehlung, in der Gemüse und Obst zusammen eine größere Gruppe darstellen als die Gruppe kohlenhydrathaltiger Nahrungsmittel: 30 Prozent Kohlenhydrat-Gruppe, 26 Prozent Gemüse, 17 Prozent Obst, 18 Prozent Milchprodukte, 7 Prozent tierische Proteine, 2 Prozent Öle und Fette. In jüngerer Zeit kam überdies die Diskussion auf, bestimmte Nahrungsmittel nur vormittags und andere überwiegend abends zu essen (vgl. Detlef Pape et al: Schlank im Schlaf. Die revolutionäre Formel. So nutzen Sie Ihre Bio-Uhr zum Abnehmen. Gräfe und Unzer, 2007).

4. Ebene: Zucker und Fette

3. Ebene: Eiweißhaltige Lebensmittel

2. Ebene: Obst und Gemüse

1. Ebene: Lebensmittel mit vielen Kohlenhydraten

Mehr Infos zum Thema vollwertige Ernährung bei der Deutschen Gesellschaft für Ernährung e. V.: http://www.dge.de

Wozu Vitamine gut sind – und wo sie drinstecken

Vitamin A:
Gut für die Augen

Gemüse wie Spinat, Broccoli, Karotten, Bohnen und Mais, Milch und Milchprodukte, Eigelb, Fisch, Aprikosen und Pfirsiche.

Vitamin B 1:
Gut für Nerven und Muskeln

Schweinefleisch, Vollkornprodukte und Sojabohnen.

Vitamin B 2:
Gut für den Stoffwechsel

Milch, Milchprodukte, Innereien, Schweine-, Rind- und Geflügelfleisch, Vollkornprodukte und Hefe.

Vitamin B 6:
Gut für die Nerven

Fleisch, Weizenkeime, Bohnen, Fisch, Hefe, Nüsse, Vollkornprodukte, Bananen, Aprikosen, Johannisbeeren, Grünkohl, Rosenkohl und Spinat.

Vitamin B 12:
Gut für Blut und Nerven

Fleisch, Fisch, Eier, Milchprodukte.

Vitamin C:
Gut für die Bildung und Funktionserhaltung von Bindegewebe, für die Eisenaufnahme, die Wundheilung, Narbenbildung und das Wachstum.

Obst und Gemüse.

Vitamin D:
Gut für Knochen und Zähne

Vitamin D kann vom Körper selbst gebildet werden, jedoch nur mithilfe von UV-Strahlen.

Vitamin E:
Gut für den Zellschutz

Leinsamen- und Sonnenblumenöl, Olivenöl, Nüsse, Vollkornprodukte, Milchprodukte, Eigelb, Butter und Margarine.

Vitamin K:
Gut für die Blutgerinnung

Sauerkraut, Rosenkohl, Blumenkohl, Blattgemüse, Getreide, Geflügel und Rindfleisch.

Magnesium:
Gut für Herz, Nerven, Muskeln

Mineralwässer, Getreide, Milch, Fleisch, Hülsenfrüchte und Mineralwässern.

Kalium:
Gut für die Regulation des Wasserhaushaltes, für die Energieproduktion, für den Herzrhythmus, die Muskelarbeit und die Weiterleitung von Nervenimpulsen.

Obst, Gemüse, Kartoffeln und Hülsenfrüchte.

Eisen:
Gut gegen Blutarmut

Fleisch, Innereien, Gemüse und Hülsenfrüchte. Gleichzeitig verzehrte Lebensmittel und Säfte, die Vitamin C enthalten, verbessern die Eisenaufnahme.

Kalzium:
Gut für Knochen und Zähne, aber auch für die Blutgerinnung, die Kontraktion von Muskeln und die Reizübertragung der Nerven.

Milch und Milchprodukte, Hülsenfrüchte, Mineralwässer.

Hier finden Sie einige Empfehlungen zum Thema gesunde Ernährung:

Vielseitig essen

Industrialisierung und Fast Food haben die Nahrungsvielfalt reduziert. Nur mit einer abwechslungsreichen Ernährung kann die Zufuhr aller notwendigen Nährstoffe sichergestellt werden.

»Five a day« –
5 Portionen Obst oder Gemüse am Tag

Obst und Gemüse sind reich an Vitaminen, Mineralstoffen, Ballaststoffen und sekundären Pflanzenstoffen. Sie besitzen eine geringe Energiedichte, viel Flüssigkeit und schützen vor Krebs.

Ballaststoffreich ernähren

Ballaststoffe erhöhen das Volumen der Nahrung und senken damit die Energiedichte. Darüber hinaus erhöhen sie die Sättigungswirkung, verbessern die Blutfettkonstellation und reduzieren den Blutzuckeranstieg infolge der Nahrungsaufnahme. Letzteres ist bedeutend für die Prävention von Diabetes mellitus.

Eiweiß: täglich Milch oder Milchprodukte, regelmäßig Fleisch

Eiweiß ist unentbehrlich und hat eine gute Sättigungswirkung. Milchprodukte sind wichtige Eiweiß- und Calciumlieferanten. Fleisch ist wegen seines hochwertigen Eiweißes und des hohen Gehaltes an Eisen und B-Vitaminen besonders wertvoll. Generell ist die Eiweißqualität von tierischen Nahrungsmitteln und Soja höher zu bewerten als pflanzliches Eiweiß.

Fette: 2-mal pro Woche Fisch, pflanzliche Öle und Nüsse

Fette sind besser als ihr Ruf. Insbesondere Fisch, Algen, Leinsamen- und Rapsöl sowie Walnüsse enthalten viele lebenswichtige Omega-3-Fettsäuren. Omega-3-Fettsäuren verbessern die Blutfettwerte und senken das Risiko für Herz-Kreislauf-Erkrankungen.

Vorsicht vor Industriefetten

Bei der industriellen Härtung von pflanzlichen Fetten zur Herstellung von Streichfetten und bei anhaltender Erhitzung entstehen trans-Fettsäuren. Diese stellen ein erhebliches Gesundheitsrisiko dar. Wesentliche Quellen sind folglich Frittiertes, Fertiggerichte und kommerziell hergestellte Süßwaren.

Kohlenhydrate: weniger Zucker und raffiniertes Mehl

Der Verbrauch von Haushaltszucker hat sich seit Beginn des letzten Jahrhunderts verdreifacht. Zucker und Kohlenhydrate werden beim heutigen Lebensstil überwiegend als Fett gespeichert und belasten die Bauchspeicheldrüse. Diabetes mellitus kann die Folge sein.

Schonend zubereitete und wenig verarbeitete Lebensmittel bevorzugen

Das Garen der Speisen bei geringen Temperaturen erhält den natürlichen Geschmack, schont die Nährstoffe und verhindert die Bildung schädlicher Verbindungen. Gering verarbeitete Nahrungsmittel enthalten keine Konservierungsstoffe oder andere künstlichen Zusatzstoffe. Sie sind reich an Nährstoffen und besitzen eine geringe Energiedichte.

Reichlich Flüssigkeit aufnehmen

Wasser ist lebensnotwendig. Es sollten ca. 1,5 l Flüssigkeit pro Tag zugeführt werden. Wasser und kalorienarme Getränke sind zu bevorzugen, da Getränke nicht zur Sättigung beitragen.

Gesundheitsrisiko

Schonend zubereiten

Belastend

Trinken!

Fragen Sie sich auch...

... ob zu viel gesundes Essen schädlich ist?

Nein: Wenn Sie sich ausgewogen ernähren, können Sie gar nicht in Gefahr geraten. Gefährlich kann es nur dann werden, wenn Sie Nahrungsergänzungsmitteln überdosieren. Beispiele: Zu viel Vitamin A kann zu Sehstörungen führen, zu viel Vitamin B6 zu Nervenschäden und zu viel Vitamin C zu Harnsteinen.

... ob Studentenfutter schlau macht?

Ja. Die Mischung aus getrockneten Früchten und Nüssen liefert schnelle und gute Energie fürs Hirn – und für den gesamten Körper. Gerade Nüsse enthalten viele ungesättigte Fettsäuren und kein Cholesterin, außerdem viele B-Vitaminen, Folsäure, Vitamin E, Magnesium und Kalium.

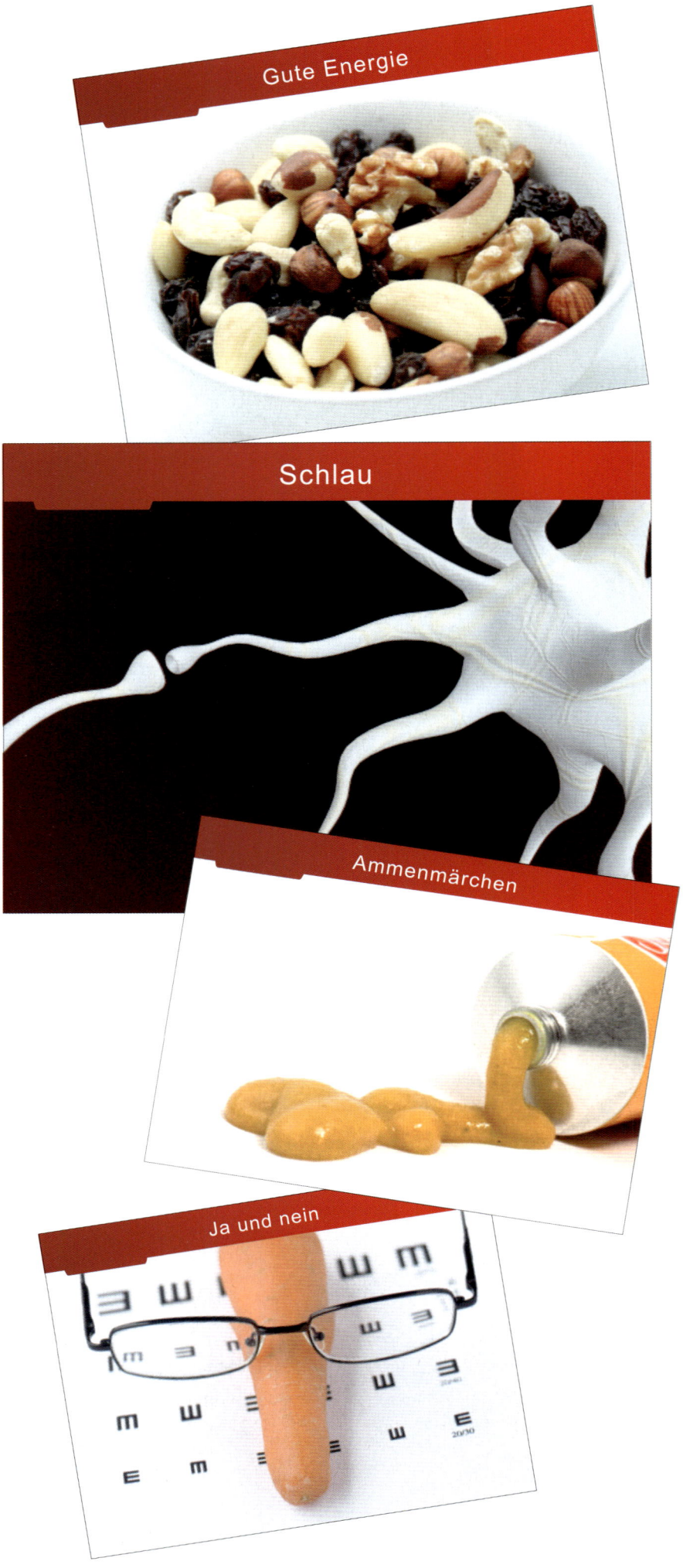

... ob Eiweiß beim Denken hilft?

Ja. Mageres Fleisch, fettarme Milchprodukte, Fisch, Hülsenfrüchte, Sojaprodukte, Nüsse gelten als Nahrung fürs Hirn. Denn aus Aminosäuren bildet der Körper Neurotransmitter, die Informationen von Nervenzelle zu Nervenzelle übertragen.

... ob Senf dumm macht?

Ja und nein. Senföle baut der Körper zu Blausäure ab, und die kann dem Gehirn schaden. In handelsüblichem Senf ist die Konzentration des Senföls aber so gering, dass er nicht schädlich ist. Dass Senf dumm macht, ist ein altes Ammenmärchen.

... ob Energie-Drinks Flügel verleihen?

Ja. Viele Energie-Drinks enthalten Taurin, das andere Wirkstoffe leichter in die Blutbahn rutschen lässt - zum Beispiel auch Koffein. Weil die meisten Energie-Drinks so viel Koffein wie eine Tasse Kaffee enthalten, machen sie kurzfristig wach. (Fliegen kann man zumeist trotzdem nicht.)

... ob Möhren gegen die Brille helfen?

Ja und nein. Wenn Sie kurzsichtig sind, können Sie noch so viele Karotten essen, Sie bleiben kurzsichtig. Aber: Eine regelmäßige Aufnahme von Betacarotin hilft dem Körper bei der Bildung von Vitamin A, das wir brauchen, um Helligkeitsunterschiede wahrzunehmen. Eine drastische Unterversorgung mit Vitamin A kann zu Nachtblindheit oder sogar zu völliger Blindheit führen und auch die Hornhaut schädigen. Wenn Sie keine Karotten mögen, können Sie übrigens auch auf Tomaten, Broccoli, Aprikosen oder Mango umsteigen.

Gesunde Bewegung

Wer rastet, der rostet

Wenn Sie sich gesund ernähren und sich jeden Tag eine halbe bis ganze Stunde bewegen, fühlen Sie sich gesund, Sie können motiviert und effektiv arbeiten – und sehen auch noch gut aus.

Wichtig ist, dass Sie sich in Ihrem Bemühen um Bewegung und gesunde Ernährung nicht unnötig selbst kasteien. Achten Sie darauf, dass Ihnen Ihr Essen schmeckt und dass Sie Spaß an der Bewegung haben. Denn es gilt:

Sie werden nur dann fit, wenn Ihnen der Sport Spaß macht!

Das ist der wichtigste aller Ratschläge. Suchen Sie sich eine Sportart, die zu Ihnen passt. Verzichten Sie auf quälende Trainingseinheiten. Qualität kommt nicht von Qual, ein gutes Training bereitet Freude und keine Schmerzen.

Hier finden Sie einige Empfehlungen zum Thema gesunde Bewegung:

Ausdauersport ist für jeden geeignet

Egal ob jung oder alt, schlank oder korpulent: Ausdauersport eignet sich für jeden! Achten Sie darauf, dass die Sportart, der Umfang und die Intensität Ihren körperlichen Voraussetzungen angemessen sind.

Setzen Sie sich Ziele

Sie sollten sich immer realistische Trainingsziele setzen. Melden Sie sich z. B. zu Wettkämpfen oder anderen Sportveranstaltungen an, auf die Sie hintrainieren. Das Erreichen dieser Ziele gibt Ihnen die notwendige Motivation weiterzumachen.

Finden Sie das richtige Tempo

Viele Anfänger laufen zu schnell und der Spaß am Ausdauersport geht verloren. Darum gilt für Einsteiger grundsätzlich der Leitsatz: »Laufen ohne zu schnaufen«. Ambitionierte Sportler sollten für eine optimale Trainingsgestaltung eine Leistungsdiagnostik durchführen. Verabredungen mit Trainingspartnern schaffen Verbindlichkeiten, allerdings sollte das Leistungsniveau sich auf einem vergleichbaren Level befinden, damit keiner über- bzw. unterfordert wird.

Hören Sie in Ihren Körper hinein

Bei akuten Infektionen ist eine strikte Sportpause einzuhalten, da der ausgepowerte Organismus anfällig für Erreger ist (Herzmuskelentzündung). Wenn Sie sich schlapp fühlen, dann nehmen Sie diese Signale ernst und reduzieren Sie das Training. Oft geht es nach ein paar Tagen wieder bergauf.

Gönnen Sie Ihrem Körper Erholungspausen

Die Anpassungen des Körpers an das Training erfolgen in den Pausen zwischen den Trainingseinheiten. Deswegen sollten Sie dem Körper nach intensiven Trainingseinheiten Ruhepausen gönnen. Dehnen im Anschluss an das Training fördert zusätzlich die Regeneration.

Ziele setzen

Laufen ohne schnaufen

Achten Sie auf sich!

Ruhe gönnen

Schulen Sie Koordination und Kraft

Eine kräftige Muskulatur und eine gute Koordination sind für eine saubere Technik und die Stabilisation der Gelenke unabdingbar. Versuchen Sie vielseitig zu trainieren. Ihre Muskulatur wird so auf vielfältige Weise belastet, verschiedenste Muskelgruppen werden involviert und neue Koordinationsmuster geschult.

Motivieren Sie sich selbst

Speichern Sie positive Trainingserlebnisse ab und rufen Sie sich diese in Erinnerung, wenn Sie unmotiviert sind.

Drücken Sie hin und wieder aufs Tempo

Variieren Sie das Tempo, um mehr als nur die Grundlagenausdauer zu verbessern. Hat sich Ihr Körper an ein Tempo gewöhnt, fehlt ihm der Anreiz für weitere Leistungssteigerungen.

Jeder Anfang ist schwer, aber schon nach kurzer Zeit werden Sie den Ausdauersport genießen und Fortschritte feststellen.

Kondition und Kraft

»Es gibt kein Medikament, das so viele positive Effekte bei gleichzeitig so geringen Nebenwirkungen besitzt wie dosierte körperliche Aktivität.«

Prof. Dr. Dr. W. Hollmann

Umsetzung

> »Es verdrießt die Menschen, dass das Geniale so einfach ist. Sie vergessen, dass sie noch Mühe genug haben, es umzusetzen.«

Johann Wolfgang von Goethe

Sie haben sich in diesem Buch intensiv mit Ihren eigenen Zielen und Ihrer Kompetenz der Lebensführung auseinandergesetzt, Sie haben sich mit Strategien Ihres Unternehmens beschäftigt, mit dem Handwerk der Steuerung, mit der Disziplin des Managements und der Kunst der Führung. Viele Unternehmer, die sich in unseren Seminaren intensiv mit genau diesen Themen befassen, kommen anschließend »bis in die Haarspitzen motiviert und voller Tatendrang« (Winfried Tenbrink, Tenbrink Objekteinrichtungen GmbH) in ihr Unternehmen zurück und haben größte Lust, nun alles auf einmal umzukrempeln. Doch das ist meistens gar nicht so einfach.

Achtung, Schweinehunde!

Sie wissen selbst, welche Mühen es bedeutet, sich regelmäßiges Joggen anzugewöhnen oder eine gesündere Ernährung. Es ist schon viel erreicht, wenn Sie sich Ihr Ideal überhaupt vorstellen können und jeden Tag daran arbeiten, ihm ein wenig näher zu kommen. Der Weg ist das Ziel! Im Unternehmen haben Sie es dann nicht nur mit Ihrem eigenen »Schweinehund« zu tun, sondern mit den vielen »Schweinehunden« Ihrer gesamten Belegschaft. Gleichzeitig haben Sie in der Firma aber auch den Vorteil der Gruppendynamik: Wenn es Ihnen gelingt, Mitstreiter zu begeistern und gemeinsam motivierende Ziele zu setzen, kann die Umsetzung von Veränderungen im Unternehmen sogar leichter sein als das Change-Management in eigener Sache.

Wandel mit Plan und Ziel

Was Sie für eine erfolgreiche Umsetzung Ihrer neuen Ideen brauchen, ist in erster Linie eine klare Führungsrolle (und erst in zweiter Linie Management-Wissen): Denn **hinter einem Umsetzungsproblem steht immer ein Führungsproblem:** Ohne wirksame Führung kann keine Leistung wirksam werden. Hinter einem Führungs-

problem steht immer auch **Planlosigkeit.** Erst durch einen Umsetzungsplan wird ein Ziel für alle handelnden Personen verbindlich. Der Umsetzungsplan stellt also eine Verbindung her zwischen dem Plan auf Papier und seiner Umsetzung in der Realität. Der **Umsetzungsplan** beschreibt Ziele im Detail und legt konkrete Jahrestermine fest. Je größer der Plan, desto wichtiger sind Projektpläne mit Zwischenzielen, die im Laufe der jeweiligen Jahreszielplanungen kontrolliert und gesteuert werden können. Auf den folgenden Seiten habe ich daher für Sie einen Fahrplan zusammengestellt, mit dem Sie Ihr Unternehmen innerhalb von drei Jahren neu strukturieren und neu ausrichten können – und zwar nachhaltig.

Gemeinsam Energie tanken

Wenn Ihnen die Themen des Buches gefallen haben und Sie diesen praktischen Ansatz für Ihr Unternehmen umsetzen wollen, so empfehle ich Ihnen sehr die Teilnahme an unserem Seminar UnternehmerEnergie. So oft habe ich schon erleben dürfen, wie Menschen hier ihr Leben und damit ihre Unternehmen verändert haben. Ein Buch gibt Ihnen viele Anregungen und Werkzeuge, ein Seminar gibt Ihnen die persönliche Energie, diese auch um- und einzusetzen. Es geht hier um eine sehr zentrale und wichtige Kompetenz, in die es sich lohnt zu investieren. Deshalb empfehle ich Ihnen hier aus den praktischen Erfahrungen folgendes Vorgehen für eine erfolgreiche Umsetzung in Ihrem Unternehmen:

1. Ausbildung der Geschäftspartner und Entscheidungsträger im Seminar »UnternehmerEnergie«.
2. Ausbildung der Führungskräfte im Seminar »FührungskräfteEnergie«. So wird Energie und das Bewusstsein für die Umsetzung geschaffen.
3. Startveranstaltung im Führungskreis mit Analyse des aktuellen Veränderungsbedarfs und Festlegung der einzelnen Projekte mit Verantwortlichen, basierend auf dem System »FührungsEnergie« – hier ist Vor-Ort-Unterstützung durch das Schmidt-Colleg möglich.
4. Ausbildung der Mitarbeiter unterhalb der Führungsebene im Seminar »MitarbeiterEnergie«.
5. Regelmäßige Treffen (am besten in regelmäßigen Abständen), so dass die Umsetzung zu einem eigenen Projekt im Unternehmen wird.
6. Die Seminare »FührungskräfteEnergie« und »MitarbeiterEnergie« können bei einer bestimmten Teilnehmerzahl (ab 15 Personen) auch firmenintern durchgeführt werden.

In der Praxis hat es sich als sehr sinnvoll erwiesen, zu allen relevanten Themen Workshops durchzuführen. Wenn Sie die wichtigsten Führungskräfte und, je nach Thema, auch Ihre komplette Belegschaft zu einem Workshop einladen, profitieren Sie erstens von der kollektiven Intelligenz Ihres Unternehmens.

Zweitens haben Sie ein optimales Forum, um Ihre Mitarbeiter von Ihren Ideen zu begeistern – und umgekehrt die Ideen Ihrer begeisterten Mitarbeiter zu erfahren (und selbstverständlich auch deren Einwände).

Beispiel Jahreszielplanung

Die **Jahreszielplanung** umfasst den wichtigsten Planungszeitraum in einem Unternehmen. Sie kann im Rahmen einer regelmäßigen Veranstaltung erfolgen, zu der verantwortliche Führungskräfte eingeladen werden. Bei kleinen Unternehmen kann die Jahreszielplanung auch mit allen Mitarbeitern gemeinsam erarbeitet werden. In jedem Fall sollte im Anschluss an die Jahreszielplanung ein Umsetzungsworkshop stattfinden, um die Informationen an die Mitarbeiter weiterzugeben und konkrete Umsetzungsschritte gemeinsam festzulegen. Folgende Schritte haben sich in der Praxis als sinnvoll erwiesen:

1. Einladung
Laden Sie Ihre Mitarbeiter rechtzeitig und vor allen Dingen persönlich zur gemeinsamen Jahreszielplanung ein. Es kann sehr hilfreich sein, über eine längere Periode eine ganze Reihe von Einladungsschreiben auszusenden, zunächst als »Ankündigung«, dann als »Einladung« und schließlich in Form mehrerer »Erinnerungen«. So machen Sie deutlich, wie wichtig Ihnen dieser Termin ist. Ermutigen Sie Ihre Mitarbeiter, über einen längeren Zeitraum Innovationsideen und Zielvorschläge zu sammeln und sich strukturiert auf den gemeinsamen Workshop vorzubereiten. Legen Sie der Einladung Informationen über die Vision, die Kultur und die langfristigen Ziele Ihres Unternehmens als gemeinsame Basis für die Diskussion bei.

2. Durchführung des Workshops
Je nach Größe des Unternehmens sollten Sie ein bis zwei Tage für den Workshop zur Jahreszielplanung vorsehen. Wenn konkrete Ziele für viele Bereiche formuliert werden sollen, ist es bei einigen unserer Kunden sogar zur Gewohnheit geworden, sich eine ganze Woche Zeit zu nehmen.

3. Revision
Bei jedem Workshop zur Jahreszielplanung sollten Sie einen kritischen Blick auf die Vision Ihres Unternehmens und auf die gelebte Kultur werfen. Wird das, was Sie gemeinsam formuliert haben, tatsächlich gelebt? Oder muss entweder die gelebte Kultur oder das formulierte Leitbild verändert werden? Prüfen Sie auch die Periodenzielplanung: Stimmt der langfristige Kurs? Oder muss die Periodenzielplanung überarbeitet werden?

4. Rückblick
Die Analyse des vergangenen Jahres sollte unbedingt Bestandteil des Workshops zur Jahreszielplanung sein. So können Sie die Erfolge des letzten Jahres würdigen, aber auch echte Fehler analysieren und daraus lernen. Analysieren Sie hier auch die Stärken, Schwächen, Chancen und Risiken des Unternehmens (SWOT-Analyse, vgl. Seiten 145 ff.), das heißt zum einen aus den Fehlern zu lernen und zum anderen die Erfolge zu würdigen, und durchleuchten Sie den Stand Ihrer Firma mit einem Kurz-Check (»Röntgenbild«, vgl. Seite 203).

5. Ausblick
Unter Berücksichtigung der revidierten Vision und Planung und der Analyse-Ergebnisse des Vorjahres werfen Sie nun einen Blick nach vorn: Formulieren Sie gemeinsam konkrete Ziele für die Bereiche Finanzen, Kundennutzen und Vertrieb, Mitarbeiter und Organisation, Marketing und Erscheinungsbild, Forschung und Entwicklung und alle weiteren Bereiche, die für Ihr Unternehmen relevant sind. Wichtig: Formulieren Sie unbedingt realistische Ziele. Ihre interne Zielplanung ist kein Forum für markige Marketing-Sprüche. Nur erreichbare Ziele sind motivierende Ziele.

6. Prioritäten
Legen Sie Prioritäten für die formulierten Ziele fest. Berücksichtigen Sie dabei jeweils Aufwand und Nutzen, finanzielle Investitionen und Bedeutung für den Unternehmenserfolg.

7. Umsetzungsplan
Ohne Plan kein Ziel! Entwerfen Sie für alle beschlossenen Ziele einen konkreten Umsetzungsplan. Wichtig: Legen Sie jeweils genau fest, wer für was verantwortlich ist und was genau bis zu welchem Termin erledigt werden soll. Stellen Sie den Umsetzungsplan unter ein Jahresmotto – und machen Sie den Plan allen Mitarbeitern zugänglich!

Download einer Umsetzung-PowerPoint-Datei unter:
www.UnternehmerEnergie.de

Jahr 1

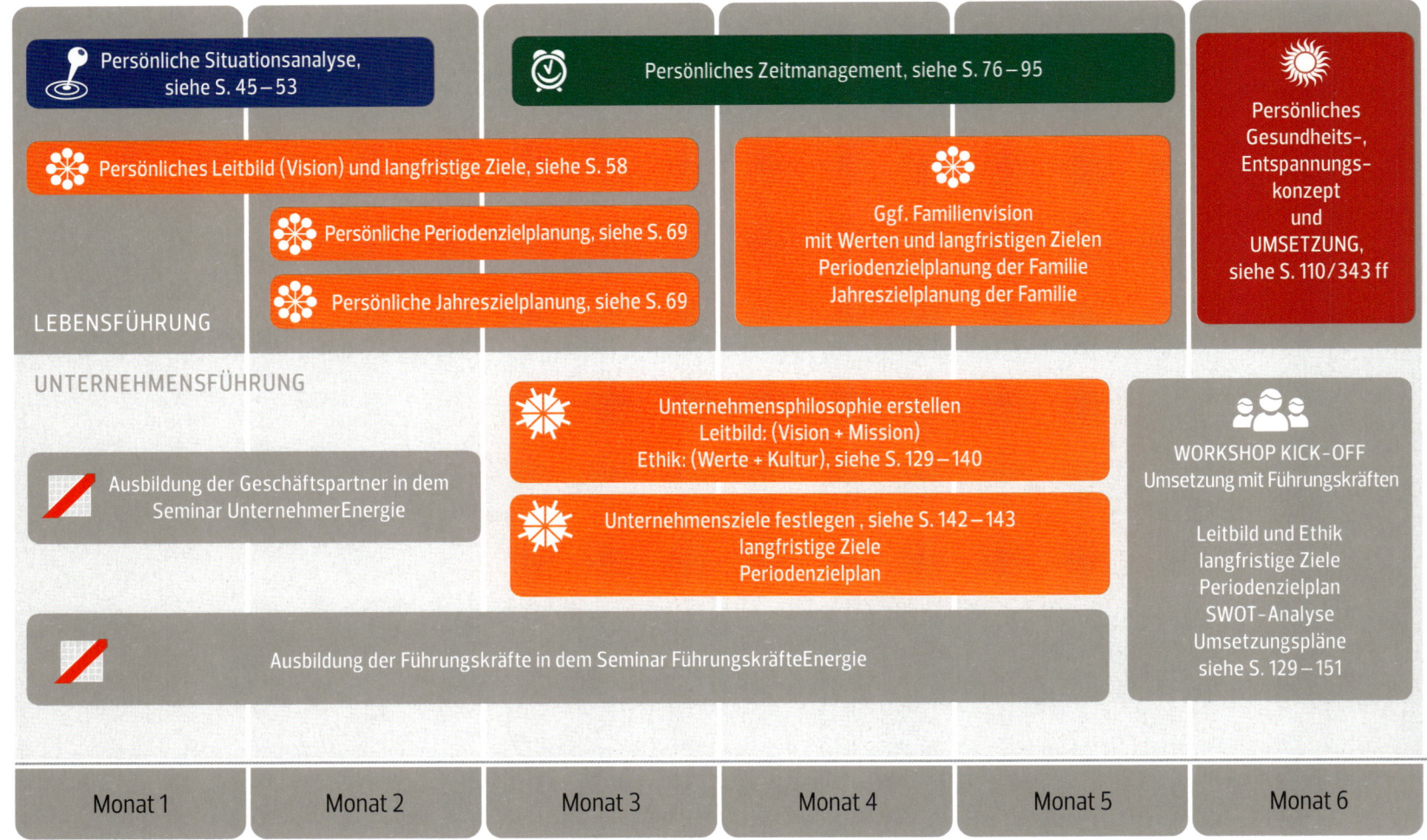

Persönliche Situationsanalyse, siehe S. 45–53		**Persönliches Zeitmanagement, siehe S. 76–95**			**Persönliches Gesundheits-, Entspannungs-konzept und UMSETZUNG,** siehe S. 110/343 ff

Persönliches Leitbild (Vision) und langfristige Ziele, siehe S. 58

Persönliche Periodenzielplanung, siehe S. 69

Persönliche Jahreszielplanung, siehe S. 69

Ggf. Familienvision mit Werten und langfristigen Zielen Periodenzielplanung der Familie Jahreszielplanung der Familie

LEBENSFÜHRUNG

UNTERNEHMENSFÜHRUNG

Unternehmensphilosophie erstellen Leitbild: (Vision + Mission) Ethik: (Werte + Kultur), siehe S. 129–140

Ausbildung der Geschäftspartner in dem Seminar UnternehmerEnergie

Unternehmensziele festlegen , siehe S. 142–143 langfristige Ziele Periodenzielplan

WORKSHOP KICK-OFF Umsetzung mit Führungskräften

Leitbild und Ethik langfristige Ziele Periodenzielplan SWOT-Analyse Umsetzungspläne siehe S. 129–151

Ausbildung der Führungskräfte in dem Seminar FührungskräfteEnergie

Monat 1	Monat 2	Monat 3	Monat 4	Monat 5	Monat 6

Auf dieser und den folgenden Seiten sehen Sie, wie Sie die Inhalte dieses Buches in Ihrem Unternehmen umsetzen können. Grundlage sind die Erfahrungen vieler Unternehmer, die bereits mit diesem System gearbeitet haben. Selbstverständlich können Sie den Umsetzungsplan individuell anpassen. Doch achten Sie darauf, dass Sie nicht zu viele Themen gleichzeitig anfassen. Dies bringt zu viel Unruhe ins Unternehmen, überfordert Ihre Mitarbeiter (und Sie selbst) und kann sogar dazu führen, dass Sie Ihre guten Ideen wieder über Bord werfen.

Um diese Gefahr von vornherein zu umgehen, bietet sich ein besonnenes und strukturiertes Vorgehen an.

Beginnen Sie auf jeden Fall bei sich selbst: Gute Unternehmensführung setzt immer eine gute Führung der eigenen Person voraus! Ermöglichen Sie auch Ihren wichtigsten Geschäftspartnern und Führungskräften die Auseinandersetzung mit den Themen aus »UnternehmerEnergie« – am besten aber die Teilnahme an einem

entsprechenden Seminar. Innerhalb weniger Tage erreichen Sie hier ein so hohes Maß an Begeisterung und Umsetzungsenergie, das durch die Lektüre eines Buches allein nicht ausgelöst werden kann. Aus dem Seminar nehmen alle Teilnehmer einen umfangreichen Arbeitsordner mit, in dem sie Fragestellungen ausführlich analysiert und Ziele konkret formuliert haben.

Grundsätzlich können Unternehmer und Führungskräfte Veränderungen in ihren Firmen selbstverständlich auch ohne fremde Hilfe durchführen. Doch mit Unterstützung durch externe Partner geht es schneller, Inhalte lassen sich leichter lernen und weitervermitteln, Unternehmer bekommen die notwendige Konsequenz, da die kontinuierliche Arbeit und viele praktische und individuelle Tipps die Umsetzung optimieren – und können Umsetzungsfehler ausschalten, bevor sie auftreten.

Nach einem halben Jahr sind Sie in der Regel bereit für eine große und überzeugende Kick-off-Veranstaltung mit Ihren Führungs-

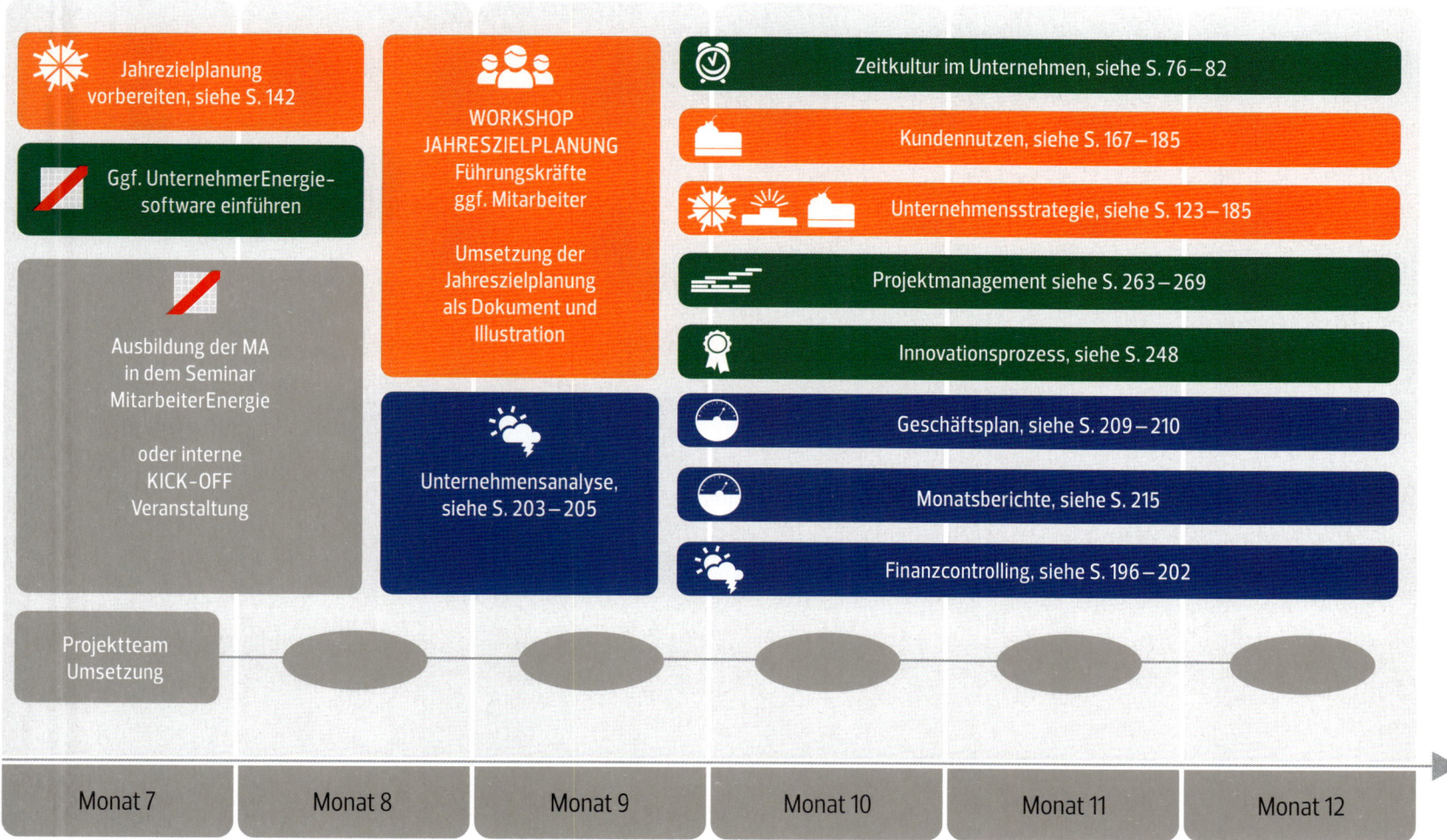

Jahrezielplanung vorbereiten, siehe S. 142	**WORKSHOP JAHRESZIELPLANUNG** Führungskräfte ggf. Mitarbeiter	Zeitkultur im Unternehmen, siehe S. 76 – 82			
Ggf. UnternehmerEnergie-software einführen	Umsetzung der Jahreszielplanung als Dokument und Illustration	Kundennutzen, siehe S. 167 – 185			
		Unternehmensstrategie, siehe S. 123 – 185			
Ausbildung der MA in dem Seminar MitarbeiterEnergie oder interne **KICK-OFF** Veranstaltung		Projektmanagement siehe S. 263 – 269			
		Innovationsprozess, siehe S. 248			
	Unternehmensanalyse, siehe S. 203 – 205	Geschäftsplan, siehe S. 209 – 210			
		Monatsberichte, siehe S. 215			
		Finanzcontrolling, siehe S. 196 – 202			
Projektteam Umsetzung					
Monat 7	Monat 8	Monat 9	Monat 10	Monat 11	Monat 12

kräften. Anschließend ist die Zeit gekommen, relevante Mitarbeiter mit dem Seminar »MitarbeiterEnergie« fortzubilden. Unmittelbar danach gehen Sie gemeinsam in Ihre erste Jahreszielplanung.

In der Praxis zeigen sich viele Vorteile, wenn dieser **Jahreszielplan mit Hilfe von Monatsplänen** umgesetzt wird:

· Die **Eigendynamik** wird im Unternehmen gefördert.

· Im Rahmen ihrer **Eigenverantwortung** bestimmen die Führungskräfte und Mitarbeiter im Rahmen der Budgetvorgaben über den Einsatz der zur Zielerreichung notwendigen Mittel und Maßnahmen.

· Mindestens einmal im Monat ist jeder, der einen Bericht im Unternehmen zu erstellen hat, gezwungen, sich mit dem Jahreszielplan auseinanderzusetzen, und kann so **Abweichungen** und Probleme im Hinblick auf die Erreichung des Jahresziels frühzeitig erkennen.

· Durch die Weitergabe von Verantwortung und Kompetenzen wird eine vertrauensbasierte **Selbstkontrolle** gefördert.

· Die Arbeit des **Controllers** wird vereinfacht, weil er nun auf umfassende Informationen aus allen Unternehmensbereichen in Form von regelmäßigen Berichten zurückgreifen kann.

· Die Arbeitsergebnisse und Erfolge der einzelnen Bereiche und Mitarbeiter werden transparenter, was die persönliche **Identifikation,** die **Kreativität** erhöht, die eigene Arbeit aufwertet und zu **unternehmerischem Denken und Handeln** führt.

· Es entsteht ein aussagefähiges **Informations- und Kommunikationsinstrument.**

Umsetzungspläne wirken übrigens auch auf psychologischer Ebene: Wenn Führungskräfte und Mitarbeiter sehen, wann sie bestimmte Meilensteine erreicht haben werden, können sie sich den gemeinsamen Weg besser vorstellen und sind viel motivierter, diesen auch zu beschreiten.

Jahr 2

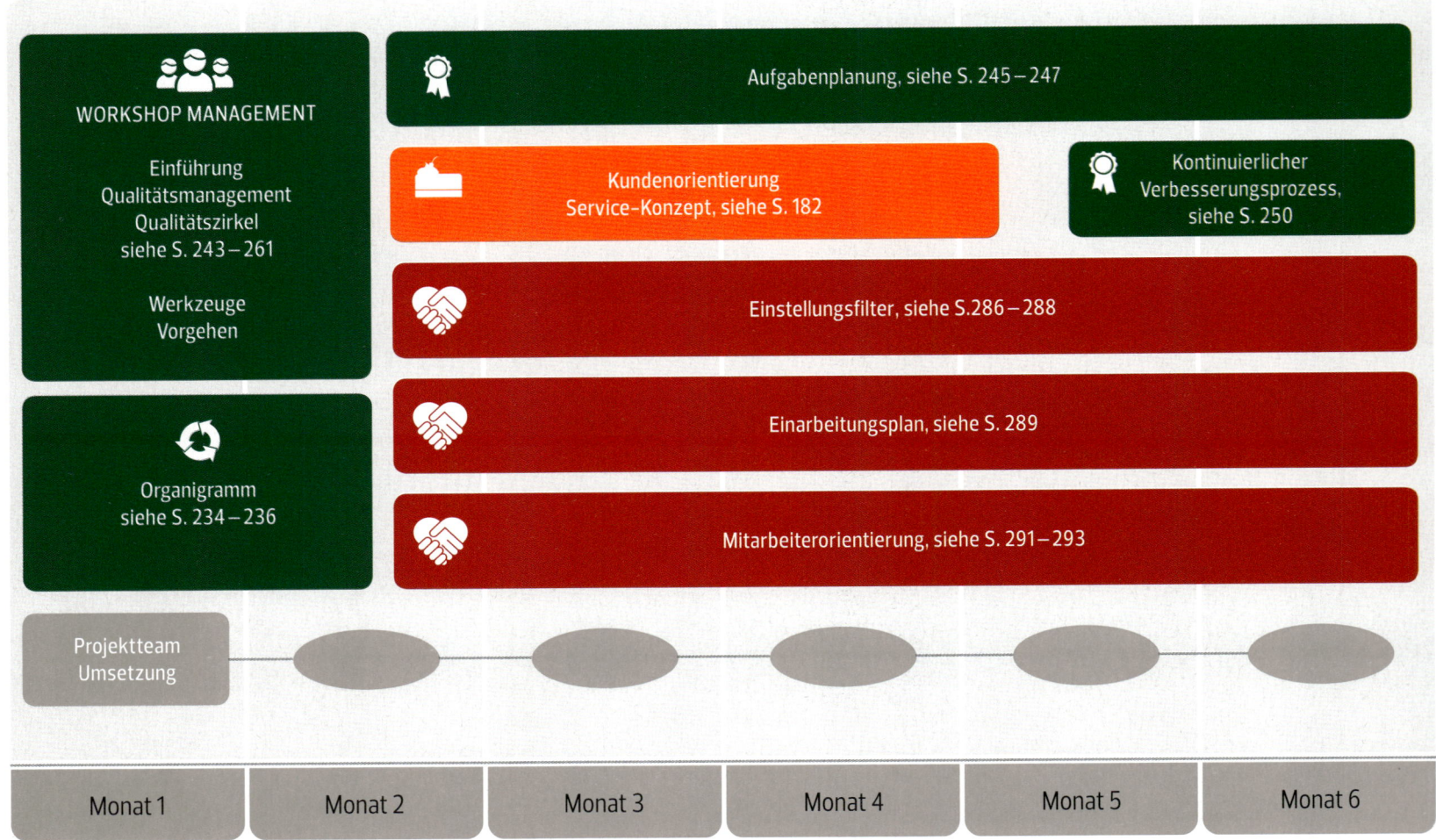

Im zweiten Jahr der Umsetzung stehen die Themen Management und Führung im Mittelpunkt. Wir haben uns entschieden, zuerst die Werkzeuge des Managements einzuführen, weil es hier um konkrete Aufgaben und messbare Ziele geht, die sich erstens viel leichter lernen lassen als die Kunst der Führung und die zweitens das Fundament legen, auf dem Führung sich wirklich entfalten kann. Denn ein Unternehmen, das sich nicht konsequent auf den Kundennutzen ausgerichtet hat, in dem die Aufgaben nicht klar verteilt und die Schnittstellen nicht sauber definiert sind, in dem die Qualität der Produkte und Dienstleistungen nicht stimmt, Prozesse nicht optimal laufen und Innovationen in den Schubladen vergessen werden, müssen zuerst einmal gründlich aufräumen, bevor sie sich mit der Entwicklung Ihrer Potentiale befassen können.

Genau darum geht es im zweiten Halbjahr: Hier wird das Marketingkonzept auf den Prüfstand gestellt (oder entwickelt, wenn es noch keins gibt), eine Kundenbefragung sorgt für mehr Klarheit über den Nutzen, die Fehler und Lücken des aktuellen Angebots, eine umfassende Teamanalyse zeigt brachliegende Stärken der eigenen Mitarbeiter auf, die in Entwicklungsgesprächen weiter analysiert und anschließend mit gezielten Maßnahmen ausgebaut werden können.

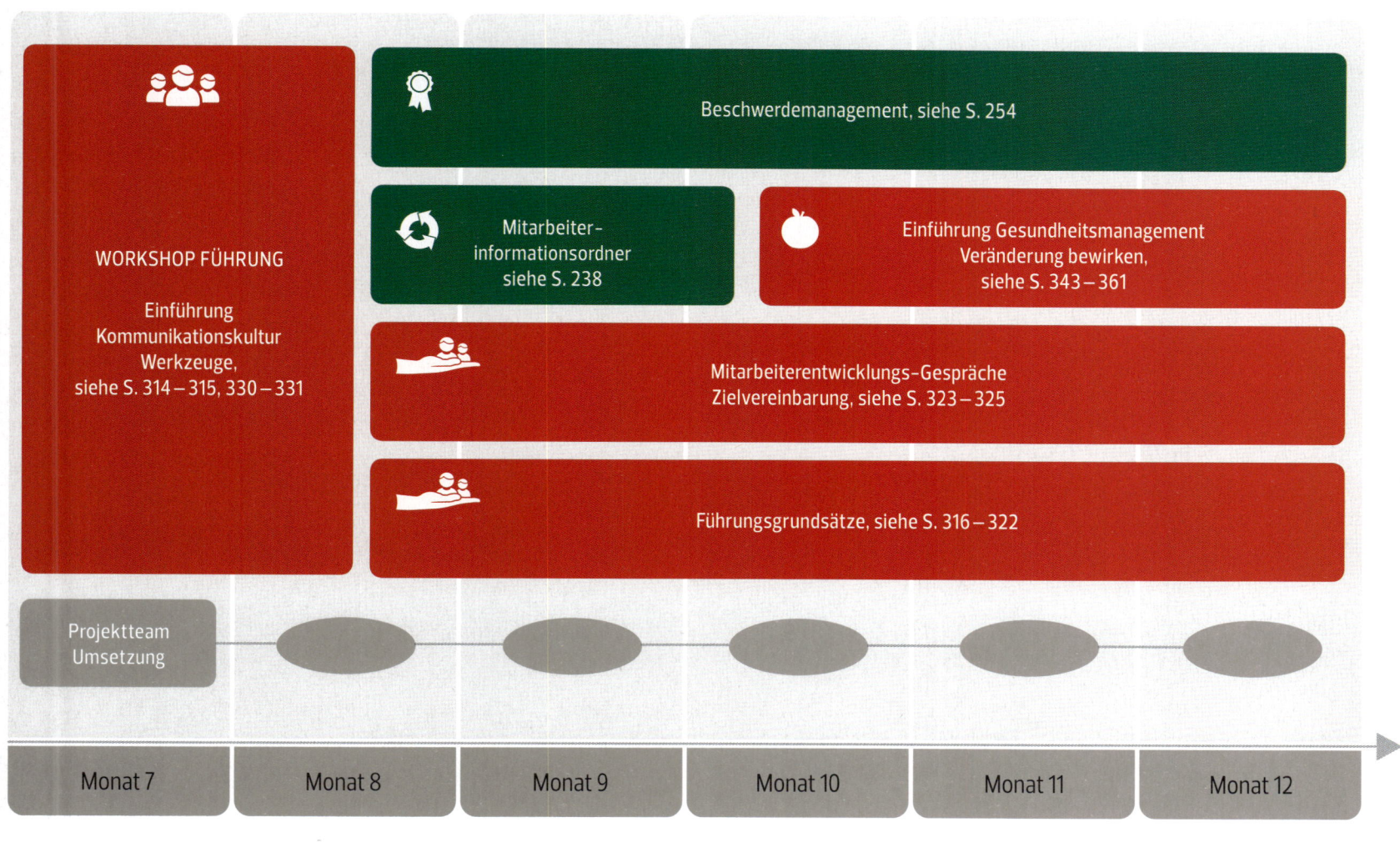

WORKSHOP FÜHRUNG

Einführung
Kommunikationskultur
Werkzeuge,
siehe S. 314 – 315, 330 – 331

Beschwerdemanagement, siehe S. 254

Mitarbeiter-
informationsordner
siehe S. 238

Einführung Gesundheitsmanagement
Veränderung bewirken,
siehe S. 343 – 361

Mitarbeiterentwicklungs-Gespräche
Zielvereinbarung, siehe S. 323 – 325

Führungsgrundsätze, siehe S. 316 – 322

Projektteam
Umsetzung

| Monat 7 | Monat 8 | Monat 9 | Monat 10 | Monat 11 | Monat 12 |

»Geh nicht nur die glatten Straßen.
Geh Wege, die noch niemand ging,
damit du Spuren hinterlässt und
nicht nur Staub.«

Antoine de Saint-Exupéry

Jahr 3

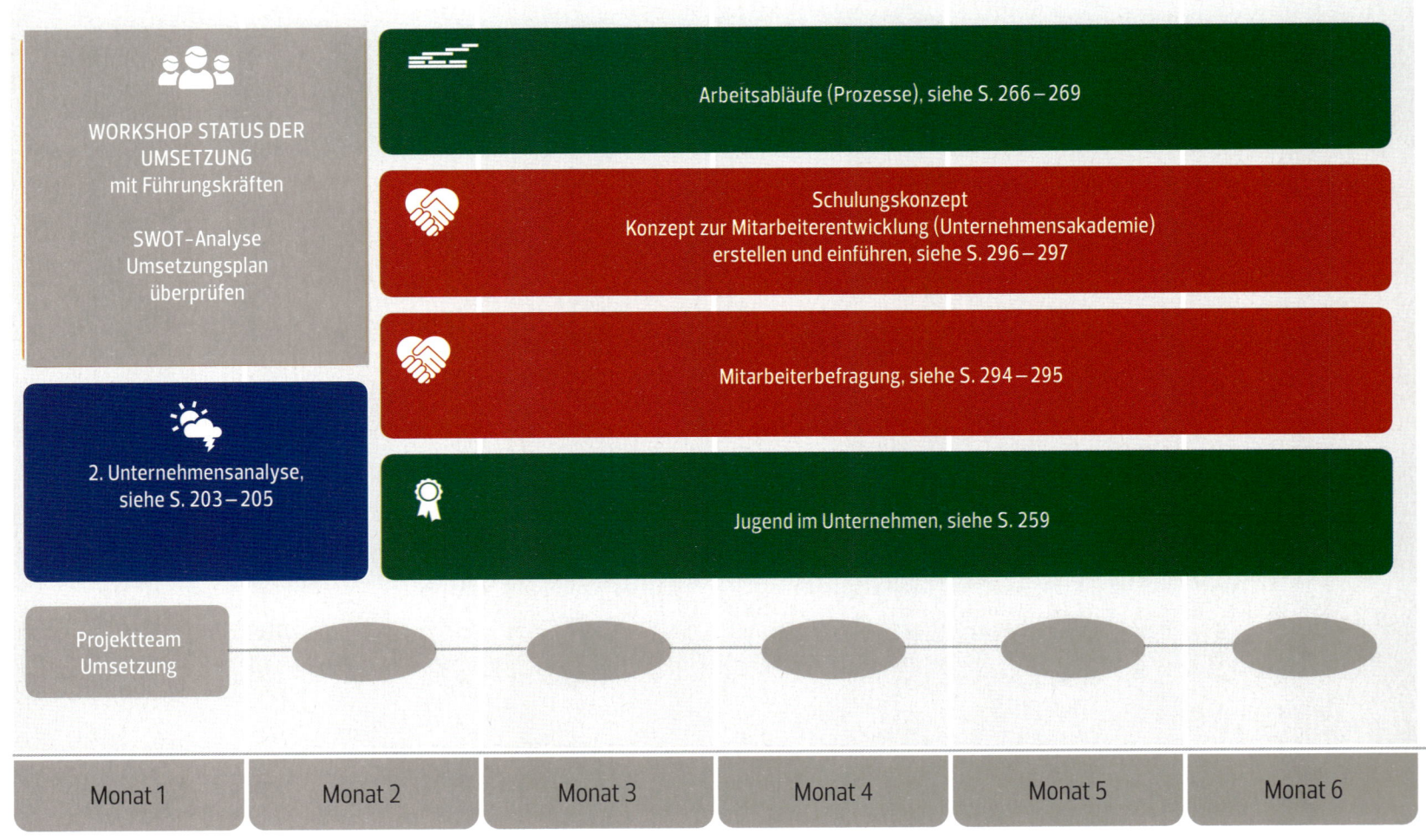

WORKSHOP STATUS DER UMSETZUNG mit Führungskräften SWOT-Analyse Umsetzungsplan überprüfen	Arbeitsabläufe (Prozesse), siehe S. 266–269
	Schulungskonzept Konzept zur Mitarbeiterentwicklung (Unternehmensakademie) erstellen und einführen, siehe S. 296–297
2. Unternehmensanalyse, siehe S. 203–205	Mitarbeiterbefragung, siehe S. 294–295
	Jugend im Unternehmen, siehe S. 259

Projektteam Umsetzung

| Monat 1 | Monat 2 | Monat 3 | Monat 4 | Monat 5 | Monat 6 |

Im dritten Jahr geht es um das Feintuning im Unternehmen. Zu Jahresbeginn sollte ein Workshop stattfinden, in dem der Status der Umsetzung zur Debatte steht. Im gleichen Zeitraum steht auch eine erneute Unternehmensanalyse an. Stellen Sie sich diese Maßnahmen vor wie einen regelmäßigen Gesundheits-Check beim Arzt. Hier geht es nicht darum, unnötigen Leistungsdruck oder Prüfungsangst zu verbreiten, sondern um ein klares Bild über den Zustand des Unternehmens: Wo geht es ihm gut? Wo muss es noch ein wenig trainiert werden?

Vom Frühjahr bis zum Sommer stehen dann Prozesse und Mitarbeiter im Vordergrund: Arbeitsabläufe werden optimiert und Mitarbeiter gezielt entwickelt – im Idealfall in einer eigenen Unternehmerakademie. Die Ergebnisse aus der parallel laufenden Mitarbeiterbefragung können und sollten unmittelbar einfließen in die Prozessoptimierung und in das Schulungskonzept. Es gibt niemanden, der die Stärken und die Schwachstellen der internen

Abläufe und der einzelnen Menschen besser kennt als Ihre eigenen Mitarbeiter.

Im zweiten Halbjahr führen Sie dann die Instrumente ein, mit denen Sie das bisher Aufgebaute messen und weiter optimieren können. Sie starten mit einem großen Workshop zum Thema Steuerung. Im Laufe des Jahres bauen Sie dann ein komplettes Cockpit auf, in dem alle Zahlen zusammenlaufen und von dem aus Sie das gesamte Unternehmen steuern können. Wichtige Themen sind neben dem strategischen Controlling auch das Rating, Wissensmanagement und Risikomanagement. Mit einem durchdachten IT-Konzept schützen Sie das Unternehmen vor Datenverlusten und gefährlichen Sicherheitslücken, und Ihr Umweltkonzept sorgt für eine sichere Arbeitsumgebung und für den nachhaltigen Umgang mit Ihren Ressourcen.

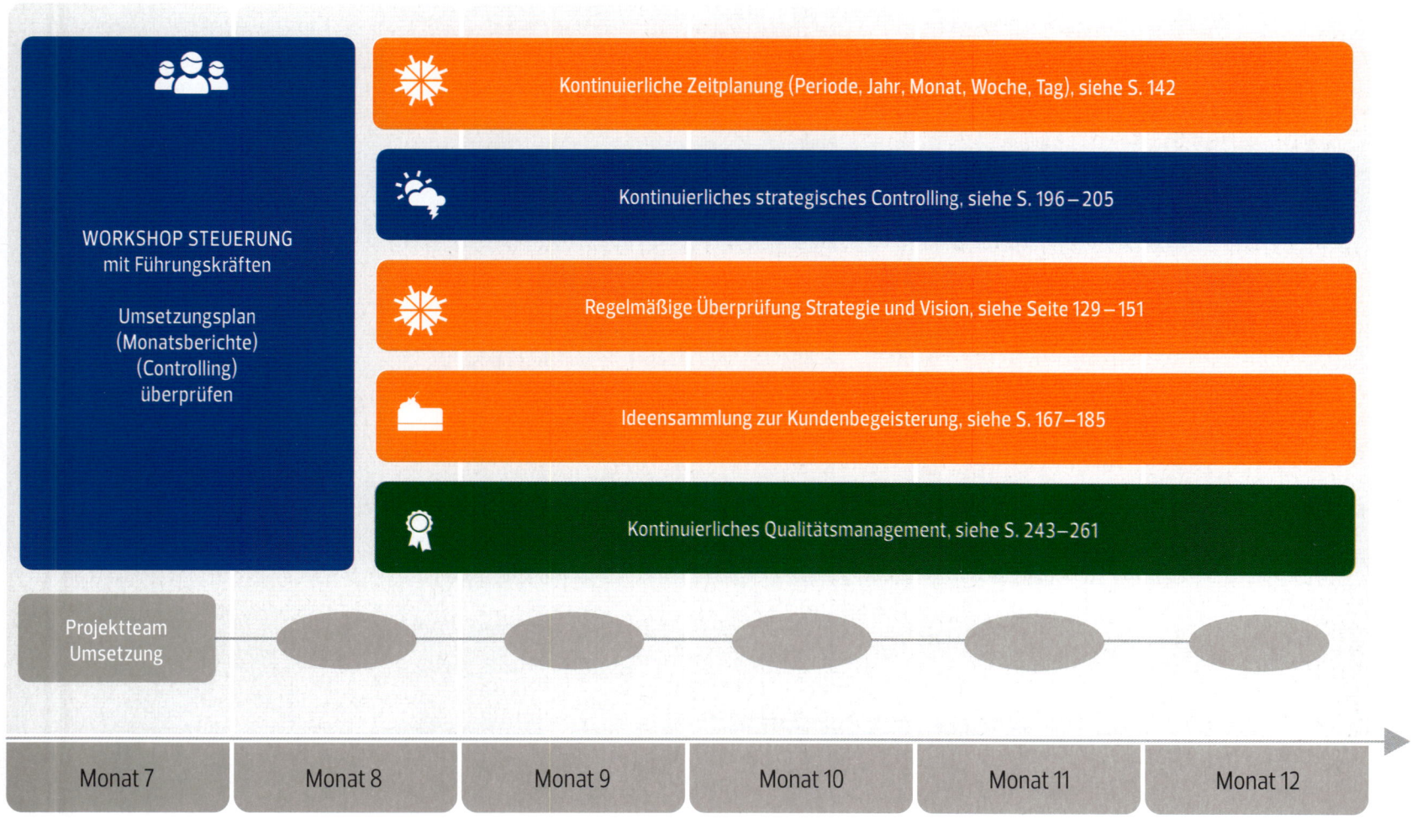

WORKSHOP STEUERUNG
mit Führungskräften

Umsetzungsplan
(Monatsberichte)
(Controlling)
überprüfen

Kontinuierliche Zeitplanung (Periode, Jahr, Monat, Woche, Tag), siehe S. 142

Kontinuierliches strategisches Controlling, siehe S. 196–205

Regelmäßige Überprüfung Strategie und Vision, siehe Seite 129–151

Ideensammlung zur Kundenbegeisterung, siehe S. 167–185

Kontinuierliches Qualitätsmanagement, siehe S. 243–261

Projektteam
Umsetzung

| Monat 7 | Monat 8 | Monat 9 | Monat 10 | Monat 11 | Monat 12 |

»Wer den Hafen nicht kennt, in den er segeln will, für den ist kein Wind der richtige.«

Lucius Annaeus Seneca

Geschafft!

Zugegeben: Ich habe mir mit diesem Buch viel vorgenommen. Auf 400 Seiten habe ich Ihnen nun alle Aspekte vorgestellt, die meinem Verständnis nach für die erfolgreiche Führung eines Unternehmens zentral sind. Besonders wichtig ist mir die Haltung, die dahintersteht. Ihre Haltung. Es geht mir nicht darum, ohne Rücksicht auf Verluste zur Spitze zu stürmen – sondern dies mit Umsicht zu tun. Und zwar auf Basis starker ethischer und zugleich unternehmerischer Werte.

Wenn Sie das Buch tatsächlich durchgearbeitet haben und wenn Sie auch vor dem Teil »Umsetzung« nicht zurückgeschreckt sind, möchte ich Sie an dieser Stelle von ganzem Herzen beglückwünschen. Sollten noch viele Fragen offen sein (was wahrscheinlich ist), scheuen Sie nicht davor zurück, mich direkt anzusprechen. In meinen Seminaren stehe ich Ihnen gerne mit Rat und Tat zur Seite.

Ich freue mich darauf, Sie und Ihr Unternehmen kennenzulernen.

Ihr Cay von Fournier

cay.von.fournier@schmidtcolleg.de

»Wenn es einen Glauben gibt, der Berge versetzen kann, so ist es der Glaube an die eigene Kraft.«

Marie von Ebner-Eschenbach

»Um Erfolg zu haben, brauchst du nur eine einzige Chance.«

Jesse Owens

»Der Ziellose erleidet sein Schicksal – der Zielbewusste gestaltet es.«

Immanuel Kant

»Nicht das Beginnen wird belohnt, sondern einzig und allein das Durchhalten.«

Katharina von Siena

Everything is running s
Successful time

Cay von Fournier und das SchmidtColleg

Profil

Cay von Fournier – der Redner

CAY VON FOURNIER

7 gute Gründe für Cay von Fournier

Cay von Fournier bringt die drei Dimensionen der Führung – Lebens-, Menschen- und Unternehmensführung – in kurzer Zeit so praktisch auf den Punkt wie kaum ein anderer. Seine Vorträge sind:

einfach

Der Mittelstand braucht einfache Werkzeuge zur wirksamen Unternehmensführung. Hochgestochene universitäre Theorien helfen hier wenig. Cay von Fournier gelingt es, komplexe Sachverhalte punktgenau auf die Praxis mittelständischer Unternehmen zu übertragen.

wertvoll

Menschen und Unternehmen können langfristig nur erfolgreich sein, wenn sie Werte in den Mittelpunkt ihres Handelns stellen – davon ist Cay von Fournier zutiefst überzeugt. Mit starken Argumenten und Beispielen plädiert er für eine Brücke zwischen Ethik und Erfolg.

praktisch

Cay von Fournier kommt aus der Praxis und arbeitet für die Praxis. In seinen Vorträgen stellt er ausschließlich Methoden und Theorien vor, die sich in der Praxis bewährt haben. Aus seiner Tätigkeit im Training und der Beratung ganz unterschiedlicher Branchen bietet er spannende Einblicke in die Unternehmen dieser unterschiedlichen Branchen – vom Bäcker bis zum Möbelbauer, vom Handwerker bis zum Bauunternehmen, vom Friseur bis zum Maschinenbauer, letztlich vom Geburtshaus bis zum Beerdigungsinstitut ... und alles dazwischen. Auch das Lernen der Branchen voneinander ist ein spannender Vorgang und führt zur Einzigartigkeit.

ganzheitlich

Cay von Fournier war in seinem »ersten« (Berufs-)Leben Arzt. Darin mag einer der Gründe liegen, dass er ein leidenschaftlicher Verfechter einer ganzheitlichen Betrachtungsweise ist, ganz gleich, ob es um die eigene Lebensführung oder die Führung eines Unternehmens geht.

wirksam

Cay von Fournier setzt in seinen Vorträgen und in seinen Seminaren nie nur auf kurze Feuerwerkseffekte. Es geht ihm nicht um das »Wow!« allein, sondern um eine Wirksamkeit, die nachhaltig ist. Seine Impulsvorträge sind deshalb immer verknüpft mit seinen Werkzeugen für nachhaltige Entwicklung.

motivierend

»Bis in die Haarspitzen motiviert« fühlen sich Zuhörer durch die Vorträge von Cay von Fournier. Der Grund: Cay von Fournier steht als Praktiker authentisch für einen starken Mittelstand, dessen Erfolg getragen ist von leidenschaftlichem Einsatz und gelebter Verantwortung.

mitreißend

Die Vorträge von Cay von Fournier sind gut strukturiert, seine Argumente plausibel – vor allem aber überzeugen sie durch seine Begeisterung für den Mittelstand, seine spritzige Rhetorik und seine tiefe Überzeugung, dass Gesundheit und Glück nicht im Gegensatz zu unternehmerischem Erfolg stehen, sondern seine Grundlage sind.

Vortragsthemen

Mit den nachfolgenden und anderen Themen können Sie Ihre Veranstaltung bereichern und Menschen begeistern

Die 10 Gebote für ein erfolgreiches Unternehmen

· Wie Sie mit Kreativität Ihr Unternehmen einzigartig positionieren
· Wie Sie in guten und in schlechten Zeiten die richtigen Ziele und Strategien finden
· Wie Sie Kunden und Mitarbeiter nachhaltig begeistern
· Wie Sie Ihre Firmen-Konjunktur selbst gestalten

Der »perfekte« Chef – Führung als Schlüssel zum Erfolg

· Die drei Stufen von der Zufriedenheit zur Begeisterung von Mitarbeitern
· Management und Führung – das Yin und Yang in exzellenten Unternehmen
· Wie Sie Veränderungen ohne Widerstände bewirken
· Die entscheidenden Eigenschaften und Kompetenzen einer Führungspersönlichkeit

Gesunde Menschen in gesunden Unternehmen

· UnternehmensFitness – die vier Säulen eines praktischen Gesundheits-Managementsystems
· Persönliche Fitness steigert die Leistungsfähigkeit und Belastbarkeit
· Mentale Fitness vermeidet Burn-out und schafft Lebensenergie
· Gesundheit als Erfolgsfaktor im 21. Jahrhundert

Vorträge voller Energie
für motivierte Menschen und
erfolgreiche Unternehmen

Pressestimmen

»Cay von Fournier sorgt in seinen Vorträgen für Spannung und überrascht seine Zuhörer mit neuen Ideen.«
Süddeutsche Zeitung

»Charakterkopf Cay von Fournier gilt wie kaum ein anderer als Mahner für Veränderungen und permanenten Wandel. Rund 4.000 Unternehmer hängen ihm bundesweit jährlich in seinen Seminaren regelrecht an den Lippen. Komplexe Sachverhalte packt der zweifach promovierte Arzt und Unternehmer dabei in eine verständliche Sprache.«
Südkurier

»Wenn Cay von Fournier den Raum betritt, spürt man regelrecht die positive Ausstrahlung. Er geht als Top-Referent mit seinem einzigartigen Kompetenzprofil den Menschen unter die Haut, in dem er in seiner begeisternden Art Wissen über Werte, Wachstum und Bewusstsein vermittelt.«
Wissen + Karriere

»Nicht nur seine ›10 Gebote für ein gesundes Unternehmen‹ hat Cay von Fournier in seinem SchmidtColleg in ein ganzheitliches Managementsystem unter dem Namen Unternehmer-Energie zusammengefasst. Es ist Unternehmern und Führungskräften eine wertvolle Hilfe, ihre Unternehmen zu führen und weiterzuentwickeln.«
quip – Magazin der Wirtschaftsjunioren Deutschland

Teilnehmerstimmen

» Es ist der ganzheitliche, praxisorientierte Ansatz, in dem sich das SchmidtColleg-System in sehr überzeugender Weise von der Vielzahl der am Markt angebotenen Lösungen unterscheidet: Hilfe zur Selbsthilfe – passend für die Arbeit im Start-up-Unternehmen, im etablierten kleinen und mittelständischen Unternehmen wie auch im Konzern.«
Christoph Kneusels-Hinz, Lufthansa Systems Group GmbH, 65451 Kelsterbach

»Super, Spitze! Eine Fülle neuer Ideen und Anregungen.«
Marco Richter, Richter Fleischwaren GmbH & Co. KG, 09569 Oederan

»Sehr professionell, hervorragend, praxisnah aufbereitet und authentisch vorgetragen. Ein wirklich gelungenes, erstklassiges Seminar.«
Dr. Stefan Drauschke, NextHealth, 13507 Berlin

»Energetisch vollkommen, praktische Beispiele und brauchbare Tools, wertvoll, richtungsweisend.«
Susanne Weidlich, Schwahn GmbH, 96450 Coburg

»Viele, viele Anregungen mit hervorragend aufbereiteten Unterlagen. Ich habe mich während dieser Seminartage vollkommen neu konzipiert.«
Hans-Peter Eckl, Landthaler & Partner, 3100 St. Pölten/Österreich

»Es ist schön, dass jemand uns ›Wurstlern‹ dieses Know-how weitergibt und uns dadurch mehr Lebensqualität schenkt.«
Gabriele Maushardt, Jagdhütte Kranzegg, 87549 Rettenberg

Reden, die bewegen

Cay von Fournier – der Autor

Cay von Fournier

Die 10 Gebote für ein gesundes Unternehmen

Wie Sie langfristigen Erfolg schaffen

Sei kreativ! Sei konsequent! Sei einfach! Sich an derlei Erfolgsregeln für das eigene Unternehmen zu halten, ist manchmal leichter gesagt als getan. Hier ist der Leitfaden, der zeigt, wie es geht. Cay von Fournier, Inhaber und Geschäftsführer des SchmidtCollegs, ist tausenden von Unternehmern als »Unternehmensdoktor« bekannt. Ihn interessieren vor allem gesundes Wachstum und langfristiger Erfolg, nicht der schnelle Profit. 253 Seiten/ Hardcover, € 29,90

Cay von Fournier (Hrsg.)

Exzellenz im Mittelstand

Inspirationen führender Experten und Unternehmer für wirksame Führung und erfolgreiches Management

Hoher Kundenanspruch, zunehmender globaler Wettbewerb, Mangel an Fachkräften und die Übergabe von einer Generation an die nächste fordern den deutschen Mittelstand heraus. In der komplexen Welt des 21. Jahrhunderts kommt es mehr denn je auf wirksames Management und gute Führung von Unternehmen und Mitarbeitern an. Es gibt sie, die herausragenden Beispiele von Unternehmen, die diese Herausforderung meistern und auch in schwierigen Zeiten wachsen und gedeihen. Sie alle verbindet das permanente Streben nach Exzellenz. Diesen Geist der Exzellenz und die Werkzeuge für dessen Umsetzung vermittelt das SchmidtColleg seit 25 Jahren in seinem Seminar UnternehmerEnergie. 256 Seiten/Hardcover, € 28,–

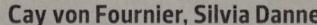

Cay von Fournier, Silvia Danne

ANDERS und nicht ARTIG

Neue Wege der Unternehmenspositionierung. Mit mehr als 100 erfolgreichen Praxis-Beispielen.

Zu viele Unternehmen bieten ähnliche Produkte oder Dienstleistungen zu einem ähnlichen Preis in einer ähnlichen Qualität an. Die Folge: Ein Verdrängungswettbewerb über den Preis. Und wer nicht mithalten kann, geht unter – außer diejenigen, die mutig genug sind, bestehende Regeln zu brechen und sich durch Andersartigkeit vom Markt abzuheben. Denn nicht die Schnellen oder Großen werden den Kampf um den Kunden gewinnen, sondern die Kreativen, denen es gelingt, den Geist und die Herzen der Menschen zu bewegen. Kreativität ist der Erfolgs- und Wertschöpfungsfaktor des 21. Jahrhunderts. Sie löst Emotionen für Produkte und Unternehmen, Innovationen und völlig neue Geschäftsmodelle aus. Die Autoren dieses Buches möchten Ihnen Impulse geben, über eine andersartige Strategie auf anderen Märkten für andere Kunden und mit anders motivierten Mitarbeitern nachzudenken. So wird es Ihnen gelingen, in einer sich permanent und immer schneller verändernden Welt langfristig erfolgreich zu sein. 256 Seiten/Hardcover € 24,90

Cay von Fournier

Das Geheimnis der LebensBalance

»Das Geheimnis der LebensBalance« ist ein Ratgeber für jeden Tag, um das Leben einfacher und mit mehr Lebensfreude zu meistern. Traumhafte Bilder, ermunternde Zitate und anregende Texte bilden eine Symbiose für neue Lebensenergie. Sie finden auf jeder Seite etwas, das Ihnen hilft, innerlich ausgeglichen zu sein, aber auch Ihre persönlichen Ziele und Visionen nicht aus dem Auge zu verlieren und sie immer wieder mit neuem Elan und frischer Kraft anzugehen. 186 Seiten/Hardcover, € 24,80

Marco von Münchhausen, Cay von Fournier

Führen mit dem inneren Schweinehund

Warum werden im Unternehmen entwickelte neue Strategien nicht umgesetzt? Warum wird diskutiert statt gehandelt? Transparente Planung, klare Ziele und eine Anerkennung fürs Team – das alles ist zu viel Aufwand, denken sich die »inneren Schweinehunde«. Warum es sich dennoch lohnt, die kleinen Blockierer zu überzeugen, zeigen die Autoren anhand zahlreicher Beispiele. 168 Seiten/Hardcover, € 14,90

Cay von Fournier

Ich bin wertvoll
Zitate und Fragen, kommentiert von Cay von Fournier

Dieses Büchlein nimmt Sie mit auf eine besondere Reise. Das Ziel ist ungewiss, aber die Landschaft ganz besonders wertvoll – Ihre eigene Persönlichkeit. Durch die Verbindung von Zitaten mit einer kleinen Interpretation und einfachen Fragen werden Denkprozesse ausgelöst, die dazu führen, sich selbst einen Schritt näher zu kommen. So werden Sie Antworten finden auf eine der wichtigsten Fragen: »Wer bin ich?« Und Sie werden für sich erkennen: »Ich bin wertvoll!«. 97 Seiten/Hardcover, € 9,95

Cay von Fournier

Der perfekte Chef
Führung, Mitarbeiterauswahl, Motivation für den Mittelstand

Niemand kann ein perfekter Chef sein. Aber es gibt Prinzipien guter Mitarbeiterführung – sie sind der Schlüssel zu dauerhaftem Unternehmenserfolg. Cay von Fournier deckt die Grundsätze auf, mit denen man als Chef besser werden kann. Er erläutert die Grundlagen für stimmige Führung ebenso wie das Motivationsmanagement, das Kommunikationsmanagement sowie das Team- und das Konfliktmanagement, die man beherschen muss, um ein guter Chef sein zu können. 206 Seiten/Hardcover, € 24,90

Cay von Fournier – der Mensch

ist Arzt und Unternehmer sowie Trainer und Berater des Mittelstandes. Er bewegt Menschen, die etwas bewegen – das zeichnet ihn aus. Es gelingt ihm, komplexe wirtschaftliche Sachverhalte auf die Praxis mittelständischer Unternehmen zu übertragen und seine Zuhörer mit viel Humor und überraschenden Praxisbeispielen zu begeistern. Den Besuchern seiner Vorträge geht häufig das sprichwörtliche »Licht« auf. Sein umfangreiches Wissen vermittelt Cay von Fournier im Seminar UnternehmerEnergie® des SchmidtColleg.

Eine kluge Strategie, eine wirksame Führung und ein gesundes Leben sind die Eckpfeiler seiner ganzheitlichen Betrachtungsweise. Für Unternehmer und Unternehmen hat er ein praktisches Führungssystem (FührungsEnergie®) mit vielen erprobten Werkzeugen entwickelt, das sich besonders im Mittelstand vielfach bewährt hat.

Kernelemente des Systems sind die Bereiche Strategie, Steuerung, Management und Führung – denn ein Unternehmen ist nach der Auffassung von Cay von Fournier nur dann langfristig erfolgreich, wenn alle Unternehmensbereiche harmonieren und Werte der Maßstab der Führung sind. Nur durch gelebte Werte wird ein Unternehmen wertvoll.

Zu seinen Kunden (Seminare und Vorträge) zählen Burda, Medien, Vodafone, E/D/E, MARITIM, AOK, Sparkassen, Volksbanken, WALTER KNOLL, Lufthansa Systems Group, Mövenpick, REWE, Seat, Wella und mehrere tausend mittelständische Unternehmen.

Mehr Infos unter www.cayvonfournier.com

Auszeichnungen:

Cay von Fournier:
1994: Managementpreis UnternehmerEnergie für Jungunternehmer
Seit 2007: Mitglied in der Jury von »Top Job«
Seit 2008: Mitglied in der Jury von »Top 100«
Seit 2008: Mitglied von »TOP 100 Speaker«
Seit 2009: Mitglied von »German Speakers Association«

SchmidtColleg :
2005: DEKRA
2010: Aufnahme in den Kreis der Top Consultants

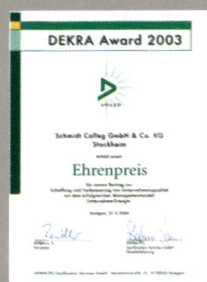

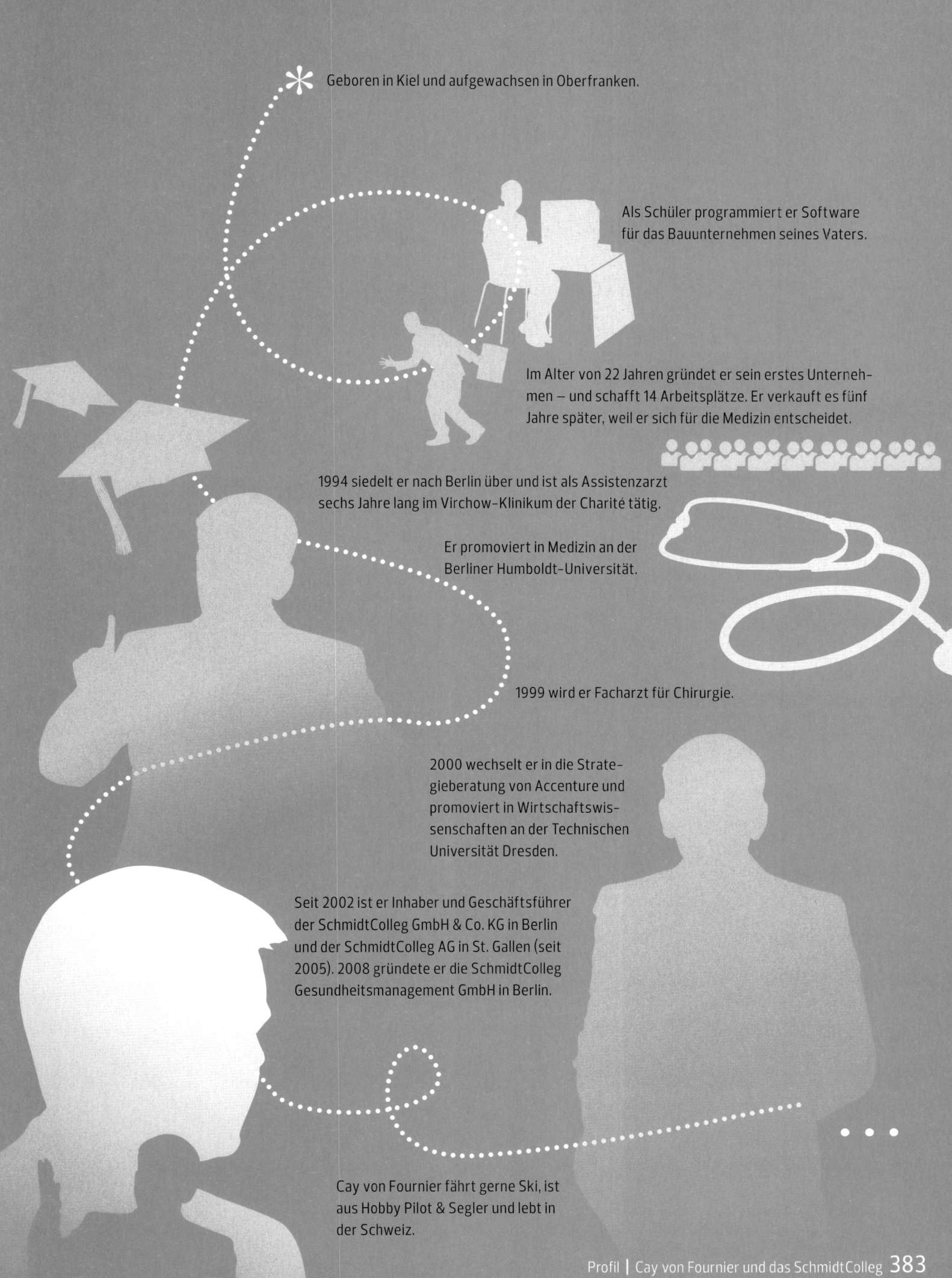

Geboren in Kiel und aufgewachsen in Oberfranken.

Als Schüler programmiert er Software für das Bauunternehmen seines Vaters.

Im Alter von 22 Jahren gründet er sein erstes Unternehmen – und schafft 14 Arbeitsplätze. Er verkauft es fünf Jahre später, weil er sich für die Medizin entscheidet.

1994 siedelt er nach Berlin über und ist als Assistenzarzt sechs Jahre lang im Virchow-Klinikum der Charité tätig.

Er promoviert in Medizin an der Berliner Humboldt-Universität.

1999 wird er Facharzt für Chirurgie.

2000 wechselt er in die Strategieberatung von Accenture und promoviert in Wirtschaftswissenschaften an der Technischen Universität Dresden.

Seit 2002 ist er Inhaber und Geschäftsführer der SchmidtColleg GmbH & Co. KG in Berlin und der SchmidtColleg AG in St. Gallen (seit 2005). 2008 gründete er die SchmidtColleg Gesundheitsmanagement GmbH in Berlin.

Cay von Fournier fährt gerne Ski, ist aus Hobby Pilot & Segler und lebt in der Schweiz.

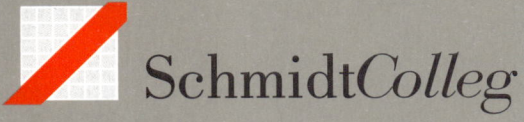

Eine Institution stellt sich vor

Seit mehr als 25 Jahren führt das SchmidtColleg mittelständische Unternehmen zu nachhaltigem Erfolg. Die Unternehmer und Freiberufler kommen aus den unterschiedlichsten Branchen. Sie alle profitieren von UnternehmerEnergie – einem System der Unternehmensführung, das Josef Schmidt in den 80er Jahren des 20. Jahrhunderts entwickelt und Cay von Fournier gemäß den Bedürfnissen des 21. Jahrhunderts weiterentwickelt hat.

Inhalt des ganzheitlichen Führungssystems sind die drei elementaren Bereiche Lebensführung, Unternehmensführung und Menschenführung. Diese Themen haben wir an die Bedürfnisse unterschiedlicher Zielgruppen angepasst. Wir bieten drei Seminare an:

· **UnternehmerEnergie** für Geschäftsführer, Inhaber, Vorstände,
· **FührungskräfteEnergie** für Bereichs- und Abteilungsleiter, und
· **MitarbeiterEnergie** für Facharbeiter und Sachbearbeiter.

Nach dem Seminarbesuch können alle Teilnehmer ein breites Angebot nutzen, um das gelernte Wissen zu vertiefen und die Inhalte im Unternehmen umzusetzen. Dazu bietet das SchmidtColleg

· **CollegTage** – ein halbjährlich stattfindender Mittelstands-Kongress mit namhaften Referenten,

· **regionale Erfa-Gruppen und Umsetzungs-Workshops,** die den Prozess der Umsetzung von UnternehmerEnergie im Unternehmen vermitteln und zeigen, wie die einzelnen Elemente des Führungssystems mit Leben erfüllt und dauerhaft gelebt werden können,

· **individuelle Beratung im Unternehmen vor Ort** durch ein Expertenteam, das ausschließlich aus erfahrenen Coachs mit großer Kompetenz in Sachen Umsetzung und Anwendung des im SchmidtColleg gelehrten Führungssystems besteht,

· **ein System der betrieblichen Gesundheitsförderung** (Gesundheitsmanagement), das die Gesundheit aller Mitarbeiterinnen und Mitarbeiter in einem Unternehmen fördert. Ein Team aus Diplom-Sportwissenschaftlern bietet ein Rundum-Paket von der individuellen Analyse bis zur praktischen Umsetzung des Gesundheitsmanagements,

· **Tagesseminare** mit spannenden Inhalten rund um die Themen Lebens-, Unternehmens- und Menschenführung, vermittelt von hochkarätigen Referentinnen und Referenten,

· **Publikationen des SC Verlags,** der praxiserprobte Arbeits- und Organisationsmittel ebenso anbietet wie ein ausgewähltes Programm an Büchern und Hörbüchern, die Menschen bewegen und ihnen helfen, den Alltag effizienter zu meistern.

Ausgezeichnete Kunden

Mehr als 50.000 Unternehmer und Führungskräfte haben seit der Gründung des SchmidtCollegs im Jahre 1985 dessen Seminare und Veranstaltungen besucht. Das System UnternehmerEnergie findet in 6.000 mittelständischen Unternehmen Anwendung. SchmidtColleg-Kunden wurden bereits mehrfach mit den führenden Qualitätsmanagement-Preisen ausgezeichnet, zum Beispiel mit dem European Quality Award, dem Ludwig-Erhard-Preis oder dem DEKRA Award. Das sind Fakten und Zahlen, die für sich sprechen, die uns auch ein wenig stolz machen, gleichzeitig aber Ansporn sind, auch in Zukunft die erste Adresse für den Mittelstand im deutschsprachigen Raum zu sein, wenn konsequentes und ganzheitliches Führen gefragt sind.

Das Lehrwerk »FührungsEnergie«

8,5 kg Wissen für erfolgreiche Lebens-, Unternehmens- und Menschenführung: das umfangreichste und wichtigste Produkt aus der Feder von Cay von Fournier. Das gesamte Kern-Lehrwerk des SchmidtColleg in 2 Bänden und einem umfangreichen Arbeitsordner sowie begleitender Formular-CD. Ein Führungs-Lehrwerk, das seinesgleichen sucht. Das gesamte Lehrwerk gibt es auch als DVD- und als Apple 64GB-iPad-Version.

European Quality Award, Ludwig-Erhard-Preis und Tagungshotel des Jahres
Landhotel Schindlerhof, Nürnberg-Boxdorf, www.schindlerhof.de

Gewinner DEKRA Award
Brust & Partner GmbH, Bad Schönborn, www.brust-partner.de
Dr. Kanzler & Partner, Zahnärzte, Schwabach, www.dr-kanzler.de
TKW Gebäudeservice GmbH, Nauheim, www.tkw.de

Gewinner DEKRA Ethik Award und Arbeitgeber des Jahres
Private Weißbierbrauerei G. Schneider & Sohn, Kelheim, www.schneider-weisse.de

Gewinner Managementpreis UnternehmerEnergie
Diesen Preis haben seit 1986 35 unserer Kunden gewonnen

»Ich bin als Mensch Mittelpunkt meiner (nicht der) Welt, wohl wissend, dass dies für jeden anderen Menschen auch gilt. Dem anderen dabei zu dienen, Mittelpunkt seiner Welt sein zu können, ist die Grundlage persönlichen und wirtschaftlichen Erfolgs, die Grundlage der Betriebswirtschaftslehre, aber auch die Grundlage der Sinnfindung.«

Josef Schmidt, Gründer des SchmidtCollegs

SchmidtColleg GmbH & Co. KG
Markt 11
95679 Waldershof
Telefon:+49 (0) 92 31/50 51-0
Telefax:+49 (0) 92 31/50 51-101
Email: info@schmidtcolleg.de
www.schmidtcolleg.de

Begeisterte Kunden

(Auszug, mehr Kundenstimmen unter www.SchmidtColleg.de)

»Durch die professionelle Zusammenarbeit mit dem SchmidtColleg sind wir ein erfolgreiches Unternehmen mit einzigartigem Profil. Mit Begeisterung setzen wir Visionen in die Tat um!«

Winfried Tenbrink, Manfred Terliesner und Hubert Thesker, Geschäftsführer von Tenbrink Objekteinrichtungen GmbH, Stadtlohn, www.tenbrink.de

»Dieses Seminar hat mich als Unternehmer erfolgreicher und als Mensch gelassener gemacht.«

Gorm Iver Gondesen, Geschäftsführer von Transit Transport, Flensburg, www.17111.com

»Wichtigster Führungsaspekt ist für mich Konsequenz im Tun – sowohl im eigenen Tun wie auch im Tun aller Mitarbeiter. Werkzeuge wie Aufgabenplanung, Monatsberichte geben einen Überblick. Doch das alleine reicht nicht aus! Das System UnternehmerEnergie von SchmidtColleg geht einen deutlichen Schritt weiter, hin zum Menschen. Deshalb führe ich konsequent Orientierungsgespräche, in denen wir klare, deutliche Ziele formulieren – herzlich, aber auch verbindlich.«

Harald Brust, Geschäftsführer von Brust + Partner, Bad Schönborn, www.brust-partner.de

»Gelassenheit ist keine Frage des richtigen Alters, sondern der richtigen Lebensführung.«

Franz Inselkammer, Inhaber Brauerei Aying, www.ayinger-bier.de

»Auf uns können alle bauen, unsere Kunden, unsere Partner und unsere Chefs.«

Birgit Schaffitz, Julien Ahrens und Jutta Bodmer aus dem Führungsteam Strenger Bauen und Wohnen GmbH, Ludwigsburg, www.strenger.de

»Wir haben gut lachen, denn mit Unternehmer-Energie haben wir unsere Ziele ganzheitlich im Griff.«

Britta und Markus Rainer, Inhaber Rainer & Partner, Dentaltechnik, Mainburg, www.dentaltechnik-rainer.de

»Jeder von uns versteht, um was es bei UnternehmerEnergie geht. Als Team werden wir damit unschlagbar.«

Anne Müller, Daniela Diensing und Nina Hofer aus dem Team von Resch Rechtsanwälte, Berlin, www.resch-rechtsanwaelte.de

»Einer der wichtigsten Punkte in der Führung von Mitarbeitern ist für mich, Aufgaben und Verantwortung zu delegieren, auch wenn es anfangs ein etwas komisches Gefühl ist, nicht mehr selbst alle Zügel direkt in der Hand zu haben. Bei SchmidtColleg habe ich gelernt, wirksam zu delegieren sowie die Energie regelmäßiger Mitarbeitergespräche zu nutzen. Meine wichtigste Einsicht war jedoch, dass man als Unternehmer besser am Unternehmen als im Unternehmen arbeiten sollte.«

Sandro Walker, Geschäftsführer von Advanced UniByte, Reutlingen, www.advanced-unibyte.de

»In eine Führungsrolle wächst man meist mehr oder weniger hinein. Das SchmidtColleg hat mir hilfreiche Werkzeuge an die Hand gegeben, um die meiner Meinung nach wichtigsten Kriterien einer wirkungsvollen Führung auch umzusetzen: Offenheit, Verlässlichkeit und Konsequenz.«

Jochen Resch, geschäftsführender Gesellschafter der Anlegerschutzkanzlei Resch Rechtsanwälte, Berlin. www.resch-rechtsanwaelte.de

»Erfolg hat bei uns im Unternehmen viele Namen. Zum Beispiel Stefan, Dagmar oder Sven ...«

Jacob Geditz, Vorstandsvorsitzender »Die Jugendherbergen in Rheinland-Pfalz und im Saarland«, Mainz, www.diejugendherbergen.de

Seminar UnternehmerEnergie: Die Basis für konjunktur-unabhängigen Erfolg

Immer schnellere Marktveränderungen und immer komplexere Prozesse verlangen modernen Mittelständlern und ihren Mitarbeitern eine Menge ab. Wer mit UnternehmerEnergie arbeitet, ist auf die Herausforderungen der Gegenwart und Zukunft bestens vorbereitet. Denn neben vielen individuellen Erfolgsfaktoren ist in erster Linie das System entscheidend, mit dem ein Unternehmen geführt wird.

Viele tausend Anwender bestätigen uns die Wirksamkeit von UnternehmerEnergie:

· unabhängig von der Branche und Größe eines Unternehmens liefert UnternehmerEnergie **individuell umsetzbare Strategien** statt beliebiger Patentrezepte,

· UnternehmerEnergie vermittelt sofort wirksame Werkzeuge und langfristige Entwicklungsperspektiven – damit wird Unternehmenserfolg weitgehend **unabhängig von konjunkturellen Schwankungen,**

· UnternehmerEnergie **optimiert** mit den nötigen Strukturen und passenden Werkzeugen **alle Unternehmensbereiche,**

· Mitarbeiter, Führungskräfte, Unternehmer: UnternehmerEnergie bezieht alle am Unternehmenserfolg Beteiligten mit ein – und **begeistert sie für das gemeinsame Ziel.**

Unterstützung nach dem Seminar

Die Umsetzung von UnternehmerEnergie kann sofort nach dem Seminar beginnen. Für alle, die sich dabei weitere Begleitung wünschen, bieten wir eine Vielzahl von Hilfestellungen an. Von Seminaren für Ihre Führungskräfte und Mitarbeiter, speziellen Erfahrungsaustausch-Kreisen (Erfa-Kreise) und Workshops bis hin zu einer individuellen Begleitung vor Ort im Unternehmen. Ganzheitlich, praktisch und nachhaltig zugleich: UnternehmerEnergie ist auch für Ihr Unternehmen der richtige Weg in eine erfolgreiche Zukunft.

UnternehmerEnergie: Das System, das viele

Der Seminarablauf im Überblick:

1. Tag: Lebensführung:

Die Kompetenz, das Leben aktiv zu gestalten

- Die persönliche Standortanalyse
- Der persönliche Denkstil (HBDI–Denkstilanalyse)
- Die persönliche Vision
- Die eigene Lebensbalance
- Die sieben Horizonte der persönlichen Ziele

2. Tag: Unternehmensführung:

Die Kompetenz, wirksam »am« Unternehmen zu arbeiten

- Die Dynamik der Märkte
- Die Vision und das Leitbild des Unternehmens
- Die Ethik und die Werte im Unternehmen
- Die sieben Horizonte der unternehmerischen Ziele
- Die Unternehmensstrategie

3. Tag: Unternehmensführung:

Die Kompetenz, ein Unternehmen zu steuern und zu organisieren

- Der Geschäftsplan
- Die Kennzahlensysteme
- Das Unternehmen als Organismus begreifen
- Das Unternehmensorganigramm
- Die Elemente eines gelebten Qualitätsmanagements

4. Tag: Mitarbeiterführung:

Die Kompetenz, Menschen zu gewinnen, zu motivieren und zu bewegen

- Die Mitarbeitersuche
- Die Nachwuchsförderung
- Der Führungsstil
- Die Kommunikation im Unternehmen
- Die Motivation von Mitarbeitern

Weitere Informationen unter: www.schmidtcolleg.de | info@schmidtcolleg.de

Unternehmen noch erfolgreicher gemacht hat.

CollegTage: Die Mittelstands-konferenz der Extraklasse

Die große »SchmidtColleg-Familie« trifft sich seit 1985 im Frühjahr und Herbst jedes Jahres in Bayreuth, um sich von spannenden und aktuellen Themen hochkarätiger Referenten inspirieren zu lassen. Daneben bietet der Kongress die Möglichkeit, sich mit Unternehmern aus allen Regionen und Branchen auszutauschen, geschäftliche Kontakte zu knüpfen und zu vertiefen. Gerade dieser Mix macht die CollegTage so interessant und sorgt regelmäßig für begeisterte Teilnehmerinnen und Teilnehmer.

Besuchen auch Sie den Klassiker unter den Symposien für den Mittelstand im deutschsprachigen Raum – und lassen auch Sie sich begeistern!

Weitere Informationen unter: www.schmidtcolleg.de | info@schmidtcolleg.de

Gäste bei den CollegTagen waren in jüngster Vergangenheit u. a.

· Heiner Brand, Trainer der Deutschen Handball-National- und Weltmeistermannschaft

· Wolfgang Clement, ehemaliger Ministerpräsident von Nordrhein-Westfalen und Bundesminister für Wirtschaft und Arbeit

· Prof. Dr. Wildor Hollmann, ehemaliger Mannschaftsarzt der Deutschen Fußball-Nationalmannschaft

· Dr. Markus Merk, 2004, 2005 und 2007 zum besten Schiedsrichter der Welt und 2010 zum Welt-Referee der 1. Dekade des 21. Jahrhunderts gewählt

· Prof. Dr. Klaus Töpfer, ehemaliger Bundesminister für Umweltschutz, Naturschutz und Reaktorsicherheit

· Prof. Dr. Ulrich Walter, Astronaut an Bord der amerikanischen Raumfähre Columbia

· Reiner Calmund, Ex-Manager des Fußball-Bundesligisten Bayer Leverkusen

· Matthias Steiner, Gewinner der Goldmedaille der Gewichtheber (Super-Schwergewicht 2008 in Peking) und Deutschlands Sportler des Jahres 2008

· Prof. Dr. Hermann Simon, einer der weltweit führenden Berater für Marketing-, Vertriebs- und Preisstrategien

· Peter Hahne, Bestseller-Autor und Fernseh-Moderator (ZDF)

· Dr. Notker Wolf, Abtprimas des weltweiten Benediktinerordens

· Rüdiger Nehberg, Abenteurer, Weltenbummler und Überlebensexperte

· Dr. Anselm Grün, Leiter der Benediktinerabtei Münsterschwarzach und Bestseller-Autor

· Dr. Florian Langenscheidt, Verleger, Buchautor, Moderator und Gründer der Hilfsorganisation »Children for a better World«

· Wolfgang Grupp, Inhaber und Geschäftsführer der Firma Trigema

· Prof. Dr. Hans-Jörg Bullinger, Präsident der Fraunhofer-Gesellschaft und Manager des Jahres 2009

· Prof. Dr. Gertrud Höhler, Publizistin und Unternehmensberaterin

· Prof. Dr. Horst W. Opaschowski, Zukunftsforscher, Berater für Wirtschaft und Politik sowie Leiter der BAT Stiftung für Zukunftsfragen

· Dieter Brandes, langjähriger Geschäftsführer und Mitglied des Verwaltungsrates von ALDI

· **... und mehr als weitere 400 Referentinnen und Referenten**

Business Health: Gesunde Menschen für gesunde Unternehmen

Das SchmidtColleg bietet ein einzigartiges, mobiles Gesundheitsmanagement, das direkt ins Unternehmen kommt.

- Wir checken die Gesundheit Ihrer Mitarbeiter an drei Terminen über einen Zeitraum von zwei Jahren.
- Wir beraten Sie aktiv in Sachen »Gesundheitsaktivitäten vor Ort«.
- Wir bieten eine effiziente Ausbildung zum Health-Manager, um die Nachhaltigkeit in Ihrem Unternehmen zu verbessern!

Das Mobil

- Minimaler Aufwand für Sie, maximaler Service durch uns.
- Zum Check-up kommt das Business-Health-Team mit kompletter medizinischer Ausrüstung zu Ihnen.
- Raumbedarf für die Untersuchungen 12–16 qm.

3 gesunde Bausteine für messbar mehr Potential

Solide Vorbereitung
- Analyse und Zielplanung
- Individueller Projektplan
- Ausführliche Information und Integration aller Teilnehmer

Profi-Check-up
- 120-Minuten-Check für jeden Teilnehmer
- Individuelles Beratungsgespräch
- Vergleichsmessungen nach 12 und 24 Monaten

Analyse und Maßnahmen
- Individuelle Auswertung
- Konkrete Empfehlungen
- Intensive Umsetzungsunterstützung

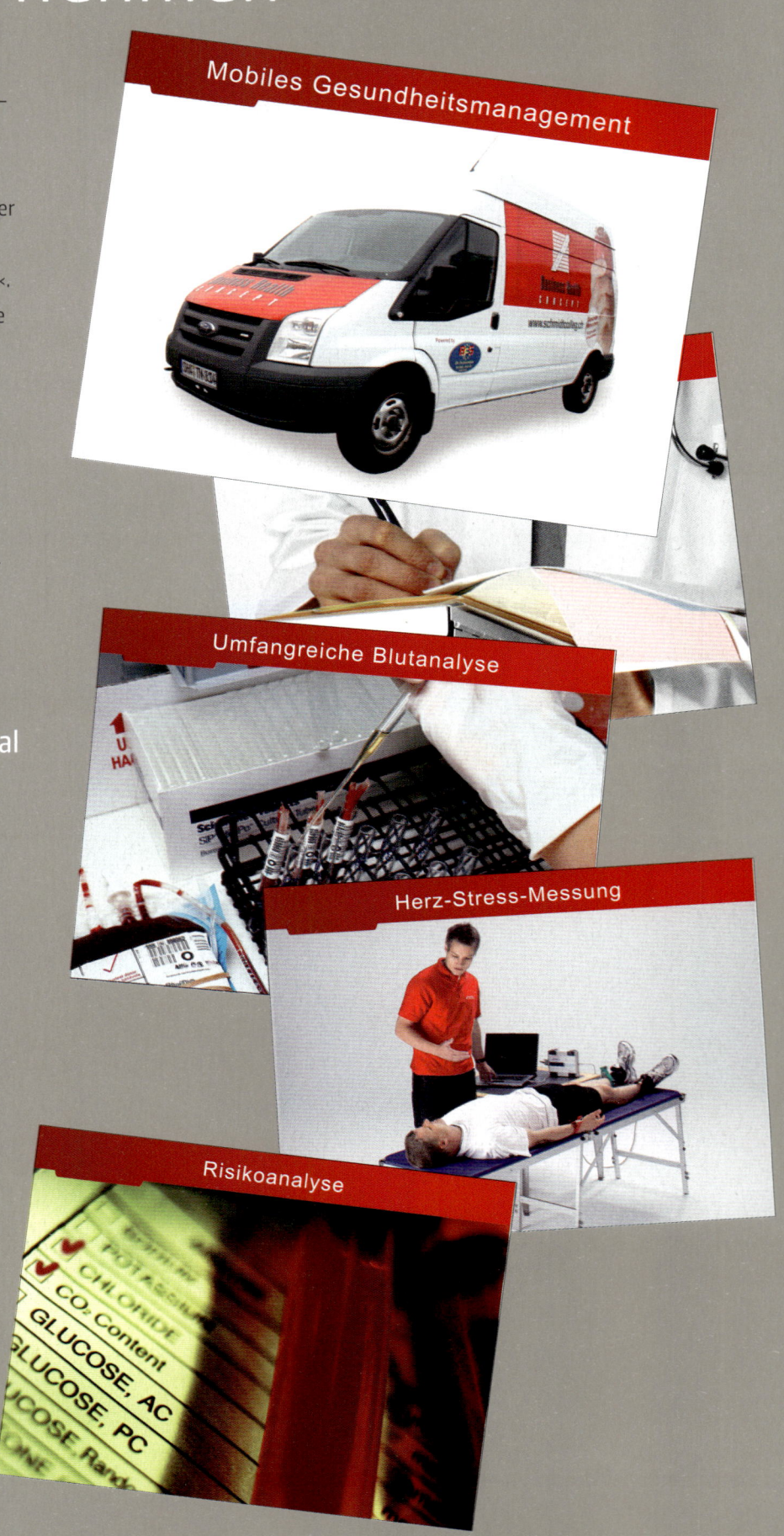

Mobiles Gesundheitsmanagement

Umfangreiche Blutanalyse

Herz-Stress-Messung

Risikoanalyse

Die Untersuchung

1. Ausführliche Vorbesprechung

2. 120 Minuten Intensiv-Check-up

Herz-Kreislauf-Test (IPN)

Umfangreiche Blutanalyse

Herzinfarkt-Risikoanalyse nach PROCAM-Studie

Bioelektrische Impedanzanalyse (BIA)

3D-Herz-Stressmessung (CardioScan)

3D-Wirbelsäulenanalyse

Lungenfunktionstest

3. Detaillierte Auswertung mit Maßnahmen-Empfehlungen

4. Nachhaltige Umsetzung

Vorträge

Aufbau regionaler Netzwerke

Interne Fitnesseinrichtungen

Schulung

Die Vorteile

Die Rahmenbedingungen des Check-ups werden flexibel und individuell auf die Rahmenbedingungen in Ihrem Unternehmen zugeschnitten. Minimale Ausfallzeiten während der Untersuchungen. Optimale Integration aller Nachfolgemaßnahmen in Ihre Unternehmensabläufe.

Für Ihre Mitarbeiter

· Motivation, Anerkennung und Wir-Gefühl

· Mehr Vitalität und Wohlbefinden

· Konkrete persönliche Ziele und Anregungen für die eigene Gesundheit und Fitness

Für das Unternehmen

· Ein gesünderes, leistungsfähigeres Team

· Weniger Fehlzeiten und Krankenstand

· Starkes PR-Instrument

· Vitalität als Firmen-Philosophie

· Mehr Energie für neue Aufgaben

Mehr Infos unter www.businesshealth.de

Das Ergebnis

In einer Gesamtauswertung werden die Veränderungen bei all unseren Kunden zusammengefasst. Beinahe 3.000 Einzelmessungen bilden dafür die Basis. Die Ergebnisse sprechen für sich!

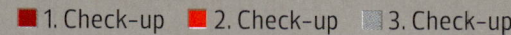

■ 1. Check-up ■ 2. Check-up ▨ 3. Check-up

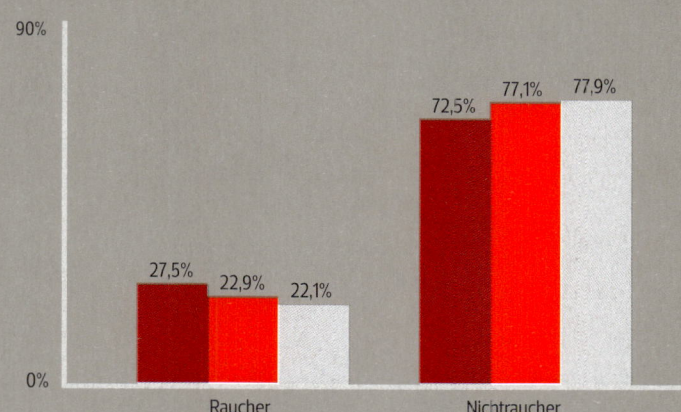

▶▶▶ Die Gesundheits-Check-ups haben die Raucherquote signifikant reduziert.

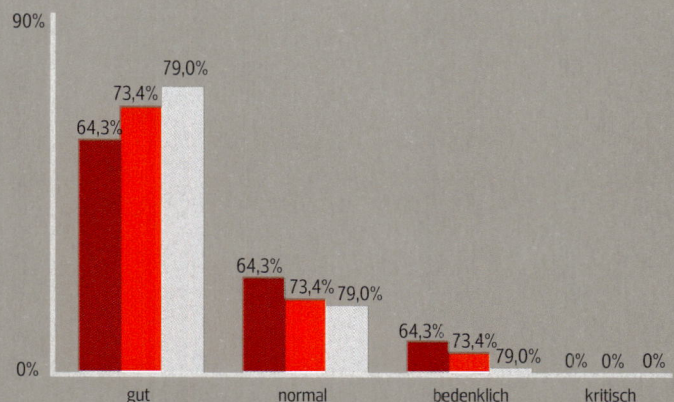

▶▶▶ Der Herzzustand beschreibt den Gesamtzustand des Herzens und gilt als Indikator für Herzerkrankungen. Erfreulicherweise konnten gerade bei Risikopatienten Verbesserungen erzielt werden.

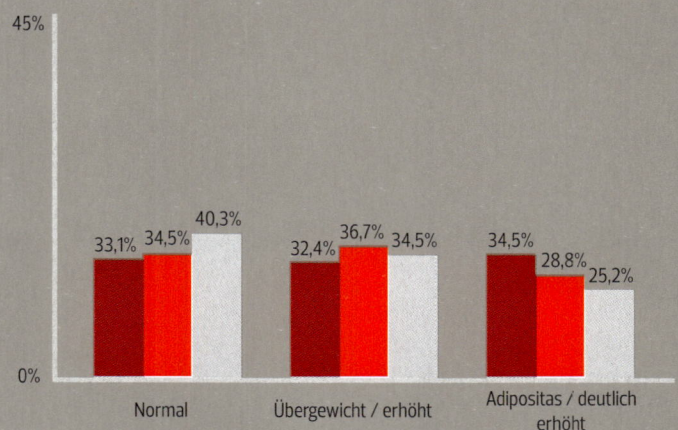

▶▶▶ Einer der wichtigsten Parameter für das Diabetes-Risiko, der Taillenumfang, konnte deutlich verbessert werden.

UnternehmerEnergie.de
Die Webseite zum Buch

Bonus

- Ihnen allen, liebe Leserinnen und Leser, bieten wir auf unserer Webseite Unternehmer-Energie.de exklusiven Zugang zu **121 Seiten Bonusmaterial.**

- Profitieren Sie von wichtigen **Werkzeugen** und **Vorlagen** zu zentralen Themen dieses Buches.

- Gewinnen Sie auf insgesamt **320 Seiten** spannende und detaillierte Einblicke in alle Best-Practice-Unternehmen, die wir in diesem Buch jeweils kurz vorgestellt haben.

- Nutzen Sie unsere Linkliste, die Ihnen zusätzliches Material zur Vertiefung der einzelnen Themen bietet, und

- unsere ständig aktualisierte Buchempfehlungsliste zu allen Themenbereichen dieses Buches. Sie haben die Möglichkeit, alle vorgestellten Bücher direkt über die Webseite zu bestellen.

Seminare

- Sind Sie auf die Seminar-Angebote des SchmidtCollegs neugierig geworden? Auf unserer Webseite finden Sie alle wichtigen Informationen über die Seminare UnternehmerEnergie, FührungskräfteEnergie und MitarbeiterEnergie.

Newsletter

- Für frische UmsetzungsImpulse sorgt unser Newsletter.

- Lassen Sie sich von unseren Anregungen inspirieren: Wie können Sie Ihre Kunden begeistern? Wie motivieren Sie Ihre Mitarbeiter? Was müssen Sie tun, um Ihre Prozesse zu optimieren? Und wie gelingt es Ihnen, dass Sie nicht nur ein erfolgreiches Unternehmen, sondern auch ein glückliches Leben führen? Der Newsletter versorgt Sie regelmäßig mit neuen Tipps. Melden Sie sich an – und lassen Sie sich überraschen!

- Der Newsletter informiert Sie auch über alle aktuellen Termine – von den CollegTagen über Seminartermine bis hin zu den Erscheinungsterminen neuer Bücher und Medien von Cay von Fournier.

Mit einem Klick zu mehr UnternehmerEnergie!
Wir freuen uns auf Sie.

121 Seiten
Bonusmaterial

320 Seiten
viele Werkzeuge
und Vorlagen

www.UnternehmerEnergie.de

Das Team

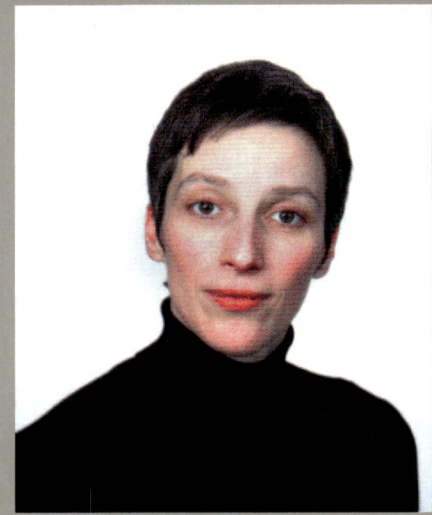

Verena Lorenz
Gestaltung & Konzeption

Die Designerin des Buches – vom Briefing der Autoren bis hin zur Umsetzung, die jederzeit mit außergewöhnlichen Ideen, absoluter Professionalität und einem allumfassenden Leistungsspektrum begeistert. Sie erhielt bereits viele renommierte Design-Preise wie den red dot award. Ob bei Unternehmensbuch, Corporate Design oder Webseite – ihre Arbeit überzeugt die Kunden und macht Verena Lorenz zu einer absoluten Ausnahmedesignerin.

www.verena-lorenz.de

Anne Jacoby
Redaktion & Texte

Sie gilt als »Geheimwaffe« renommierter Trainer und ihrer Verlage, wenn es um das professionelle, schnelle und geistreiche Ghostwriting von Wirtschaftsbüchern geht. Selbstverständlich arbeitet sie meistens »undercover«. Bei diesem Projekt unterstützte sie das Team dabei, Texte auszuwählen, zu strukturieren, zu überarbeiten, zu bebildern - und schrieb auch etliche Texte neu. Welche genau? Das bleibt natürlich geheim.

www.anne-jacoby.de

Ute Flockenhaus
GABAL Verlag

Wenn manche Unternehmen großen Tankern gleichen, dann ist der GABAL Verlag ein Schnellboot. Das liegt auch an Ute Flockenhaus, Programmleiterin der ersten Stunde und Bücherenthusiastin mit einem sicheren Gespür für Themen, Trends und Autoren. Sie hat es nicht nur geschafft, Topautoren wie Tom Peters oder Steven Covey zu gewinnen – mit ungewöhnlichen Büchern und neuen Themen begeistert sie immer wieder Leser wie Buchhändler.

www.gabal-verlag.de

Hilmar Wollner

Mann der ersten Stunde im Schmidt-
Colleg. Bereits zu Beginn der 80er Jahre
des vergangenen Jahrhunderts arbeitete er mit Josef Schmidt, dem Gründer
von SchmidtColleg und geistigen Vater
des Systems UnternehmerEnergie, an
der »Urfassung« des gleichnamigen
Lehrwerks. Er war erster Mitarbeiter im
SchmidtColleg. Seit 1985 ist er für das
Marketing des Unternehmens verantwortlich und heute der einzige Mitarbeiter im SchmidtColleg-Team, der von
Beginn an dabei ist.

www.schmidtcolleg.de

René von Fournier

studierte nach einer Ausbildung zum
Fachinformatiker und seinem Fachabitur
an der Fachhochschule Würzburg Wirt-
schaftsinformatik mit dem Schwerpunkt E-Commerce. Nach Abschluss
seines Studiums im Jahr 2008 kam er
zu SchmidtColleg, wo er seither den
Bereich Informationstechnologie leitet.
Neben der Mitarbeit an diesem Buch
war er auch für die Konzeption und
Umsetzung der Webseiten zum vorliegenden UnternehmerEnergie-
Buch verantwortlich.

www.schmidtcolleg.de

Kontakt: Ihre Ansprechpartner beim SchmidtColleg

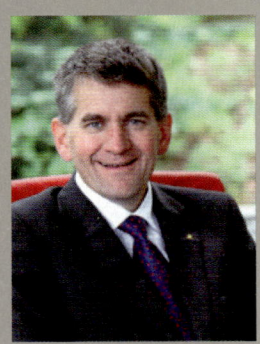

Dr. Dr. Cay von Fournier

ist Mehrheitsgesellschafter und Geschäftsführer im SchmidtColleg. Er leitet die Seminare UnternehmerEnergie, FührungskräfteEnergie und MitarbeiterEnergie. Darüber hinaus tritt er bei vielerlei Veranstaltungen als Redner auf. Zu erreichen ist er auch über seine Assistentin, Frau Stefanie Ihle.

E-Mail: cay.von.fournier@schmidtcolleg.de

Ansprechpartner Seminare und Vorträge

Zentrale

Telefon: +49 (0) 92 31 / 50 51 – 0
Telefax: +49 (0) 92 31 / 50 51 – 101
E-Mail: info@schmidtcolleg.de

Stefanie Ihle

Stefanie Ihle ist die persönliche Assistentin von Cay von Fournier und unter anderem für die Seminarorganisation verantwortlich. Gerne nimmt sie Ihre Wünsche zu Hotelreservierungen und Seminarterminen entgegen und sorgt für Ihren optimalen Aufenthalt während des Seminars.

Telefon: +49 (0) 92 31 / 50 51 – 102
Telefax: +49 (0) 92 31 / 50 51 – 103
E-Mail: stefanie.ihle@schmidtcolleg.de

Ansprechpartner Gesundheitsmanagement

Zentrale

Telefon: +49 (0) 92 31 / 50 51 – 200
Telefax: +49 (0) 92 31 / 50 51 – 201
Email: gesundheit@schmidtcolleg.de

Dr. Silvia Danne

Geschäftsleitung Gesundheitsmanagement. Für alle Fragen zum Thema Business-Health-Concept ist Frau Dr. Danne Ihre kompetente Ansprechpartnerin.

Telefon: +49 (0) 92 31 / 50 51 – 202
Telefax: +49 (0) 92 31 / 50 51 – 203
E-Mail: silvia.danne@schmidtcolleg.de

Diese Seite ist 100 EUR wert!

€ 100,–

Mit diesem Gutschein haben Sie die Möglichkeit, eine Veranstaltung von SchmidtColleg (Seminare, CollegTage) mit einem Preisvorteil von € 100,- zu besuchen. Wichtig ist, dass Sie diese Seite aus dem Buch trennen und im Original an SchmidtColleg GmbH & Co. KG, Stöhrstraße 19, 96317 Kronach, senden. Eine nachträgliche Einlösung oder Barauszahlung dieses Gutscheines ist ausgeschlossen.